高职高专教育国家级精品规划教材
普通高等教育“十一五”国家级规划教材
中国水利教育协会策划组织

水质监测与评价

（第3版·修订版）

主　编　魏家红　张尧旺
副主编　陈西良　马桂贤　陈亚萍
　　　　蒯圣龙　刘　慧　王　怡
主　审　朱惠斌　张德喜

黄河水利出版社
·郑州·

内 容 提 要

本书是高职高专教育国家级精品规划教材,是普通高等教育"十一五"国家级规划教材,是按照教育部对高职高专教育的教学基本要求和相关专业课程标准,在中国水利教育协会的精心组织和指导下编写完成的。本书对水质监测与评价的基本理论与实验做了较为全面和系统的介绍,全书由理论和实验两大部分组成。理论部分包括绪论和项目一到项目九,主要内容有:水资源及水体污染、水质指标和水质标准,水质分析方法,水质监测,水质评价,水质预测等;实验部分主要内容有:硬度的测定、氯化物的测定、高锰酸盐指数的测定、化学需氧量的测定、溶解氧的测定、五日生化需氧量的测定、氨氮的测定、水中六价铬的测定等24个实验。

本书主要作为高职高专院校水文与水资源专业、城市水利专业、给水排水专业的教学用书,也可作为环境类专业的教学参考书。

图书在版编目(CIP)数据

水质监测与评价/魏家红,张尧旺主编.—3版.
—郑州:黄河水利出版社,2019.1 (2023.1 修订版重印)
高职高专教育国家级精品规划教材
ISBN 978-7-5509-2182-5

Ⅰ.①水… Ⅱ.①魏… ②张… Ⅲ.①水质监测-高等职业教育-教材②水质分析-高等职业教育-教材
Ⅳ.①X832

中国版本图书馆CIP数据核字(2018)第244755号

组稿编辑:王路平 电话:0371-66022212 E-mail:hhslwlp@163.com

出 版 社:黄河水利出版社 网址:www.yrcp.com
地址:河南省郑州市顺河路黄委会综合楼14层 邮政编码:450003
发行单位:黄河水利出版社
发行部电话:0371-66026940、66020550、66028024、66022620(传真)
E-mail:hhslcbs@126.com
承印单位:河南承创印务有限公司
开本:787 mm×1 092 mm 1/16
印张:19.75
字数:460千字 印数:3 101—5 000
版次:2002年9月第1版 印次:2023年1月第2次印刷
2008年9月第2版
2019年1月第3版
2023年1月修订版

定价:52.00元

第 3 版前言

本书是贯彻落实《国家中长期教育改革和发展规划纲要(2010~2020 年)》、《国务院关于加快发展现代职业教育的决定》(国发〔2014〕19 号)、《现代职业教育体系建设规划(2014~2020 年)》和《水利部 教育部关于进一步推进水利职业教育改革发展的意见》(水人事〔2013〕121 号)等文件精神,在中国水利教育协会的精心组织和指导下,由中国水利教育协会职业技术教育分会高等职业教育教学研究会组织编写的高职高专教育国家级精品规划教材。该套教材以学生能力培养为主线,体现出实用性、实践性、创新性的教材特色,是一套理论联系实际、教学面向生产的精品规划教材。

本书于 2020 年入选“十三五”职业教育国家规划教材。

为了不断提高教材质量,编者于 2023 年 1 月,根据近年来国家及行业最近颁布的规范、标准,以及在教学实践中发现的问题和错误,对全书进行了修订完善。

本书第 2 版自 2008 年 9 月出版以来,受到了全国高职高专院校水利类专业师生及广大水利类专业从业人员的好评。随着时代的发展进步,在使用时发现了不少问题,如新规范、新技术等不能在书中及时体现,习题类型单一、数量少等。为进一步满足教学需要,编者在第 2 版的基础上对原书内容进行了修订、补充和完善。

本次修订,理论部分增加了原子荧光光谱法的内容,引入了新的《水环境监测规范》(SL 219—2013);教学实验部分增加了常规玻璃仪器的操作使用等内容,并配有相应的图片;另外,各项目均增加了一套测试习题。

本书编写人员及编写分工如下:黄河水利职业技术学院张尧旺编写绪论、项目九,黄河水利职业技术学院魏家红编写项目一、项目六、教学实验,黄河水利职业技术学院陈西良编写项目二,广西水利电力职业技术学院刘慧编写项目三,四川水利职业技术学院王怡编写项目四,安徽水利水电职业技术学院蒯圣龙编写项目五、附录,杨凌职业技术学院陈亚萍编写项目七,山西水利职业技术学院马桂贤编写项目八。全书由魏家红、张尧旺担任主编并负责全书统稿,由陈西良、马桂贤、陈亚萍、蒯圣龙、刘慧、王怡担任副主编,由黄河水利职业技术学院朱惠斌、河南水利与环境职业学院张德喜担任主审。

很多同仁对本次修订工作提出了宝贵意见,书中引用的各种资料出处也未能一一列出,在此对引用文献的作者表示衷心的感谢!

由于编者水平有限,错误和疏漏之处在所难免,敬请读者批评指正。

编　者

2023 年 1 月

目 录

绪 论

人口、资源与环境是当今世界面临的三大问题,水资源是各种资源中不可替代的一种重要资源。水资源与环境、人口密切相关,因此水资源问题已成为举世瞩目的重要问题之一。

我国目前的水资源不仅表现为数量严重不足,而且水体质量也越来越差,水质污染问题日益突出。水的质量状况日益受到人们的重视。为了达到了解、保护、管理和改良水体质量的目的,必须对影响水体质量的物质的形态、性质和含量进行有计划的调查研究和监测,以便得到明确的认识,进而借助于立法、经济、教育、行政和技术等手段,有效地控制和减少水质污染。

水质监测是进行水污染防治和水资源保护的基础,是贯彻执行水环境保护法规和实施水质管理的依据。通过水质监测,可以达到以下目的:

(1)提供代表水质质量现状的数据,供评价水体环境质量使用。

(2)确定水中污染物的时空分布规律,追溯污染物的来源、污染途径、迁移转化和消长规律,预测水体污染的变化。

(3)判断水污染对环境生物和人体健康的影响,评价污染防治措施的实际效果,为制定有关法规、水质标准等提供科学依据。

(4)为建立和验证水质模型提供依据。

(5)为进一步开展水环境及其污染的理论研究提供依据。

水质监测可分为环境水体监测和水污染源监测。环境水体包括地表水(江、河、湖、库、海水)和地下水;水污染源包括生活污水、医院污水、工业废水等。

水质监测的主要内容有站网布设、样品采集、确定监测项目、水质分析、数据处理及资料整编等。水质分析就是用化学或物理的方法,测定水中杂质的种类和含量,是水质监测的重要内容,也是水质监测的基础。

水质评价是水环境质量评价的简称,是根据水体的用途,按照一定的评价参数、质量标准和评价方法,对水体进行定性和定量评定的过程。水质评价是水资源保护工作的重要组成部分,它是一个综合性强、涉及面广的新兴学科。水质评价可分为现状评价和影响评价等多种类型。

任务一 水资源及水体污染

一、水资源分布与水分循环

地球表面约有 70% 为水所覆盖,其余约占地球表面 30% 的陆地也有水的存在。地球总水量为 138.6×10^8 亿 m^3,其中淡水储量为 3.5×10^8 亿 m^3,占总储量的 2.53%。由于开发困难或受技术、经济条件的限制,到目前为止,海水、深层地下水、冰雪固态淡水等还很少被直接利用,比较容易开发利用的与人类生活生产关系最为密切的湖泊、河流和浅层地下淡水资源,只占淡水总储量的0.34%,为104.6×10^4亿m^3,还不到全球水总储量的万分之一。通常所说的水资源,主要指这部分可供使用的、逐年可以恢复更新的淡水资源。可见地球上的淡水资源并不丰富。全球各种水体储量见表0-1。

表0-1 全球各种水体储量

水的类型	分布面积(万km^2)	水储量(10^4亿m^3)	占全球水总储量(%)	占全球淡水总储量(%)
1. 海洋水	3 613	1 338 000	96.5	
2. 地下水	13 480	23 400	1.7	
其中淡水		12 870	0.94	30.1
3. 土壤水	8 200	16.5	0.001	0.05
4. 冰川和永久雪盖	1 622.75	24 064.1	1.74	68.7
5. 永冻土底冰	2 100	300.00	0.222	0.86
6. 湖泊水	206.87	176.40	0.013	
其中淡水	123.64	91.00	0.007	0.26
7. 沼泽水	268.26	11.47	0.000 8	0.03
8. 河床水	14 880	2.12	0.000 2	0.006
9. 生物水	51 000	1.12	0.000 1	0.003
10. 大气水	51 000	12.90	0.001	0.04

我国水资源总量为28 000多亿m^3,其中河川径流27 115亿m^3,少于巴西、俄罗斯、加拿大,居世界第四位。但我国人均占有水量只有2 100 m^3,只有世界人均占有水量的1/4。根据149个国家按1990年人口统计的人均占有水量由多到少排列,中国排在第110位。耕地每公顷平均水量27 867 m^3,约为世界水平的3/4。可见我国水资源总量不少,但人均占有水量及单位面积耕地拥有水量很少,是一个水资源比较贫乏的国家。

地球上的水不断地进行着两种循环。一种是在太阳辐射和地球引力的作用下,水不停地进行着蒸发、降水、下渗、径流的循环,称自然循环;另一种是人类社会为满足生活、生产的需要,从自然水体中取水,使用后的污水、废水又不断地排入自然水体,称社会循环。在水的自然循环和社会循环中,每个环节都有杂质混入,使水质发生变化,因此不同形态的水,其水质不同;水的社会循环总量仅占地球总水量的几百万分之一,但是,它对自然水体的污染是很严重的,并且有越来越严重的趋势。

二、水中杂质

(一)天然水中的杂质

天然水中的杂质很复杂,按其粒径大小可分为三类。

1. 悬浮物

悬浮物是指粒径大于10^{-7} m的物质。它在水中呈悬浮状态,不稳定,容易除去。当水静止时,密度大的会下沉,如泥沙、黏土类无机物等;密度小的会上浮,如腐殖质等有机物。

2. 胶体

胶体是许多分子和离子的集合体,其粒径为 $10^{-7} \sim 10^{-9}$ m。按性质分为无机胶体和有机胶体。前者主要是铁、铝、硅的化合物,后者主要是腐殖质等。这些胶体一般比较稳定,不能依靠重力自行下沉,常使水呈现颜色或产生混浊。

3. 溶解物

能溶解于水的物质统称为溶解物。其粒径小于 10^{-9} m,大都为离子或分子和一些溶解的气体。以离子状态存在的杂质主要有 8 种,即钠、钾、钙、镁 4 种阳离子和硅酸氢根、碳酸氢根、硫酸根、氯离子 4 种阴离子。还有一些不常见的阳离子和阴离子。表 0-2 列出了天然水中的离子概况,其中第Ⅰ类最为常见,第Ⅱ类不常见。

表 0-2 天然水中的离子概况

类别	阳离子	阴离子	浓度的数量级(mg/L)	类别	阳离子	阴离子	浓度的数量级(mg/L)
Ⅰ	Na^+ K^+ Ca^{2+} Mg^{2+}	HCO_3^- Cl^- SO_4^{2-} $HSiO_3^-$	由几至几万	Ⅲ	Cu^{2+} Zn^{2+} Ni^{2+} Co^{2+} Al^{3+}	HS^- BO_2^- NO_2^- Br^- I^- HPO_4^{2-} $H_2PO_4^-$	小于 1/10
Ⅱ	NH_4^+ Fe^{2+} Mn^{2+}	F^- NO_3^- CO_3^{2-}	由十分之几至几				

天然水中常见的溶解气体有氧气、二氧化碳、氮气,有时还有硫化氢、二氧化硫和氨气等。另外,还有一些呈溶解状态的有机物。

(二)生活污水和工业废水中的杂质

生活污水是指人们日常生活中用过的水,包括从厕所、浴室、厨房、洗衣房等处排出的水。它来自住宅、公共场所、机关、学校、医院、商场以及工厂的生活间。其成分复杂,杂质种类繁多。悬浮杂质有泥沙、矿物废料和各种有机物;胶体和高分子物质有淀粉、糖类、纤维素、脂肪、蛋白质、油类、洗涤剂等;溶解物质有含氮化合物、硫酸盐、磷酸盐、氯化物、有机物的分解物等。另外,还有病原微生物,如寄生虫卵和肠道传染病菌等。

工业废水是指在工业生产中排出的废水。按污染程度又可分为生产污水和生产废水,前者的污染程度较大,后者的污染程度较小,如冷却水仅仅是水温发生了改变,属于生产废水。工业废水的主要来源是各种车间和矿场。由于各种工厂的生产类别、工艺过程、使用的原材料及用水成分不同,工业废水的成分千差万别,变化很大。表 0-3 列出了多种工业废水中常见的污染物。

三、水体污染

水的污染,最终会引起水体的污染。水体就是自然水域,包括河流、湖泊、海洋以及地下水等。水体是自然环境的重要组成部分,而且是其中最活跃的部分。水体间互相连通,如同自然环境的血液,不断地在地球及生物圈间循环运行,在物质和能量迁移及转化过程中起着重要作用。

表0-3　工业废水中常见的污染物

有害物质	主要来源
汞	化工厂、氯碱厂、农药厂、冶炼厂、造纸厂、用汞仪表厂等
铅	颜料厂、涂料厂、铅蓄电池厂、有色金属矿山与冶炼厂、烷基铅制造厂等
铬	电镀厂、制革厂、颜料厂、冶炼厂等
镉	锌矿、炼锌厂、电镀厂、化工厂等
铜	有色金属矿山与冶炼厂、电镀厂、化工厂等
锌	有色金属矿山与冶炼厂、电镀厂、化工厂、粘胶纤维厂等
镍	冶炼厂、电镀厂等
钒	化工厂、染料厂、冶炼厂等
砷	农药厂、焦化厂、磷肥厂、染料厂、化工厂、砷矿、冶炼厂等
硒	制药厂、冶炼厂等
氰化物	焦化厂、煤气厂、炼油厂、化工厂、电镀厂、金属选矿、金属处理丙烯腈合成、有机玻璃制造等
氟化物	磷肥厂、炼铝厂、氟矿、玻璃制造、黄血盐制造、氟塑料制造等
硫化物	炼油厂、焦化厂、煤气厂、造纸厂、染料厂、印染厂、制革厂、化工厂、粘胶纤维厂等
亚硫酸盐	造纸厂、粘胶纤维厂等
游离氯	造纸厂、农药厂、氯碱厂、化工厂、织物漂白厂等
氨、铵盐	焦化厂、煤气厂、化工厂、氮肥厂等
苯	化工厂、橡胶厂、颜料厂等
氯苯	农药厂等
硝基苯	染料厂、炸药厂、农药厂等
苯胺	苯胺厂、染料厂等
酚类	焦化厂、煤气厂、炼油厂、化工厂、制药厂、染料厂、酚醛塑料厂、合成纤维厂、木材防腐厂等
吡啶	焦化厂、煤气厂、制药厂、化工厂等
醛	合成纤维厂、合成树脂厂、制药厂、染料厂等
油	炼油厂、机械厂、选矿厂、食品厂等
酸	化工厂、电镀厂、合成纤维厂、金属酸洗、矿山废水等
碱	造纸厂、制碱厂、印染厂、制革厂、电镀厂、合成纤维厂、化工厂等
合成洗涤剂	印染厂、电镀厂、洗涤剂厂等
多氯联苯	合成橡胶、塑料厂、电器工业、多氯联苯生产等
有机氯农药	农药厂等
有机磷农药	农药厂等
致癌物质	含焦油废水等
放射性物质	核电站、生产和应用放射性物质的机构等
病原微生物	制革厂、屠宰场、洗毛厂等

水在自然循环和社会循环过程中有多种多样的杂质混入，使其成分发生不同程度的变化。水体在一定程度上具有自净能力，即自然降低污染物的能力，当外来杂质即污染物超过水体的自净能力时，水质就会恶化，对人类环境和水的利用产生不良影响，水质的这种恶化称为水体污染。

水体污染大致可分为自然污染和人为污染两种。火山爆发污染、矿区地下水水源污染为自然污染；生活污水和工业废水及农业生产使用的化肥、农药所造成的污染为人为污染。

水体遭到污染，居民健康和工、农业生产以及自然环境都要受到危害。危害的程度取决于污染物质的浓度、特性等因素。现将各种杂质即污染物的污染效应分述如下。

（一）悬浮固体污染

含有大量悬浮物和可沉固体的污水排入水体，不但增加了水体中悬浮物质的浓度，提高了水的浊度，而且会在河底形成污泥层，危害底栖生物的繁殖，影响渔业生产。河底泥层的增厚将使河床断面缩小，有碍通航。污泥层若主要由有机物组成，则可能出现厌氧情况，恶化水质。

（二）有机物污染

这里所指的是以碳水化合物、蛋白质、氨基酸和脂肪等形式存在的自然有机物，是生活污水和部分生产污水的主要污染物质。它们的性质不稳定，随时随地都在转化。水体中的有机物常在微生物的参与下进行分解、转化。由于水环境条件和参与的微生物不同，有机物有两种分解形式，即好氧分解和厌氧分解。两种形式途径不同，得到的产物不同，对水体和环境的影响也不同。

1. 好氧分解

在有游离氧存在的条件下，进入水体的有机物在好氧微生物的参与下，进行氧化分解，反应的产物是 CO_2、H_2O、NO_3^-、SO_4^{2-} 及 PO_4^{3-} 等。这些产物无色、无臭、无害，对水体或环境不会发生什么危害。只是好氧分解过程的反应速度快，要消耗水体或环境中的游离氧，故有机物也称耗氧物质。若进入水体的有机物量不多，水中既含有充足的溶解氧，又能不断地从大气中补充到氧，使水体中溶解氧含量保持在一定数量以上，则氧化分解对水体影响不大；反之，有机物量多，好氧分解时，大量消耗水中的溶解氧，而从大气中补充的氧不能满足需要，这时水体中溶解氧含量下降，长期处于 4 ~ 5 mg/L 以下时，一般的鱼类就不能生存，而好氧分解可能转为厌氧分解。

2. 厌氧分解

当水体中缺乏游离氧时，厌氧微生物对有机物的分解起主要作用。反应的产物主要是 CO_2、H_2O、NH_3、H_2S 等。厌氧分解进程缓慢，逸出的产物既有毒害作用，又有恶臭。例如，硫化氢是一种溶解性的毒性气体，具有臭鸡蛋的特殊气味，当它在空气中的稀释浓度为 0.002 mg/L 时，人就会感觉到。硫化氢和铁盐反应生成硫化亚铁，使水色变黑，严重地危害水环境卫生，造成公害。

（三）有毒物质污染

1. 有机有毒物

有机有毒物主要是指酚类化合物及难以降解的蓄积性极强的有机农药和多联苯等，

主要来自农田排水和有关的工业废水,对环境危害大、时间长。有些是致癌物,如稠环芳香胺等。

2.无机有毒物

无机有毒物主要是指重金属及其化合物。这类物质在水体中也能转移,但与有机物不同,其污染的特征是:

(1)重金属元素不易为生物所降解或完全不能为生物所降解,这方面已由众多实验结果所证实。

(2)大多数的金属离子及其化合物,易为水中悬浮颗粒所吸附而沉淀至水底的沉淀层中,例如汞。河流泥沙对砷有很强的吸附能力,往往是含沙量越高,河水的含砷量也越高。

(3)金属离子在水中迁移和转化与水体的酸、碱条件及氧化还原条件有关,例如,河底泥沙中的汞,只有在还原条件下,才能甲基化,而甲基汞造成的危害最大;毒性强的六价铬在碱性条件下的迁移能力强于酸性条件;在酸性条件下,二价镉离子易随水迁移而被植物所吸收。

(4)某些金属离子及其化合物能被生物吸收并通过食物链逐渐富集到相当程度。

食物链是指生物群落中各种动植物由于食物的关系所形成的一种联系。例如,水体中的藻类可作为浮游动物的食物,浮游动物可作为昆虫幼虫、虾类、鱼类的食物,虾、鱼等水生动物又可作为鸟类、兽类及人类的食物。于是污染物质从水中经下列顺序富集:

植物性浮游生物→动物性浮游生物→小型鱼类→大型鱼类

富集作用是食物链的一种突出的特性。某些重金属元素或其他有毒物质在水中浓度不高,但一些微生物如藻类可能对它们有选择性的浓缩富集作用,通过食物链又一级级地富集起来,成为某些动物和人类的食物时,可能达到很高浓度,产生有害机体的作用。如DDT在海水中的浓度介于0.01~0.1 mg/L之间,在浮游生物中约为0.1 mg/kg,贝壳类动物的检出量一般为1~10 mg/kg,而在以鱼为食的鸟类和海产哺乳动物体内,能够高达10~100 mg/kg,即浓缩了10^3倍甚至是10^6倍。又如甲基汞通过食物链在鱼体内富集,达到5~10 mg/kg的含量,这种鱼被人食用,在人体内富集,可达到损害人体健康的程度。

(四)放射性污染

放射性污染分为人为放射性污染和天然放射性污染。目前,掌握的1 000多种放射性同位素中,仅有60多种是天然的。天然放射性同位素及裂变产物可蓄积在食物链中,某些放射性物质如镭(226)和铅(210)可被食用植物吸收,最后富集在哺乳动物骨骼中。

人为放射性物质的主要来源是核爆炸实验产生的沉降物及核电站、同位素医药、同位素工业排放的污水。放射性污染对环境的影响是很大的,对人体的危害最为严重。

(五)病菌、病毒污染

水体中含有病菌和病毒,会影响当地居民或水源下游居民的身体健康。水常成为某些传染病的媒介。

世界卫生组织将水和疾病之间的关系分为以下三类:

第一类疾病肯定是由水传播的。例如伤寒、细菌性痢疾、霍乱和血吸虫病等。

第二类疾病无肯定资料证明,认为很可能是由水传播的某些病毒所致。例如传染性肝炎、腹泻等病。

第三类疾病怀疑是由水传播的。例如胸膜病、小儿麻痹症等。因此,水中病菌、病毒的观察与研究是十分重要的。

污水排入水体,不但使水中原有的物质组成发生变化,而且由于污染物质也参与能量和物质的转化及循环过程,原来正常固定的食物链发生不同程度的变化,破坏了已有的生态平衡,这就是水体污染的主要危害。

任务二 水质指标和水质标准

一、水质指标

水质指标是衡量水中杂质的标度,能具体表示出水中杂质的种类和数量,是水质评价的重要依据。

水质指标种类繁多,可达百种以上。其中,有些水质指标就是水中某一种或某一类杂质的含量,直接用其浓度来表示,如汞、铬、硫酸根、六六六等的含量;有些水质指标是利用某一类杂质的共同特性来间接反映其含量,如用耗氧量、化学需氧量、生化需氧量等指标来间接表示有机污染物的种类和数量;有些水质指标是与测定方法有关的,带有人为性,如浊度、色度等是按规定配制的标准溶液作为衡量尺度的。水质指标也可分为物理指标、化学指标和微生物学指标三大类。

(一)物理指标

反映水的物理性质的一类指标统称物理指标。常用的物理指标有温度、浊度、色度、臭和味、固体含量、电导率等。

(二)化学指标

反映水的化学成分和特性的一类指标统称化学指标。常用的化学指标有以下几种类型:

(1)表示水中离子含量的指标:如硬度表示钙镁离子的含量,pH 反映氢离子的浓度等。

(2)表示水中溶解气体含量的指标:如二氧化碳、溶解氧等。

(3)表示水中有机物含量的指标:如耗氧量、化学需氧量、生化需氧量、总需氧量、总有机碳、含氮化合物等。

(4)表示水中有毒物质含量的指标:有毒物质分两类,一类是无机有毒物,如汞、铅、铜、锌、铬等重金属离子和砷、硒、氰化物等非金属有毒物;另一类是有机有毒物,如酚类化合物、农药、取代苯类化合物、多氯联苯等。

(三)微生物学指标

反映水中微生物的种类和数量的一类指标统称微生物学指标。常用的微生物学指标有细菌总数、总大肠菌群等。

(四)几个重要的水质指标

(1)浊度:是表示水中悬浮物对光线透过时所发生的阻碍程度。浊度是由于水中含有泥沙、有机物、无机物、浮游生物和其他微生物等杂质所造成的,是天然水和饮用水的一个重要水质指标。测定浊度的方法有分光光度法、目视比浊法、浊度计法等。

(2)碱度:指水中能与强酸发生中和作用的物质的总量。这类物质包括强碱、弱碱、强碱弱酸盐等。天然水中的碱度主要是由重碳酸盐、碳酸盐与氢氧化物引起的,其中重碳酸盐是水中碱度的主要形式。引起碱度的污染源主要是造纸、印染、化工、电镀等行业排放的废水及洗涤剂、化肥与农药在使用过程中的流失。碱度常用于评价水体的缓冲能力及金属在其中的溶解性与毒性等。

(3)酸度:指水中能与强碱发生中和作用的物质的总量。这类物质包括无机酸、有机酸、强酸弱碱盐等。地表水中,由于溶入二氧化碳或被机械、选矿、电镀、农药、印染、化工等行业排放的废水污染,使水体pH值降低,破坏了水生生物与农作物的正常生活及生长条件,造成鱼类死亡,作物受害。酸度是衡量水体水质的一项重要指标。

(4)硬度:水中某些离子在水被加热的过程中,由于蒸发浓缩会形成水垢,常将这些离子的浓度称为硬度。对于天然水而言,这些离子主要是钙离子和镁离子,其硬度就是钙离子和镁离子的含量。硬度有总硬度、钙硬度、镁硬度、碳酸盐硬度(暂时硬度)、非碳酸盐硬度(永久硬度)等表示方式。

(5)悬浮物(SS):又称总不可过滤残渣,指水样用0.45 μm滤膜过滤后,留在过滤器上的物质,于103~105 ℃烘至恒重所得到的物质的质量,用SS表示,单位:mg。它包括不溶于水的泥沙、各种污染物、微生物及难溶无机物等。悬浮物含量是指单位水样体积所含悬浮物的量,单位:mg/L。

(6)矿化度:是水质含盐量的一种表示方法。即将一定体积的水样在105~110 ℃下蒸干后,所得到的矿物质残渣的质量,单位:mg/L。因为在105~110 ℃下,有些矿物质的水分不能除尽,有些有机物也会氧化,所以在一般情况下,用矿化度来表示水的含盐量是有误差的。

(7)溶解氧(DO):指溶解在水中的分子态氧,用DO表示,单位:mg/L。水中溶解氧的含量与大气压、水温及含盐量等因素有关。大气压力下降、水温升高、含盐量增加,都会导致溶解氧含量降低。一般清洁的河流,溶解氧接近饱和值,当有大量藻类繁殖时,溶解氧可能过饱和;当水体受到有机物质、无机还原物质污染时,会使溶解氧含量降低,甚至趋于零,此时厌氧细菌繁殖活跃,水质恶化。水中溶解氧低于3~4 mg/L时,许多鱼类呼吸困难,严重者窒息死亡。溶解氧是表示水污染状态的重要指标之一。

(8)化学需氧量(COD):是指在一定的条件下,以重铬酸钾($K_2Cr_2O_7$)为氧化剂,氧化水中的还原性物质所消耗氧化剂的量,结果折算成氧的量,用COD表示,单位:mg/L。

(9)高锰酸盐指数(I_{Mn}):是指在一定的条件下,以高锰酸钾($KMnO_4$)为氧化剂,氧化水中的还原性物质所消耗氧化剂的量,结果折算成氧的量,用I_{Mn}表示,单位:mg/L。

(10)生化需氧量(BOD):是指水中有机物在有氧的条件下,被微生物分解,在这个过程中所消耗的氧气的量,用BOD表示,单位:mg/L。生化需氧量试验规定在温度为20 ℃黑暗的条件下进行,在这样的环境中,微生物完全氧化有机物需21~28天。在实际应用中因时间太长有困难,常用5天作为测定生化需氧量的时间,此时测得的生化需氧量称五日生化需氧量,用BOD_5表示。

(11)细菌总数:指1 mL水样在营养琼脂培养基中,在37 ℃ 经24 h培养后,所生长的细菌菌落的总数,单位:个/mL。

(12)总大肠菌群数:指1 L水样中所含有的大肠菌群数目,单位:个/L。总大肠菌群指那些能在37 ℃、48 h之内发酵乳糖产酸、产气、需氧及兼性厌氧的、格兰氏阴性的无芽胞杆菌。粪便中存在大量的大肠菌群细菌,总大肠菌群数是反映水体受粪便污染程度的重要指标。

二、水质标准

水质标准是根据各用户的水质要求和废水排放容许浓度,对一些水质指标作出的定量规范。水质标准是环境标准的一种,是水质监测与评价的重要依据。现将国家标准的部分内容摘编如下。

(一)饮用水卫生标准

生活饮用水包括自来水、井水和深井水等。生活饮用水直接关系着人们的日常生活和身体健康,其水质标准和卫生状况特别受到各国的关注。我国自1956年颁布《生活饮用水卫生标准(试行)》直至2007年实施《生活饮用水卫生标准》(GB 5749—2006)的50年间,共进行了5次修订,水质指标项目不断增加。

表0-4是2007年6月18日国家标准委与卫生部联合发布的,并于2007年7月1日实施的《生活饮用水卫生标准》(GB 5749—2006)的主要内容。本标准适用于城乡各类集中式供水的生活饮用水,也适用于分散式供水的生活饮用水。生活饮用水水质应符合表0-4(1)和表0-4(2)卫生要求;集中式供水出厂水中消毒剂限值、出厂水和管网末梢水中消毒剂余量均应符合表0-4(2)要求;小型集中式供水和分散式供水因受条件限制,水质部分指标可暂按照表0-4(4)执行,其余指标按表0-4(1)、表0-4(2)和表0-4(3)执行。

表0-4(1) 水质常规指标及限值

指标	限值
1. 微生物指标①	
总大肠菌群(MPN/100 mL或CFU/100 mL)	不得检出
耐热大肠菌群(MPN/100 mL或CFU/100 mL)	不得检出
大肠埃希氏菌(MPN/100 mL或CFU/100 mL)	不得检出
菌落总数(CFU/mL)	100
2. 毒理指标	
砷(mg/L)	0.01
镉(mg/L)	0.005
铬(六价,mg/L)	0.05
铅(mg/L)	0.01
汞(mg/L)	0.001
硒(mg/L)	0.01

续表 0-4(1)

指标	限值
氰化物(mg/L)	0.05
氟化物(mg/L)	1.0
硝酸盐(以N计,mg/L)	10,地下水源限制时为20
三氯甲烷(mg/L)	0.06
四氯化碳(mg/L)	0.002
溴酸盐(使用臭氧时,mg/L)	0.01
甲醛(使用臭氧时,mg/L)	0.9
亚氯酸盐(使用二氧化氯消毒时,mg/L)	0.7
氯酸盐(使用复合二氧化氯消毒时,mg/L)	0.7
3. 感官性状和一般化学指标	
色度(铂钴色度单位)	15
浑浊度(NTU-散射浊度单位)	1,水源与净水技术条件限制时为3
臭和味	无异臭、异味
肉眼可见物	无
pH(pH单位)	不小于6.5且不大于8.5
铝(mg/L)	0.2
铁(mg/L)	0.3
锰(mg/L)	0.1
铜(mg/L)	1.0
锌(mg/L)	1.0
氯化物(mg/L)	250
硫酸盐(mg/L)	250
溶解性总固体(mg/L)	1 000
总硬度(以 $CaCO_3$ 计,mg/L)	450
耗氧量(COD_{Mn} 法,以 O_2 计,mg/L)	3;水源限制,原水耗氧量 >6 mg/L 时为5
挥发酚类(以苯酚计,mg/L)	0.002
阴离子合成洗涤剂(mg/L)	0.3
4. 放射性指标②	指导值
总 α 放射性(Bq/L)	0.5
总 β 放射性(Bq/L)	1

注:①MPN表示最可能数;CFU表示菌落形成单位。当水样检出总大肠菌群时,应进一步检验大肠埃希氏菌或耐热大肠菌群;水样未检出总大肠菌群,不必检验大肠埃希氏菌或耐热大肠菌群。

②放射性指标超过指导值,应进行核素分析和评价,判定能否饮用。

表 0-4(2) 饮用水中消毒剂常规指标及要求

消毒剂名称	与水接触时间	出厂水中限值	出厂水中余量	管网末梢水中余量
氯气及游离氯制剂(游离氯,mg/L)	≥ 30 min	4	≥ 0.3	≥ 0.05
氯胺(总氯,mg/L)	≥ 120 min	3	≥ 0.5	≥ 0.05
臭氧(O_3,mg/L)	≥ 12 min	0.3		0.02;如加氯,总氯≥0.05
二氧化氯(ClO_2,mg/L)	≥ 30 min	0.8	≥ 0.1	≥ 0.02

表 0-4(3) 水质非常规指标及限值

指标	限值
1. 微生物指标	
贾第鞭毛虫(个/10 L)	< 1
隐孢子虫(个/10 L)	< 1
2. 毒理指标	
锑(mg/L)	0.005
钡(mg/L)	0.7
铍(mg/L)	0.002
硼(mg/L)	0.5
钼(mg/L)	0.07
镍(mg/L)	0.02
银(mg/L)	0.05
铊(mg/L)	0.000 1
氯化氰(以 CN^- 计,mg/L)	0.07
一氯二溴甲烷(mg/L)	0.1
二氯一溴甲烷(mg/L)	0.06
二氯乙酸(mg/L)	0.05
1,2-二氯乙烷(mg/L)	0.03
二氯甲烷(mg/L)	0.02
三卤甲烷(三氯甲烷、一氯二溴甲烷、二氯一溴甲烷、三溴甲烷的总和)	该类化合物中各种化合物的实测浓度与其各自限值的比值之和不超过 1
1,1,1-三氯乙烷(mg/L)	2
三氯乙酸(mg/L)	0.1

续表 0-4(3)

指标	限值
三氯乙醛（mg/L)	0.01
2,4,6－三氯酚（mg/L)	0.2
三溴甲烷（mg/L)	0.1
七氯（mg/L)	0.000 4
马拉硫磷（mg/L)	0.25
五氯酚（mg/L)	0.009
六六六(总量,mg/L)	0.005
六氯苯（mg/L)	0.001
乐果（mg/L)	0.08
对硫磷（mg/L)	0.003
灭草松（mg/L)	0.3
甲基对硫磷（mg/L)	0.02
百菌清（mg/L)	0.01
呋喃丹（mg/L)	0.007
林丹（mg/L)	0.002
毒死蜱(mg/L)	0.03
草甘膦（mg/L)	0.7
敌敌畏（mg/L)	0.001
莠去津（mg/L)	0.002
溴氰菊酯（mg/L)	0.02
2,4－滴（mg/L)	0.03
滴滴涕（mg/L)	0.001
乙苯（mg/L)	0.3
二甲苯(mg/L)	0.5
1,1－二氯乙烯（mg/L)	0.03
1,2－二氯乙烯（mg/L)	0.05
1,2－二氯苯（mg/L)	1
1,4－二氯苯（mg/L)	0.3
三氯乙烯（mg/L)	0.07
三氯苯(总量,mg/L)	0.02

续表 0-4(3)

指标	限值
六氯丁二烯（mg/L）	0.000 6
丙烯酰胺（mg/L）	0.000 5
四氯乙烯（mg/L）	0.04
甲苯（mg/L）	0.7
邻苯二甲酸二(2－ 乙基己基)酯（mg/L）	0.008
环氧氯丙烷（mg/L）	0.000 4
苯（mg/L）	0.01
苯乙烯（mg/L）	0.02
苯并(a)芘（mg/L）	0.000 01
氯乙烯（mg/L）	0.005
氯苯（mg/L）	0.3
微囊藻毒素 －LR（mg/L）	0.001
3. 感官性状和一般化学指标	
氨氮（以 N 计,mg/L）	0.
硫化物（mg/L）	0.02
钠(mg/L)	200

表 0-4(4)　农村小型集中式供水和分散式供水部分水质指标及限值

指标	限值
1. 微生物指标	
菌落总数(CFU/mL)	500
2. 毒理指标	
砷(mg/L)	0.05
氟化物(mg/L)	1.2
硝酸盐(以 N 计,mg/L)	20
3. 感官性状和一般化学指标	
色度(铂钴色度单位)	20
浑浊度(NTU－散射浊度单位)	3,水源与净水技术条件限制时为 5

续表 0-4(4)

指标	限值
pH(pH 单位)	不小于 6.5 且不大于 9.5
溶解性总固体 (mg/L)	1 500
总硬度(以 $CaCO_3$ 计,mg/L)	550
耗氧量(COD_{Mn} 法, 以 O_2 计,mg/L)	5
铁 (mg/L)	0.5
锰 (mg/L)	0.3
氯化物 (mg/L)	300
硫酸盐(mg/L)	300

(二)地表水环境质量标准

我国 1983 年首次颁布了《地面水环境质量标准》(GB 3838—83),并分别于 1988 年和 1999 年进行了两次修订,修订后分别颁布了《地面水环境质量标准》(GB 3838—88)和《地表水环境质量标准》(GHZB1—1999)。目前使用的是第三次修订后颁布的《地表水环境质量标准》(GB 3838—2002),该标准由国家环境保护总局及国家质量监督检验检疫总局于 2002 年 4 月 28 日联合发布,自 2002 年 6 月 1 日起实施,《地面水环境质量标准》(GB 3838—88)和《地表水环境质量标准》(GHZB1—1999)同时废止。

《地表水环境质量标准》(GB 3838—2002) 适用于中华人民共和国领域内江河、湖泊、运河、渠道、水库等具有使用功能的地表水水域。具有特定功能的水域,执行相应的专业用水水质标准。依据地表水水域环境功能和保护目标,按功能高低依次划分为五类:

Ⅰ类:主要适用于源头水、国家自然保护区;

Ⅱ类:主要适用于集中式生活饮用水地表水源地一级保护区、珍稀水生生物栖息地、鱼虾类产卵场、仔稚幼鱼的索饵场等;

Ⅲ类:主要适用于集中式生活饮用水地表水源地二级保护区、鱼虾类越冬场、洄游通道、水产养殖区等渔业水域及游泳区;

Ⅳ类:主要适用于一般工业用水区及人体非直接接触的娱乐用水区;

Ⅴ类:主要适用于农业用水区及一般景观要求水域。

对应地表水上述五类水域功能,将地表水环境质量标准基本项目标准值分为五类,不同功能类别分别执行相应类别的标准值。水域功能类别高的标准值严于水域功能类别低的标准值。同一水域兼有多类使用功能的,执行最高功能类别对应的标准值。

地表水环境质量标准基本项目标准限值见表 0-5(1);集中式生活饮用水地表水源地补充项目标准限值见表 0-5(2);集中式生活饮用水地表水源地特定项目标准限值见表 0-5(3)。

表 0-5(1)　地表水环境质量标准基本项目标准限值　(单位:mg/L)

序号	项目		Ⅰ类	Ⅱ类	Ⅲ类	Ⅳ类	Ⅴ类
1	水温(℃)		人为造成的环境水温变化应限制在: 周平均最大温升≤1 周平均最大温降≤2				
2	pH值(无量纲)		6~9				
3	溶解氧	≥	饱和率90% (或7.5)	6	5	3	2
4	高锰酸盐指数	≤	2	4	6	10	15
5	化学需氧量(COD)	≤	15	15	20	30	40
6	五日生化需氧量(BOD_5)	≤	3	3	4	6	10
7	氨氮(NH_3-N)	≤	0.15	0.5	1.0	1.5	2.0
8	总磷(以P计)	≤	0.02 (湖、库0.01)	0.1 (湖、库0.025)	0.2 (湖、库0.05)	0.3 (湖、库0.1)	0.4 (湖、库0.2)
9	总氮(湖、库,以N计)	≤	0.2	0.5	1.0	1.5	2.0
10	铜	≤	0.01	1.0	1.0	1.0	1.0
11	锌	≤	0.05	1.0	1.0	2.0	2.0
12	氟化物(以F^-计)	≤	1.0	1.0	1.0	1.5	1.5
13	硒	≤	0.01	0.01	0.01	0.02	0.02
14	砷	≤	0.05	0.05	0.05	0.1	0.1
15	汞	≤	0.000 05	0.000 05	0.000 1	0.001	0.001
16	镉	≤	0.001	0.005	0.005	0.005	0.01
17	铬(六价)	≤	0.01	0.05	0.05	0.05	0.1
18	铅	≤	0.01	0.01	0.05	0.05	0.1
19	氰化物	≤	0.005	0.05	0.2	0.2	0.2
20	挥发酚	≤	0.002	0.002	0.005	0.01	0.1
21	石油类	≤	0.05	0.05	0.05	0.5	1.0
22	阴离子表面活性剂	≤	0.2	0.2	0.2	0.3	0.3
23	硫化物	≤	0.05	0.1	0.2	0.5	1.0
24	粪大肠菌群(个/L)	≤	200	2 000	10 000	20 000	40 000

表 0-5(2)　集中式生活饮用水地表水源地补充项目标准限值　(单位:mg/L)

序号	项目	标准值
1	硫酸盐(以SO_4^{2-}计)	250
2	氯化物(以Cl^-计)	250
3	硝酸盐(以N计)	10
4	铁	0.3
5	锰	0.1

表0-5(3)　集中式生活饮用水地表水源地特定项目标准限值　(单位:mg/L)

序号	项目	标准值	序号	项目	标准值
1	三氯甲烷	0.06	29	六氯苯	0.05
2	四氯化碳	0.002	30	硝基苯	0.017
3	三溴甲烷	0.1	31	二硝基苯④	0.5
4	二氯甲烷	0.02	32	2,4-二硝基甲苯	0.000 3
5	1,2-二氯乙烷	0.03	33	2,4,6-三硝基甲苯	0.5
6	环氧氯丙烷	0.02	34	硝基氯苯⑤	0.05
7	氯乙烯	0.005	35	2,4-二硝基氯苯	0.5
8	1,1-二氯乙烯	0.03	36	2,4-二氯苯酚	0.093
9	1,2-二氯乙烯	0.05	37	2,4,6-三氯苯酚	0.2
10	三氯乙烯	0.07	38	五氯酚	0.009
11	四氯乙烯	0.04	39	苯胺	0.1
12	氯丁二烯	0.002	40	联苯胺	0.000 2
13	六氯丁二烯	0.000 6	41	丙烯酰胺	0.000 5
14	苯乙烯	0.02	42	丙烯腈	0.1
15	甲醛	0.9	43	邻苯二甲酸二丁酯	0.003
16	乙醛	0.05	44	邻苯二甲酸二(2-乙基己基)酯	0.008
17	丙烯醛	0.1	45	水合肼	0.01
18	三氯乙醛	0.01	46	四乙基铅	0.000 1
19	苯	0.01	47	吡啶	0.2
20	甲苯	0.7	48	松节油	0.2
21	乙苯	0.3	49	苦味酸	0.5
22	二甲苯①	0.5	50	丁基黄原酸	0.005
23	异丙苯	0.25	51	活性氯	0.01
24	氯苯	0.3	52	滴滴涕	0.001
25	1,2-二氯苯	1.0	53	林丹	0.002
26	1,4-二氯苯	0.3	54	环氧七氯	0.000 2
27	三氯苯②	0.02	55	对硫磷	0.003
28	四氯苯③	0.02	56	甲基对硫磷	0.002

续表 0-5(3)

序号	项目	标准值	序号	项目	标准值
57	马拉硫磷	0.05	69	微囊藻毒素 - LR	0.001
58	乐果	0.08	70	黄磷	0.003
59	敌敌畏	0.05	71	钼	0.07
60	敌百虫	0.05	72	钴	1.0
61	内吸磷	0.03	73	铍	0.002
62	百菌清	0.01	74	硼	0.5
63	甲萘威	0.05	75	锑	0.005
64	溴氰菊酯	0.02	76	镍	0.02
65	阿特拉津	0.003	77	钡	0.7
66	苯并(a)芘	2.8×10^{-6}	78	钒	0.05
67	甲基汞	1.0×10^{-6}	79	钛	0.1
68	多氯联苯⑥	2.0×10^{-5}	80	铊	0.000 1

注:①二甲苯:指对 - 二甲苯、间 - 二甲苯、邻 - 二甲苯。

②三氯苯:指 1,2,3 - 三氯苯、1,2,4 - 三氯苯、1,3,5 - 三氯苯。

③四氯苯:指 1,2,3,4 - 四氯苯、1,2,3,5 - 四氯苯、1,2,4,5 - 四氯苯。

④二硝基苯:指对 - 二硝基苯、间 - 二硝基苯、邻 - 二硝基苯。

⑤硝基氯苯:指对 - 硝基氯苯、间 - 硝基氯苯、邻 - 硝基氯苯。

⑥多氯联苯:指 PCB - 1016、PCB - 1221、PCB - 1232、PCB - 1242、PCB - 1248、PCB - 1254、PCB - 1260。

(三)地下水质量标准

为保护和合理开发地下水资源,防止和控制地下水污染,保障人民身体健康,促进经济建设,国家技术监督局于 1993 年 12 月 30 日批准了《地下水质量标准》(GB/T 14848—93),并于 1994 年 10 月 1 日实施,之后于 2017 年进行了第一次修订,目前使用的是修订后的《地下水质量标准》(GB/T 14848—2017)。该标准是国家质量监督检验检疫总局、国家标准化管理委员会于 2017 年 10 月 14 日联合发布并于 2018 年 5 月 1 日实施的,《地下水质量标准》(GB/T 14848—93)同时废止。

《地下水质量标准》(GB/T 14848—2017)是地下水勘查评价、开发利用和监督管理的依据,适用于一般地下水,不适用于地下热水、矿水、盐卤水。

依据我国地下水质量状况和人体健康风险,参照生活饮用水、工业、农业等用水质量要求,依据各组分含量高低(pH 除外),将地下水分为以下五类:

Ⅰ类:地下水化学组分含量低,适用于各种用途。

Ⅱ类:地下水化学组分含量较低,适用于各种用途。

Ⅲ类:地下水化学组分含量中等,主要适用于集中式生活饮用水水源及工农业用水。

Ⅳ类:地下水化学组分含量较高,适用于农业和部分工业用水,适当处理后可作生活饮用水。

Ⅴ类:地下水化学组分含量高,不宜作为生活饮用水水源,其他用水可根据使用目的选用。

地下水质量指标分为常规指标和非常规指标,其分类及限值分别见表0-6(1)和表0-6(2)。

表0-6(1)　地下水质量常规指标及限值(GB/T 14848—2017)

序号	指标	Ⅰ类	Ⅱ类	Ⅲ类	Ⅳ类	Ⅴ类
感官性状及一般化学指标						
1	色(铂钴色度单位)	≤5	≤5	≤15	≤25	>25
2	嗅和味	无	无	无	无	有
3	浑浊度(NTU[a])	≤3	≤3	≤3	≤10	>10
4	肉眼可见物	无	无	无	无	有
5	pH	6.5≤pH≤8.5			5.5≤pH≤6.5 8.5≤pH≤9.0	pH <5.5 或 pH >9.0
6	总硬度(以 $CaCO_3$ 计,mg/L)	≤150	≤300	≤450	≤650	>650
7	溶解性总固体(mg/L)	≤300	≤500	≤1 000	≤2 000	>2 000
8	硫酸盐(mg/L)	≤50	≤150	≤250	≤350	>350
9	氯化物(mg/L)	≤50	≤150	≤250	≤350	>350
10	铁(mg/L)	≤0.1	≤0.2	≤0.3	≤2.0	>2.0
11	锰(mg/L)	≤0.05	≤0.05	≤0.1	≤1.50	>1.50
12	铜(mg/L)	≤0.01	≤0.05	≤1.00	≤1.50	>1.50
13	锌(mg/L)	≤0.05	≤0.5	≤1.00	≤5.00	>5.00
14	铝(mg/L)	≤0.001	≤0.05	≤0.20	≤0.50	>0.50
15	挥发性酚类(以苯酚计,mg/L)	≤0.001	≤0.001	≤0.002	≤0.01	>0.01
16	阴离子表面活性剂(mg/L)	不得检出	≤0.1	≤0.3	≤0.3	>0.3
17	耗氧量(COD_{Mn}法,以 O_2 计,mg/L)	≤1.0	≤2.0	≤3.0	≤10.0	>10.0
18	氨氮(以N计,mg/L)	≤0.02	≤0.10	≤0.50	≤1.50	>1.50
19	硫化物(mg/L)	≤0.005	≤0.001	≤0.002	≤0.10	>0.10
20	钠(mg/L)	≤100	≤150	≤200	≤400	>400
微生物指标						
21	总大肠菌群(MPN[b]/100 mL 或 CFU[c]/100 mL)	≤3.0	≤3.0	≤3.0	≤100	>100
22	菌落总数(CFU/mL)	≤100	≤100	≤100	≤1 000	>1 000

续表 0-6(1)　(GB/T 14848—2017)

序号	指标	Ⅰ类	Ⅱ类	Ⅲ类	Ⅳ类	Ⅴ类
				毒理学指标		
23	亚硝酸盐(以 N 计,mg/L)	≤0.01	≤0.10	≤1.00	≤4.80	>4.80
24	硝酸盐(以 N 计,mg/L)	≤2.0	≤5.0	≤20.0	≤30.0	>30.0
25	氰化物(mg/L)	≤0.001	≤0.01	≤0.05	≤0.1	>0.1
26	氟化物(mg/L)	≤1.0	≤1.0	≤1.0	≤2.0	>2.0
27	碘化物(mg/L)	≤0.04	≤0.04	≤0.08	≤0.50	>0.50
28	汞(mg/L)	≤0.000 1	≤0.000 1	≤0.001	≤0.002	>0.002
29	砷(mg/L)	≤0.001	≤0.001	≤0.01	≤0.05	>0.05
30	硒(mg/L)	≤0.01	≤0.01	≤0.01	≤0.1	>0.1
31	镉(mg/L)	≤0.000 1	≤0.001	≤0.005	≤0.01	>0.01
32	铬(六价,mg/L)	≤0.005	≤0.01	≤0.05	≤0.10	>0.10
33	铅(mg/L)	≤0.005	≤0.005	≤0.01	≤0.10	>0.10
34	三氯甲烷(μg/L)	≤0.5	≤6	≤60	≤300	>300
35	四氯化碳(μg/L)	≤0.5	≤0.5	≤2.0	≤50.0	>50.0
36	苯(μg/L)	≤0.5	≤1.0	≤10.0	≤120	>120
37	甲苯(μg/L)	≤0.5	≤140	≤700	≤1 400	>1 400
				放射性指标[d]		
38	总 α 放射性(Bq/L)	≤0.1	≤0.1	≤0.5	>0.5	>0.5
39	总 β 放射性(Bq/L)	≤0.1	≤1.0	≤1.0	>1.0	>1.0

注:a. NTU 为散射浊度单位。
b. MPN 表示最可能数。
c. CFU 表示菌落形成单位。
d. 放射性指标超过指导值,应进行核素分析和评价。

表 0-6(2)　地下水质量非常规指标及限值(GB/ T 14848—2017)

序号	指标	Ⅰ类	Ⅱ类	Ⅲ类	Ⅳ类	Ⅴ类
				毒理学指标		
1	铍(mg/L)	≤0.000 1	≤0.000 1	≤0.000 2	≤0.06	>0.06
2	硼(mg/L)	≤0.02	≤0.10	≤0.50	≤2.00	>2.00
3	锑(mg/L)	≤0.000 1	≤0.000 5	≤0.005	≤0.01	>0.01
4	钡(mg/L)	≤0.01	≤0.10	≤0.70	≤4.00	>4.00
5	镍(mg/L)	≤0.002	≤0.002	≤0.02	≤0.10	>0.10

续表 0-6(2)

序号	指标	Ⅰ类	Ⅱ类	Ⅲ类	Ⅳ类	Ⅴ类
6	钴(mg/L)	≤0.005	≤0.005	≤0.05	≤0.10	>0.10
7	钼(mg/L)	≤0.001	≤0.01	≤0.07	≤0.15	>0.15
8	银(mg/L)	≤0.001	≤0.01	≤0.05	≤0.10	>0.10
9	铊(mg/L)	≤0.000 1	≤0.000 1	≤0.000 1	≤0.001	>0.001
10	二氯甲烷(μg/L)	≤1	≤2	≤20	≤500	>500
11	1,2-二氯乙烷(μg/L)	≤0.5	≤3.0	≤30.0	≤40.0	>40.0
12	1,1,1-三氯乙烷(μg/L)	≤0.5	≤400	≤2 000	≤4 000	>4 000
13	1,1,2-三氯乙烷(μg/L)	≤0.5	≤0.5	≤5.0	≤60.0	>60.0
14	1,2-二氯丙烷(μg/L)	≤0.5	≤0.5	≤5.0	≤60.0	>60.0
15	三溴甲烷(μg/L)	≤0.5	≤10.0	≤100	≤800	>800
16	氯乙烯(μg/L)	≤0.5	≤0.5	≤5.0	≤90.0	>90.0
17	1,1-二氯乙烯(μg/L)	≤0.5	≤3.0	≤30.0	≤60.0	>60.0
18	1,2-二氯乙烯(μg/L)	≤0.5	≤5.0	≤50.0	≤60.0	>60.0
19	三氯乙烯(μg/L)	≤0.5	≤7.0	≤70.0	≤210	>210
20	四氯乙烯(μg/L)	≤0.5	≤4.0	≤40.0	≤300	>300
21	氯苯(μg/L)	≤0.5	≤60.0	≤300	≤600	>600
22	邻二氯苯(μg/L)	≤0.5	≤200	≤1 000	≤ 2 000	>2 000
23	对二氯苯(μg/L)	≤0.5	≤30.0	≤300	≤600	>600
24	三氯苯(总量,μg/L)[a]	≤0.5	≤4.0	≤20.0	≤180	>180
25	乙苯(μg/L)	≤0.5	≤30.0	≤300	≤600	>600
26	二甲苯(总量,μg/L)[b]	≤0.5	≤100	≤500	≤1 000	>1 000
27	苯乙烯(μg/L)	≤0.5	≤2.0	≤20.0	≤40.0	>40.0
28	2,4-二硝基甲苯(μg/L)	≤0.1	≤0.5	≤5.0	≤60.0	>60.0
29	2,6-二硝基甲苯(μg/L)	≤0.1	≤0.5	≤5.0	≤30.0	>30.0
30	萘(μg/L)	≤1	≤10	≤100	≤600	>600
31	蒽(μg/L)	≤1	≤360	≤1 800	≤3 600	>3 600
32	荧蒽(μg/L)	≤1	≤50	≤240	≤480	>480
33	苯并(b)荧蒽(μg/L)	≤0.4	≤0.4	≤4.0	≤8.0	>8.0
34	苯并(a)芘(μg/L)	≤0.002	≤0.002	≤0.01	≤0.50	>0.50
35	多氯联苯(总量,μg/L)[c]	≤0.05	≤0.05	≤0.50	≤10.0	>10.0

续表 0-6(2)

序号	指标	Ⅰ类	Ⅱ类	Ⅲ类	Ⅳ类	Ⅴ类
36	邻苯二甲酸二(2-乙基己基)酯(μg/L)	≤3	≤3	≤8	≤300	>300
37	2,4,6-三氯酚(μg/L)	≤0.05	≤20.0	≤200	≤300	>300
38	五氯酚(μg/L)	≤0.05	≤0.90	≤9.0	≤18.0	>18.0
39	六六六(总量,μg/L)[d]	≤0.01	≤0.50	≤5.00	≤300	>300
40	γ-六六六(林丹)(μg/L)	≤0.01	≤0.20	≤2.00	≤150	>150
41	滴滴涕(总量,μg/L)[e]	≤0.01	≤0.10	≤1.00	≤2.00	>2.00
42	六氯苯(μg/L)	≤0.01	≤0.10	≤1.00	≤2.00	>2.00
43	七氯(μg/L)	≤0.01	≤0.04	≤0.40	≤0.80	>0.80
44	2,4-滴(μg/L)	≤0.1	≤6.0	≤30.0	≤150	>150
45	克百威(μg/L)	≤0.05	≤1.40	≤7.00	≤17.0	>14.0
46	涕灭威(μg/L)	≤0.05	≤0.60	≤3.00	≤30.0	>30.0
47	敌敌畏(μg/L)	≤0.05	≤0.10	≤1.00	≤2.00	>2.00
48	甲基对硫磷(μg/L)	≤0.05	≤4.00	≤20.0	≤40.0	>40.0
49	马拉硫磷(μg/L)	≤0.05	≤25.0	≤250	≤500	>500
50	乐果(μg/L)	≤0.05	≤16.0	≤80.0	≤160	>160
51	毒死蜱(μg/L)	≤0.05	≤6.00	≤30.0	≤60.0	>60.0
52	百菌清(μg/L)	≤0.05	≤1.00	≤10.0	≤150	>150
53	莠去津(μg/L)	≤0.05	≤0.40	≤2.00	≤60	>600
54	草甘膦(μg/L)	≤0.1	≤140	≤700	≤1 400	>1 400

注:a. 三氯苯(总量)为1,2,3-三氯苯、1,2,4-三氯苯、1,2,5-三氯苯3种异构体加和。

b. 二甲苯(总量)为邻二甲苯、间二甲苯、对二甲苯3种异构体加和。

c. 多氯联苯(总量)为PCB28、PCB52、PCB101、PCB118、PCB138、PCB153、PCB180、PCB194、PCB206 9种多氯联苯单体加和。

d. 六六六(总量)为α-六六六、β-六六六、γ-六六六、δ-六六六4种异构体加和。

e. 滴滴涕(总量)为o,p'-滴滴涕、p,p'-滴滴伊、p,p'-滴滴滴、p,p'-滴滴涕4种异构体加和。

小 结

绪论主要介绍了水资源及水体污染、水质指标与水质标准等有关知识。通过绪论学习,使学生了解水质指标、水质标准、水质分析、水质监测、水质评价等概念;理解水体污染的概念及危害;培养学生的环保意识,理解水质监测与评价工作的重要性。

复习思考题

一、填空

1. 水质监测可分为环境水体监测和水污染源监测。环境水体包括＿＿＿＿＿和＿＿＿＿＿,水污染源包括＿＿＿＿＿、＿＿＿＿＿、＿＿＿＿＿等。

2. 水质评价是一个综合性强、涉及面广的新兴学科,它可分为＿＿＿＿＿评价、＿＿＿＿＿评价等多种类型。

3. 地球上的水不断地进行着两种循环。一种是＿＿＿＿＿循环,另一种是＿＿＿＿＿循环。

4. 水质指标种类繁多,可分为＿＿＿＿＿指标、＿＿＿＿＿指标和＿＿＿＿＿指标三大类。

5. 水体中的有机物常在微生物的参与下进行分解、转化。由于水环境条件和参与的微生物不同,有机物有两种分解形式,即＿＿＿＿＿分解和＿＿＿＿＿分解。

二、名词解释

1. 水质监测　2. 溶解物　3. 工业废水　4. 水体污染　5. 好氧分解
6. 碱度　7. 悬浮物　8. 溶解氧　9. 水质标准　10. 硬度

三、选择

1. 现在我国执行的《生活饮用水卫生标准》是(　　)。

A. GB 3838—88　B. GB 3838—2002　C. GB 5749—85　D. GB 5749—2006

2. 我国到目前为止,对1983年颁布的《地面水环境质量标准》进行了(　　)次修订。

A. 4　B. 3　C. 2　D. 1

3. 依据我国地表水水域环境功能和保护目标,按功能高低依次划分为(　　)类。

A. 三　B. 四　C. 五　D. 六

4. 依据我国地下水水质现状、人体健康基准值及地下水的质量保护目标,将地下水质量划分为五类。其中规定前(　　)类水可作为生活饮用水。

A. 二　B. 三　C. 四　D. 五

四、问答

1. 水质监测的主要内容是什么?通过水质监测达到的目的是什么?

2. 水环境中有机物有两种分解形式,即好氧分解和厌氧分解。这两种形式得到的分解产物和它们对水体环境产生的影响有何不同?

3. 什么是水质标准?简述水质标准的作用及分类。

项目一 分析方法概述

任务一 分析方法及其类型

水质分析就是分析天然水、生活用水、生产用水、生活污水、生产废水等各类水体中含有哪些成分、含量是多少等,是分析方法、分析技术在水质研究中的应用。

分析化学是专门研究物质化学组成的分析方法及有关理论的一门学科。在分析化学中,根据分析目的及要求,将分析方法分为定性分析和定量分析两大类。定性分析就是鉴定物质有哪些组成成分;定量分析就是测定物质各组成成分的含量。在具体分析工作中,首先必须了解物质的定性组成,即试样的主要成分和主要杂质,必要时要做试样的全分析,然后根据测定要求选择适当的定量分析方法。对于水质分析,一般都事先知道被分析的水样含有什么杂质,工业废水尽管成分复杂,但也可根据生产工艺、所用原材料和产品等情况预测出来。所以,除特殊情况外,水的定性分析较少采用,因此本书主要讨论定量分析的常用分析方法。

根据分析方法的原理及特点,一般将水质分析的定量分析方法分为化学分析和仪器分析两大类。

一、化学分析方法

以物质的化学反应为基础的分析方法称为化学分析法。化学分析法历史悠久,是分析化学的基础,也称为经典化学分析法。主要有滴定分析法和重量分析法。

(一)滴定分析法

滴定分析法又称容量分析法,这种方法是将一种已知准确浓度的试剂溶液滴加到被测物质的溶液中,直到所加的试剂与被测物质按化学计量关系定量反应完为止,再根据试剂溶液的浓度和用量,计算被测物质的含量。

已知准确浓度的试剂溶液称为标准溶液(滴定剂),将滴定剂滴加到被测物质溶液中的过程,叫“滴定”。当加入的滴定剂与被测物质正好按化学计量关系定量反应完时,称为滴定的“化学计量点”(理论终点)。

在实际滴定过程中,利用指示剂在“化学计量点”附近发生颜色突变来确定“滴定终点”。由于指示剂并不一定恰好在“化学计量点”时变色,那么“滴定终点”与“化学计量点”之间可能会存在着一个很小的差别,由此而造成的分析误差称为“滴定误差”,但是如果选择合适的指示剂,该误差是可以忽略的。(详细讲解见酸碱滴定指示剂的选择)

滴定分析法常用来测定一些常量组分,即被测组分的含量一般在1%以上,有时也可以测定微量组分。滴定分析法的准确度较高,一般测定时的相对误差在0.2%左右,而且所需的仪器设备简单,操作简便,测定快速,因此在水质分析中广泛采用,成为水质分析最基本的方法之一。

根据反应类型不同,滴定分析法主要分以下四类:

(1)酸碱滴定法(中和法)。利用酸碱反应进行滴定的方法。常用强酸、强碱作滴定剂来测定酸、碱以及能与酸、碱发生反应的物质的含量,其反应实质如下:

$$H^{+} + OH^{-} = H_2O$$

(2)配位滴定法。利用配位反应进行滴定的方法。常用乙二胺四乙酸二钠(EDTA)为滴定剂来测定金属离子,最后产物为配合物。其反应实质如下:

$$M^{2+} + Y^{4-} = MY^{2-}$$

式中,M^{2+}为二价金属离子;Y^{4-}为EDTA的阴离子。

(3)氧化还原滴定法。利用氧化还原反应进行滴定的方法。其中包括高锰酸钾法、重铬酸钾法和碘量法等,用来测定一些能被氧化或能被还原的物质。例如:

$$MnO_4^{-} + 5Fe^{2+} + 8H^{+} = Mn^{2+} + 5Fe^{3+} + 4H_2O$$

(4)沉淀滴定法。利用沉淀反应进行滴定的方法。这类滴定中有沉淀产生,如用$AgNO_3$为滴定剂测定卤素离子。

$$Ag^{+} + X^{-} = AgX\downarrow$$

以上四种方法各有其优点及其局限性,当同一物质可选用几种方法进行滴定时,必须根据被测物质的性质、含量、试样组分、是否有干扰离子以及分析结果的准确度要求等多种因素选用适当的测定方法。

化学反应类型较多,能适用于滴定分析的化学反应必须满足以下四个条件:

(1)反应要定量地完成。即被测物质与标准溶液所发生的反应要按一定的化学方程式进行,而且反应必须接近完全(要求达到99.9%),无副反应发生。

(2)反应迅速。要求反应在瞬间完成,对于速度较慢的反应可以通过加热或加催化剂等方法来加快反应速度。

(3)必须要有适当方法指示终点,即可选用适当指示剂。

(4)试液中不能有干扰性杂质。

凡是能完全满足上述要求的反应,都可以用标准溶液直接滴定被测物质。如果反应不能完全符合上述要求,则可采用返滴法、置换法以及间接法等滴定测试。

(二)重量分析法

重量分析法是通过一系列的操作步骤(如反应、沉淀、过滤、烘干、恒重等)使样品中的待测组分转化为另一种纯粹的、固定化学组成的化合物,再通过称量该化合物的质量,从而计算出待测组分的含量。重量分析法一般适用于高含量或中含量组分的测定,准确度比较高,常作为一些测定的仲裁方法,但由于分析过程烦琐、费时间,分析速度较慢,所以在水质常规分析中实际应用不多。

二、仪器分析法

通过用复杂或特殊的仪器设备,测试物质的某些物理或物理化学性质来进行分析的方法叫仪器分析法,也称为物理或物理化学分析法。仪器分析法是从化学分析法发展变化而来的,起步较晚,在某些方面两种分析方法也没有绝对的界限(如目视比色法、分光光度法，有人把它归类于化学分析，有人归类于仪器分析；有些仪器分析法的样品前期处理仍是化学分析法范畴），但经过近几十年的迅速发展，仪器分析法越来越成熟，确有其独特的地方，有的方法还成为水质分析的最常用方法及标准方法而取代化学分析法。

（一）仪器分析法的种类

仪器分析法有多种分类方法，一般都是依据测定方法的原理分为光学分析法、电化学分析法、色谱分析法及其他分析法。

1. 光学分析法

光学分析法，又称光谱分析法，是以物质的光学光谱性质为基础的分析方法。它又可细分为吸收光谱和发射光谱（也有人根据测定光学性质时物质所呈状态，分为原子光谱和分子光谱），具体如下：

（1）比色法。比较溶液颜色来确定物质含量的分析方法。实际上就是利用分子状态的物质对复合光的综合吸收效果来确定物质的含量。该方法正逐渐被分光光度法取代。

（2）分光光度法。根据物质（分子或原子）对特定波长的光选择性吸收的程度来确定物质含量的分析方法。包括可见紫外分光光度法、红外分光光度法、原子吸收分光光度法。

（3）原子发射光谱法。根据物质中的原子被激发所产生特征光谱的波长及强度进行定性定量分析。

2. 电化学分析法

电化学分析法是以电化学理论和物质的电化学性质为基础建立起来的分析方法。通常是将试样溶液作为化学电池的一个组成部分，研究和测量溶液的电物理量（电极电位、电导、电量、电流等），从而测定被测物的含量。具体分为下列方法：

（1）电位分析法。包括直接电位法、电位滴定法。

（2）电导分析法。包括直接电导法、电导滴定法。

（3）库仑分析法。包括库仑滴定法、控制电位库仑法。

（4）极谱分析法。包括经典极谱法、示波极谱法、阳极溶出极谱法。

3. 色谱分析法

色谱分析法，又称层析法，是根据试样在不同的两相中做相对运动时，由于不同的物质在两相中分配系数不同，从而达到分离效果，然后再用检测器测定各组分含量的分析方法。具体分为以下几种：

（1）气相色谱分析法。流动相为气体，固定相为固体或液体。

（2）液相色谱分析法。流动相为液体，固定相为固体或液体。

（3）纸色谱分析法。以纸作载体，以纸纤维吸附的水分为固定相，样品点在纸条的一端，用流动相展开，从而使样品组分分离，然后进行定性定量分析。

4. 其他分析法

以上三类分析法是应用最广的仪器分析方法。随着仪器分析的迅速发展，又研制出许多新的或有特殊用途的仪器分析方法。如差热分析法、质谱分析法、离子探针、X－射线荧光分析法、核磁共振、电子能谱等。这些分析方法，由于其用途特殊或仪器价格昂贵，一般普及率不太高。

(二)仪器分析法的特点

一般来说,相对于化学分析法,仪器分析法有以下特点。

1.灵敏度高

仪器分析法的灵敏度比化学分析法的灵敏度高得多,其检出量一般都在ppm(百万分率)、ppb(十亿分率)级,甚至更高。因此,仪器分析法主要适用于微量成分的测定,如水中的铬、汞、铅、氰化物等毒理学指标的测定。

由于仪器分析法灵敏度高,外界因素有较小的变动,测定结果就会有很大的变化,导致相对误差较大,所以仪器分析法一般不适于常量、高含量分析。不过,随着科学技术发展,也生产出了一些灵敏度不是太高,而自动化程度较高,用于常量分析的仪器。如自动电位滴定仪,通过事先调整好仪器,就可以自动滴定,不再需要人工判断终点。

2.操作简便、分析速度快

由于仪器分析法的自动化程度较高,分析过程中的很多步骤由仪器自动完成,不需要人工参与,因此分析速度快,适用于批量试样的分析及连续分析。加上现在的很多仪器都带有自动记录、数字显示、微机技术,可以出测试结果,分析速度进一步加快。不过,一般仪器分析测试前往往需要做许多准备工作。例如仪器的调试和校正、标准曲线的制作等。这对于单个或少数试样的测试来讲,不但分析速度快体现不出来,反而显得复杂烦琐。所以,仪器分析特别适合于批量试样的测定。

3.选择性好

色谱法、极谱法、原子吸收光谱法、分光光度法、离子电极法等几乎所有的仪器分析法都具有很好的选择性。只要调整到适当的条件,一些其他组分一般不干扰测定,这对于分析组成复杂的试样非常方便。如:水样有颜色时,很难用指示剂测定pH值,而用酸度计就很容易测定;测定水样中的铜、锌、铅、镉时,若用原子吸收法测定,不用分离试样,只要选取不同的灯就可以一一测出;若用极谱法测定则更容易,只要选定不同的电位,即可一一测出。

当然,仪器分析法选择性高,也不是说它本身能排除所有的干扰,实际工作中,在试样预处理时,也往往采用分离方法、掩蔽手段与之配合。

4.仪器设备较复杂、价格昂贵

仪器分析法都需要使用特殊的、专用和成套的仪器设备,许多仪器结构复杂、价格昂贵。仪器设备需要安装调试、校正和维修保养,有的仪器对于使用条件要求较高,有的甚至要求恒温恒湿,有的则要求高纯的气体。正因为这样,使得某些仪器分析方法的普及推广使用受到了一定的限制。此外,仪器分析法对分析测试人员的要求也相应地较高,不但应具有化学分析知识,而且应了解仪器原理、适用范围、使用要求,掌握操作技能,并有一定的仪器维护保养能力。

随着电子技术的发展,制造仪器的成本降低,仪器的价格也相对下降,仪器的智能化程度也越来越高,使用方法也越来越简单,这对仪器分析的普及非常有利。

尽管仪器分析法有很多的优点,是分析测试的一个发展方向,但是,目前它还不可能完全取代化学分析法。因为相当一部分仪器分析还需要化学分析方法进行预处理(如消化、富集、稀释、排除干扰等),同时在建立测定方法的过程中,还需要用经典的化学方法验证、制备标准等。另外，一些大型仪器还无法在基层监测站普及。在实际分析测试工作中，应该根据具体情况和要求选用适当的方法。

考虑到学时的要求及学生可能从事的工作岗位，本书将主要讲解水质分析常用的、基本的分析方法。

任务二 标准溶液

水质分析方法大多是相对测量，即以某一标准物质为基准，测试计算被测组分的含量。而在具体分析时，为了便于使用，将标准物质配制成一定浓度的溶液，这种已知准确浓度的溶液称为标准溶液。因此，水质分析离不开标准溶液，否则便无法根据测量值计算分析结果。

一、标准溶液浓度表示方法

浓度用来表示单位体积溶液中所含溶质的多少，它的表示方法有很多种。为了便于计算，标准溶液的浓度一般采用以下两种表示方法。

（一）物质的量浓度

物质的量浓度，是指单位体积溶液中含溶质的物质的量，用 C_B 表示。

$$C_B = \frac{n_B}{V}, n_B = \frac{m}{M_B}$$

式中 n_B——溶质 B 的物质的量；

V——溶液的体积；

m——溶质的质量；

M_B——物质 B 的摩尔质量。

“物质的量浓度”可简称为“浓度”，其法定计量单位为 mol/m^3，常用的化学计量单位是 mol/L 或 mmol/L。

在使用浓度时，必须指明基本单元。基本单元可以是原子、分子、离子、电子及其他粒子，或是这些粒子的特定组合。

例如，对于 H_2SO_4，基本单元可以是 H_2SO_4，也可以是 $\frac{1}{2}H_2SO_4$；对于 Na_2CO_3，基本单元可以是 Na_2CO_3，也可以是 $\frac{1}{2}Na_2CO_3$；等等。

对同一种物质 B，若设其基本单元分别为 B 和 bB（b 可以是整数或分数），则该物质在两种情况下的摩尔质量、物质的量、物质的量浓度之间有如下关系：

$$M(bB) = bM(B), n(bB) = \frac{1}{b}n(B), C(bB) = \frac{1}{b}C(B)$$

例如：对于硫酸，当分别以 H_2SO_4 和 $\frac{1}{2}H_2SO_4$ 为基本单元时，则有：

$$M(\frac{1}{2}H_2SO_4) = \frac{1}{2}M(H_2SO_4)$$

$$n(\frac{1}{2}H_2SO_4) = 2n(H_2SO_4)$$

$$C(\frac{1}{2}H_2SO_4) = 2C(H_2SO_4)$$

此时,$C(H_2SO_4)$若等于1 mol/L,表示每升H_2SO_4溶液中含有98.08 g(H_2SO_4);而$C(\frac{1}{2}H_2SO_4)$等于1 mol/L,则表示每升H_2SO_4溶液中含有49.04 g(H_2SO_4)。

(二)滴定度

滴定度是指每毫升标准溶液相当于被测物质的质量(g/mL或mg/mL),用$T_{A/B}$表示,其中B代表滴定剂的分子式,A代表被测物质的分子式。

例如每毫升H_2SO_4溶液可与0.040 0 g NaOH作用,则此H_2SO_4溶液对NaOH的滴定度为$T_{NaOH/H_2SO_4}=0.040\ 0$ g/mL。若知道滴定度,再乘以滴定中用去的标准溶液的体积,就可以直接得到被测物质的质量,即

$$m_A = T_{A/B}V_B$$

式中　V_B——滴定中用去的标准溶液的体积,mL。

【例1-1】　用$T_{Cl^-/AgNO_3}=0.000\ 5$ g/mL的$AgNO_3$标准溶液,滴定某水样中Cl^-含量时,取水样50.00 mL,以K_2CrO_4为指示剂滴定至终点,耗用$AgNO_3$标准溶液6.30 mL,试计算水样中Cl^-的含量(以g/L表示)。

解:$C(Cl^-)=\frac{0.000\ 5\times 6.30}{50.00}\times 1\ 000=0.063$(g/L)

水样中Cl^-的含量为0.063 g/L。

二、标准溶液的配制

标准溶液的配制,通常有两种方法,即直接配制法和间接配制法(又称标定法)。

(一)直接配制法

准确称取一定量的物质,用适量的水溶解后移入容量瓶,用水稀释至刻度,然后根据称取物质的质量和容量瓶的体积即可算出该标准溶液的准确浓度。

例如,欲配制0.100 0 mol/L的NaCl标准溶液100 mL,则必须准确称量经干燥的分析纯NaCl 0.584 5 g,用少量的水溶解后,移入100 mL容量瓶中并用水稀释至刻度。

许多化学试剂由于不纯或不易提纯,或在空气中不稳定等原因,不能准确称取其真实质量,所以要想用直接配制法配制标准溶液,化学试剂应满足以下条件:

(1)纯度高,杂质含量应低于滴定分析所允许的误差限度,一般要求用分析纯和优级纯的试剂。

(2)物质组成应与化学式完全相符。若含结晶水(如草酸$H_2C_2O_4\cdot 2H_2O$等),其结晶水的含量也应该与化学式完全相符。

(3)性质稳定,不论是固体或液体,在保存时都稳定不变。如在加热干燥时不分解,称量时不吸湿,也不吸收空气中的CO_2,不被氧化等。

凡符合上述条件，能用直接配制法配制标准溶液的物质，在分析化学中常称作“基准物质”或“基准试剂”。实际使用时，如果有几种基准试剂可选用，一般选择摩尔质量较大的那种，这样称量的质量相对较大，可以减少称量的相对误差。

（二）间接配制法

有一些化学试剂不符合基准试剂的要求，如 NaOH 易吸水和 CO_2、浓 HCl 溶液易挥发、$KMnO_4$ 和 $Na_2S_2O_3$ 不易提纯且见光易分解等，但在分析化学中又常常用到这些物质的标准溶液。对于这类物质一般采用间接配制法。具体做法是：首先通过计算配制成接近所需浓度的溶液，然后再用基准试剂去校准它的准确浓度，这种利用基准物质来确定标准溶液准确浓度的操作过程称为“标定”。

任务三 滴定分析的计算

各种水质分析方法数据计算，以滴定分析法的计算最为典型，涉及的计算问题最多，也最为普遍，如溶液的配制、标定以及测定结果的计算等。本任务主要集中讲解滴定分析的计算，其他分析方法的计算较简单或比较特殊，将在相应任务中介绍。

一、配制溶液的计算

【例 1-2】 配制浓度 $C(Na_2CO_3)$ 为 0.050 0 mol/L 的溶液 500.00 mL，需称取 Na_2CO_3 多少克？

解：$C(Na_2CO_3) = 0.050\ 0\ \text{mol/L}$　　$V = 500.00\ \text{mL} = 0.500\ \text{L}$

$M(Na_2CO_3) = 106.00\ \text{g/mol}$

由　$m = n(Na_2CO_3)M(Na_2CO_3)$　　$n(Na_2CO_3) = C(Na_2CO_3)V$

得：$m = C(Na_2CO_3)VM(Na_2CO_3) = 0.050\ 0 \times 0.500 \times 106.00 = 2.65(\text{g})$

【例 1-3】 准确称取 $K_2Cr_2O_7$ 2.451 5 g 溶于水配成 500 mL 溶液，求 $C(\frac{1}{6}K_2Cr_2O_7)$。

解：$V = 500\ \text{mL} = 0.500\ \text{L}$　　$m = 2.451\ 5\ \text{g}$

$$M(\frac{1}{6}K_2Cr_2O_7) = \frac{1}{6}M(K_2Cr_2O_7) = \frac{1}{6} \times 294.18 = 49.03(\text{g/mol})$$

由
$$n(\frac{1}{6}K_2Cr_2O_7) = \frac{m}{M(\frac{1}{6}K_2Cr_2O_7)}$$

$$C(\frac{1}{6}K_2Cr_2O_7) = \frac{n(\frac{1}{6}K_2Cr_2O_7)}{V}$$

得：
$$C(\frac{1}{6}K_2Cr_2O_7) = \frac{m}{M(\frac{1}{6}K_2Cr_2O_7)V} = \frac{2.451\ 5}{49.03 \times 0.500} = 0.100\ 0(\text{mol/L})$$

【例 1-4】 已知浓硫酸的密度为 1.84 g/mL，其中 H_2SO_4 的质量分数为 95%，试求该硫酸的浓度 $C(H_2SO_4)$、$C(\frac{1}{2}H_2SO_4)$，如果用该浓硫酸配制 $C(H_2SO_4) = 0.2\ \text{mol/L}$ 的稀

硫酸1 000 mL,应取多少毫升浓硫酸?

解:$\rho = 1.84\ g/mL$　$A = 95\%$　$M(H_2SO_4) = 98.08\ g/mol$

由　$m = \rho VA$

$$n(H_2SO_4) = \frac{m}{M(H_2SO_4)}$$

$$C(H_2SO_4) = \frac{n(H_2SO_4)}{V}$$

得:$C(H_2SO_4) = \dfrac{1\,000\rho A}{M(H_2SO_4)} = \dfrac{1\,000 \times 1.84 \times 0.95}{98.08} = 17.82(mol/L)$

$$C(\frac{1}{2}H_2SO_4) = 2C(H_2SO_4) = 35.64(mol/L)$$

设配制稀硫酸需取 x 毫升的浓硫酸。在配制过程中只需把 x 毫升浓硫酸沿着杯壁缓缓倒入盛有适量水的烧杯中,使体积浓度恰好满足稀硫酸的要求即可,配制前后,浓、稀两种硫酸中所含 H_2SO_4 的物质的量并没有改变,所以

$$17.8x = 0.2 \times 1\,000$$

解得　$x = 11.2(mL)$

二、标定溶液浓度的计算

标定溶液浓度的计算,实际是根据滴定反应进行的。因此,可以按化学反应式计算关系计算,也可按等物质的量反应规则计算。

所谓等物质的量反应规则,是指在滴定反应中,待测物和滴定剂反应完全时,所消耗的两反应物的物质的量相等。其基本计算公式为:

$$n_A = n_B \qquad 或 \qquad C_A V_A = C_B V_B = \frac{m_B}{M_B}$$

其中,A 指被测物;B 指滴定剂。

应用等物质的量反应规则时,关键在于选择基本单元,可先根据各类滴定反应的实质确定一种物质的基本单元,再据此确定与之反应的另一物质的基本单元。

例如,在酸碱滴定中,用 NaOH 标准溶液滴定 H_2SO_4 时,反应式如下:

$$H_2SO_4 + 2NaOH = Na_2SO_4 + 2H_2O$$

反应中,每个 H_2SO_4 转移两个 H^+,而每个 NaOH 获得一个 H^+,如果选 NaOH 为基本单元,则 H_2SO_4 的基本单元应选$\frac{1}{2}H_2SO_4$。因此

$$n(\frac{1}{2}H_2SO_4) = n(NaOH)$$

同样,在用 HCl 标准溶液滴定 Na_2CO_3 时(以甲基橙为指示剂),反应式如下:

$$Na_2CO_3 + 2HCl = 2NaCl + H_2CO_3$$

每个 HCl 在反应中给出一个 H^+,而每个 Na_2CO_3 与两个 H^+ 反应,如果选 HCl 为基本单元,则 Na_2CO_3 就应以$\frac{1}{2}Na_2CO_3$ 作为基本单元。因此

$$n(\frac{1}{2}Na_2CO_3) = n(HCl)$$

【例1-5】 为标定某盐酸浓度,现称取无水 Na_2CO_3 0.227 5 g,以甲基橙为指示剂,用该盐酸滴定,滴定过程耗用盐酸22.35 mL,试计算盐酸的物质的量浓度。

解:有关反应如下:

$$2HCl + Na_2CO_3 = 2NaCl + H_2CO_3$$

根据等物质的量反应规则

$$n(HCl) = n(\frac{1}{2}Na_2CO_3)$$

$$C(HCl)V(HCl) = \frac{m}{M(\frac{1}{2}Na_2CO_3)}$$

$$M(\frac{1}{2}Na_2CO_3) = \frac{1}{2}M(Na_2CO_3) = 53.00\ g/mol$$

$$C(HCl) \times \frac{22.35}{1\ 000} = \frac{0.227\ 5}{53.00}$$

$$C(HCl) = 0.192\ 1(mol/L)$$

【例1-6】 某 NaOH 溶液的浓度为0.2 mol/L,要使滴定时消耗 NaOH 溶液在20~25 mL之间,问需称取 $KHC_8H_4O_4$(邻苯二甲酸氢钾)多少克?

解:反应如下:

$$KHC_8H_4O_4 + NaOH = KNaC_8H_4O_4 + H_2O$$

$$n(NaOH) = n(KHC_8H_4O_4)$$

$$C(NaOH)V(NaOH) = \frac{m}{M(KHC_8H_4O_4)}$$

$$M(KHC_8H_4O_4) = 204.2\ g/mol$$

则 $$0.2 \times \frac{20}{1\ 000} = \frac{m_1}{204.2} \qquad m_1 = 0.82\ g$$

$$0.2 \times \frac{25}{1\ 000} = \frac{m_2}{204.2} \qquad m_2 = 1.02\ g$$

所以,应称取 $KHC_8H_4O_4$ 0.82~1.02 g。

三、分析结果的计算和表示

在水质分析中,分析结果通常用以下几种方法表示:

(1)用每升水样中含被测物质的质量(mg/L)或物质的量(mmol/L)表示。当选择适当的基本单元,使滴定反应按等物质的量进行时,可按下式计算:

$$被测物质含量(mmol/L) = \frac{C_B V_B}{V} \times 1\ 000$$

$$被测物质含量(mg/L) = \frac{C_B V_B}{V} M \times 1\ 000$$

式中 C_B——标准溶液物质的量浓度,mol/L;

V_B——标准溶液所消耗的体积,mL;

V——分析所取水样的体积,mL;

M——被测物质的摩尔质量,g/mol。

【例1-7】 取水样100.00 mL,用0.020 0 mol/L的$AgNO_3$溶液滴定水中的Cl^-,共耗用$AgNO_3$溶液8.74 mL,试计算水中Cl^-的含量(mmol/L或mg/L)。

解:$$Cl^-(mmol/L) = \frac{C(AgNO_3)V(AgNO_3)}{V} \times 1\ 000 = \frac{0.020\ 0 \times 8.74}{100.00} \times 1\ 000 = 1.75$$

$$Cl^-(mg/L) = 1.75 \times 35.45 = 62.0$$

(2)用被测物质的百分含量表示,可按下式计算:

$$被测物质百分含量(x\%) = \frac{m}{G} \times 100 = \frac{C_B V_B M}{1\ 000G} \times 100$$

式中 G——试样的质量;

C_B、V_B、M含义同前。

【例1-8】 为测定某试样中草酸($H_2C_2O_4 \cdot 2H_2O$)的含量,称取该试样0.164 0 g,溶于适量的水后,以酚酞为指示剂,用$C(NaOH)=0.101\ 0$ mol/L的标准溶液滴定,耗用NaOH溶液24.82 mL,求试样中$H_2C_2O_4$的含量。

解:滴定反应:

$$H_2C_2O_4 + 2NaOH = Na_2C_2O_4 + 2H_2O$$

$$n(\frac{1}{2}H_2C_2O_4) = n(NaOH) \qquad M(\frac{1}{2}H_2C_2O_4 \cdot 2H_2O) = 63.04$$

$$H_2C_2O_4 \cdot 2H_2O(\%) = \frac{C(NaOH) \cdot V(NaOH) \cdot M(\frac{1}{2}H_2C_2O_4 \cdot 2H_2O)}{1\ 000G} \times 100$$

$$= \frac{0.101\ 0 \times 24.82 \times 63.04}{1\ 000 \times 0.164\ 0} \times 100$$

$$= 96.4$$

(3)用ppm和ppb表示。主要用于微量分析测试方面。

ppm,表示百万分率,是指一百万份溶液中所含溶质的份数。

ppb,表示十亿分率,是指十亿份溶液中所含溶质的份数。

在水质分析中,由于天然水中的杂质很少,1 L水的质量近似为1 000 g,所以表示水中微量成分时,ppm相当于mg/L,ppb相当于μg/L。

任务四 误差及其表示方法

定量分析的任务是准确测定试样中组分的含量。在实际测量中,由于受到分析方法、测量仪器、采用试剂和分析人员主观条件等多方面的影响,测量结果与真实值之间存在有一定的差别,这种差别叫误差。误差是客观存在的,这就要求了解误差产生的原因及误差出现的规律,以便采取有效的措施尽量减少误差,并对所得的数据进行归纳、取舍等一系列的分析处理,使测定结果尽可能接近真实值。

一、误差的来源

在定量分析中,根据误差的产生原因和误差的性质,可以将误差分为以下几种。

(一)系统误差

系统误差又称为可测误差。它是由某种固定的原因造成的,对分析结果的影响比较固定,在同一条件下重复测定时,它会重复出现。因此,增加测定次数,不能使系统误差减小。但是,这种误差往往可以测定出来,并能设法减少或加以校正。系统误差产生的主要原因如下。

1. 方法误差

方法误差是由于分析方法本身所造成的误差。在滴定分析中,反应进行不完全,干扰离子影响,滴定终点与理论终点不相符,以及其他副反应的发生等,都会系统地影响测定结果。

2. 仪器误差

仪器误差主要是仪器本身不够精确或未经校准所引起的误差。例如天平、砝码和量器刻度不够精确等,在使用过程中就会使测定结果产生误差。

3. 试剂误差

试剂误差是由于试剂不纯和蒸馏水中含有微量杂质所引起的误差。

4. 操作误差

操作误差主要是指在正常操作情况下,由于分析工作者操作不够规范引起的误差。如滴定读数习惯偏高或偏低,对某种颜色的敏锐及感觉不同等原因造成的误差。

(二)偶然误差

偶然误差,又称随机误差,它是由于某些偶然的因素造成的。如测定时环境的温度、湿度和气压有微小波动,仪器性能的微小变化,分析人员对各份试样处理时的微小差别等。其影响有时大,有时小;有时正,有时负,难以察觉,难以控制。例如用分析天平称量某一试样要求称准至0.1 mg,但多次称量,在这一位数上常有波动,达不到完全的一致,这可能是由于不同时间天平周围气流的变化、环境振动、试样暴露于空气的时间有差异等一系列细微变化而引起的,测量次数少了,似乎看不出什么规律性,但测量次数多了,就可发现它的统计规律性,它是一种服从统计规律的,具有抵偿性的误差:

(1)大小相等的正、负误差出现概率相等。

(2)小误差出现的机会多,大误差出现的机会少,特别大误差出现的机会极少。

偶然误差的这种统计规律性可用图1-1的曲线表示,这个曲线称为误差的正态分布曲线(也称高斯分布曲线)。

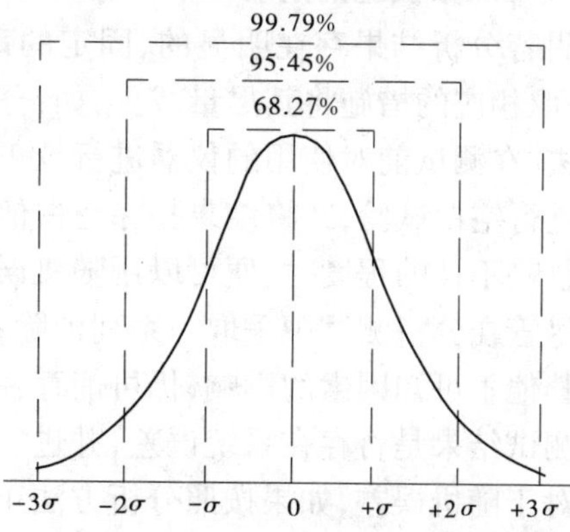

图1-1　误差的正态分布曲线

系统误差和随机误差是可以相互转化的,

比如,温度对测定结果的影响,短时间内温度波动而产生的误差可能是随机误差,而在长时期内进行的试验,温度的影响则可能是系统误差,因此实验室中标准曲线的使用要慎重,长时间重复使用一种标准曲线,容易引入系统误差,必须随时对标准曲线进行校正或重新绘制。

(三)过失误差

过失误差也叫粗差,是指在测量过程中,由于分析者操作不正确、粗心等不应有的错误造成的误差。例如器皿不洁净,看错砝码,读错刻度,加错试剂,操作过程中样品损失、仪器出现异常而未发现,计算或记录错误等。过失误差通常表现为测量结果与事实明显不符,没有一定规律可循。

(四)计算误差

计算误差是指测试数据的处理过程中,由于计算方法、计算工具引入新的误差,或把测量误差进一步放大,而导致测试结果偏离真实值。

1. 修约误差

如 π 的取值为3.14或3.141 59,用0.333 3代替1/3等。

2. 算法误差

如级数展开时,要截断并舍去一些项(在计算机中用 $\frac{x}{1!}-\frac{x^3}{3!}+\frac{x^5}{5!}-\frac{x^7}{7!}+\cdots$ 计算 $\sin x$,实际运行时,不可能取无限项,便产生了误差)。

有时若式子不简化变形而直接计算也会将误差放大。如:函数 $Y(x)=10^7(1-\cos x)$,求 $Y(2°)$。

如果直接计算:$Y(2°)=10^7(1-\cos 2°)=10^7(1-0.999\ 4)=6\ 000$

如果变形计算:$Y(2°)=10^7(1-\cos 2°)=10^7(2\sin^2 1°)=10^7\times 2\times 0.017\ 5^2=6\ 125$

3. 过失误差

把数值弄错的错误操作,导致计算结果不正确。

二、误差的削弱方法

(一)测量误差的削弱

假若分析结果存在明显的、固定的系统误差,最有效的办法是分析其来源及产生原因,采取相应的措施将其尽量减少,如:分析测试应该选用公认的标准方法或各系统的统一方法,在测试前对使用的仪器进行校正,并检查试剂的纯度,按要求提纯试剂;在实验中同时进行空白试验,并将结果扣除空白值,等等。当系统误差减小到相对于随机误差而言可以忽略不计的程度时,便可以用随机误差来表达分析结果的准确度。

尽管在分析测试中采取一系列消除系统误差的措施,但由于测试方法不完善、操作技术或其他不可知因素的影响,仍可能存在系统误差,这时可根据需要采用统计分析的方法判断测试结果是否存在系统误差,并进一步采取相应的处理办法。

对于随机误差,如果按照分析方法正确认真操作,严格控制试验条件,一般都可减小其误差程度,利用随机误差的抵偿性,用增加测量次数取其平均值的办法也可进一步减小随机误差,但减小的程度随测量次数的增加而降低,一般做2~4次平行试验即可。另外,还可用统计分析方法判断随机误差大小是否满足实验精度要求。

（二）计算误差的削弱

选择最佳的算法，改进计算手段，或对求解问题作适当变换，在条件允许的情况下，尽可能不要过早地修约中间计算结果（就是修约也要多保留些有效数字位数），以免扩大计算误差，另外还要注意：

（1）不要把两个数值相近的数相减，以免降低精度。

（2）几个数值相差很大的数进行加减时，为了避免大数吃掉小数，要把数值大的数和数值小的数分别加减后再进行计算。

（3）避免用较小的不准确的数值作除数，以免修约误差增大。

（4）尽量简化计算步骤，以减少运算次数和修约误差，如将 $ac+bc$ 改为 $(a+b)c$ 计算。

（5）必要时用加法代替乘法，用乘法代替除法和乘幂，特别是用计算机作计算工具的时候。

（三）过失误差的消除

消除过失误差的关键在于，改进与提高分析人员的业务素质和工作责任感，不断提高其理论和技术水平，严格遵守操作规程，认真进行试验。一经发现测定结果异常，应立即检查测试方法和测试过程，对于存在过失误差的测定结果，应予以剔除；对于不明原因的测量结果异常，则要按照异常数据的检验规则进行检验，以判断这种数据的性质，决定保留或剔除。

三、分析结果的准确度与精密度

（一）准确度

准确度是指通过一定分析方法所获得的分析结果与假定的真实值之间的符合程度。准确度越高，说明测量值和真值越接近；反之，说明二者相差较大，它是反映分析方法或测量系统存在的系统误差和随机误差的综合指标。

准确度通常用误差来表示。误差有绝对误差（E）与相对误差（RE）之分。

如果以 x 表示测量值或测量的均值，μ 表示真值，则误差表达式如下：

$$E=\bar{x}-\mu$$

$$RE=\frac{\bar{x}-\mu}{\mu}\times 100\%$$

例如：用分析天平称量甲、乙两物体的质量为2. 175 0 g和0. 217 5 g，两者的真实质量分别是2. 175 1 g和0. 217 6 g，则称量甲、乙两物体的误差为：

甲绝对误差　$E=2.1750-2.1751=-0.0001(g)$

乙绝对误差　$E=0.2175-0.2176=-0.0001(g)$

甲相对误差　$RE=\frac{-0.0001}{2.1751}\times 100\%=-0.005\%$

乙相对误差　$RE=\frac{-0.0001}{0.2176}\times 100\%=-0.05\%$

由以上计算可知:测定两物体的绝对误差相等,但相对误差并不相同,甲的相对误差比乙小10倍,即被测定的量较大时,相对误差就比较小,测定的准确度也相对较高。因此,分析结果的准确度常用相对误差表示。

要确定准确度,需要知道真值,但真值往往是不知道的,因此严格地说,准确度也是不知道的,人们只能借助统计理论和经验来估计准确度的大小。在分析测试中,常用测标准物质或以标准物质做回收率测定的方法评价分析方法和测量系统的准确度。

由于准确度不易获得,而且水质分析采用的大都是成熟的分析方法,方法误差可以不予考虑,如果选用合格的仪器和试剂,可以根据测试结果的精密度来衡量分析工作的好坏。

(二)精密度

精密度是指在相同条件下,对同一试样进行多次平行测定结果接近的程度,它表现了测定结果的再现性。精密度与测量次数及样品的均匀性、被测物的浓度、仪器、试剂环境条件等因素有关,反映了分析方法和测量系统所存在的随机误差的大小,它有下列几种表示方法。

1. 极差

极差(R)也称全距,它是一组数据极大值与极小值之差,其数学表达式为:

$$R = x_{\max} - x_{\min}$$

2. 平均偏差

平均偏差($\bar{d}$)又称算术平均偏差,它是对所有测量数据偏离平均值的程度进行算术平均,因为它考虑了全部的测量数据,因此比极差反映问题更全面。具体表达式为:

$$\bar{d} = \frac{1}{n}\sum_{i=1}^{n} |x_i - \bar{x}|$$

式中 x_i——任意一个测量值;

$\bar{x}$——测量值的算术平均值;

n——测量次数。

测量值 x_i 有的比 $\bar{x}$ 大,有的比 $\bar{x}$ 小,为了避免二者差值相互抵消,故在计算时将差值取绝对值。

考虑到测量值本身的大小不同,对测量精度的要求也不同,实际应用时常将测量平均值参与计算,用相对平均偏差表示。

$$相对平均偏差 = \frac{\bar{d}}{\bar{x}} \times 100\%$$

3. 标准偏差

用平均偏差表示精密度比较简单,但测量中如果出现一两个大偏差的数,精密度变差时,往往因为小偏差数较多,从平均偏差上体现不出来精密度变差。考虑到大偏差数的影响较大,实际应用时也常用标准偏差表示精密度。

标准偏差又叫均方根偏差,当测定次数趋于无穷大时,称为总体标准偏差 σ,计算式为:

$$\sigma = \sqrt{\frac{\sum_{i=1}^{n}(x_i - \bar{x})^2}{n}}$$

在一般的水质分析中，只作有限次数的测定，属小样本试验，此时根据测试结果估计精密度，用的是样本标准偏差 s，计算式为：

$$s = \sqrt{\frac{\sum_{i=1}^{n}(x_i - \bar{x})^2}{n-1}}$$

同样地，考虑到测量值本身大小对测量精度有不同的要求，将测量平均值参与计算，用样本相对标准偏差表示精密度。

相对标准偏差也叫变异系数，是指标准偏差在平均值中所占的百分数，用 C_V 表示：

$$C_V = \frac{s}{\bar{x}} \times 100\%$$

（三）准确度与精密度的关系

从准确度和精密度的定义可知，二者是有差别的，我们用图 1-2 来进一步说明二者的关系。

图 1-2 表示甲、乙、丙、丁四人测同一水样化学需氧量时所得的结果。从图中可以看出：甲所得结果的准确度和精密度均好，结果可靠；乙的分析结果的精密度虽然很高，但准确度较低；丙的精密度和准确度都很差；丁的精密度很差，平均值虽然接近真值，但这是由于大的正负误差相抵消的结果。如果丁的结果只取 2 次或 3 次测定结果来平均，结果就会与真实值相差很大，因此这个结果也是不可取的。由此可见，精密度是保证准确度的先决条件，准确度高一定需要精密度高，但精密度高，不一定准确度也高。只有在消除了系统误差之后，精密度高，准确度才高。

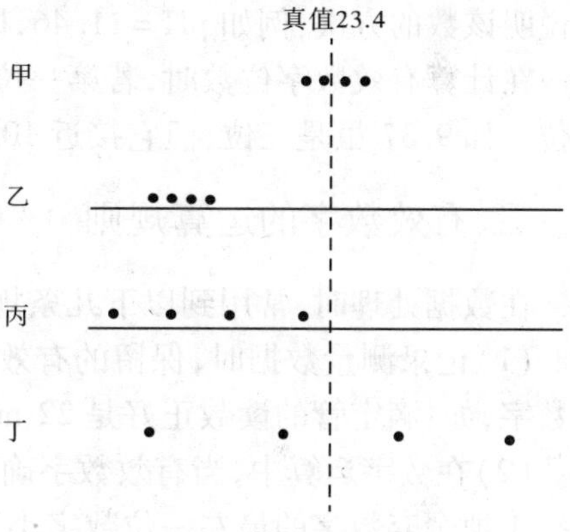

图 1-2　不同人员分别测试同一水样的结果

任务五　分析结果的数据处理

一、有效数字的概念

有效数字是指在分析过程中实际能测量到的数字，在记录数据和计算结果时，保留的有效数字中，只有最后一位是可疑的数字，其余位数都应是准确数字。例如，从滴定管中读得标准溶液体积为 23.45 mL，由于滴定管的读数可精确到 ±0.01 mL，即前三位都有刻度，可以准确读出，第四位数没有刻度，是估读出来的，不太确切，称为“不定数字”，但它不是主观臆造的，所以记录时应保留。记录数据 23.45 mL 的意义，是该标准溶液的体积为 23.45 mL ±0.01 mL，不但表示了数量大小，而且反映了读数的精度。

有效数字的位数所反映的测量准确度受测量方法的限制，不能随意书写。如 1.5 mL 和 1.50 mL，数值本身大小没有差别，但二者所反映的测量准确度是不同的，前者准确到

0.1 mL,即数字5是可疑的;后者准确到0.01mL,即数字0是可疑的,而数字5是准确的。

数字“0”是一个比较特殊的数字,它是不是有效数字,要视具体情况而定。

(1)在非数字中间或小数的末尾的“0”,是有效数字,它与普通数字起的作用相同,如:1.000 5 g 及 10.50 mL 分别为五位有效数字和四位有效数字,其中的“0”均为有效数字。

(2)第一个非零数字前的“0”,起定位作用,不是有效数字,它只是用来表明小数点位置,如:0.054 3 g 就只有三位有效数字,其中的“0”不是有效数字。

(3)以“0”结尾的整数,有效数字难以判断,如:38 900,可能是三位、四位甚至五位有效数字。在这种情况下,应根据测定值的准确度改写成指数形式,例如:3.89×10^4 是三位有效数字,$3.890\,0 \times 10^4$ 是五位有效数字。

对于一般数值有效数字位数的判断方法可以归纳为:从第一个非零数字起往后所有数字均为有效数字。

对于 pH、pM、lg$K$ 等对数值,其有效数字仅取决于小数部分数字的位数,而整数部分只说明该数的方次,例如 pH = 11.46,即$[H^+] = 3.4 \times 10^{-12}$ mol/L,其有效数字均为两位。

在计算有效数字位数时,若第一位有效数字等于或大于8,其有效数字的位数可多算一位。如9.37虽是三位,但它接近10.00,故可认为是四位有效数字。

二、有效数字的运算规则

在数据处理时,常用到以下几条规则:

(1)记录测量数据时,保留的有效数字应与使用仪器的准确度相适应,只保留一位可疑数字,如:滴定管的读数正好是22 mL,应记为22.00 mL。

(2)在数字运算中,当有效数字确定后,其余数字按下述规则修约:

①拟舍弃数字的最左一位数字小于5时,则舍去,即保留的各位数字不变。

②拟舍弃数字的最左一位数字大于5或虽等于5而其后并非全部为零时,则进一位,即保留的末位数字加1。

③拟舍弃数字的最左一位数字等于5,而其后无数字或全部为零时,若所保留的末位数字为奇数则进1,为偶数则舍弃。

④拟修约的数字应一次修约获得结果,不得多次连续修约。如将15.454 6修约成两位有效数字的结果,正确的做法是:15.454 6→15,错误的做法是:15.454 6→15.455→15.46→15.5→16。

(3)在几个近似数值相加减时,其和或差的有效数字取决于绝对误差最大的近似数,即最后结果的小数点后的位数,与近似数中小数点后位数最少者相同。例如,求0.012 1、25.64、1.057 82三数之和,以上三个数应以25.64为标准,按照数值修约规则保留小数点后两位,所以计算结果为:0.012 1 + 25.64 + 1.057 82 = 26.709 92→26.71。

(4)在几个近似数值相乘除时,其积或商的有效数字取决于相对误差最大的近似数,即最后结果的有效数字,与近似数中有效数字位数最少者相同。例如,求0.012 1、25.64和1.057 82三数之积,应以0.012 1为标准,按照数值修约规则保留三位有效数字,所以计算结果为:$0.012\,1 \times 25.64 \times 1.057\,82 = 0.328\,182\,308\,08 \to 0.328$。

(5)在近似数的对数和反对数计算中,所取对数的小数点后位数(不包括首数)应与真数的有效数字位数相同。

(6)在数值计算中,某些倍数、分数及常数的有效数字位数可认为无限多,计算中需要几位就是几位。如:π、e、$\frac{1}{2}H_2SO_4$ 中的$\frac{1}{2}$等。

(7)在运算过程中,对中间结果不作修约,只将最后结果修约到要求的位数。

在分析过程中,测量数据多于四位有效数字时,计算结果一般只需保留四位有效数字。

三、可疑数据的取舍

在对同一试样作多次测定时,常常有个别的数据与其他数据相差较大,称为可疑数据,这些数据的差异,可能是随机误差造成的,也可能是测试过程中出现错误或样品搞错造成的,如果属于后一种情况,这些可疑数据肯定是不能要的。由于随机误差有其统计规律,用统计学的方法可以判断可疑数据属于哪种情况,从而确定可疑数据的取舍。统计学中有很多种检验方法,其中 Q 检验法比较严格而且使用方便。具体方法如下:

(1)将各数据按递增的顺序排列:$x_1, x_2, x_3, \cdots, x_n$;

(2)求出最大数和最小数之差:$x_n - x_1$;

(3)求出可疑数与最临近数之差:$x_n - x_{n-1}$或 $x_2 - x_1$(可疑数只可能在两端);

(4)求出 Q

$$Q = \frac{x_n - x_{n-1}}{x_n - x_1} \quad 或\ Q = \frac{x_2 - x_1}{x_n - x_1}$$

(5)根据测定次数 n 和要求的置信度(如90%),查 Q 临界值(如 $Q_{0.90}$);

(6)将 Q 与 Q 临界值(如 $Q_{0.90}$)比较,若 $Q \geqslant Q_{0.90}$,则舍去可疑值,否则予以保留。

【例 1-9】 测定水样中铁的含量(mg/L),6 次平行测定的数据为:1.52、1.46、1.54、1.56、1.50、1.83,试判断 1.83 能否保留?

解:将数据从小到大依次整理:1.46、1.50、1.52、1.54、1.56、1.83

$$Q = \frac{1.83 - 1.56}{1.83 - 1.46} = 0.73$$

查 Q 临界值表 1-1 得:$n=6$ 时,$Q_{0.90}=0.56$。

$Q \geqslant Q_{0.90}$,所以 1.83 应舍去,不能保留。

表 1-1　Q 临界值表

测定次数 n	3	4	5	6	7	8	9	10
$Q_{0.90}$	0.94	0.76	0.64	0.56	0.51	0.47	0.44	0.41
$Q_{0.95}$	1.53	1.05	0.86	0.76	0.69	0.64	0.60	0.58

四、真值的置信区间

对同一样品进行多次测量时，由于随机误差的不可避免，测得的数据不可能完全一样，根据统计规律，随机误差具有抵偿性，将很多次测量的结果进行平均，可以抵消误差，从而获得真值。但是，平时所做的测试次数不可能无限多，测量的平均值也不可能将误差完全抵消，因此测量数据的平均值只是接近真值，而不是真值。由统计学可以推导出有限次测量的平均值与总体平均值（真值）μ 的关系为：

$$\mu = \bar{x} \pm \frac{ts}{\sqrt{n}}$$

式中 s——样本的标准偏差；

n——测定次数；

t——在选定的某一置信度下的概率系数，可根据表1-2查得。

利用上式可以估算出，在选定的置信度下，总体平均值在测量平均值为中心的多大范围内出现，这个范围就是真值的置信区间。

表1-2 不同测定次数及置信度的 t 值

测定次数	置信度			
n	90%	95%	99%	99.9%
2	6.31	12.71	63.66	636.62
3	2.92	4.30	9.93	31.60
4	2.35	3.18	5.84	12.92
5	2.13	2.78	4.60	8.61
6	2.02	2.57	4.03	6.86
7	1.94	2.45	3.71	5.96
8	1.90	2.37	3.50	5.41
9	1.86	2.31	3.36	5.04
10	1.83	2.26	3.25	4.78
11	1.81	2.23	3.17	4.59
∞	1.65	1.96	2.58	3.29

【例1-10】 测定某湖水的化学需氧量，共作了6个平行样，数据为：28.62、28.59、28.51、28.48、28.52、28.63。试估计湖水中化学需氧量真值。

解：

$$\bar{x} = \frac{1}{n}\sum_{i=1}^{n} x_i = 28.56$$

$$s = \sqrt{\frac{\sum_{i=1}^{n}(x_i - \bar{x})^2}{n-1}} = 0.06$$

如果选取置信度为90%，则，查表1-2得，$n = 6$ 时，$t = 2.02$

$$\mu = \bar{x} \pm \frac{ts}{\sqrt{n}} = 28.56 \pm \frac{2.02 \times 0.06}{\sqrt{6}} = 28.56 \pm 0.05$$

如果选取置信度为95%，则，查表1-2得，$n = 6$ 时，$t = 2.57$

$$\mu = \bar{x} \pm \frac{ts}{\sqrt{n}} = 28.56 \pm \frac{2.57 \times 0.06}{\sqrt{6}} = 28.56 \pm 0.07$$

如果选取置信度为99%，则，查表1-2得，$n = 6$ 时，$t = 4.03$

$$\mu = \bar{x} \pm \frac{ts}{\sqrt{n}} = 28.56 \pm \frac{4.03 \times 0.06}{\sqrt{6}} = 28.56 \pm 0.10$$

上述计算表明：有90%把握说，该湖水中化学需氧量的真值在28.56±0.05范围内；有95%把握说，该湖水中化学需氧量的真值在28.56±0.07范围内；有99%把握说，该湖水中化学需氧量的真值在28.56±0.10范围内。在测试水平一定的情况下，置信度越大，结论可靠程度越大，但所得的置信区间也越大，描述的精度变差；相反，过度地减小置信区间，也会降低结论的可靠性。一般在水质分析中，置信度取95%即可。

小　结

本项目的主要内容有：水质分析方法的类型及特点；标准溶液的配制与标定；滴定分析的有关计算；误差的来源、削弱方法及其表示方法；分析结果的数据处理等。通过本项目学习，使学生了解水质分析方法的类型及特点；掌握标准溶液的概念配制与标定方法；能够进行有关的滴定分析计算与数据处理。

复习思考题

一、填空

1. 在分析化学中，根据分析的目的及要求，将分析方法分为＿＿＿＿＿＿分析和＿＿＿＿＿＿分析两大类。＿＿＿＿＿＿分析就是鉴定物质有哪些组成成分，＿＿＿＿＿＿分析就是测定物质各组成成分的含量。其中，定量分析方法又分为化学分析和仪器分析两大类。

2. 以物质的化学反应为基础的分析方法称为化学分析法。主要有＿＿＿＿＿＿分析法和＿＿＿＿＿＿分析法。

3. 滴定分析法主要分四类：酸碱滴定法（中和法）、＿＿＿＿＿＿、＿＿＿＿＿＿和沉淀滴定法。

4. 滴定分析的相对误差一般可达到0.2%左右,用50 mL滴定管滴定时,所耗用溶液的体积应控制在＿＿＿＿＿＿以上。

5. 对于H_2SO_4,基本单元可以是H_2SO_4,也可以是＿＿＿＿＿＿。

6. 在定量分析中,根据误差的产生原因和误差的性质,误差分为＿＿＿＿＿＿误差、＿＿＿＿＿＿误差、过失误差和计算误差。

7. 将0.731 839、12 500、pH=6.860、0.425 01、0.425 00都修改成2位有效数字,分别是＿＿＿＿＿＿、＿＿＿＿＿、＿＿＿＿＿、＿＿＿＿＿＿、＿＿＿＿＿＿。

8. 两位分析人员对同一样品进行分析,得到两组数据,要判断两组分析的精密度有无显著性差异,应该用＿＿＿＿＿＿检验法。

二、名词解释

1. 标准溶液　2. 物质的量浓度　3. 准确度　4. 误差　5. 精密度

三、选择

1. 将称量瓶置于烘箱中干燥时,应将瓶盖(　　)。

A. 横放在瓶口上　B. 盖紧　C. 取下　D. 任意放置

2. 对大多数定量分析,试剂等级应选用(　　)。

A. 优级纯　B. 分析纯　C. 化学纯　D. 工业试剂

3. 滴定分析中,所使用的锥形瓶内壁沾有少量蒸馏水,使用前(　　)。

A. 必须用滤纸擦干　B. 必须烘干

C. 必须用待测溶液润洗2~3次　D. 不必处理

4. 递减称量法(差量法)最适于称量(　　)。

A. 对天平盘有腐蚀性的物质　B. 剧毒物质

C. 易潮解、易吸收CO_2或易氧化的物质　D. 几份不易潮解的试样

5. 滴定时需用(　　)手握住滴定管滴加溶液,同时用(　　)手摇动锥形瓶。

A. 左;右　B. 右;左　C. 右;右　D. 左;左

6. 配制好的氢氧化钠标准溶液贮存于(　　)中。

A. 棕色橡皮塞试剂瓶　B. 白色橡皮塞试剂瓶

C. 白色磨口塞试剂瓶　D. 试剂瓶

7. 有四个学生从同一滴定管读体积,读的合理的是(　　)。

A. 25 mL　B. 25.1 mL　C. 25.10 mL　D. 25.100 mL

8. 仪器"0"刻度位置在(　　)。

A. 量筒上端　B. 滴定管上端

C. 托盘天平刻度尺的正中　D. 托盘天平刻度尺的右边

9. 在滴定过程中,指示剂发生颜色改变的转变点称为(　　)。

A. 滴定终点　B. 计量点　C. 滴定突跃　D. 指示剂变色范围

10. 下列(　　)措施不能减小系统误差。

A. 增加测定次数　B. 提纯试剂　C. 校正仪器　D. 做空白试验

11. 按Q检验法(当$n=4$时,$Q_{0.90}=0.76$)剔除逸出值,下列(　　)数据中有逸出值,应予以剔除。

A. 0.212 2;0.212 6;0.213 0;0.213 4　　B. 97.50;98.50;99.00;99.50

C. 0.104 2;0.104 4;0.104 5;0.104 7　　D. 3.03;3.04;3.05;3.13

12. 测定某试样，五次结果的平均值为 32.30%，$S=0.13\%$，置信度为 95% 时（$t=2.78$），置信区间报告如下，其中合理的是(　　)。

A. 32.30 ±0.21　　B. 32.30 ±0.162

C. 32.30 ±0.16　　D. 32.30 ±0.1616

四、问答

1. 滴定分析的实质是什么？是否任何化学反应都可用于滴定分析？为什么？

2. 在快接近终点的时候，有时只需半滴就能变色，这时，为了滴定的准确，就只需滴半滴。试述滴半滴时如何操作。

3. 如何正确使用移液管移取溶液？

4. 标准溶液的配制，通常采用直接配制法或间接配制法。用直接配制法配制标准溶液时，化学试剂应满足什么条件？

5. 分析结果的准确度、精密度表示方法各是什么？它们之间有什么关系？

五、计算

1. 配制浓度 $C(NaCl)$ 为 0.100 0 mol/L 的溶液 500.0 mL，需称取 NaCl 多少克？已知 $M_{NaCl}=58.5$ g/mol。

2. 配制 1 mol/L 盐酸 1 000 mL，应取相对密度为 1.18 g/mL 含 HCl 37.0% 的盐酸多少毫升？已知 $M_{HCl}=36.46$ g/mol。

3. 在标定未知浓度的 HCl 溶液时，23.32 mL HCl 溶液恰可使 0.243 2 g 无水 Na_2CO_3 反应完全，试求溶液的浓度 $C(HCl)$。已知 $M(Na_2CO_3)=106.00$ g/mol。

4. 用 $KMnO_4$ 法测定绿矾的纯度，称取试样 1.105 0 g，在酸性介质中用浓度为 0.022 10 mol/L 的 $KMnO_4$ 溶液滴定，消耗 35.85 mL 至终点，求此产品中的 $FeSO_4\cdot7H_2O$ 含量。已知 $M(FeSO_4\cdot7H_2O)=278.04$ g/mol。

5. 为测定食用醋中 $CH_3COOH(HAc)$ 的含量，移取试样 10.00 mL，用 0.302 4 mol/L NaOH 标准溶液滴定，用去 20.17 mL。已知食用醋的密度是 1.055 g/mL，$M(HAc)=60.00$ g/mol，计算试样中 CH_3COOH 的质量分数。

项目二　酸碱滴定法

酸碱滴定法是以酸碱反应为基础的滴定分析方法，又叫中和法。利用酸碱滴定法可以测定酸、碱以及能与酸碱起反应的物质的含量。在水质分析中，酸碱滴定法的应用相当广泛，如碱度、酸度、二氧化碳等项目的测定等。

在滴定过程中，涉及溶液的酸碱性计算、酸碱反应终点的确定等问题，为此，首先对有关电解质溶液的内容进行简单介绍，并集中讲解计算问题。

任务一　电解质溶液基础

我们知道，酸、碱、盐都是电解质，电解质在水溶液中会电离出阴离子和阳离子，其中全部电离为离子的称为强电解质；只有部分电离为离子的称为弱电解质。强、弱电解质由于电离程度不同，表现出的性质也有很大差异。

弱电解质的电离程度用电离常数(K)和电离度(α)表示。和化学平衡常数一样，在一定温度下，各种电解质都有确定的电离常数。而电离度是弱电解质在溶液中达到电离平衡时，溶液中已电离的电解质浓度和电解质的原始浓度(C)之比，受电解质溶液的浓度影响。对于弱电解质的稀溶液，电离常数与电离度的关系可用稀释定律表示为：

$$K = C\alpha^2$$

强酸、强碱和绝大多数的盐都是强电解质，弱酸、弱碱都是弱电解质。水也能够电离，只是电离程度非常小，水的离子积 $K_W = [H^+][OH^-] = 10^{-14}$。

水的酸碱性呈中性，水中的$[H^+]$和$[OH^-]$相等，均为 10^{-7} mol/L。可以将电解质溶液理解为，在水中加入了电解质，使水的电离平衡发生了移动，从而改变了$[H^+]$和$[OH^-]$的相对大小，呈现出不同的酸碱性，所以无论是酸还是碱，溶液中都含有 H^+ 和 OH^-，只是酸溶液中$[H^+] > [OH^-]$，碱溶液中$[H^+] < [OH^-]$。

一、酸、碱溶液的 pH 值计算

(一)强酸、强碱溶液的 pH 值计算

强酸、强碱都属于强电解质，在水溶液中全部电离，水质分析中常用的酸、碱溶液的浓度一般都远大于 10^{-7} mol/L，所以，在计算时可以认为强酸(强碱)溶液中的$[H^+]$($[OH^-]$)全部由强酸(强碱)电解质提供，进而可计算出溶液的 pH 值。

【例 2-1】 分别计算 0.01 mol/L 的 HCl 和 NaOH 溶液的 pH 值。

解：(1)HCl 为强电解质，全部电离

$$HCl = H^+ + Cl^-$$

故 $[H^+] = C(HCl) = 0.01$ mol/L

$pH = -\lg[H^+] = -\lg 0.01 = 2$

(2) NaOH 为强电解质,全部电离

$$NaOH = Na^+ + OH^-$$

故 $[OH^-] = C(NaOH) = 0.01\ mol/L$

$$[H^+] = \frac{K_W}{[OH^-]} = \frac{10^{-14}}{0.01} = 10^{-12}(mol/L)$$

$$pH = -\lg[H^+] = -\lg 10^{-12} = 12$$

(二)弱酸、弱碱溶液 pH 值的计算

弱酸、弱碱属于弱电解质,在水溶液中部分电离,但弱酸(或弱碱)电离出$[H^+]$或$[OH^-]$的程度远大于水的电离,所以在计算时,仍可认为弱酸(或弱碱)溶液中的$[H^+]$(或$[OH^-]$)全部由弱酸(或弱碱)提供,因此可根据其电离度(或电离常数)与浓度,算出溶液中的$[H^+]$(或$[OH^-]$),进而可计算出溶液的 pH 值。

【例 2-2】 分别计算 0.01 mol/L 的 HAc 和 $NH_3 \cdot H_2O$ 溶液的 pH 值。(二者的电离常数均为 1.76×10^{-5})

解:(1) HAc 为弱电解质,部分电离,根据电离度的定义可知:

$$HAc \rightleftharpoons H^+ + Ac^-$$

开始时浓度　　C　　0　　0

平衡时浓度　　$C - C\alpha$　　$C\alpha$　　$C\alpha$

将稀释定律 $K = C\alpha^2$ 代入计算得:

$$[H^+] = C\alpha = \sqrt{K_a C} = \sqrt{1.76\times10^{-5}\times0.01} = 4.2\times10^{-4}(mol/L)$$

$$pH = -\lg[H^+] = -\lg(4.2\times10^{-4}) = 3.38$$

(2) 同理

$$NH_3 \cdot H_2O \rightleftharpoons NH_4^+ + OH^-$$

$$[OH^-] = C\alpha = \sqrt{K_b C} = \sqrt{1.76\times10^{-5}\times0.01} = 4.2\times10^{-4}(mol/L)$$

$$[H^+] = \frac{K_W}{[OH^-]} = \frac{10^{-14}}{4.2\times10^{-4}} = 2.4\times10^{-11}(mol/L)$$

$$pH = -\lg[H^+] = -\lg(2.4\times10^{-11}) = 10.62$$

二、缓冲溶液

(一)缓冲溶液

纯水的 pH 值为 7,若在纯水中加入少量酸或碱,pH 值会发生显著变化,例如在 1 L 纯水中加 0.1 mL(约两滴)1 mol/L 的 HCl 溶液,pH 值将由 7 降到 4,减少了三个 pH 单位。若在 1 L 纯水中加 0.1 mL 1 mol/L 的 NaOH 溶液,则 pH 值由 7 升到了 10,增加了三个 pH 单位。但是,如在 1 L HAc 和 NaAc 的混合溶液中,加入少量 HCl 或 NaOH 溶液,则溶液的 pH 值几乎不变,即这种混合溶液具有保持 pH 值相对稳定性的能力,这种能够抵抗外加少量酸、碱的影响而本身 pH 值不发生显著改变的溶液称为缓冲溶液。这种作用称作缓冲作用。

(二)缓冲作用原理

能够组成缓冲溶液的物质有弱酸及其盐、弱碱及其盐、多元弱酸、酸式盐及其次级盐。

如$HAc-NaAc$、$H_2CO_3-NaHCO_3$、$NH_3\cdot H_2O-NH_4Cl$、$NaH_2PO_4-Na_2HPO_4$等，它们都具有缓冲作用。因为这些溶液中既含有能与酸作用的成分，又含有能与碱作用的成分，所以加入少量的酸或碱，溶液的pH变化都不大。现以HAc－NaAc所组成的缓冲溶液为例来加以说明。在HAc－NaAc缓冲溶液中，存在下列电离过程：

$$HAc \rightleftharpoons H^+ + Ac^-$$

$$NaAc \rightleftharpoons Na^+ + Ac^-$$

HAc为弱电解质，只有部分HAc分子电离，而NaAc是强电解质，全部电离，因此溶液中$[Ac^-]$、$[HAc]$都较高，当在此溶液中加入少量的强酸时，溶液中的Ac^-就与强酸电离出的H^+结合生成HAc，使HAc的电离平衡左移，整个溶液中的$[H^+]$基本保持不变。当在溶液中加入少量强碱时，溶液中的H^+就与强碱中电离出的OH^-结合生成H_2O，使HAc的电离平衡右移，整个溶液中的$[H^+]$基本上保持不变，这就是缓冲溶液具有缓冲作用的原因所在。

(三)缓冲溶液的pH值计算

(1)弱酸及其盐组成的缓冲溶液的pH值的计算。

现以HAc－NaAc缓冲溶液为例加以推导。当溶液达到平衡时，存在

$$K_{HAc}=\frac{[H^+][Ac^-]}{[HAc]}$$

由于在该混合溶液中$C(HAc)$和$C(NaAc)$都比较大，NaAc抑制了HAc的电离。

$$[HAc]\approx C(HAc) \qquad [Ac^-]\approx C(NaAc)$$

故近似地有：

$$[H^+]=K_{HAc}\frac{C(HAc)}{C(NaAc)}$$

即

$$pH=pK_{HAc}-\lg\frac{C(HAc)}{C(NaAc)}$$

对于一般情况，则有

$$pH=pK_a-\lg\frac{C(HA)}{C(BA)}$$

式中，HA表示弱酸；BA表示对应的盐。

(2)弱碱及其盐组成的缓冲溶液的pH值的计算。可与(1)类似地导出：

$$pOH=pK_b-\lg\frac{C(BOH)}{C(BA)} \qquad pH=14-pOH$$

式中，BOH表示弱碱；BA表示对应的盐。

【例2-3】 计算0.1 mol/L HAc溶液和0.1 mol/L NaAc溶液等体积混合后溶液的pH值。(HAc的电离常数$K_{HAc}=1.80\times10^{-5}$)

解：由于二溶液等体积混合，混合后其浓度均减半，所以

$$C(HAc)=C(NaAc)=\frac{0.1}{2}=0.05(mol/L)$$

$$pH=pK_{HAc}-\lg\frac{C(HAc)}{C(NaAc)}=\lg1.80\times10^{-5}=4.75$$

(四)缓冲溶液的选择

在水质分析中，如果对分析体系的pH值有一定的要求，可往分析体系中加入缓冲溶

液，使其 pH 值保持稳定不变。在选择缓冲溶液时应注意：

(1)对分析过程没有干扰。

(2)所需控制的 pH 值在缓冲溶液的缓冲范围之内。

(3)有足够的缓冲能力。通常 pH 值为 0~2 时，用强酸控制酸度；pH 值为 2~12 时，用弱酸－弱酸盐或弱碱－弱碱盐所组成的缓冲溶液控制酸度；pH 值为 12~14 时，用强碱控制溶液的酸度。

缓冲溶液的配制方法，可查阅有关书籍，此处不再赘述。

三、盐的水解及盐溶液 pH 值计算

（一）盐的水解

盐是强电解质，它溶于水后，全部电离，变为金属阳离子和酸根阴离子，由于不能电离出 H^+ 或 OH^-，按说应是中性，但如果这些离子能与水电离出的 H^+、OH^- 反应生成弱酸或弱碱，则会使水的电离平衡发生移动，从而使$[H^+]$和$[OH^-]$不相等，所以盐溶液也会呈现酸性或碱性。我们把盐类的离子与水作用生成弱酸或弱碱的反应，叫作盐的水解反应。

1. 弱酸强碱盐的水解

NaAc 是由弱酸(HAc)和强碱(NaOH)中和所生成的盐，属典型的弱酸强碱盐。它的水溶液里存在着下列电离平衡：

$$NaAc = Na^+ + Ac^-$$
$$+$$
$$H_2O \rightleftharpoons OH^- + H^+$$
$$\rightleftharpoons$$
$$HAc$$

由于 Ac^- 与水电离出的 H^+ 结合成弱电解质 HAc，建立了 HAc 的电离平衡，破坏了水的电离平衡。随着溶液里的 H^+ 减少，水的平衡向右移动。结果，溶液里的$[H^+]<[OH^-]$，所以溶液呈碱性。上述反应可用离子方程式表示为：

$$Ac^- + H_2O \rightleftharpoons OH^- + HAc$$

2. 强酸弱碱盐的水解

NH_4Cl 是由强酸(HCl)和弱碱($NH_3 \cdot H_2O$)中和所生成的盐，属典型的强酸弱碱盐。它的水溶液里存在着下列电离平衡：

$$NH_4Cl = NH_4^+ + Cl^-$$
$$+$$
$$H_2O \rightleftharpoons OH^- + H^+$$
$$\rightleftharpoons$$
$$NH_3 \cdot H_2O$$

由于NH_4^+ 与水电离出的 OH^- 结合，生成弱电解质 $NH_3 \cdot H_2O$，建立了 $NH_3 \cdot H_2O$ 的

电离平衡,使溶液中的$[OH^-]$减少,水的平衡向右移动,于是H^+的浓度随着增大,直至建立新的平衡。结果,溶液里的$[H^+]>[OH^-]$,所以溶液呈酸性。上述反应可用离子方程式表示为:

$$NH_4^+ + H_2O \rightleftharpoons H^+ + NH_3 \cdot H_2O$$

从上述两种盐的水解情况可以看出:盐之所以能水解,是因为在其水溶液中有生成弱酸、弱碱的可能,从而使水的电离平衡发生移动。对于强酸强碱盐(如 NaCl)的水溶液,由于不可能生成弱酸或弱碱,因而也就不会水解,所以其水溶液呈中性。

从盐的水解方程式也可以看出,水解反应是中和反应的逆反应。

$$酸 + 碱 \underset{水解}{\overset{中和}{\rightleftharpoons}} 盐 + 水$$

总之,弱酸和强碱生成的盐水解,呈碱性;强酸和弱碱生成的盐水解,呈酸性;强酸和强碱生成的盐呈中性。弱酸弱碱盐的水解,其性质由酸碱的相对强弱而定,但酸碱滴定法常用强酸或强碱作滴定剂,一般不会生成弱酸弱碱盐,故在此不再赘述。

(二)盐溶液的 pH 值计算

以 NaAc 为例,计算盐溶液的 pH 值。

【例2-4】 计算 0.1 mol/L NaAc 溶液的 pH 值。($K_{HAc}=1.76\times10^{-5}$)

解:NaAc 是强电解质,溶于水后全部电离为Na^+和Ac^-,但 NaAc 是弱酸强碱盐,会发生如下水解反应:

$$Ac^- + H_2O \rightleftharpoons OH^- + HAc$$

上述反应式可由以下两个过程叠加而来

$$H_2O \rightleftharpoons OH^- + H^+$$
$$H^+ + Ac^- \rightleftharpoons HAc$$

所以,水解反应平衡常数 $K_{NaAc}=\dfrac{K_W}{K_{HAc}}=\dfrac{10^{-14}}{1.76\times10^{-5}}=5.6\times10^{-10}$

由于K_{NaAc}远大于K_W,水解生成 HAc 的同时所增加的OH^-也比水中原有的OH^-多得多,所以可近似认为OH^-全部由上述水解过程产生。因此:

$$[HAc]=[OH^-]$$

从$K_{HAc}<10^{-4}$可以知道,由于水解生成 HAc 所减少的Ac^-相对于原有的Ac^-来说可以忽略不计,所以达到平衡时

$$[Ac^-]=C(NaAc)$$

所以,$K_{NaAc}=\dfrac{[HAc][OH^-]}{[Ac^-]}=\dfrac{[OH^-]^2}{C}$

$[OH^-]=\sqrt{K_{NaAc}C}=\sqrt{5.6\times10^{-10}\times0.1}=7.5\times10^{-6}(mol/L)$

$[H^+]=\dfrac{K_W}{[OH^-]}=\dfrac{10^{-14}}{7.5\times10^{-6}}=1.3\times10^{-9}(mol/L)$

$pH=-lg[H^+]=-lg(1.3\times10^{-9})=8.9$

四、pH 值计算公式汇总

以上介绍了酸碱溶液、缓冲溶液及盐溶液的 pH 值计算原理,现将其计算公式总结如

下，详见表 2-1。

表 2-1 pH 值计算公式汇总

电解质类型			$[H^+]$或$[OH^-]$计算公式	pH 值计算公式
酸碱溶液	强酸		$[H^+]=xC(酸)$	$pH=-\lg[H^+]$
	强碱		$[OH^-]=yC(碱)$	$pH=14+\lg[OH^-]$
	弱酸	一元	$[H^+]=\sqrt{K_aC(酸)}$	$pH=-\lg[H^+]$
		多元	$[H^+]\approx\sqrt{K_{a1}C(酸)}$	$pH=-\lg[H^+]$
	弱碱	一元	$[OH^-]=\sqrt{K_bC(碱)}$	$pH=14+\lg[OH^-]$
		多元	$[OH^-]\approx\sqrt{K_{b1}C(碱)}$	$pH=14+\lg[OH^-]$
缓冲溶液	弱酸及其盐		$[H^+]=K_a\dfrac{C(酸)}{C(盐)}$	$pH=-\lg[H^+]$
	弱碱及其盐		$[OH^-]=K_b\dfrac{C(碱)}{C(盐)}$	$pH=14+\lg[OH^-]$
盐溶液	强碱弱酸盐		$[OH^-]=\sqrt{K(盐)C(盐)}=\sqrt{\dfrac{K_W}{K_a}C(盐)}$	$pH=14+\lg[OH^-]$
	强酸弱碱盐		$[H^+]=\sqrt{K(盐)C(盐)}=\sqrt{\dfrac{K_W}{K_b}C(盐)}$	$pH=-\lg[H^+]$
	强酸强碱盐		$[H^+]=[OH^-]=10^{-7}$	$pH=-\lg[H^+]$
	弱碱弱酸盐		略	

注：x—在水中一分子强酸电离出的氢离子数；y—在水中一分子强碱电离出的氢氧根离子数。

任务二 酸碱指示剂

酸碱滴定反应并不发生明显的外观变化，因此要判断反应是否进行完全，进而准确测定被测物质，有必要借助合适的指示剂，由指示剂颜色的变化来确定滴定终点。由于这类指示剂用于酸碱滴定法，所以称为酸碱指示剂。

一、指示剂的变色原理

酸碱指示剂是一种具有复杂结构的有机弱酸（用符号 HIn 表示）或有机弱碱（用符号 InOH 表示），也有的是两性物质。它们的共同特点是当溶液中$[H^+]$发生变化时，其溶液颜色发生改变。这是因为在不同 pH 值时，指示剂处于不同结构，而不同结构的指示剂具有不同的颜色。因此，溶液 pH 值发生变化就引起颜色的改变。例如酚酞，它是一种很弱的有机酸，常以 HIn 表示其分子，In^-表示其离子，在溶液中存在着以下的电离平衡：

$$\underset{(A色)}{HIn} \underset{H^+}{\overset{OH^-}{\rightleftharpoons}} \underset{(B色)}{H^+ + In^-}$$

由上式可以看出,在酸性溶液中,由于大量 H^+ 存在,平衡向左移动,酚酞绝大部分呈分子态(HIn),溶液为无色;在碱性溶液中,由于$[OH^-]$增大,平衡右移,酚酞绝大部分呈离子态(In^-),溶液为红色。其他酸碱指示剂如甲基橙、石蕊等的变色情况与酚酞类似,只是颜色的变化不尽相同。

二、指示剂的变色范围

前面谈到指示剂颜色的改变,是由于在不同的 pH 值溶液中指示剂的分子结构发生了改变,因而显示出不同的颜色。然而,是否溶液的 pH 值稍有改变就能看到它的颜色改变呢?下面我们就来讨论指示剂的变色范围。现以有机弱酸指示剂为例讨论,HIn 在溶液中的电离平衡为

$$HIn \rightleftharpoons H^+ + In^-$$

$$K_{HIn} = \frac{[H^+][In^-]}{[HIn]} \quad 或 \quad \frac{[In^-]}{[HIn]} = \frac{K_{HIn}}{[H^+]}$$

式中,K_{HIn}为指示剂的电离平衡常数,在一定温度下是一定值,溶液的颜色取决于指示剂两种状态的浓度比值$\frac{[In^-]}{[HIn]}$,当浓度比值在 10 或 10 以上时,才能看到浓度较大的一种颜色,而看不到另一种颜色。

当人眼只看到 HIn 颜色时,$\frac{[In^-]}{[HIn]} = \frac{K_{HIn}}{[H^+]} \leqslant \frac{1}{10}$,则

$$[H^+] \geqslant 10K_{HIn} \quad 即 \quad pH \leqslant pK_{HIn} - 1$$

当人眼只看到 In^- 颜色时,$\frac{[In^-]}{[HIn]} = \frac{K_{HIn}}{[H^+]} \geqslant 10$,则

$$[H^+] \leqslant \frac{1}{10}K_{HIn} \quad 即 \quad pH \geqslant pK_{HIn} + 1$$

因此,当溶液的 pH 值由 $pK_{HIn} - 1$ 变化到 $pK_{HIn} + 1$,或由 $pK_{HIn} + 1$ 变化到 $pK_{HIn} - 1$ 时人们才看到指示剂颜色的变化。$pH = pK_{HIn} \pm 1$ 称为指示剂变色的 pH 值范围,简称指示剂变色范围。当指示剂的$[In^-] = [HIn]$时,则 $pH = pK_{HIn}$,人们称此 pH 为指示剂理论变色点。

虽然从理论上推算,指示剂的变色范围应是两个 pH 单位,但实际测得各种指示剂的变色范围并不一致,略有上下。例如,甲基橙 pK_{HIn}为 3.4,根据 $pK_{HIn} \pm 1$ 计算其变色范围为 2.4~4.4,但实际上为 3.1~4.4。这是因为人眼对各种颜色敏感度不同,以及指示剂的两种颜色之间互相掩盖所致,如黄→红、无色→红色易观察,反之则不易观察。

另外,指示剂的用量要适当,通常 25 mL 溶液中加 0.1% 指示剂两滴即可。因为指示剂的本身就是有机弱酸或弱碱,若用量过多会消耗一部分标准溶液,还会使颜色改变较慢;若用量过少,则会出现溶液颜色过浅,不易判断终点的到来。这样就会造成较大的滴定误差。

表 2-2 列出了常用酸碱指示剂的变色范围、配制方法和用量大小。

表 2-2 所列的酸碱指示剂的变色范围一般都较宽,其中有的指示剂(如甲基橙)变色过程中还有过渡色,不易判断颜色变化。我们希望指示剂的变色范围越窄越好。变色范围越窄,则 pH 值稍有改变,指示剂就可立即由一种颜色变成另一种颜色,即指示剂变色敏锐,可以更及时准确地判断终点,从而提高测定结果的准确度。为此,可采用混合指示剂来提高指示剂变色性能。

表 2-2 常用的酸碱指示剂

指示剂	变色范围 pH	颜色		pK_{HIn}	配制方法	用量(滴/10 mL)
		酸色	碱色			
百里酚蓝	1.2~2.8	红	黄	1.7	0.1%的 20%酒精溶液	1~2
甲基黄	2.9~4.0	红	黄	3.3	0.1%的 90%酒精溶液	1
甲基橙	3.1~4.4	红	黄	3.4	0.05%的水溶液	1
溴酚蓝	3.1~4.6	黄	紫	4.1	0.1%的 20%酒精溶液或其钠盐水溶液	1
甲基红	4.4~6.2	红	黄	5.0	0.1%的 60%酒精溶液或其钠盐水溶液	1
溴百里酚蓝	6.0~7.6	黄	蓝	7.3	0.1%的 20%酒精溶液或其钠盐水溶液	1
中性红	6.8~8.0	红	橙黄	7.4	0.1%的 60%酒精溶液	1
酚红	6.7~8.4	黄	红	8.0	0.1%的 60%酒精溶液或其钠盐水溶液	1
酚酞	8.0~9.6	无	红	9.1	0.1%的 90%酒精溶液	1~3
百里酚酞	9.4~10.6	无	蓝	10.0	0.1%的酒精溶液	1~2

混合指示剂由人工配制,配制方法有两种:一是由两种或两种以上的指示剂按一定比例混合而成;二是在某种指示剂中加入一种惰性染料。混合指示剂利用颜色之间的互补作用,使变色范围变窄,在终点时颜色变化敏锐。混合指示剂的具体配制方法与适用情况可查阅有关化学分析资料。

任务三 酸碱滴定曲线和指示剂的选择

人们通常借助指示剂的颜色变化来指示酸碱滴定终点,而指示剂颜色的变化又受到溶液 pH 值的影响。因此,要选用合适的指示剂,就必须了解滴定过程中,尤其是化学计量点附近溶液 pH 值的变化情况。

表示滴定过程中 pH 值变化情况的曲线,称为酸碱滴定曲线,下面分别讨论几种类型的酸碱滴定曲线和选择指示剂的原理。

一、强酸滴定强碱(或强碱滴定强酸)

强酸、强碱都是强电解质,在水中全部电离,酸以 H^+ 形式存在,碱以 OH^- 形式存在,它们所生成的盐也不水解。所以,这一类滴定的基本反应为:

$$H^+ + OH^- \xlongequal{} H_2O$$

现以 0.100 0 mol/L NaOH 溶液滴定 20.00 mL 浓度为 0.100 0 mol/L HCl 溶液为例,来研究强碱滴定强酸的过程中 pH 值变化的规律,为了研究方便,将滴定过程分为四个阶段来考虑:

(1)滴定前。因为滴定之前,还未加 NaOH,而 HCl 是强电解质,其浓度为0.100 0 mol/L,所以

$$[H^+] = 0.100\,0 \text{ mol/L}$$

$$pH = 1.0$$

(2)滴定开始至理论终点前。滴定开始后,随着 NaOH 不断地滴入,溶液中 HCl 被消耗,H^+ 的浓度不断减少,溶液 pH 值取决于剩余的 HCl 溶液浓度,其计算公式为:

$$[H^+] = 0.100\,0 \times \frac{V_{HCl(剩余)}}{V_{总}}$$

例如,在加入 NaOH 溶液 18.00 mL 和 19.98 mL 时,溶液中 H^+ 浓度分别为:

$$[H^+] = \frac{0.100\,0 \times (20.00 - 18.00)}{20.00 + 18.00} = 5.26 \times 10^{-3}(\text{mol/L})$$

$$pH = 2.3$$

$$[H^+] = \frac{0.100\,0 \times (20.00 - 19.98)}{20.00 + 19.98} = 5.00 \times 10^{-5}(\text{mol/L})$$

$$pH = 4.3$$

(3)理论终点。滴加 20.00 mL NaOH 溶液时,HCl 全部被中和,溶液变为 NaCl 的水溶液,强酸强碱盐不水解,所以溶液呈中性。

$$[H^+] = [OH^-] = 1.00 \times 10^{-7}(\text{mol/L})$$

$$pH = 7.0$$

(4)理论终点后。到达理论终点后,继续滴加 NaOH 溶液,溶液的组成为 NaCl 和 NaOH,溶液的 pH 值取决于过量的 NaOH 溶液,其计算公式为:

$$[OH^-] = 0.100\,0 \times \frac{V_{NaOH(过量)}}{V_{总}}$$

例如,在滴加 20.02 mL NaOH 溶液时

$$[OH^-] = \frac{0.100\,0 \times (20.02 - 20.00)}{20.02 + 20.00} = 5.00 \times 10^{-5}(\text{mol/L})$$

$$pOH = 4.3 \qquad pH = 9.7$$

其余各点可参照上述方法逐一计算,计算结果见表 2-3。

以 NaOH 滴加的体积(mL)为横坐标,对应的 pH 为纵坐标作图,即得到强酸滴定强碱的滴定曲线,如图 2-1 所示。

表 2-3 用 0.100 0 mol/L NaOH 滴定 0.100 0 mol/L HCl 时 pH 值的变化

加入的 NaOH		剩余的 HCl		$[H^+]$	pH	
%	mL	%	mL			
0.00	0.00	100.0	20.00	1.00×10^{-1}	1.0	
90.00	18.00	10.0	2.00	5.26×10^{-3}	2.3	
99.00	19.80	1.00	0.20	5.02×10^{-4}	3.3	
99.90	19.98	0.10	0.02	5.00×10^{-5}	4.3	突跃范围
100.0	20.00	0.00	0.00	1.00×10^{-7}	7.0	
		过量的 NaOH				
100.1	20.02	0.10	0.02	2.00×10^{-10}	9.7	
101.0	20.20	1.00	0.20	2.00×10^{-11}	10.7	
110.0	22.00	10.00	2.00	2.10×10^{-12}	11.7	
200.0	40.00	100.0	20.00	3.00×10^{-13}	12.5	

从图 2-1 中可以明显看出：

(1)从滴定开始到滴加 19.98 mL 的 NaOH 溶液，pH 只改变了 3.3 个单位，在理论终点附近(19.98 ~ 20.02 mL)加入一滴(约 0.04 mL)NaOH 溶液，却使 pH 改变了 5.4 个单位(pH 由 4.3→9.7)，并且溶液性质由酸性变为碱性，这一段曲线几乎是垂线，这种使 pH 值发生突变的情况称为“滴定突跃”。突跃所对应的 pH 值范围称为“滴定突跃范围”。此后若再加入 NaOH 溶液，pH 值变化不大，整个滴定过程 pH 变化为渐变→突变→渐变。

(2)根据滴定突跃范围可以选择合适的指示剂。指示剂最好能在理论终点时发生颜色突变，但这在实际上不易做到。选择指示剂原则是，指示剂的变色范围，全部或一部分在突跃范围内即可。因此，酚酞、甲基红及甲基橙都可以用来指示0.100 0 mol/L 强碱与强酸滴定。还须注意，pH 值突跃范围与酸碱的浓度有关，浓度越小，突跃范围越小；浓度越大，突跃范围越大，如图 2-2 所示。因此，同种酸碱滴定，若浓度不同，适合的指示剂也可能有所变化。

若用 HCl 滴定 NaOH(条件与前相同)，滴定曲线与图 2-1 中曲线方向相反，突跃范围是 pH 值从 9.7→4.3。

二、强碱滴定弱酸(或强酸滴定弱碱)

现以 0.100 0 mol/L NaOH 溶液滴定 0.100 0 mol/L HAc 溶液为例说明此类滴定，由于生成物 NaAc 是弱酸强碱盐，在溶液中发生可逆方向的水解反应，所以其化学反应如下：

$$HAc + OH^- \rightleftharpoons Ac^- + H_2O$$

与前例相同，将滴定过程分四个阶段来分析：

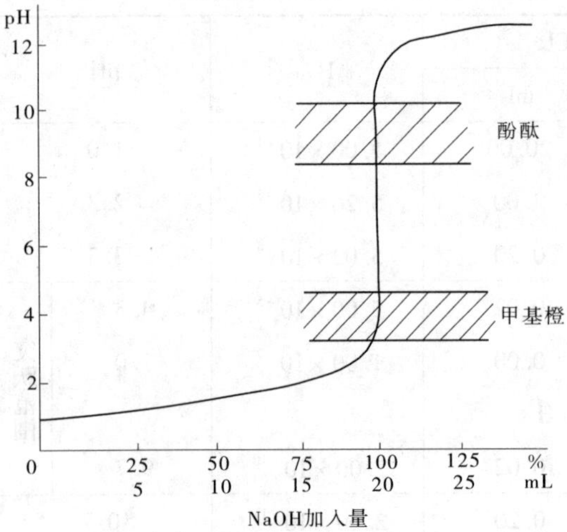

图 2-1　0.100 0 mol/L 的强碱滴定强酸的滴定曲线

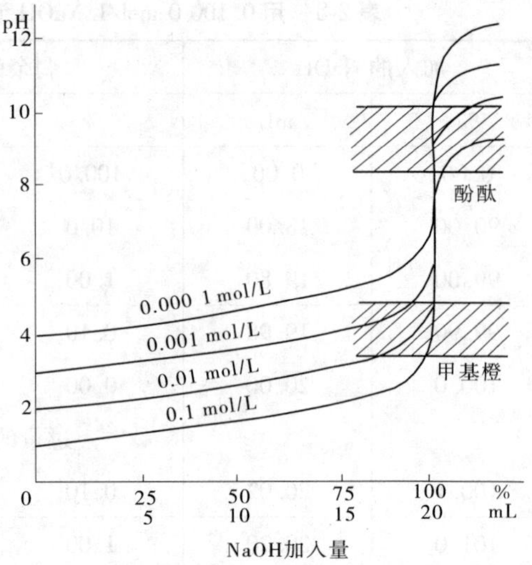

图 2-2　不同浓度的强碱滴定强酸的滴定曲线

(1)滴定前。滴定前,溶液中的 H^+ 主要来源于 HAc 的电离,按弱酸溶液的 pH 值计算方法计算:

$$[H^+]=C\alpha=\sqrt{K_aC}=\sqrt{1.76\times10^{-5}\times0.100\ 0}=1.33\times10^{-3}(\text{mol/L})$$

$$pH=-\lg[H^+]=-\lg(1.33\times10^{-3})=2.88$$

(2)滴定开始至理论终点前。在这阶段,因 NaOH 溶液的滴入,一部分 HAc 被中和生成 NaAc,于是剩余的HAc与生成的 NaAc 组成缓冲溶液,故可按缓冲溶液来计算 pH 值:

溶液中
$$[Ac^-]\approx\frac{C(NaOH)\cdot V(NaOH)}{V(HAc)+V(NaOH)}$$

$$[HAc]\approx\frac{C(HAc)\cdot V(HAc)-C(NaOH)\cdot V(NaOH)}{V(HAc)+V(NaOH)}$$

$$C[HAc]=C(NaOH)=0.100\ 0\ \text{mol/L}$$

所以
$$pH=pK_{HAc}-\lg\frac{[Ac^-]}{[HAc]}=pK_{HAc}+\lg\frac{V(NaOH)}{V(HAc)-V(NaOH)}$$

例如,在滴入 NaOH 溶液 18.00 mL 和 19.98 mL 时,溶液的 pH 值分别为:

$$pH=4.74+\lg\frac{18.00}{20.00-18.00}=5.70$$

$$pH=4.74+\lg\frac{19.98}{20.00-19.98}=7.74$$

(3)理论终点。此时,滴入0.100 0 mol/L NaOH 20.00 mL,NaOH 与 HAc 等量完全化合生成 NaAc,NaAc 是弱酸强碱盐,发生水解,故可按盐溶液的 pH 值计算方法计算:

$$K_{NaAc}=\frac{K_W}{K_{HAc}}=\frac{10^{-14}}{1.76\times10^{-5}}=5.6\times10^{-10}$$

$$[OH^-]=\sqrt{K_{NaAc}C}=\sqrt{5.6\times10^{-10}\times\frac{0.100\ 0}{2}}=5.3\times10^{-6}(\text{mol/L})$$

$$pOH = 5.28 \qquad pH = 8.72$$

(4)理论终点后。继续滴加 NaOH,则过量的碱抑制 NaAc 的水解,此时溶液的 pH 值主要取决于过量的 NaOH 的量,其计算方法与强碱滴定强酸相同。滴加 20.02 mL 的 NaOH 时

$$[OH^-] = \frac{0.1000 \times (20.02 - 20.00)}{20.02 + 20.00} = 5.00 \times 10^{-5}(mol/L)$$

$$pOH = 4.3 \qquad pH = 9.7$$

其余各点可参照上述方法逐一计算,计算结果列于表 2-4,滴定曲线如图 2-3 所示。

表 2-4　用 0.100 0 mol/L NaOH 滴定 0.100 0 mol/L HAc 时 pH 值的变化

加入的 NaOH		剩余的 HAc		$[H^+]$	pH	
%	mL	%	mL			
0.00	0.00	100.0	20.00	1.36×10^{-3}	2.9	
50.00	10.00	50.00	10.00	1.36×10^{-5}	4.9	
90.00	18.00	10.0	2.00	2.10×10^{-6}	5.7	
99.00	19.80	1.00	0.20	1.86×10^{-7}	6.7	
99.90	19.98	0.10	0.02	1.75×10^{-8}	7.7	突跃范围
100.0	20.00	0.00	0.00	1.96×10^{-9}	8.7	
		过量的 NaOH				
100.1	20.02	0.10	0.02	2.0×10^{-10}	9.7	
101.0	20.20	1.00	0.20	2.0×10^{-11}	10.7	
110.0	22.00	10.00	2.00	2.0×10^{-12}	11.7	
200.0	40.00	100.0	20.00	3.0×10^{-13}	12.5	

从表 2-4 及图 2-3 可知:

(1)NaOH - HAc 滴定曲线起点的 pH 值比 NaOH - HCl 滴定曲线高约 2 个 pH 单位,这是因为 HAc 酸性较 HCl 弱的缘故。

(2)理论终点时溶液 pH = 8.72,这是由于反应生成的 NaAc 发生水解反应,溶液呈碱性的缘故。

(3)在理论终点附近产生了滴定突跃,只是 NaOH - HAc 突跃范围(pH = 7.7 ~ 9.7)比 NaOH - HCl 突跃范围(pH = 4.3 ~ 9.7)小得多。这是因为在接近理论终点时,溶液中 HAc 已很少,而生成的 NaAc 越来越多,大量 NaAc 存在抑制了 HAc 电离,溶液中的$[H^+]$下降。另外,由于 NaAc 的水解反应不断增强,溶液中$[OH^-]$也因而增大,所以当滴入 NaOH 到 19.98 mL 时,虽然溶液中还剩余 0.02 mL HAc,但溶液已呈碱性(pH = 7.7),使滴定突跃部分起点在上一类型的基础上向上移动。

(4)由于突跃范围是 pH = 7.7 ~ 9.7,故可选用酚酞为指示剂。

强碱滴定弱酸时的 pH 值突跃的大小,除与酸碱浓度有关外,还与弱酸的电离常数 K_a 大小有关。从图 2-4 可知:曲线Ⅰ是 $K_a = 10^{-5}$ 的 HAc,曲线Ⅱ是比 HAc 更弱的酸,$K_a =$

10^{-7}(酚酞作指示剂已不合适了),曲线Ⅲ是 $K_a=10^{-9}$ 的硼酸,已没有明显的突跃部分,因此很难找到合适的指示剂,难以用中和法直接滴定。

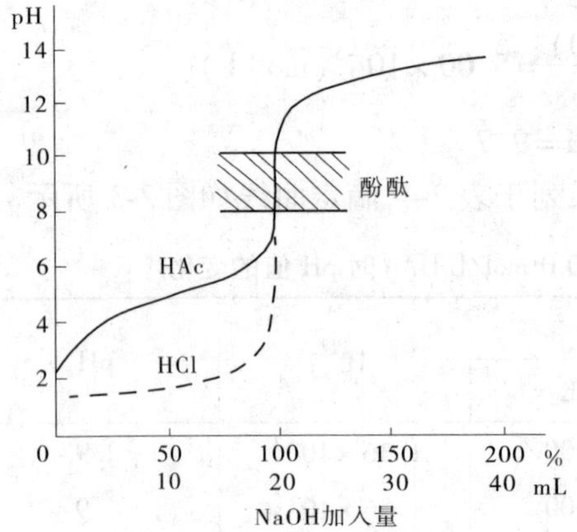

图2-3　0.100 0 mol/L NaOH 溶液滴定 20.00 mL 0.100 0 mol/L HAc 的滴定曲线

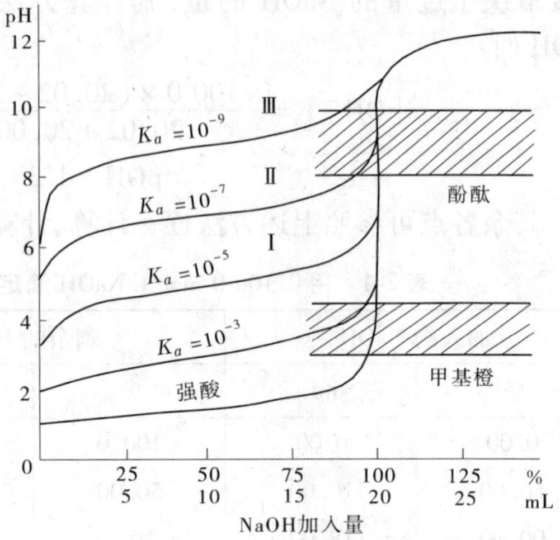

图2-4　0.100 0 mol/L NaOH 滴定 20.00 mL 0.100 0 mol/L 不同弱酸溶液的滴定曲线

用强酸滴定弱碱(以 HCl 滴定 $NH_3 \cdot H_2O$ 为例),其反应如下:

$$H^+ + NH_3 \cdot H_2O \rightleftharpoons NH_4^+ + H_2O$$

其滴定曲线见图2-5。

从滴定曲线可知:

(1)强酸滴定弱碱与强碱滴定弱酸的滴定曲线相似,但 pH 值的变化方向相反。

(2)强酸滴定弱碱($NH_3 \cdot H_2O$)的突跃范围在 pH=6.3~4.3,理论终点为 pH=5.3,偏酸性,这是因为生成的 NH_4Cl 水解后溶液呈酸性,故可选用甲基橙或甲基红作指示剂。

对于多元弱酸弱碱的滴定,要考虑逐步电离情况。如HCl滴定 Na_2CO_3,第一步是:

$$H^+ + CO_3^{2-} \rightleftharpoons HCO_3^-$$

此反应达到理论终点时,pH=8.3,在碱性区发生第一个突跃,可选择酚酞作滴定指示剂。第二步是:

$$H^+ + HCO_3^- \rightleftharpoons H_2CO_3$$

此反应达到理论终点时,pH=3.9,在酸性区发生了第二个突跃,可选择甲基橙作指示剂(因滴定突跃范围较小,最好用变色敏锐的甲基红-百里酚酞混合指示剂)。在该滴定过程中,随着滴定的进行,生成的 H_2CO_3 将逐渐转化为 CO_2 逸出,如果 CO_2 逸出不及时,就会造成 H_2CO_3 浓度增大,进而引起溶液酸度增大,终点过早到来。因此,在滴定临近终点时,一定要剧烈摇动溶液,最好能同时微热,排除 CO_2,冷却后再滴定。整个过程的滴定曲线见图2-6。

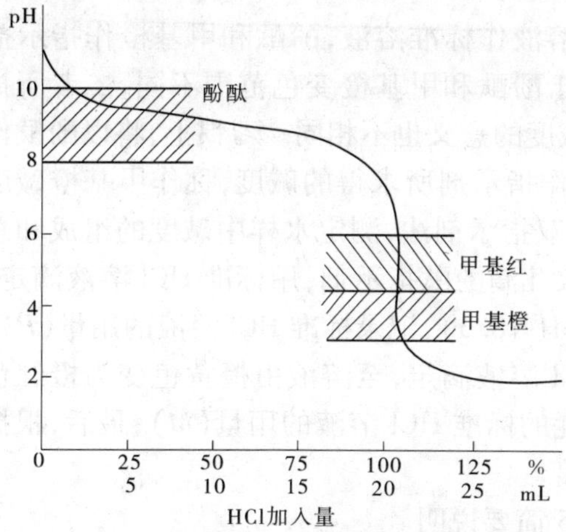

图 2-5 0.100 0 mol/L 强酸滴定 20.00 mL 0.100 0 mol/L 弱碱的滴定曲线

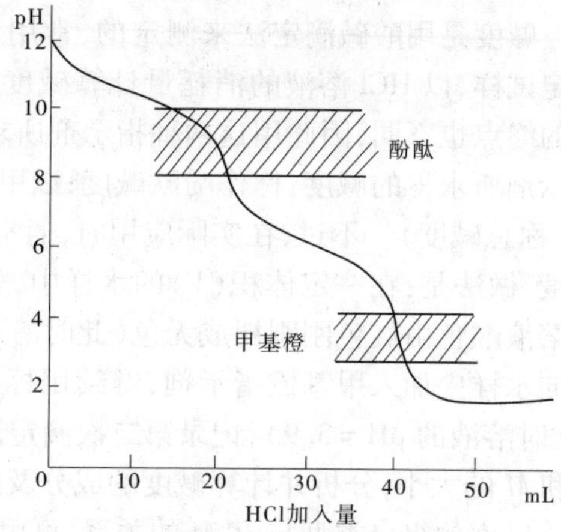

图 2-6 0.100 0 mol/L HCl 滴定 0.050 0 mol/L Na_2CO_3 的滴定曲线

任务四 酸碱滴定在水质分析中的应用

一、水中碱度及其测定

(一)碱度及其组成

碱度是指水中能与强酸进行中和反应的物质的含量。天然水中形成碱度的物质主要是碳酸盐、重碳酸盐和氢氧化物,此外还有磷酸盐和硅酸盐等,但其含量很少,常忽略不计。因此,归纳起来,可将碱度分为以下三种:

(1)氢氧化物碱度,由于水中有氢氧根(OH^-)的存在而产生的碱度。

(2)碳酸盐碱度,由于水中有碳酸根(CO_3^{2-})的存在而产生的碱度。

(3)酸式碳酸盐碱度(或称重碳酸盐碱度),由于水中有酸式碳酸盐(HCO_3^-)的存在而产生的碱度。

以上三种碱度在水中可独立存在,也可两两共存。如碳酸盐和重碳酸盐可以共存;碳酸盐与氢氧化物可以共存。但氢氧化物和重碳酸盐则不可以共存,因为

$$HCO_3^- + OH^- \rightleftharpoons CO_3^{2-} + H_2O$$

因此,各种水体的碱度可能有五种不同的组合:

(1)单独的氢氧化物(OH^-)碱度。

(2)氢氧化物与碳酸盐($OH^- + CO_3^{2-}$)碱度。

(3)单独的碳酸盐(CO_3^{2-})碱度。

(4)碳酸盐与重碳酸盐($CO_3^{2-} + HCO_3^-$)碱度。

(5)单独的重碳酸盐(HCO_3^-)碱度。

(二)碱度的测定及其表示方法

碱度是用酸碱滴定法来测定的,常用 HCl 溶液作标准溶液,酚酞和甲基橙作指示剂滴定试样,以 HCl 溶液的消耗量计算碱度。由于酚酞和甲基橙变色范围不同,二者所指示的终点也不同,因此用这两种指示剂所求得碱度的意义也不相同。习惯上,将以酚酞作指示剂所求得的碱度,称作酚酞碱度;以甲基橙作指示剂所求得的碱度,称作甲基橙碱度(又称总碱度)。不过,在实际应用时,通常采用双指示剂法,测定水样中碱度的组成和总碱度,做法是:在一定体积(V)的水样中,先加入几滴酚酞指示剂,用标准 HCl 溶液滴定,至溶液颜色由红色刚刚褪成无色(此时溶液的 pH = 8.3),记录标准 HCl 溶液的用量(P);再向水样中加入甲基橙指示剂,继续用标准 HCl 溶液滴定,至溶液由橙黄色变为橙红色(此时溶液的 pH = 3.9),记录第二次滴定所消耗的标准 HCl 溶液的用量(M);最后,根据 P 和 M 的大小,分析并计算碱度的成分及总碱度。

碱度的组合类型与 P、M 的关系,可由表 2-5 简要说明。

表 2-5　水中碱度的五种组合情况

编号	酸度	用 HCl 标准溶液滴定时的化学反应	理论终点	用酚酞作指示剂		用甲基橙作指示剂		总耗酸量(mL)
				溶液颜色变化	消耗的 HCl 量(mL)	溶液颜色变化	消耗的 HCl 量(mL)	
1	OH^-	$OH^- + H^+ \rightarrow H_2O$	7	红→无	P	黄	$M=0$	P
2	$OH^- + CO_3^{2-}$	$OH^- + H^+ \rightarrow H_2O$	7	红→无	P			$P+M$ ($P>M$)
		$CO_3^{2-} + H^+ \rightarrow HCO_3^-$	8.3					
		$HCO_3^- + H^+ \rightarrow H_2CO_3$	3.9			橙黄→橙红	M	
3	CO_3^{2-}	$CO_3^{2-} + H^+ \rightarrow HCO_3^-$	8.3	红→无	P			$P+M$ ($P=M$)
		$HCO_3^- + H^+ \rightarrow H_2CO_3$	3.9			橙黄→橙红	M	
4	$CO_3^{2-} + HCO_3^-$	$CO_3^{2-} + H^+ \rightarrow HCO_3^-$	8.3	红→无	P			$P+M$ ($P<M$)
		$HCO_3^- + H^+ \rightarrow H_2CO_3$	3.9			橙黄→橙红	M	
5	HCO_3^-	* $HCO_3^- + H^+ \rightarrow H_2CO_3$	3.9	无	$P=0$	橙黄→橙红	M	M

注:* 表示 HCO_3^- 包括两部分,一部分是 CO_3^{2-} 转化而来,另一部分是水样中原有的。

(1)当 $M=0$ 时

$$C(OH^-,\text{mmol/L}) = \frac{C(HCl)\cdot P}{V}\times 1\,000$$

$$C(CO_3^{2-},\text{mmol/L}) = 0 \qquad C(HCO_3^-,\text{mmol/L}) = 0$$

(2)当 $P>M$ 时

$$C(OH^-,\text{mmol/L}) = \frac{C(HCl)\cdot(P-M)}{V}\times 1\,000$$

$$C(\frac{1}{2}CO_3^{2-},\text{mmol/L}) = \frac{C(HCl)\cdot 2M}{V}\times 1\,000$$

$$C(HCO_3^-,\text{mmol/L}) = 0$$

(3)当 $P=M$ 时

$$C(\frac{1}{2}CO_3^{2-},mmol/L)=\frac{C(HCl)\cdot 2P}{V}\times 1\,000$$

$C(OH^-,mmol/L)=0$　　$C(HCO_3^-,mmol/L)=0$

(4)当 $P<M$ 时

$$C(\frac{1}{2}CO_3^{2-},mmol/L)=\frac{C(HCl)\cdot 2P}{V}\times 1\,000$$

$$C(HCO_3^-,mmol/L)=\frac{C(HCl)\cdot(M-P)}{V}\times 1\,000$$

$C(OH^-,mmol/L)=0$

(5)当 $P=0$ 时

$$C(HCO_3^-,mmol/L)=\frac{C(HCl)\cdot M}{V}\times 1\,000$$

$C(OH^-,mmol/L)=0$　　$C(CO_3^{2-},mmol/L)=0$

总碱度 A 通常用下面公式计算:

$$A(以\ CaCO_3\ 计,mmol/L)=\frac{\frac{1}{2}C(HCl)\cdot(P+M)}{V}\times 1\,000$$

或

$$A(以\ CaCO_3\ 计,mg/L)=\frac{\frac{1}{2}C(HCl)\cdot(P+M)\times 100.09}{V}\times 1\,000$$

式中,100.09 为 $CaCO_3$ 的摩尔质量,g/mL。

【例2-5】　取水样 100 mL 用0.050 0 mol/L HCl 溶液滴定至酚酞终点时,耗用 HCl 溶液 6.50 mL,用甲基橙作指示剂,继续滴定至终点时,又耗用 HCl 10.40 mL,试判断含有哪几种碱度?分别为多少?总碱度为多少?

解:$C(HCl)=0.050\,0$ mol/L　　$P=6.50$ mL　　$M=10.40$ mL　　$V=100$ mL

根据 $P<M$,可由表 2-4 查得:水样中含有 CO_3^{2-} 和 HCO_3^- 两种碱度:

$$C(\frac{1}{2}CO_3^{2-},mmol/L)=\frac{C(HCl)\cdot 2P}{V}\times 1\,000$$

$$=\frac{0.050\,0\times 2\times 6.50}{100}\times 1\,000$$

$$=6.5$$

$$C(HCO_3^-,mmol/L)=\frac{C(HCl)\cdot(M-P)}{V}\times 1\,000$$

$$=\frac{0.050\,0\times(10.40-6.50)}{100}\times 1\,000$$

$$=1.95$$

总碱度为:

$$A(以\ CaCO_3\ 计,mg/L)=\frac{\frac{1}{2}C(HCl)\cdot(P+M)\times 100.09}{V}\times 1\,000$$

$$=\frac{\frac{1}{2}\times 0.0500\times(6.50+10.40)\times 100.09}{100}\times 1\,000$$

$$=422.9$$

二、酸度及其测定

水的酸度,是指水中能与强碱发生中和反应的物质的含量。构成酸度的物质主要是各种酸及强酸弱碱盐,由于成分复杂,不易分别测定。因此,酸度表示与强碱定量作用至一定 pH 值时酸性物质的总量。根据使用的指示剂不同,将酸度分为酚酞酸度(又称总酸度,包括强酸和弱酸)和甲基橙酸度(又称强酸酸度)两种。

天然水的酸度主要是由于水中含有溶解的二氧化碳而产生的。溶解于水的 CO_2 称为游离二氧化碳,其测定方法可采用中和滴定法。反应如下:

$$CO_2 + H_2O \rightleftharpoons H_2CO_3$$

$$H_2CO_3 + OH^- \rightleftharpoons HCO_3^- + H_2O$$

测定时,以酚酞作指示剂,用 NaOH 作标准溶液进行滴定。当酚酞由无色转为淡红色时为滴定终点,根据 NaOH 标准溶液的用量及浓度,可求出游离 CO_2 的含量。

$$\text{游离 } CO_2 \text{ 含量}(mg/L)=\frac{C(NaOH)\cdot V(NaOH)}{V}\times 44.01\times 1\,000$$

另外,当游离 CO_2 含量较高时,将对岩石或水工建筑物(主要成分是 $CaCO_3$ 或 $MgCO_3$)发生侵蚀作用,其主要反应式为:

$$CaCO_3 + CO_2 + H_2O = Ca(HCO_3)_2$$

$$MgCO_3 + CO_2 + H_2O = Mg(HCO_3)_2$$

参与侵蚀反应的 CO_2 称侵蚀性 CO_2。欲测定水样的侵蚀性 CO_2 的含量,需先测定水样的游离 CO_2 含量,设为 C_1(mg/L);再将水样中放入足量的 $CaCO_3$(或 $MgCO_3$)等,使水样的 CO_2 与 $CaCO_3$(或 $MgCO_3$)充分反应后再测定其游离 CO_2 含量,设为 C_2(mg/L),则侵蚀性 CO_2 的含量为:

$$\text{侵蚀性 } CO_2(mg/L) = C_1 - C_2$$

小　结

本项目主要介绍了酸碱滴定曲线,酸碱指示剂的概念与选择,酸碱滴定法在水质分析中的应用等内容,并对电解质的概念及各种电解质溶液的 pH 值计算也作了简要介绍。通过本项目学习,使学生能够运用酸碱滴定法原理测定水样中的碱度、酸度等水质指标。

复习思考题

一、填空

1. 酸碱滴定法是以酸碱反应为基础的滴定分析方法,又叫__________法。利用酸碱滴定法可以测定________以及能与酸碱起反应的物质的含量。

2. 电解质在水溶液中会电离出阴离子和阳离子，其中全部电离为离子的称为________；只有部分电离为离子的称为________。它们表现出的性质也有很大差异。

3. 水中的[H^+]和[OH^-]相等，均为________ mol/L 。若改变了[H^+]和[OH^-]的相对大小，即呈现出不同的酸碱性。当[H^+] > [OH^-]时，溶液呈________性；当[OH^-] > [H^+]时，溶液呈________性。

4. 天然水中形成碱度的物质主要是碳酸盐、重碳酸盐和氢氧化物，此外还有磷酸和硅酸盐。这三种碱度在水中可独立存在，也可两两共存，但________和重碳酸盐则不可以共存。

5. 水的酸度，是指水中能与强碱发生中和反应的物质的含量。根据使用的指示剂不同，将酸度分为________(又称总酸度，包括强酸和弱酸)和________(又称强酸酸度)两种。天然水的酸度主要是由于水中含有溶解的________而产生的。

二、名词解释

1. 电离常数(K)　2. 电离度(α)　3. 缓冲溶液　4. 盐的水解反应

三、选择

1. 酸碱指示剂的变色范围是(　　)。

A. $pK_{HIn}+1$　　B. $pK_{HIn}-1$　　C. $pK_{HIn}\pm 1$　　D. $pK_{HIn}\pm 0.1$

2. 化学计量点前后(　　)范围内 pH 值的急剧变化，称为滴定突跃。

A. ±0.01%　　B. ±0.1%　　C. ±1%　　D. ±10%

3. 某 NaOH 标准溶液在保存过程中吸入了少量的 CO_2，若用该溶液来标定 HCl 溶液浓度，以酚酞为指示剂，所测得的 HCl 溶液浓度结果(　　)。

A. 偏高　　B. 偏低　　C. 不影响　　D. 不确定

4. 1 L 溶液中 HAc 浓度为 1.0 mol/L，NaAc 浓度为 0.1 mol/L，则该溶液的 pH 值为(　　)。(HAc 的 $pK_a=4.74$)

A. 2.74　　B. 3.74　　C. 4.74　　D. 5.74

5. 配制酚酞指示剂选用的溶剂是(　　)。

A. 水　　B. 水－甲醇　　C. 水－丙酮　　D. 水－乙醇

6. 某苛性钾样品中含有不与酸反应的杂质，为了测定苛性钾的纯度，取样品 0.560 0 g 溶于水中制成 1 L 溶液。取此溶液 25.00 mL，用 0.005 0 mol/L H_2SO_4标准溶液滴定，用去 24.00 mL，则苛性钾的质量分数为(　　)。

A. 56%　　B. 48%　　C. 9.60%　　D. 96%

7. 天然水中形成碱度的物质主要是碳酸盐、重碳酸盐和氢氧化物。以上三种碱度在水中可独立存在，也可两两共存，但其中(　　)不可以共存。

A. 碳酸盐和重碳酸盐　　B. 碳酸盐和氢氧化物

C. 氢氧化物和重碳酸盐　　D. 以上都可以

四、问答

1. 在水质分析中，可通过加入缓冲溶液，调节和保持分析体系的 pH 值。在选择缓冲溶液时应注意哪些问题?

2. 什么是缓冲溶液?缓冲溶液为什么具有缓冲能力?

3. 什么是滴定曲线?什么是酸碱滴定的pH值的突跃范围?强碱滴定强酸与强酸滴定强碱的滴定曲线有何不同?

4. 什么是酸碱指示剂的变色范围?在酸碱滴定中选用指示剂的根据是什么?试举例说明。

5. 什么是水的碱度?天然水的碱度主要由哪些物质组成?如何测定水的碱度?

五、计算

1. 比较①0.1 mol/L HCl 溶液,②0.1 mol/L H_2SO_4 溶液,③0.1mol/L NH_4Cl 溶液,④0.1 mol/L CH_3COOH 溶液,⑤0.1 mol/L $NaHCO_3$溶液,⑥0.1 mol/L $NH_3 \cdot H_2O$ 溶液,⑦0.1 mol/L NaOH 溶液,⑧0.1 mol/L $Ba(OH)_2$溶液中 $C(H^+)$的大小。

2. 若缓冲溶液的组成是1.0 mol/L $NH_3 \cdot H_2O$ 和1.0 mol/L NH_4Cl(其电离常数均为 1.76×10^{-5}),试计算该溶液的pH值。

3. 取水样100 mL,加入酚酞指示剂后显无色,再加入甲基橙指示剂显黄色,用0.050 0 mol/L HCl 溶液滴定至终点,耗用 HCl 溶液 7.85 mL,试计算此水样的总碱度,以 $A(CaCO_3)$mmol/L和mg/L表示,并说明有哪几种碱度。$CaCO_3$的摩尔质量为100.09 g/mL。

项目三　配位滴定法

在化学分析中，利用生成配位化合物（配合物）的反应来进行滴定分析的方法，称为配位滴定法。在水质分析中，常用于测定 Ca^{2+}、Mg^{2+}、Fe^{3+}、Al^{3+} 等金属离子，还能间接测定 $SO_4^{\ 2-}$、$PO_4^{\ 3-}$ 等阴离子。

任务一　配位化合物

一、配合物的组成

配合物是一类复杂化合物，如 $[Cu(NH_3)_4]SO_4$、$[Ag(NH_3)_2]NO_3$、$K_3[Fe(CN)_6]$ 等，它们都含有较复杂的离子，如 $[Cu(NH_3)_4]^{2+}$、$[Ag(NH_3)_2]^+$、$[Fe(CN)_6]^{3-}$，通常称之为配离子。配离子是由一个简单的阳离子（Cu^{2+}、Ag^+、Fe^{3+} 等）和一定数目的中性分子（如 NH_3、H_2O 等极性分子）或阴离子（如 CN^-、Cl^-、OH^-、SO_4^{2-} 等）以配位键结合起来的复杂离子。其中，阳离子占据着中心位置，称之为中心离子。与中心离子结合的中性分子或阴离子称为配位体。在每一个配位体中，直接同中心离子配位的原子叫配位原子，配位原子的数目叫该中心离子的配位数。由于中心离子与配位体靠得近，结合牢固，形成一体，通常用方括号括起来，称之为内界；而距中心离子较远，结合不牢固的阴、阳离子处于方括号之外，称之为外界。可见，配合物由内界和外界组成。以 $[Cu(NH_3)_4]SO_4$ 为例，配合物的组成结构如图 3-1 所示。

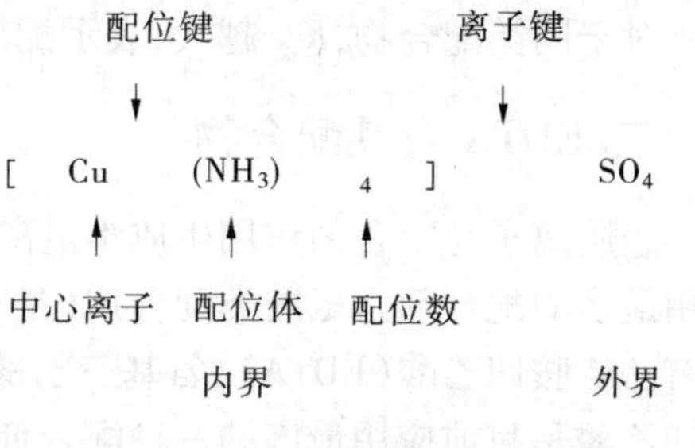

图 3-1　$[Cu(NH_3)_4]SO_4$ 的组成

在配合物中，有一类叫做螯合物，其结构特点是配位体与中心离子形成环状结构。如 Cu^{2+} 与乙二胺（$NH_2—CH_2—CH_2—NH_2$）反应如下所示：

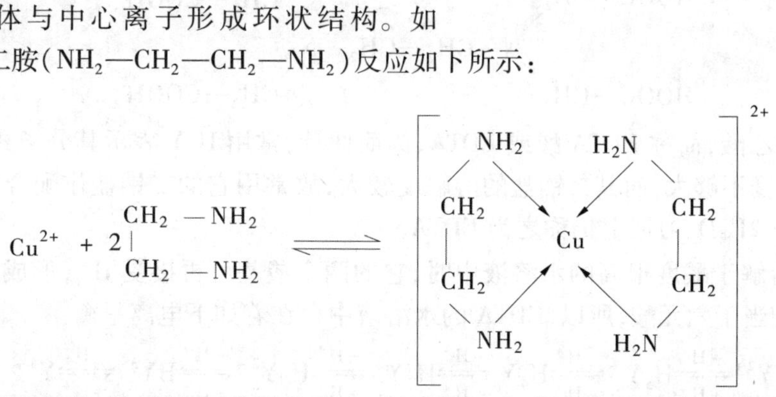

形成的配离子，从结构上可以看出，乙二胺的一个分子中有两个 N 原子作为配位原

子与 Cu^{2+} 形成两个配位键。整个配离子构成了两个五原子环,每一个环都像螃蟹用两只螯把中心离子钳住,相当稳定。在形成配离子的过程中,乙二胺是提供配位体的物质,通常把提供配位体的物质称作配合剂。这里由于形成的是螯合物,所以也可称为螯合剂。

根据对螯合物的研究可知,螯合物的稳定性与螯合环的大小和数目有关。一般来说,具有五元环或六元环的螯合物很稳定,而且形成的环愈多,螯合物愈稳定。

二、配合物的离解平衡及稳定常数

在配合物水溶液中,由于配离子与外界离子之间以离子键结合,所以与强电解质在水溶液中的电离过程相似,其溶于水后完全离解为配离子和外界离子。而配离子中的中心离子与配位体之间以配位键结合,因而与弱电解质相似,在水溶液中,它们仅部分离解。在一定条件下,离解与配合之间存在着平衡,称之为配离子的离解平衡。如

$$[Ag(NH_3)_2]^+ \underset{\text{配合}}{\overset{\text{离解}}{\rightleftharpoons}} Ag^+ + 2NH_3$$

在一定条件下达到平衡,则

$$K_{\text{离解}} = \frac{[Ag^+][NH_3]^2}{[Ag(NH_3)_2^+]}$$

此时,离解平衡常数称为配合物的不稳定平衡常数,用 $K_{\text{不稳}}$ 表示;反方向配合时的平衡常数称为稳定常数,用 $K_{\text{稳}}$ 表示。

$$K_{\text{不稳}} = \frac{1}{K_{\text{稳}}}$$

对于同类配合物,$K_{\text{稳}}$ 越大,表示配离子越稳定,反之则不稳定。

三、EDTA 及其配合物

金属离子与配合剂作用生成难电离的配离子的反应,称为配位反应。目前,结合稳定使用最多的配合剂是氨羧类配合剂(是有机配合剂)。在配位滴定中,常用的氨羧类配合剂有乙二胺四乙酸(EDTA)、氨基三乙酸(NCA)、1,2-二氨基环己烷(DCTA),其中乙二胺四乙酸是目前应用最广的一种配合剂。其结构式为:

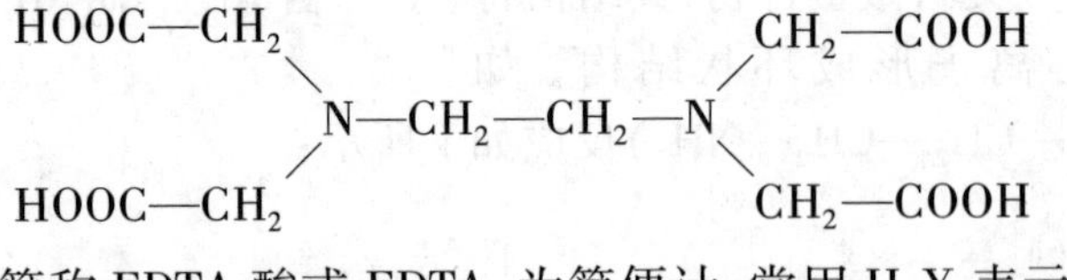

乙二胺四乙酸,简称 EDTA 酸或 EDTA,为简便计,常用 H_4Y 表示其分子式。由于该酸在水中溶解度不够大,而其二钠盐的溶解度较大,故常用它的二钠盐作配合剂,其分子式为 $Na_2H_2Y \cdot 2H_2O$,习惯上仍称之为 EDTA。

当 H_4Y 溶解于酸度很高的水溶液中时,它的两个羧基可再接受 H^+,形成 H_6Y^{2+},这样,EDTA 就相当于六元酸,所以,EDTA 的水溶液中存在着如下电离平衡:

$$H_6Y^{2+} \underset{+H^+}{\overset{-H^+}{\rightleftharpoons}} H_5Y^+ \underset{+H^+}{\overset{-H^+}{\rightleftharpoons}} H_4Y \underset{+H^+}{\overset{-H^+}{\rightleftharpoons}} H_3Y^- \underset{+H^+}{\overset{-H^+}{\rightleftharpoons}} H_2Y^{2-} \underset{+H^+}{\overset{-H^+}{\rightleftharpoons}} HY^{3-} \underset{+H^+}{\overset{-H^+}{\rightleftharpoons}} Y^{4-}$$

从上式可以看出,EDTA 在水溶液中,以七种形式存在,不同酸度下,各种存在形式的

浓度也不相同。通过计算可知：在 $pH<1$ 的强酸溶液中，EDTA 主要以 H_6Y^{2+} 形式存在；在 $pH=1\sim1.6$ 的溶液中，主要以 H_5Y^{+} 形式存在；在 $pH=1.6\sim2.0$ 的溶液中，主要以 H_4Y 形式存在；在 $pH=2.0\sim2.67$ 的溶液中，主要以 H_3Y^{-} 形式存在；在 $pH=2.67\sim6.16$ 的溶液中，主要以 H_2Y^{2-} 形式存在；在 $pH=6.16\sim10.26$ 的溶液中，主要以 HY^{3-} 形式存在；只有在 pH 值很大（≥12）时才几乎完全以 Y^{4-} 形式存在。

EDTA 分子中具有六个可与金属离子形成配位键的原子（两个氨基氮和四个羧基氧，氮、氧原子都具有孤对电子，能与金属离子形成配位键），因此 EDTA 能与许多金属离子形成稳定的配合物。例如 EDTA 与 Ca^{2+}、Fe^{3+} 的配合物结构如图 3-2 所示。

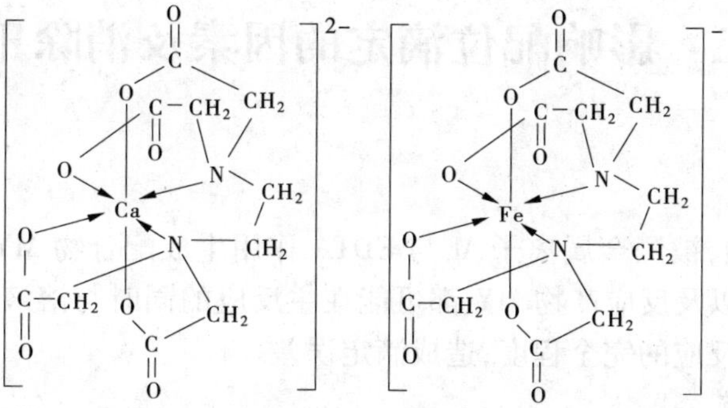

图 3-2　EDTA 与 Ca^{2+}、Fe^{3+} 配合物的结构示意图

从图 3-2 中可以看出，EDTA 与金属离子的配合结果是生成螯合物，并且它具有五个五元环（一个 $\frac{M}{\text{N-C-C-N}}$ 环和四个 $\frac{M}{\text{O-C-C-N}}$ 环），根据螯合物的特点可以肯定，这类螯合物具有较大的稳定性。稳定性的大小，可从它的 $K_{稳}$ 反映出来，$K_{稳}$ 越大，表示生成的配合物越稳定。常见金属离子与 EDTA 配合物的稳定常数见表 3-1。实验证明，$\lg K_{稳}$ 接近或大于 8 的金属在一定条件下都能用配位滴定法测定。

表 3-1　常见金属离子与 EDTA 配合物的稳定常数（20 ℃）

离子	$\lg K_{稳}$	离子	$\lg K_{稳}$	离子	$\lg K_{稳}$
Li^{+}	1.79	Mn^{2+}	13.87	Zn^{2+}	16.50
Na^{+}	1.66	Fe^{2+}	14.32	Cd^{2+}	16.46
Mg^{2+}	8.7	Fe^{3+}	25.1	Hg^{2+}	21.7
Ca^{2+}	10.69	Co^{2+}	16.31	Al^{3+}	16.31
Sr^{2+}	8.75	Ni^{2+}	18.62	Pb^{2+}	18.04
Ba^{2+}	7.80	Cu^{2+}	18.80	Bi^{3+}	27.94
Cr^{3+}	23.4	Ag^{+}	7.32	Th^{4+}	23.2

一般情况下，EDTA 与金属离子形成摩尔比为 1∶1 的易溶于水的配合物，只有极少数金属离子［如 Zr（Ⅳ）和 Mo（Ⅵ）等］例外，对于多数金属离子而言，不存在逐级配合现象。

EDTA 与无色的金属离子形成无色的配合物,与有色的金属离子则形成颜色更深的螯合物,因此滴定这些离子时,试液的浓度不能过大。

上述特点说明,EDTA 与金属离子的配合反应符合滴定分析的要求。金属离子与 EDTA 的配合反应,略去电荷,可简写成:

$$M + Y \rightleftharpoons MY$$

其稳定常数 K_{MY} 为:

$$K_{MY} = \frac{[MY]}{[M] \cdot [Y]}$$

任务二　影响配位滴定的因素及消除干扰方法

一、影响因素

在 EDTA 滴定中,被测金属离子 M 与 EDTA 作用生成配合物 MY 的反应,称为主反应。反应物 M 和 Y 以及反应产物 MY 都可能在主反应的同时与溶液中的其他组分发生副反应,从而影响主反应的完全程度,造成滴定误差。

(一)酸度的影响

由前述可知,EDTA 是多元酸,存在分步电离,在水溶液中以 7 种形式存在,在平衡混合物中,只有 Y^{4-} 能与金属离子形成稳定的配合物。当酸度过高时,$[Y^{4-}]$ 较低,从而导致 EDTA 配位能力减弱。但溶液酸度太低,pH 值过大,又可能导致许多金属离子水解生成氢氧化物沉淀,也会影响配合反应的顺利进行。因此,酸度对 EDTA 滴定有较大的影响。影响作用可用下式(式中书写省略了电荷)表示:

$$\begin{array}{ccccc}
M & + & Y & \rightleftharpoons & MY \\
\Updownarrow {\scriptstyle +OH^-} & & \Updownarrow {\scriptstyle +H^+} & & \\
M(OH) & & HY & & \\
\Updownarrow {\scriptstyle +OH^-} & & \Updownarrow {\scriptstyle +H^+} & & \\
M(OH)_2 & & H_2Y & & \\
\cdots & & \cdots & &
\end{array}$$

从上式可以很直观地看出,溶液酸度升高,形成 HY、H_2Y、…、H_6Y 等,使 $[Y^{4-}]$ 降低,从而导致主反应平衡向左移动,降低了配合物的稳定性;反之,溶液酸度降低,主反应平衡右移,配合反应更完全,形成的配合物越稳定。不过,pH 值太大时,又会由于金属离子出现水解现象,导致主反应的平衡向左移动,降低了配合物的稳定性。因此,控制溶液酸度是 EDTA 配位滴定的重要因素。

由于各种金属离子与 EDTA 配合物的稳定性能不同,因此滴定时对溶液酸度的要求也不相同。用 EDTA 滴定各种金属离子所允许的最高酸度(最低 pH)与其稳定常数的对数值绘图,可得 pH ~ $\lg K_{稳}$ 曲线(见图 3-3),该曲线称为 EDTA 的酸效应曲线。

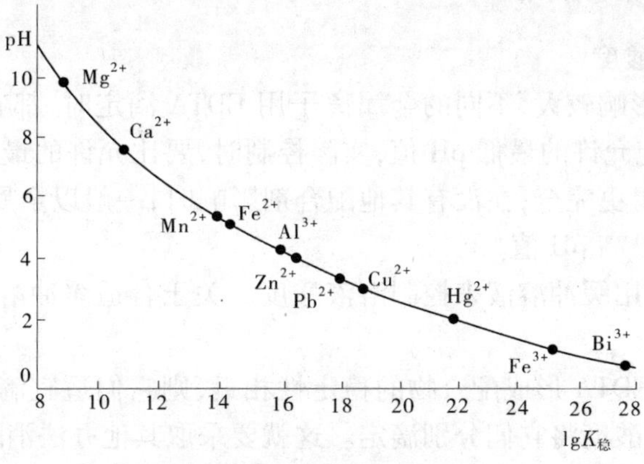

图 3-3 EDTA 的酸效应曲线

这条曲线可以说明以下几个问题:

(1)从这条曲线上可以找出进行各离子滴定时的最低 pH 值,若小于该 pH 值就不能配合或配合不完全。例如,滴定 Fe^{3+} 时,pH 必须大于 1.3;滴定 Zn^{2+} 时,pH 值就必须大于 4。

(2)从曲线上可以看出,在一定 pH 范围内哪些离子能够被滴定,哪些离子有干扰。例如在 pH = 10 附近滴定 Mg^{2+} 时,从曲线可知,溶液中若存在位于 Mg^{2+} 以下离子(如 Ca^{2+} 或 Mn^{2+} 等)都会产生干扰,因为它们均可以同时与 EDTA 配合。

(3)从曲线上可以看出,利用控制溶液酸度的方法,在同一溶液中可以连续滴定几种离子。例如:当溶液中含有 Bi^{3+}、Zn^{2+} 及 Mg^{2+} 时,可以用甲基百里酚蓝作指示剂,在 pH = 1 时,用 EDTA 滴定 Bi^{3+};在 pH = 5 ~ 6 时,连续滴定 Zn^{2+};最后再在 pH = 10 ~ 11 时滴定 Mg^{2+}。

(二)其他配合剂及干扰离子的影响

当溶液中存在能与待测离子反应的其他配合剂或能与 EDTA 配合的其他离子时,这些成分都会对 EDTA 滴定金属离子(M)的主反应产生影响,影响作用可用下式表示:

$$
\begin{array}{ccccc}
M & + & Y & \rightleftharpoons & MY \\
\Big\downarrow\!\!\Big\uparrow +L & & \Big\downarrow\!\!\Big\uparrow +N & & \\
ML & & NY & & \\
\Big\downarrow\!\!\Big\uparrow +L & & & & \\
ML_2 & & & & \\
\cdots & & & &
\end{array}
$$

式中,L 为其他配合剂;N 为干扰离子。

从式中可以看出,这两类干扰因素都会使主反应平衡向左移动,降低 MY 的稳定性滴定。但具体到滴定误差上,二者又有所差别,其他配合剂 L 将减少滴定消耗的 EDTA 量,造成负误差;干扰离子将额外消耗 EDTA,造成正误差。

二、消除干扰的常用办法

(一)控制溶液的酸度

酸度对配位滴定影响较大,不同的金属离子用 EDTA 滴定时,都有合适的酸度范围。可根据图 3-3 找出滴定允许的最低 pH 值,实际控制时,要比允许的最低 pH 值稍大一些,以保证配合反应进行得更完全;在没有其他配合剂影响时,一般以金属离子的水解 pH 值作为滴定这种金属的最高 pH 值。

在实际操作中,常用缓冲溶液来控制溶液酸度。关于合适缓冲溶液的选择参见项目二任务一的有关内容。

如果两种离子与 EDTA 形成配合物的稳定性相近,则它们适宜滴定的酸度范围就会很接近,无法利用控制酸度将它们分别滴定。这就要采取其他办法消除相互干扰,最常用的办法是加入掩蔽剂。

(二)选用合适的掩蔽剂

利用掩蔽剂与干扰离子反应,降低干扰离子的浓度,使其不与 EDTA 配合,从而消除干扰影响。但应注意这种方法只适合于干扰离子量不太大的情况,否则效果不理想。

按反应类型不同可分为配合掩蔽法、沉淀掩蔽法和氧化还原掩蔽法等,其中用得最多的是配合掩蔽法。

1. 配合掩蔽法

配合掩蔽法是基于干扰离子与掩蔽剂形成稳定配合物的反应。例如,用 EDTA 滴定水中的 Ca^{2+}、Mg^{2+} 以测定水的硬度时,Fe^{3+}、Al^{3+} 存在干扰。可先往水样中加入三乙醇胺,使 Fe^{3+}、Al^{3+} 与之生成稳定的配合物,然后将 pH 值调到 10 测定硬度,这时,Fe^{3+}、Al^{3+} 被三乙醇胺掩蔽而不会再发生干扰。

又如,在 Al^{3+} 和 Zn^{2+} 共存时,可用 NH_4F 掩蔽 Al^{3+},使其生成稳定的 AlF_6^{3-} 配离子,在 pH = 5 ~ 6 的酸度下,用 EDTA 滴定 Zn^{2+} 而不受 Al^{3+} 干扰。

由以上可以看出,用做配合掩蔽剂的物质必须具备以下条件:

(1)干扰离子与掩蔽剂形成的配合物远比与 EDTA 形成的配合物稳定,而且形成的配合物应为无色或浅色,不影响终点的判断。

(2)待测离子不与掩蔽剂配合,即使形成配合物,其稳定性也应远小于被测离子与 EDTA 配合物的稳定性。

(3)掩蔽剂的适用酸度范围,应符合滴定要求的酸度范围。

2. 沉淀掩蔽法

沉淀掩蔽法是利用掩蔽剂与干扰离子形成沉淀,使干扰离子的浓度降低,在不分离沉淀的条件下直接进行滴定的方法。例如,在 Ca^{2+}、Mg^{2+} 共存时,加入 NaOH 溶液,使 pH > 12,则 Mg^{2+} 生成 $Mg(OH)_2$ 沉淀,可以用 EDTA 滴定 Ca^{2+}。

作为沉淀掩蔽剂的物质必须具备以下条件:

(1)生成的沉淀溶解度要小,反应完全。

(2)生成的沉淀应是无色或浅色的,不影响终点判断。

(3)生成的沉淀应是致密的,最好是晶形沉淀,吸附作用很小。

由于一般的沉淀难以满足上述条件，所以沉淀掩蔽法在实际应用中有一定的局限性。

3. 氧化还原掩蔽法

氧化还原掩蔽法是利用氧化还原反应，改变干扰离子的价态，从而消除其干扰作用。例如，Fe^{3+}对 EDTA 滴定 Bi^{3+}、Th^{4+}、In^{3+}等离子有干扰。此时可加入抗坏血酸或羟胺，将Fe^{3+}还原为Fe^{2+}。由于Fe^{2+}-EDTA 配合物的稳定常数比Fe^{3+}-EDTA 的小得多，因而能消除Fe^{3+}干扰。

显然，只有干扰离子易发生氧化还原反应，而且反应产物不干扰滴定时，才能用氧化还原掩蔽法消除干扰。

无论哪种掩蔽方法，在使用掩蔽剂时，除应明确它的适用条件外，还应注意掩蔽剂的性质、加入时的条件及加入量等。如用三乙醇胺掩蔽Fe^{3+}时，必须在酸性条件下加入，然后再碱化，否则Fe^{3+}已生成氢氧化物沉淀而不易配合掩蔽。

如果控制酸度、掩蔽等方法仍不能消除干扰，那么就需要对样品进行预处理，将干扰组分分离，或者更换滴定剂，或者改用其他分析方法。

任务三　金属指示剂

配位滴定也需要用指示剂来指示滴定终点。在配位滴定中，由于指示剂是用来指示金属离子浓度的变化情况，故称之为金属离子指示剂，简称金属指示剂。

一、金属指示剂的作用原理

金属指示剂(In)本身是一种有色的配合剂，它能与金属离子(M)形成一种与指示剂本身颜色有显著差别的有色配合物(MIn)。

$$\underset{(\text{甲色})}{In + M} \rightleftharpoons \underset{(\text{乙色})}{MIn}$$

现以 EDTA 滴定 Mg^{2+}($pH=10$)，用铬黑 T(简称 EBT)作指示剂，说明金属指示剂的变色原理。在 pH 为 7~11 范围内，铬黑 T 显蓝色，与 Mg^{2+}配合后生成酒红色配合物。

$$Mg^{2+} + \underset{(\text{蓝色})}{EBT} \rightleftharpoons \underset{(\text{酒红色})}{Mg-EBT}$$

随着 EDTA 的滴加，溶液中游离的 Mg^{2+}逐步被 EDTA 配合生成无色 MgY，而整个溶液仍呈酒红色，到接近终点时，游离的 Mg^{2+}几乎被 EDTA 全部配合完。又由于Mg-EBT 配合物不如 MgY 配合物稳定，再继续滴加 EDTA 时，EDTA 便夺取 Mg-EBT 中的 Mg^{2+}，从而使 EBT 游离出来，呈现 EBT 本色(蓝色)。

$$\underset{(\text{酒红色})}{Mg-EBT} + Y \rightleftharpoons MgY + \underset{(\text{蓝色})}{EBT}$$

溶液由酒红色变为蓝色，即指示到达终点。

二、金属指示剂应具备的条件

从以上变色原理可知，作为金属指示剂，必须具备以下条件：

(1)在滴定的 pH 值范围内,游离指示剂(In)本身的颜色与其金属离子配合物(MIn)的颜色应有显著的区别,这样终点时的颜色变化才明显。

(2)金属离子与指示剂所形成的有色配合物应该有适当的稳定性。如果稳定性不够大,在金属离子浓度很小时,会显示出明显的指示剂颜色,使终点提前到来;但稳定性又必须小于该金属离子与 EDTA 形成配合物的稳定性(两者稳定常数应相差 100 倍以上),以免到达终点时仍不发生颜色变化,终点延后。

(3)指示剂与金属离子之间的反应必须灵敏、快速,并且有良好的变色可逆性。

(4)指示剂应具有一定的选择性。即在一定条件下,只对某一种或某几种离子发生显色反应。

此外,金属指示剂还应比较稳定、易溶于水等,便于贮存和使用。

三、常用的金属指示剂

(一)铬黑 T

铬黑 T 简称 EBT,其化学名称为:1 -(1 - 羟基 - 2 - 萘偶氮基) - 6 - 硝基 - 2 - 萘酚 - 4 - 磺酸钠。它是三元有机酸,常制成钠盐,其钠盐为褐色粉末,带有金属光泽,可简写为 H_3In 或 NaH_2In。

使用铬黑 T 的最佳 pH 值是 9 ~ 10.5,在此 pH 条件下,铬黑 T 自身为纯蓝色,与 Mg^{2+}、Zn^{2+}、Cd^{2+}、Pb^{2+}、Hg^{2+} 等金属离子可生成酒红色配合物(M - EBT)。可用 EDTA 直接测定这些离子,在测定时,溶液由酒红色(M - EBT 的颜色)变为纯蓝色(EBT 的颜色),即为终点。一般滴定 Ca^{2+}、Mg^{2+} 总量时也常用铬黑 T 作指示剂。

铬黑 T 指示剂的配制方法有两种,一是 0.5 g EBT 加 20 mL 三乙醇胺用水稀释到 100 mL 得指示剂溶液;二是用 1∶100 的 EBT 和 NaCl 混合研细混匀得固态指示剂。

(二)钙指示剂

钙指示剂简称 NN,其化学名称是 2 - 羟基 - 1 -(2 - 羟基 - 4 - 磺酸基 - 1 - 萘偶氮基) - 3 - 萘甲酸。它是二元有机酸,可简写为 H_2In。

钙指示剂为紫黑色粉末,在 pH 值为 12 ~ 14 的条件下,自身显蓝色,与 Ca^{2+} 生成红色配合物。因此,在 Ca^{2+}、Mg^{2+} 混合液中测 Ca^{2+} 时,首先把溶液的酸度控制在 pH≥12,使 Mg^{2+} 生成 $Mg(OH)_2$ 沉淀,从溶液中除去,再加钙指示剂,当用 EDTA 滴定到达终点时,溶液由红色(Ca - NN 的颜色)变为蓝色(NN 的颜色)。NN 在固态时很稳定,在水溶液、乙醇溶液中均不稳定,实际应用时,常用 1∶100 的 NN 和 NaCl 混合研细混匀得固态指示剂,称之为钙红。

(三)二甲酚橙

二甲酚橙简称 XO,其化学名称为 3,3′ - 双[N,N′ - 二(羧甲基) - 氨甲基] - 邻甲酚磺酞。它是六元有机弱酸,常制成钠盐,可简写为 H_6In 或 Na_4H_2In。

XO 是紫色结晶,易溶于水,其自身在 pH > 6.3 时显红色,pH < 6.3 时显黄色,而与金属离子的配合物(M - XO)则是红紫色的,故它只能在 pH < 6.3 的酸性溶液中作用。在酸性溶液中,常用 XO 作指示剂,用 EDTA 直接滴定 Bi^{3+}、Zn^{2+}、Pb^{2+}、Hg^{2+} 等离子。XO 常配成 0.2% 的水溶液使用。

任务四　配位滴定方式及其应用

一、配位滴定方式

在配位滴定中，采用不同的滴定方式，不仅可以扩大配位滴定的应用范围，而且可以提高滴定的选择性。常用的滴定方式有以下几种。

（一）直接滴定法

直接滴定法就是将水样调节到所需的酸度，加入合适的掩蔽剂和指示剂，直接用EDTA标准溶液滴定，根据EDTA的浓度和用量，按照下式可算出待测离子（X）的浓度：

$$C(X,\text{mmol/L}) = \frac{C(\text{EDTA}) \cdot V(\text{EDTA})}{V_{水样}} \times 1\,000$$

式中　$C(X)$——待测离子X的浓度，mmol/L；

$C(\text{EDTA})$——EDTA标准溶液的浓度，mol/L；

$V(\text{EDTA})$——EDTA标准溶液的用量，mL；

$V_{水样}$——水样的体积，mL。

直接滴定法操作简便，是配合滴定中的最基本方法，但对于下列几种情况，便无法滴定，即便勉强滴定误差也较大：

（1）待测离子（如SO_4^{2-}、PO_4^{3-}等）不能与EDTA形成配合物，或待测离子（如Na^+等）与EDTA形成的配合物不稳定。

（2）待测离子（如Ba^{2+}、Sr^{2+}等）虽能与EDTA形成稳定的配合物，但缺少敏锐的指示剂。

（3）待测离子（如Al^{3+}、Cr^{3+}等）与EDTA的配合速度很慢，本身又易水解或封闭指示剂。

为了能扩大应用范围，提高滴定精度，应对滴定方法作适当的改进和变更。

（二）间接滴定法

间接滴定法就是往待测溶液中加入一定量过量的且能与EDTA形成稳定配合物的金属离子（M）作沉淀剂，以沉淀待测离子（X）；过量的沉淀剂中的金属离子用EDTA滴定（或者将沉淀分离、再溶解后，用EDTA滴定其中的金属离子）；最后根据沉淀剂和EDTA的浓度及用量，利用下式可计算出待测离子的含量：

$$C(X,\text{mmol/L}) = \frac{C(M) \cdot V(M) - C(\text{EDTA}) \cdot V(\text{EDTA})}{V_{水样}} \times 1\,000$$

式中　$C(X)$——待测离子X的浓度，mmol/L；

$C(\text{EDTA})$——EDTA标准溶液的浓度，mol/L；

$V(\text{EDTA})$——EDTA标准溶液的用量，mL；

$C(M)$——沉淀剂（M）的浓度，mol/L；

$V(M)$——沉淀剂（M）的用量，mL；

$V_{水样}$——水样的体积，mL。

（一）中的第（1）种情况，可以采用间接滴定法，见后面水中SO_4^{2-}的测定。

(三)返滴定法

返滴定法就是往待测溶液中加入一定量过量的 EDTA 标准溶液,使待测离子(X)完全与 EDTA 配合;再用其他金属离子(M)标准溶液滴定过量的 EDTA;最后根据 EDTA 标准溶液和金属离子(M)标准溶液的浓度与用量,用下式可算出待测离子(X)的含量:

$$C(\mathrm{X,mmol/L}) = \frac{C(\mathrm{EDTA}) \cdot V(\mathrm{EDTA}) - C(\mathrm{M}) \cdot V(\mathrm{M})}{V_{水样}} \times 1\,000$$

式中 $C(\mathrm{X})$——待测离子 X 的浓度,mmol/L;

$C(\mathrm{EDTA})$——EDTA 标准溶液的浓度,mol/L;

$V(\mathrm{EDTA})$——EDTA 标准溶液的用量,mL;

$C(\mathrm{M})$——金属离子 M 标准溶液的浓度,mol/L;

$V(\mathrm{M})$——金属离子 M 标准溶液的用量,mL;

$V_{水样}$——水样的体积,mL。

(一)中的第(2)、(3)种情况可采用返滴定法。例如测定 Al^{3+} 时,由于 Al^{3+} 易形成一系列的多羟基配合物,且与 EDTA 配合速度较慢,为此可采用返滴定法,其主要步骤如下:

(1)可先向水样中加入一定量过量的 EDTA 标准溶液,调节酸度为 pH≈3.5,煮沸溶液,使 Al^{3+} 完全与 EDTA 配合。

(2)冷却后再调节酸度至 pH = 5 ~ 6,加入二甲酚橙指示剂(XO),此时溶液显黄色(XO 的颜色)。

(3)剩余的 EDTA 用 Zn^{2+} 标准溶液进行返滴定,滴加的 Zn^{2+} 先与剩余的 EDTA 形成配合物,当接近终点时,继续滴加的 Zn^{2+} 将与指示剂形成红色配合物(Zn - XO),使溶液由黄色(XO 的颜色)变为红色(Zn - XO 的颜色)时,即达滴定终点。

(4)根据 EDTA 标准溶液和 Zn^{2+} 标准溶液的浓度与用量,可算出 Al^{3+} 的含量。

$$C(\mathrm{Al^{3+},mmol/L}) = \frac{C(\mathrm{EDTA}) \cdot V(\mathrm{EDTA}) - C(\mathrm{Zn^{2+}}) \cdot V(\mathrm{Zn^{2+}})}{V_{水样}} \times 1\,000$$

(四)置换滴定法

置换滴定法是利用置换反应,置换出配合物中的另一金属离子或 EDTA,然后进行滴定的方法。

(一)中的第(1)、(3)种情况都可采用置换滴定法。例如,测定 Cu^{2+}、Zn^{2+}、Al^{3+} 共存试液中的 Al^{3+} 时,可采用置换滴定法,其主要步骤如下:

(1)向水样中加入一定量过量的 EDTA 标准溶液,并加热,使 Cu^{2+}、Zn^{2+}、Al^{3+} 都与 EDTA 完全配合,生成配合物(M - Y)。

(2)冷却后再调节酸度至 pH = 5 ~ 6,加入二甲酚橙指示剂(XO),此时溶液显黄色(XO 的颜色)。

(3)剩余的 EDTA 用 Zn^{2+} 标准溶液进行返滴定,滴加的 Zn^{2+} 先与剩余的 EDTA 形成配合物,当接近终点时,继续滴加的 Zn^{2+} 将与指示剂形成配合物(Zn - XO),使溶液由黄色(XO 的颜色)变为红色(Zn - XO 的颜色)时,暂停滴定。

(4)向溶液中加入 KF,使 AlY^- 转变为更稳定的配合物 AlF_6^{3-},并定量置换出了一部分 EDTA(H_2Y^{2-}),EDTA 将夺取指示剂与 Zn^{2+} 配合物(Zn-XO)中的 Zn^{2+},使指示剂也被置换出来,此时溶液变黄色(XO 的颜色),反应式如下:

$$AlY^- + 6F^- = AlF_6^{3-} + Y^{4-}$$

(5)用 Zn^{2+} 标准溶液滴定被定量置换出的 EDTA,滴加的 Zn^{2+} 先与置换出的 EDTA 形成配合物,当接近终点时,滴加的 Zn^{2+} 将与指示剂(XO)形成红色配合物(Zn-XO),使溶液由黄色(XO 的颜色)变为红色(Zn-XO 的颜色),即达滴定终点。

(6)根据 EDTA 标准溶液和 Zn^{2+} 标准溶液的浓度与用量,可算出 Al^{3+} 的含量。

$$C(Al^{3+},mmol/L) = \frac{C(EDTA)\cdot V(EDTA) - C(Zn^{2+})\cdot V(Zn^{2+})}{V_{水样}} \times 1\,000$$

式中 $C(EDTA)$——EDTA 标准溶液的浓度,mol/L;

$V(EDTA)$——EDTA 标准溶液在(1)中的用量,mL;

$C(Zn^{2+})$——Zn^{2+} 标准溶液的浓度,mol/L;

$V(Zn^{2+})$——Zn^{2+} 标准溶液在(5)中的用量,mL;

$V_{水样}$——水样的体积,mL。

二、配位滴定在水质分析中的应用

(一)水的硬度测定

溶于水中的钙盐和镁盐是形成水的硬度的主要成分。

1.总硬度的测定

测定水的总硬度就是测定水中的 Ca^{2+}、Mg^{2+} 的总量,通常用 EDTA 配位滴定法测定,其主要步骤如下:

(1)取一定体积的水样 $V_{水样}$。

(2)在水样中加入 NH_3-NH_4Cl 缓冲溶液,使 pH 保持在 10 左右。

(3)向水样中滴加指示剂铬黑 T(以 HIn^{2-} 表示),指示剂与 Ca^{2+}、Mg^{2+} 生成酒红色配合物 $CaIn^-$、$MgIn^-$,反应如下:

$$\underset{}{Ca^{2+}} + \underset{(蓝色)}{HIn^{2-}} \rightleftharpoons \underset{(酒红色)}{CaIn^-} + H^+$$

$$Mg^{2+} + \underset{(蓝色)}{HIn^{2-}} \rightleftharpoons \underset{(酒红色)}{MgIn^-} + H^+$$

(4)用 EDTA 标准溶液进行滴定,滴入的 EDTA 首先与游离的 Ca^{2+}、Mg^{2+} 配合,接近终点时,继续滴加的 EDTA 便从 $CaIn^-$、$MgIn^-$ 中夺取 Ca^{2+}、Mg^{2+},并把指示剂置换出来,当溶液由酒红色变为蓝色时,即指示终点到来。其反应如下:

$$\underset{(酒红色)}{CaIn^-} + H_2Y^{2-} \rightleftharpoons CaY^{2-} + \underset{(蓝色)}{HIn^{2-}} + H^+$$

$$\underset{(酒红色)}{MgIn^-} + H_2Y^{2-} \rightleftharpoons MgY^{2-} + \underset{(蓝色)}{HIn^{2-}} + H^+$$

(5)根据 EDTA 标准溶液的浓度及用量,可计算出水的总硬度:

$$C(Ca^{2+} + Mg^{2+},mmol/L) = \frac{C(EDTA)\cdot V(EDTA)}{V_{水样}} \times 1\,000$$

$$C(\text{以 } CaCO_3 \text{ 计}, mg/L) = \frac{C(EDTA) \cdot V(EDTA)}{V_{水样}} \times 1\,000 \times 100.09$$

$$C(\text{以 } CaO \text{ 计}, mg/L) = \frac{C(EDTA) \cdot V(EDTA)}{V_{水样}} \times 1\,000 \times 56.08$$

式中　100.09——$CaCO_3$ 的摩尔质量,g/mol;

56.08——CaO 的摩尔质量,g/mol;

其他符号含义同前。

2. Ca^{2+}、Mg^{2+} 含量的测定

其主要步骤如下:

(1)取一定体积的水样 $V_{水样}$。

(2)在水样中加入 10% NaOH 溶液,控制溶液的 pH = 12,使 Mg^{2+} 生成 $Mg(OH)_2$ 沉淀:

$$Mg^{2+} + 2OH^- = Mg(OH)_2\downarrow$$

(3)向水样中加入钙指示剂(NN),指示剂与 Ca^{2+} 生成酒红色配合物。

(4)用 EDTA 标准溶液进行滴定,滴入的 EDTA 首先与游离的 Ca^{2+} 配合,接近终点时,EDTA 便从 Ca – NN 中夺取 Ca^{2+},并把指示剂置换出来,当溶液由酒红色(Ca – NN 的颜色)变为蓝色(NN 的颜色)时,即指示终点到来。

(5)根据 EDTA 标准溶液的浓度及用量,可计算出水的 Ca^{2+} 含量:

$$C(Ca^{2+}, mmol/L) = \frac{C(EDTA) \cdot V(EDTA)}{V_{水样}} \times 1\,000$$

(6)根据总硬度和 Ca^{2+} 含量可计算出 Mg^{2+} 含量:

$$C(Mg^{2+}, mmol/L) = C(Ca^{2+} + Mg^{2+}, mmol/L) - C(Ca^{2+}, mmol/L)$$

(二)水中 SO_4^{2-} 的测定

用配位滴定法测定水中的 SO_4^{2-} 时,因为 SO_4^{2-} 不能直接与 EDTA 反应,所以不能直接测定,但可用间接滴定法测定,具体做法如下:

(1)取一定体积的水样 $V_{水样}$。

(2)向水样中加入一定量过量的 $BaCl_2$ 标准溶液,使水样中的 SO_4^{2-} 全部与 Ba^{2+} 结合生成 $BaSO_4$ 沉淀:

$$Ba^{2+} + SO_4^{2-} = BaSO_4\downarrow$$

(3)在水样中加入 $NH_3 - NH_4Cl$ 缓冲溶液,使 pH 值保持在 10 左右。

(4)向水样中滴加指示剂铬黑 T(以 HIn^{2-} 表示),指示剂与水样中 Ca^{2+}、Mg^{2+} 及剩余的 Ba^{2+} 生成酒红色配合物 $CaIn^-$、$MgIn^-$ 及 $BaIn^-$。

(5)用 EDTA 标准溶液滴定,滴入的 EDTA 首先与游离的 Ba^{2+} 及 Ca^{2+}、Mg^{2+} 配合,接近终点时,EDTA 便从 $BaIn^-$、$CaIn^-$、$MgIn^-$ 中夺取 Ba^{2+} 及 Ca^{2+}、Mg^{2+},并把指示剂置换出来,当溶液由酒红色变为蓝色(HIn^{2-} 的颜色)时,即指示终点到来,其反应如下:

$$BaIn^- + H_2Y^{2-} \rightleftharpoons BaY^{2-} + HIn^{2-} + H^+$$

$$CaIn^- + H_2Y^{2-} \rightleftharpoons CaY^{2-} + HIn^{2-} + H^+$$

(酒红色)　　　　　　　　(蓝色)

$$MgIn^- + H_2Y^{2-} \rightleftharpoons MgY^{2-} + HIn^{2-} + H^+$$

（酒红色）　　　　　　（蓝色）

(6)根据EDTA标准溶液的浓度及用量,可计算出水中SO_4^{2-}的含量:

$$C(SO_4^{2-},\text{mmol/L}) = H + \frac{C(Ba^{2+}) \cdot V(Ba^{2+}) - C(\text{EDTA}) \cdot V(\text{EDTA})}{V_{\text{水样}}} \times 1\,000$$

$$C(SO_4^{2-},\text{mg/L}) = \left[H + \frac{C(Ba^{2+}) \cdot V(Ba^{2+}) - C(\text{EDTA}) \cdot V(\text{EDTA})}{V_{\text{水样}}} \times 1\,000\right] \times 96.06$$

式中　H——Ca^{2+}、Mg^{2+}的含量,即总硬度,mmol/L;

$C(Ba^{2+})$——$BaCl_2$标准溶液的浓度,mol/L;

$V(Ba^{2+})$——$BaCl_2$标准溶液的用量,mL;

96.06——SO_4^{2-}的摩尔质量,g/mol;

其他符号含义同前。

在实际分析中,因为Mg^{2+}的存在可使终点颜色更鲜明,为提高终点变色的敏锐性,常在$BaCl_2$中加入少量$MgCl_2$,配成钡镁混合剂,则SO_4^{2-}的计算公式为:

$$C(SO_4^{2-},\text{mmol/L}) = H + \frac{C(Ba^{2+}+Mg^{2+}) \cdot V(Ba^{2+}+Mg^{2+}) - C(\text{EDTA}) \cdot V(\text{EDTA})}{V_{\text{水样}}} \times 1\,000$$

式中　$C(Ba^{2+}+Mg^{2+})$——钡镁混合液的浓度,mol/L;

$V(Ba^{2+}+Mg^{2+})$——钡镁混合液的用量,mL;

其他符号含义同前。

小　结

本项目主要介绍了配合物的概念与EDTA配合物的性质,常用的金属指示剂的类型与应用,EDTA滴定法的基本原理及在水质分析中的应用。通过本项目学习,使学生能够应用EDTA法测定水的硬度、硫酸盐及其他金属离子的含量等水质指标。

复习思考题

一、填空

1.配离子是由一个简单的阳离子(Cu^{2+}、Fe^{3+}等)和一定数目的中性分子(如$NH_3 \cdot H_2O$等极性分子)或阴离子(如CN^-、SO_4^{2-}等)以配位键结合起来的复杂离子。其中____________占据着中心位置,称之为____________。

2.乙二胺四乙酸简称____________,常用H_4Y表示其分子式。由于该酸在水中溶解度不够大,而其二钠盐的溶解度较大,常用它的二钠盐作配合剂,分子为$Na_2H_2Y \cdot 2H_2O$,习惯上仍称之为____________。

3.铬黑T指示剂常配成固体试剂而不是水溶液,其原因是____________,加入NaCl的作用是____________。

二、名词解释

1.配位滴定法　2.配位反应　3.配合剂　4.水的总硬度

三、选择

1. 螯合物的稳定性与螯合环的大小和数目有关。一般来说,具有(　　)的螯合物很稳定,而且形成的环愈多,螯合物愈稳定。

A. 三元环　　B. 四元环　　C. 五元环　　D. 六元环

2. 一般情况下,EDTA 与金属离子形成摩尔比为(　　)的易溶于水的配合物,并且对于多数金属离子而言,不存在逐级配合现象。

A. 1∶1　　B. 1∶2　　C. 1∶5　　D. 1∶6

3. 某溶液中含 Ca^{2+}、Mg^{2+} 及少量 Al^{3+}、Fe^{3+},现加入三乙醇胺,并调节溶液 pH = 10,以铬黑 T 为指示剂,用 EDTA 滴定,此时测得的是(　　)。

A. Ca^{2+}的含量　　B. Ca^{2+}、Mg^{2+}总量

C. Mg^{2+}的含量　　D. Ca^{2+}、Mg^{2+}、Al^{3+}、Fe^{3+}的总量

4. EDTA 与金属离子配位时,一分子的 EDTA 可提供的配位原子数是(　　)。

A. 2　　B. 4　　C. 6　　D. 8

四、问答

1. 在配位滴定中存在哪些干扰因素?

2. 何谓金属指示剂? 金属指示剂应具备那些条件?

3. 什么是水的总硬度? 如何测定?

五、计算

1. 准确称取 $CaCO_3$ 基准物 1.200 0 g,精确至 0.000 1 g。用 2 mL 20% HCl 溶解定容至 250.00 mL,吸取 25.00 mL 用于标定 EDTA 溶液的浓度,滴定至终点时共耗用 EDTA 溶液 24.50 mL,试计算 EDTA 溶液的浓度。$M(CaCO_3)$ 摩尔质量 100.09 g/mol。

2. 在 100.0 mL 水样中,加入铬黑 T 后,用 0.020 6 mol/L EDTA 标准溶液滴定,当到达滴定终点时,共耗用 EDTA 标准溶液 7.83 mL,问水的总硬度是多少? C 以 $CaCO_3$ 计,mg/L,$M(CaCO_3)$ 摩尔质量 100.09 g/mol。

项目四 沉淀滴定法

任务一 难溶电解质的溶度积及分步沉淀

一、溶度积

(一)溶解平衡

物质在水中的溶解度各不相同,按其大小将物质分为易溶、微溶和难溶。严格来说,绝对不溶于水的物质是没有的,习惯上把溶解度小于0.01 g/100 g水的物质叫难溶物质,如AgCl、$Ca_3(PO_4)_2$ 等都是难溶物质。在这里,难溶物质主要指难溶的电解质。难溶电解质在水中或多或少也有一些溶解,溶解的那一部分实际上完全离解为离子,在一定温度下(若无特别说明则常指18~25 ℃),当溶液达到饱和时,未溶解的电解质(固体)和已溶解的电解质(溶液中的离子)间存在着动态平衡关系,这个平衡就是难溶电解质的溶解平衡。其通用方程式为:

$$M_xA_y(s) \rightleftharpoons xM^{y+} + yA^{x-}$$

$$K = \frac{[M^{y+}]^x[A^{x-}]^y}{[M_xA_y]}$$

式中 M^{y+}、A^{x-}——阳离子、阴离子;

X、Y——阳离子、阴离子的系数;

$[M^{y+}]$、$[A^{x-}]$——M^{y+}、A^{x-}的浓度,mol/L;

$[M_xA_y]$——$M_xA_y(s)$的浓度,mol/L;

K——难溶电解质 M_xA_y 的溶解平衡常数。

如AgCl的溶解平衡为:

$$AgCl(s) \rightleftharpoons Ag^+ + Cl^-$$

$$K = \frac{[Ag^+][Cl^-]}{[AgCl]}$$

(二)溶度积常数

在溶解平衡常数K的计算式中,分母$[M_xA_y]$是固体的浓度,可以看作常数,在一定温度下K也是常数,所以分子$[M^{y+}]^x[A^{x-}]^y$的值在该温度下也是常数,这个常数就叫难溶电解质的溶度积常数,简称溶度积,用K_{SP}表示。则有:

$$K_{SP}(M_xA_y) = [M^{y+}]^x[A^{x-}]^y$$

如: $AgCl(s) \rightleftharpoons Ag^+ + Cl^-$ $K_{SP}(AgCl) = [Ag^+][Cl^-] = 1.8\times10^{-10}$

$Ca_3(PO_4)_2 \rightleftharpoons 3Ca^{2+} + 2PO_4^{3-}$ $K_{SP}[Ca_3(PO_4)_2] = [Ca^{2+}]^3[PO_4^{3-}]^2 = 2.0\times10^{-29}$

(三)溶度积与溶解度的关系

不同的难溶电解质溶度积不同,且大小与物质的溶解度有关,它反映了物质的溶解能力。同类型的难溶电解质,如 AgCl、$BaSO_4$ 等在同一温度下,K_{SP}愈大,溶解度也愈大;反之亦然。但不同类型的难溶电解质,这个结论就不一定正确。如在 25 ℃时,AgCl 和 CaF_2 的溶度积分别为 1.8×10^{-10} 和 2.7×10^{-11},即 $K_{SP}(AgCl)>K_{SP}(CaF_2)$,而 AgCl 和 CaF_2 在水中的溶解度却分别是 1.34×10^{-5} mol/L 和 1.9×10^{-4} mol/L,显然 AgCl 比 CaF_2 的溶解度小。

二、分步沉淀

(一)沉淀生成的条件

溶液中离子实有的浓度加相应方次后的乘积称为离子积,用 Q_C 表示,显然有:

$$Q_C(M_xA_y)=[M^{y+}]^x[A^{x-}]^y$$

尽管离子积 Q_C 与溶度积 K_{SP}的计算公式相同,但其本质有所不同。当温度确定后 K_{SP}是一个常数,与溶液的浓度无关,而离子积 Q_C 则随溶液的浓度而变化,浓度大的离子积大,浓度小的离子积小。溶液中的离子积 Q_C 与溶度积 K_{SP}的关系有下列三种情况:

(1)$Q_C<K_{SP}$时,溶液未达到饱和,电解质全部溶解,无沉淀生成。

(2)$Q_C=K_{SP}$时,溶液恰好达到饱和,沉淀即将生成,但尚无新的沉淀生成,处于溶解平衡状态。

(3)$Q_C>K_{SP}$时,溶液过饱和,处于不平衡状态,有沉淀生成,随之使 Q_C 降低,直至 $Q_C=K_{SP}$,建立新的溶解平衡。

由此可见,沉淀生成的条件是 $Q_C\geqslant K_{SP}$,根据 $Q_C=K_{SP}$可以计算出沉淀生成时需要的最小离子浓度。

【例 4-1】 若在体积为 10 mL 浓度为 0.08 mol/L 的 $AgNO_3$ 溶液中加入 5 mL 浓度为 0.3 mol/L 的 HCl,总容积为 15 mL,试判断是否会产生沉淀。

解:两种可能产生沉淀的离子为 Ag^+ 和 Cl^-,查溶度积常数表(附录一)得:$K_{SP}(AgCl)=1.8\times10^{-10}$;而溶液中 Ag^+ 和 Cl^- 的浓度为:

$$[Ag^+]=\frac{10\times0.08}{15}=0.053(mol/L)$$

$$[Cl^-]=\frac{5\times0.3}{15}=0.1(mol/L)$$

$$Q_C(AgCl)=[Ag^+][Cl^-]=0.053\times0.1=5.3\times10^{-3}$$

显然 $Q_C(AgCl)>K_{SP}(AgCl)$,所以溶液中会有 AgCl 沉淀产生。

(二)分步沉淀

溶液中常常同时含有多种离子,当向溶液中加入某种离子(沉淀剂)时,溶液中的多种离子都能与加入离子产生沉淀,但这些沉淀的产生有先有后,先满足沉淀生成条件($Q_C\geqslant K_{SP}$)的沉淀先产生,后满足沉淀生成条件的沉淀后产生,这种有先后顺序的沉淀现象叫作分步沉淀。

【例 4-2】 向含有 0.10 mol/L Cl^- 和 CrO_4^{2-} 混合溶液中,逐滴加入 $AgNO_3$ 溶液,试说

明产生的沉淀是什么,沉淀产生的顺序如何。

解:(1)向混合溶液中逐滴加入 $AgNO_3$ 溶液可发生如下反应:

$$Ag^+ + Cl^- \rightleftharpoons AgCl(白)\downarrow$$

$$2Ag^+ + CrO_4^{2-} \rightleftharpoons Ag_2CrO_4\downarrow(砖红色)$$

所以,产生的沉淀是 AgCl 和 Ag_2CrO_4。

(2)查溶度积常数表(附录一)得:$K_{SP}(AgCl) = 1.8\times10^{-10}$,$K_{SP}(Ag_2CrO_4) = 1.1\times10^{-12}$,则生成 AgCl 和 Ag_2CrO_4 沉淀时需要的最小 Ag^+ 浓度分别为:

$$[Ag^+]_1 = \frac{K_{SP}(AgCl)}{[Cl^-]} = \frac{1.8\times10^{-10}}{0.1} = 1.8\times10^{-9}(mol/L)$$

$$[Ag^+]_2 = \sqrt{\frac{K_{SP}(Ag_2CrO_4)}{[Cl^-]}} = \sqrt{\frac{1.1\times10^{-12}}{0.1}} = 3.3\times10^{-6}(mol/L)$$

显然 $[Ag^+]_2 > [Ag^+]_1$,于是,$Q_C(AgCl) > K_{SP}(AgCl)$ 的情况首先出现,而 $Q_C(Ag_2CO_4) > K_{SP}(Ag_2CrO_4)$ 的情况后出现。所以,AgCl 沉淀先产生,Ag_2CrO_4 沉淀后产生。

任务二 银量法

利用沉淀反应进行的滴定方法称为沉淀滴定法。虽然有许多化学反应能生成沉淀,但能进行沉淀滴定的不多,适合沉淀滴定的沉淀反应必须同时符合下列三个条件:

(1)沉淀剂和被滴定离子间的反应及反应达到溶解平衡的速度必须迅速,且按照一定的化学计量关系定量进行;

(2)必须能够用适当的指示剂或其他方法来确定滴定的终点;

(3)沉淀物的溶解度必须很小,且沉淀无显著的吸附现象,以免影响终点的准确度。

在水质分析上应用最为广泛的沉淀滴定法是银量法。它是利用生成难溶性银盐的反应进行滴定分析的方法。滴定时,常用 $AgNO_3$ 标准溶液滴定,它主要用于测定 Cl^-、I^-、SCN^-、CN^-、Ag^+ 等以及某些汞盐和一些含卤素的有机化合物。它以滴定方式、滴定条件和选用指示剂不同,分为莫尔法、佛尔哈德法和法扬司法。

一、莫尔法

莫尔法指在中性或弱碱性($pH = 6.5 \sim 10.5$)介质中,用 K_2CrO_4 作指示剂,用 $AgNO_3$ 作标准溶液的一种银量法。莫尔法主要用于测定水中的 Cl^-、Br^-、Ag^+ 等。现以测 Cl^- 为例说明其基本原理与主要测定步骤。

(一)基本原理与主要步骤

(1)取经过处理(无干扰离子)的一定体积的水样。

(2)用 $NaHCO_3$ 溶液(或 $Na_2B_4O_7$ 或 HNO_3)调水样 pH 值至 6.5~10.5。

(3)向水样中加入适量的 K_2CrO_4 指示剂(自身为黄色),此时水样显黄色。

(4)用 $AgNO_3$ 标准溶液直接滴定,滴加的 Ag^+ 先与水样中的 Cl^- 生成 AgCl 白色沉淀,当水样中 Cl^- 的含量很少时,不能与滴加的 Ag^+ 形成沉淀,即理论终点时,继续滴加

$AgNO_3$ 标准溶液，Ag^+ 与指示剂产生砖红色的 Ag_2CrO_4 沉淀，此时水样由黄色（K_2CrO_4 指示剂的颜色）经白色（AgCl 沉淀的颜色）变为砖红色（Ag_2CrO_4 的颜色），则达滴定终点，反应式为：

$$Ag^+ + Cl^- \rightleftharpoons AgCl(\text{白})\downarrow$$

$$2Ag^+ + CrO_4^{2-} \rightleftharpoons Ag_2CrO_4\downarrow(\text{砖红色})$$

(5)根据 $AgNO_3$ 标准溶液的浓度和用量可计算出 Cl^- 的含量：

$$C(Cl^-, mmol/L) = \frac{C(V_1 - V_2)}{V_{\text{水样}}} \times 1\ 000$$

式中　C——$AgNO_3$ 标准溶液的浓度，mol/L；

V_1——滴定时 $AgNO_3$ 标准溶液的用量，mL；

V_2——空白实验时 $AgNO_3$ 标准溶液的用量，mL；

$V_{\text{水样}}$——水样体积，mL。

(二)几个应注意的问题

(1)K_2CrO_4 指示剂的用量问题。滴定终点的迟或早与溶液中加入指示剂的量有关。若加入 K_2CrO_4 过多也即[CrO_4^{2-}]过大，Ag_2CrO_4 沉淀的析出偏早，滴定终点就会提前出现，致使分析结果偏低；若加入 K_2CrO_4 过少，则滴定终点推迟，将使分析结果偏高。因此，要想获得准确的分析结果，必须控制[CrO_4^{2-}]以减小滴定误差。从理论上可以计算等当点时所需要的[CrO_4^{2-}]：

$$[Ag^+] = [Cl^-] = \sqrt{K_{SP}(AgCl)} = \sqrt{1.8 \times 10^{-10}} = 1.34 \times 10^{-5}(mol/L)$$

$$[CrO_4^{2-}] = \frac{K_{SP}(Ag_2CrO_4)}{[Ag^+]^2} = \frac{1.1 \times 10^{-12}}{(1.34 \times 10^{-5})^2} = 6.1 \times 10^{-3}(mol/L)$$

所以从理论上看，加入的指示剂量应使溶液中[CrO_4^{2-}]为 6.1×10^{-3} mol/L，但在实际测定中，因 K_2CrO_4 本身呈黄色，按理论值加入时颜色较深，影响对终点的观察。所以，实际滴定时指示剂的用量要略少一些，实践证明，终点的[CrO_4^{2-}]约为 5×10^{-3} mol/L 时效果较好，这样分析的结果偏高，需做空白实验来消除其误差。

(2)pH 值问题。溶液的酸度应控制在 pH = 6.0 ~ 10.5 的范围。如果酸度太大，Ag_2CrO_4 沉淀溶解，CrO_4^{2-} 与 H^+ 发生如下反应：

$$2H^+ + 2CrO_4^{2-} \rightleftharpoons 2HCrO_4^- \rightleftharpoons Cr_2O_7^{2-} + H_2O$$

若溶液碱性太强，则会生成棕黑色 Ag_2O 沉淀，反应为：

$$2Ag^+ + 2OH^- = 2AgOH\downarrow$$

$$\downarrow$$

$$Ag_2O\downarrow + H_2O$$

因此，若溶液酸性或碱性太强时都会影响分析结果，应先用酚酞作指示剂，用 $NaHCO_3$（或 $Na_2B_4O_7$ 或稀 HNO_3）中和，使水样 pH = 6.0 ~ 10.5，然后进行滴定。

(3)干扰问题。莫尔法的选择性差，受干扰的因素多，能与 Ag^+ 生成沉淀或配合的物质，如 PO_4^{3-}、AsO_4^{3-}、SO_4^{2-}、NH_3 等都能干扰；能与 CrO_4^{2-} 生成沉淀的物质，如 Ba^{2+}、Pb^{2+} 等也有干扰；在滴定条件下易水解的离子，如 Fe^{3+}、Al^{3+} 也有干扰，所有的干扰因素消除后，分析的结果才能准确。有关消除干扰因素的内容请查阅有关资料。

(4)振荡速度问题。生成的 AgCl 沉淀对 Cl^- 有吸附作用,能影响分析结果。所以,在滴定时应用力振荡,使 AgCl 沉淀吸附的 Cl^- 释放出来,减少分析误差。

二、佛尔哈德法

佛尔哈德法指在酸性介质中,用铁铵矾 $NH_4Fe(SO_4)_2 \cdot 12H_2O$ 作指示剂,用 $AgNO_3$ 和 KSCN(或 NH_4SCN)作标准溶液进行滴定的一种银量法。根据滴定方式不同,佛尔哈德法又分为直接测定法和间接测定法。

(一)直接滴定法

直接滴定法主要用于测定 Ag^+,其基本原理与主要步骤如下:

(1)取经过处理(无干扰离子)的一定体积的水样。

(2)用稀 HNO_3 调水样使其 pH≈1。

(3)向水样中滴加适量的 $NH_4Fe(SO_4)_2$ 指示剂(自身为黄色),此时水样显黄色。

(4)用 KSCN(或 NH_4SCN)标准溶液滴定,滴加的 SCN^- 首先与水中的 Ag^+ 生成 AgSCN 白色沉淀,当 Ag^+ 很少不能再与滴加的 SCN^- 生成 AgSCN 白色沉淀时,滴加的 SCN^- 将与指示剂中的 Fe^{3+} 生成红色配合物($FeSCN^{2+}$),当溶液颜色由黄色(指示剂的颜色)经白色(AgSCN 沉淀的颜色)变为红色($FeSCN^{2+}$ 的颜色)时即达滴定终点,有关反应如下:

$$Ag^+ + SCN^- \rightleftharpoons AgSCN\downarrow \text{(白色)}$$

$$Fe^{3+} + SCN^- \rightleftharpoons FeSCN^{2+} \text{(红色)}$$

(5)根据 KSCN(或 NH_4SCN)标准溶液的用量可计算出 Ag^+ 的含量:

$$C(Ag^+, \text{mmol/L}) = \frac{C(KSCN) \cdot V(KSCN)}{V_{水样}} \times 1\,000$$

式中 $C(KSCN)$——KSCN 标准溶液的浓度,mol/L;

$V(KSCN)$——KSCN 标准溶液的用量,mL;

$V_{水样}$——水样体积,mL。

(二)间接滴定法

间接滴定法主要用于测定 Cl^-、Br^-、I^- 和 SCN^- 等。现以测定 Cl^- 为例介绍其基本原理与主要测定步骤如下:

(1)取经过处理(无干扰离子)的一定体积的水样。

(2)用稀 HNO_3 调水样使其 pH≈1。

(3)向水样中加入一定量的且过量的 $AgNO_3$ 标准溶液[$C(AgNO_3)V(AgNO_3)$],发生如下反应:

$$Ag^+\text{(过量)} + Cl^- \rightleftharpoons AgCl\downarrow \text{(白色)}$$

(4)向水样中滴加适量的 $NH_4Fe(SO_4)_2$ 指示剂(自身为黄色),此时溶液显黄色。

(5)用 KSCN(或 NH_4SCN)标准溶液滴定水样中剩余的 Ag^+,滴加的 SCN^- 首先与水中的 Ag^+ 生成 AgSCN 白色沉淀,当 Ag^+ 很少不能再与滴加的 SCN^- 生成 AgSCN 白色沉淀时,滴加的 SCN^- 将与指示剂中的 Fe^{3+} 生成红色配合物($FeSCN^{2+}$),当溶液颜色由黄色(指示剂的颜色)经白色(AgSCN 沉淀的颜色)变为红色($FeSCN^{2+}$ 的颜色)时即达滴定终

点,有关反应如下:

$$Ag^{+} + SCN^{-} \rightleftharpoons AgSCN\downarrow(白色)$$

$$Fe^{3+} + SCN^{-} \rightleftharpoons FeSCN^{2+}(红色)$$

(6)根据 $AgNO_3$ 标准溶液的用量[$C(AgNO_3)V(AgNO_3)$]和KSCN(或 NH_4SCN)标准溶液的用量[$C(KSCN)V(KSCN)$]可计算出 Cl^- 的含量:

$$C(Cl^{-},\text{mmol/L}) = \frac{C(AgNO_3)\cdot V(AgNO_3) - C(KSCN)\cdot V(KSCN)}{V_{水样}} \times 1\ 000$$

式中 $C(AgNO_3)$——$AgNO_3$ 标准溶液的浓度,mol/L;

$V(AgNO_3)$——$AgNO_3$ 标准溶液的用量,mL;

$C(KSCN)$——KSCN标准溶液的浓度,mol/L;

$V(KSCN)$——KSCN标准溶液的用量,mL;

$V_{水样}$——水样体积,mL。

利用佛尔哈德法进行滴定分析时,也应注意消除干扰离子、控制溶液的pH值,也要注意用力振荡等,以减少滴定误差。

三、法扬司法

法扬司法是以吸附指示剂确定终点的一种银量法。吸附指示剂是一类有色的有机化合物,一般为有机弱酸。它被吸附在胶体微粒表面之后,可能由于形成某种化合物而发生分子结构的变化,从而引起颜色的变化。例如用 $AgNO_3$ 标准溶液测定 Cl^-,荧光黄作指示剂(荧光黄用简式HFI表示)。在水溶液中离解成黄绿色的荧光黄阴离子 FI^-。当加 $AgNO_3$ 溶液时,Ag^+ 与 Cl^- 生成AgCl沉淀胶体微粒,该沉淀吸附 Cl^- 形成带负电荷的胶粒 $(AgCl)\cdot Cl^-$,此时不吸附 FI^-,溶液仍呈黄绿色。当到达化学计量点时,微过量的 Ag^+ 使AgCl吸附 Ag^+ 而带正电荷,从而吸附 FI^- 生成粉红色吸附化合物 $(AgCl)\cdot AgFI$,指示终点的到达。

沉淀滴定选用的吸附指示剂应注意以下几个问题:

(1)沉淀滴定是利用沉淀表面积对指示剂的吸附作用,所以要防止沉淀凝聚成较大的颗粒(或沉到瓶底)。可加糊精或淀粉等保护胶体,使沉淀颗粒处于良好的分散状态(因有糊精存在,颜色变化是可逆的。若滴过终点,可用 Cl^- 标准溶液回滴)。

(2)胶体微粒对指示剂的吸附性能要适当。既不能过大,也不能过小,最好吸附作用在靠近化学计量点前开始,在化学计量点迅速增大。如果吸附能力太差,终点时变色不敏锐。

(3)不要在强光下滴定,因卤化银沉淀见光很快转变成灰黑色,影响终点判断。

(4)常用的吸附指示剂多属弱酸,因此介质的pH值也是影响滴定的一个重要因素。如荧光黄电离常数为 10^{-7},用其作指示剂,pH值使用范围在7~10。若pH值小于7,则荧光黄以分子形式存在,从而使 FI^- 浓度很小,就不易观察到颜色的变化。

(5)待测溶液的浓度不能太稀,否则沉淀很少,观察终点比较困难。如用荧光黄测定 Cl^-,其浓度应在0.05 mol/L以上;测定 Br^-、I^- 及 SCN^-,其浓度应在0.001 mol/L以上。

小　结

本项目主要介绍了分步沉淀原理和银量滴定法的类型、原理及应用。通过本项目学习，使学生能够运用银量法进行有关水质指标如 Cl^- 等的监测分析。

复习思考题

一、填空

1. 物质在水中的溶解度各不相同，按其大小将物质分为易溶、____________和____________。

2. 难溶电解质在水中也有一些溶解，在一定温度下，当溶液达到饱和时，未溶解的电解质和已溶解的电解质间存在着____________平衡关系，这个平衡就是难溶电解质的____________平衡。

二、名词解释

1. 溶度积　2. 离子积　3. 沉淀滴定法　4. 银量法

三、选择

1. 沉淀滴定的银量法中，莫尔法使用的滴定终点指示剂是(　　)。

A. $K_2Cr_2O_4$溶液　B. K_2CrO_4溶液　C. $FeCl_3$溶液　D. NH_4SCN 溶液

2. 莫尔法测定天然水中的 Cl^-，酸度控制为(　　)。

A. 酸性　B. 碱性

C. 中性至弱碱性范围　D. 强碱性

3. 莫尔法可以测定下列(　　)试样中 Cl^- 的含量。

A. NaCl　B. $BaCl_2$　C. $CaCl_2$　D. $FeCl_3$

4. 某含氯试样 0.250 0 g，溶于水后加入 0.100 0 mol/L $AgNO_3$溶液 30.00 mL，过量的 $AgNO_3$用 0.120 0 mol/L NH_4SCN 溶液滴定，耗去 2.00 mL。该试样中氯的含量为(　　)。(Cl 相对原子质量 35.5)

A. 19.57%　B. 38.14%　C. 78.28%　D. 39.19%

5. 莫尔法测定 Cl^- 含量时，要求介质的 pH 值在 6.5 ～ 10.0 范围内，若酸度过高，则(　　)。

A. AgCl 沉淀不完全　B. AgCl 沉淀易胶溶，形成溶胶

C. AgCl 沉淀吸附 Cl^- 增强　D. Ag_2CrO_4沉淀不易形成

四、问答

1. 溶度积与溶解度的关系如何？

2. 沉淀生成的条件是什么？

3. 什么叫做分步沉淀？

4. 选用沉淀滴定必须符合哪些条件？银量法分为哪几种？

5. 莫尔法要求试液的 pH 值为多少？为什么？该法中 K_2CrO_4指示剂的浓度是怎样确

定的？

五、计算

1. 在含有 1 mol/L Ba^{2+} 和 0. 001 mol/L Pb^{2+} 的混合溶液中，逐滴加入 K_2CrO_4 溶液，试问何种沉淀首先生成？

2. 用 K_2CrO_4 作指示剂标定 $AgNO_3$ 溶液的浓度。如欲在滴定时消耗待标定液(约 0.1 mol/L $AgNO_3$) 20～30 mL，应称 NaCl 多少克？

3. 称取 NaCl 和 NaBr 的混合试样 0.233 0 g，溶解后用莫尔法滴定，用去 0.101 8 mol/L $AgNO_3$ 溶液 23.18 mL，试求试样中 NaCl 和 NaBr 的百分含量。M_{NaCl} 是 58.5 g/mol，M_{NaBr} 是 102.9 g/mol。

项目五 氧化还原滴定法

氧化还原滴定法是以氧化还原反应为基础的滴定分析方法。特点是反应机制比较复杂,有的反应除主反应外,常伴有各种副反应。即在同一反应中因所处条件不同,也可能生成不同的产物。例如 $KMnO_4$ 强酸性和碱性(或中性)溶液中的还原产物分别为 Mn^{2+} 和 MnO_2。另外,氧化还原反应和酸碱、配位、沉淀等反应不同,后者均是基于离子间相互结合的反应,且反应较简单,反应速度较快;而氧化还原反应是基于电子转移的反应,反应较复杂,还原剂的电子大多不是一次转移给氧化剂,所以反应往往分步进行,反应速度一般较慢。因此,讨论氧化还原滴定不仅要选择合适的滴定条件,还应注意滴定速度要与反应速度相适应。

氧化还原滴定方法按所用氧化剂和还原剂的不同,可分为高锰酸钾法、重铬酸钾法、碘量法、溴酸钾法等。

任务一 氧化还原反应的方向及影响因素

一、能斯特方程

氧化剂和还原剂的强弱可用有关电对的电极电位来衡量。氧化还原电对的电极电位简称电位,根据电对的标准电位利用能斯特方程式求得。电位的大小主要由物质的本性决定,但溶液中离子的浓度、气压(对气体而言)、温度等因素对电位也有直接影响。由于实验一般在常温(18 ~25 ℃)、常压下进行,因此溶液中离子浓度的变化是影响电位的主要因素。在温度为25 ℃时,电位与溶液中离子浓度之间的关系,用能斯特方程式表示为:

$$E = E^0 + \frac{0.059}{n}\lg\frac{[\text{氧化态}]}{[\text{还原态}]}$$

式中 E——指定浓度下的电位,V;

E^0——标准电位,V;

n——氧化还原反应中得失电子数目;

0.059——与温度有关的常数;

[氧化态]/[还原态]——电极反应中所有氧化态物质浓度的乘积与所有还原态物质浓度的乘积之比,且浓度的方次等于它们在电极反应中的化学计量数,纯固体、纯液体的浓度作为常数(1 mol/L)处理,离子浓度单位用 mol/L 表示(严格为活度),若是气体则用相对压力表示。

现举例说明上式的用法(在25 ℃时):

(1)已知 $Fe^{3+} + e \rightleftharpoons Fe^{2+}$, $E^0 = 0.77$ V。

按能斯特方程式：$E = 0.77 + \frac{0.059}{1}\lg\frac{[Fe^{3+}]}{[Fe^{2+}]}$

(2)已知 $O_2 + 4H^+ + 4e \rightleftharpoons 2H_2O, E^0 = 1.23$ V。

则 $E = 1.23 + \frac{0.059}{4}\lg\frac{P_{O_2}[H^+]^4}{1}$

(3) $MnO_4^- + 8H^+ + 5e \rightleftharpoons Mn^{2+} + 4H_2O, E^0 = 1.51$ V。

则 $E = 1.51 + \frac{0.059}{5}\lg\frac{[MnO_4^-][H^+]^8}{[Mn^{2+}]}$

二、氧化还原反应的方向及影响因素

(一)氧化还原反应的方向

根据氧化还原反应中两个电对标准电极电位的大小，可以大致判断其反应的方向。如：

$$2Fe^{3+} + Sn^{2+} \rightleftharpoons 2Fe^{2+} + Sn^{4+}$$

查表(附录二)知：$E^0(Fe^{3+}/Fe^{2+}) = 0.771$ V，$E^0(Sn^{4+}/Sn^{2+}) = 0.151$ V，故 $E^0(Fe^{3+}/Fe^{2+}) > E^0(Sn^{4+}/Sn^{2+})$。

电位较大的电对，其氧化形 Fe^{3+} 获得电子倾向较大，是较强的氧化剂；电位较小的电对，其还原形 Sn^{2+} 给出电子的倾向较大，是较强的还原剂。所以反应向右进行。

上例是通过比较两对标准电位的大小来判断氧化还原反应的方向，电位的大小是发生反应的内因。但当溶液的条件(温度、浓度、酸度等)发生变化时，氧化还原电对的电位也将发生变化，从而可能改变反应的方向。

(二)影响因素

影响氧化还原反应方向的因素有：氧化剂和还原剂的浓度、溶液的酸度、生成沉淀和形成配合物等。

1. 氧化剂和还原剂浓度的影响

由能斯特方程可看出，当氧化剂浓度增加时，电位 E 值增加；而还原剂浓度增大时，电位 E 值减小。因此，当改变各物质(或离子)的浓度时，可能改变氧化还原反应的方向。

【例5-1】 对于如下氧化还原反应

$$Sn + Pb^{2+} \rightleftharpoons Sn^{2+} + Pb$$

(1)若 $[Sn^{2+}] = [Pb^{2+}] = 1$ mol/L，其他均为标准条件，试判断其反应方向；

(2)若 $[Pb^{2+}] = 0.1$ mol/L，$[Sn^{2+}] = 1$ mol/L，其他均为标准条件，试判断其反应方向。

解：(1)查表(附录二)知：$E^0(Sn^{2+}/Sn) = -0.14$ V，$E^0(Pb^{2+}/Pb) = -0.13$ V。当 $[Sn^{2+}] = [Pb^{2+}] = 1$ mol/L 时，$E(Sn^{2+}/Sn) = E^0(Sn^{2+}/Sn) = -0.14$ V，$E(Pb^{2+}/Pb) = E^0(Pb^{2+}/Pb) = -0.13$ V，则：$E(Pb^{2+}/Pb) > E(Sn^{2+}/Sn)$，$Pb^{2+}$ 的氧化性大于 Sn^{2+} 的氧化性，进行如下反应：

$$Sn + Pb^{2+} \longrightarrow Sn^{2+} + Pb$$

(2)当 $[Pb^{2+}] = 0.1$ mol/L，其他不变时，则

$$E(Pb^{2+}/Pb) = E^0(Pb^{2+}/Pb) + \frac{0.059}{2}\lg[Pb^{2+}] = -0.16(V),$$

$$E(Sn^{2+}/Sn) = E^0(Sn^{2+}/Sn) = -0.14\ V$$

这时 Pb^{2+} 比 Sn^{2+} 的氧化性小,反应为:

$$Sn^{2+} + Pb \longrightarrow Sn + Pb^{2+}$$

故在 E^0 值相差不大时,可利用改变物质浓度的办法改变氧化还原反应的方向。

2. 溶液酸度对氧化还原反应方向的影响

一些有 H^+ 参与的氧化还原反应,酸度越高其氧化能力往往越强,改变$[H^+]$,则对电对的电位影响较大。

例如:

$$MnO_4^- + 8H^+ + 5e \rightleftharpoons Mn^{2+} + 4H_2O$$

$$E(MnO_4^-/Mn^{2+}) = E^0(MnO_4^-/Mn^{2+}) + \frac{0.059}{5}\lg\frac{[MnO_4^-][H^+]^8}{[Mn^{2+}]}$$

从上式可知$[H^+]$增加,$E(MnO_4^-/Mn^{2+})$迅速增大,反之亦然。这种对电位的影响比前一种大得多。因此,也可通过调节溶液的酸度来改变氧化还原反应的方向。

3. 生成沉淀的影响

当加入一种可与氧化剂或还原剂形成沉淀的沉淀剂时,由于沉淀的生成,将改变氧化性或还原性物质的浓度,引起电位的改变,从而可能改变反应进行的方向。

如:

$$2Cu^{2+} + 2I^- \rightleftharpoons 2Cu^+ + I_2$$

$$E^0(Cu^{2+}/Cu^+) = 0.153\ V$$

$$E^0(I_2/I^-) = 0.535\ V$$

反应不能向右进行。但因 I^- 与 Cu^{2+} 生成了 CuI 沉淀,则实际反应为:

$$2Cu^{2+} + 4I^- = 2CuI\downarrow + I_2\ ,\quad E^0(Cu^{2+}/CuI) = 0.86\ V$$

由于生成 CuI,使 Cu^+ 浓度大大降低,由能斯特方程可知:$E(Cu^{2+}/Cu^+)$增大,且 $E(Cu^{2+}/CuI) > E(I_2/I^-)$,所以反应向右进行。

4. 形成配合物的影响

当加入一种可与氧化剂或还原剂形成稳定配合物的配位剂时,也可改变体系的电位,从而可能影响反应进行的方向。

任务二 影响氧化还原反应速度的因素

在氧化还原反应中,根据标准电位可以判断反应进行的方向,但这只能指出反应进行的可能性,并不能预示反应进行的速度。实际上不同的氧化还原反应,其反应速度差别很大。有的较快,有的较慢,有的甚至缓慢得可以认为它们之间没有发生反应。所以,运用氧化还原反应进行滴定分析时,对那些反应速度较慢的,要考虑如何加快反应速度的问题。除反应物性质外,影响氧化还原反应速度的因素主要有反应物浓度、温度、催化剂等。

一、反应物浓度的影响

根据质量作用定律,在一定条件下,反应速度与各反应物的浓度乘积成正比。一般来说,增加反应物的浓度可以提高反应速度。例如:$KIO_3 + 5KI + 6HCl = 3I_2 + 3H_2O + 6KCl$,在一般情况下,此反应要等待数分钟才能反应完全。若增大 KIO_3、KI 或 HCl 浓度,则可加速反应的进行。

二、温度的影响

对大多数反应,升高温度能加快反应速度。一般温度每升高 10 ℃,可使反应速度提高 2 ~ 3 倍。例如用草酸钠为基准物标定高锰酸钾时,反应为:

$$2MnO_4^- + 5C_2O_4^{2-} + 16H^+ \rightleftharpoons 2Mn^{2+} + 10CO_2\uparrow + 8H_2O$$

在室温下,反应速度缓慢。若将溶液加热,则反应速度大大加快。通常在此反应中将溶液加热至 75 ~ 85 ℃;另外还有一些反应不宜采用升高温度的方法加快反应速度。如反应中存在 I_2 等挥发性较大的物质时,若将溶液加热,则会引起挥发损失。还有些物质(如 Fe^{2+}、Sn^{2+} 等)容易被空气氧化,若将溶液加热将促进这种氧化,也会引起误差。那么在这些情况下,就不能再采用升高温度来加快反应速度。

三、催化剂的影响

利用催化剂也可加快某些氧化还原反应速度。如 MnO_4^- 与 $C_2O_4^{2-}$ 的反应中,即使在强酸条件下,将溶液加热至 75 ~ 85 ℃,滴定最初几滴 MnO_4^- 褪色仍很慢,随着 MnO_4^- 溶液的不断加入,褪色逐渐加快,这是因反应生成的 Mn^{2+} 起了催化剂的作用。这种由于本身产生的物质(Mn^{2+})所起的催化作用,称为自动催化作用。在给水处理中,锰砂除铁就是利用反应产生的 MnO_2 作为自动催化剂。

综上所述,氧化还原反应的速度与条件密切相关,所以在滴定分析时一定要遵循操作规范。在实验中应选择最佳条件,以便提高测定的准确度。

任务三　氧化还原终点的确定

在氧化还原滴定中,如何确定终点呢?要解决这个问题,就要研究滴定过程中氧化剂和还原剂浓度发生变化的情况,以及引起电位变化的情况。

一、滴定曲线简介

在氧化还原滴定过程中,随着标准溶液的加入,反应物和生成物浓度不断变化,溶液的电位也在不断改变。在化学计量点附近,氧化剂或还原剂浓度有微小变化,就会使溶液的电位发生突变,即在等当点附近有一个电位突跃,在到达等当点时,两电对的电位相等。这种电位改变的情况,可以用与其他滴定法相似的滴定曲线来表示。现以0. 100 0 mol/L $Ce(SO_4)_2$ 滴定 20. 00 mL 的 0. 100 0 mol/L Fe^{2+} 溶液为例,其反应如下:

$$Ce^{4+} + Fe^{2+} \rightleftharpoons Ce^{3+} + Fe^{3+}$$

在 1 mol/L H_2SO_4 溶液中,$E^0(Fe^{3+}/Fe^{2+}) = 0.68$ V,$E^0(Ce^{4+}/Ce^{3+}) = 1.44$ V(条件电位)。

$$E(Ce^{4+}/Ce^{3+}) = 1.44 + 0.059\lg\frac{[Ce^{4+}]}{[Ce^{3+}]},\quad E(Fe^{3+}/Fe^{2+}) = 0.68 + 0.059\lg\frac{[Fe^{3+}]}{[Fe^{2+}]}$$

当滴加$Ce(SO_4)_2$溶液后，Fe^{2+}被氧化为Fe^{3+}，$[Fe^{3+}]/[Fe^{2+}]$比值增大，$E(Fe^{3+}/Fe^{2+})$增加。此时Ce^{4+}被还原为Ce^{3+}，$[Ce^{4+}]/[Ce^{3+}]$比值减小，$E(Ce^{4+}/Ce^{3+})$减小。随着$Ce(SO_4)_2$溶液继续加入，$E(Fe^{3+}/Fe^{2+})$逐渐增大，而$E(Ce^{4+}/Ce^{3+})$逐渐变小。到达化学计量点时，则两电位相等。滴定曲线中滴定突跃位置由Fe^{2+}剩余0.1%和Ce^{4+}过量0.1%时两点的电位决定。即加入19.98 mL $Ce(SO_4)_2$溶液时，有99.9%的Fe^{2+}被氧化成Fe^{3+}，则：$E = 0.68 + 0.059\lg(99.9\%/0.1\%) = 0.86(V)$；而$Ce^{4+}$过量0.1%，即加入20.02 mL $Ce(SO_4)_2$溶液，此时除Fe^{2+}全部被氧化成Fe^{3+}外，溶液中尚有过量的Ce^{4+} 0.1%，则$E = 1.44 + 0.059\lg(0.1\%/100\%) = 1.26(V)$，所以滴定突跃范围为0.86～1.26 V。图5-1为$Ce(SO_4)_2$溶液滴定Fe^{2+}的滴定曲线。滴定曲线可以用能斯特公式计算而得，也可通过实验方法测得。从图5-1可知，曲线在等当点附近有一电位的突跃变化，这和酸碱滴定曲线的突跃十分相似。若两个半反应电对的电位相差越大，则突跃范围越大，就越利于准确地确定等当点。氧化还原滴定中，用指示剂目测终点时，通常要求等当点附近有0.2 V以上的突跃。

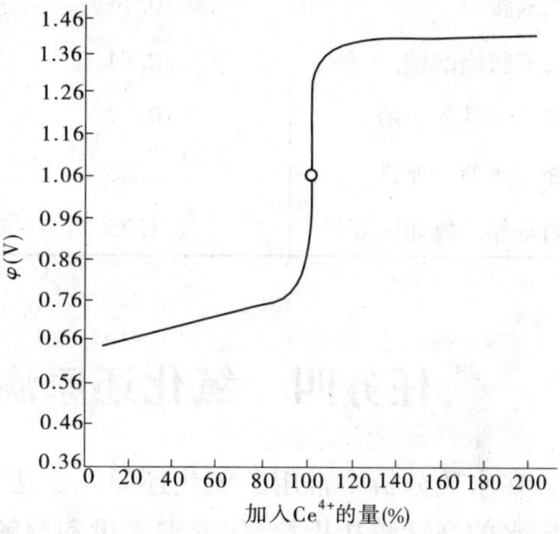

图5-1 $Ce(SO_4)_2$溶液滴定Fe^{2+}的滴定曲线

二、氧化还原法指示剂

在氧化还原滴定过程中，利用某些物质在等当点附近颜色的改变指示滴定终点，这类物质称为氧化还原法指示剂。常用的氧化还原法指示剂类型有以下几种：

(1)自身指示剂：在氧化还原滴定中，利用标准溶液自身颜色来确定终点的称为自身指示剂。如在高锰酸钾法中，高锰酸钾标准溶液本身有明显的紫色，当到达等当点后，稍微过量的MnO_4^-就使溶液显粉红色指示终点。实验证明：在100 mL水溶液中，加0.1 mol/L $KMnO_4$约0.01 mL，就可以看到溶液呈粉红色。

(2)特效指示剂：有的物质本身不具有氧化还原性，但它能与氧化剂或还原剂产生特殊的颜色，以指示终点。如可溶性淀粉与碘溶液反应，生成深蓝色的化合物，当I_2被还原为I^-时，深蓝色褪去。故在碘量法中，常用淀粉溶液作指示剂。

(3)氧化还原指示剂：这类指示剂本身是具有氧化还原性质的复杂有机化合物，它的氧化形和还原形具有不同的颜色，在滴定过程中也将发生氧化还原反应，可根据其氧化形和还原形颜色的不同，指示终点的到达。常用的氧化还原指示剂列于表5-1中。

表 5-1 常用的氧化还原指示剂

指示剂名称	变色时的 E^0(V) $[H^+]=1$ mol/L	颜色变化	
		氧化形	还原形
次甲基蓝	0.36	蓝色	无色
二苯胺	0.76	紫色	无色
二苯胺磺酸钠	0.84	紫红色	无色
邻苯氨基苯甲酸	0.89	紫红色	无色
邻二氮菲-亚铁	1.06	浅蓝色	红色
硝基邻二氮菲-亚铁	1.25	浅蓝色	紫红色

任务四　氧化还原滴定法在水质分析中的应用

在水质分析中常用的氧化还原滴定法有高锰酸钾法、重铬酸钾法、碘量法等,可分别测定水的高锰酸盐指数、化学需氧量和溶解氧等水质指标。现分述如下。

一、高锰酸钾法及其应用

高锰酸钾($KMnO_4$)是一种强氧化剂,其氧化性的强弱与酸度有关,在强酸、弱酸、中性、弱碱条件下的氧化性依次降低。在强酸溶液中,$KMnO_4$ 被还原为 Mn^{2+},半反应为:

$$MnO_4^- + 8H^+ + 5e \rightleftharpoons Mn^{2+} + 4H_2O$$

其电位方程式为:

$$E = E^0 + \frac{0.059\,1}{5}\lg\frac{[MnO_4^-][H^+]^8}{[Mn^{2+}]}$$

$$E^0(MnO_4^-/Mn^{2+}) = 1.51\ V$$

滴定时水样的酸化通常采用硫酸,而不用盐酸,因 Cl^- 具有还原性,干扰滴定,只有在 HCl 不影响测定时才使用。HNO_3 因其含氮氧化物容易产生副反应,故很少使用。

利用高锰酸钾氧化剂与水中还原性物质进行氧化还原反应,从而测定水中还原性物质的含量,这种分析方法就是高锰酸钾法。在水质分析中,高锰酸钾法可以测定水的高锰酸盐指数、总铬量、含铁量等。在此仅介绍在强酸性条件下测定高锰酸盐指数的基本原理与主要测定步骤。

(1)取一定体积的水样,并用硫酸调其酸度为 0.5~1.0 mol/L。

(2)向水样中加入一定量且过量的 $KMnO_4$ 标准溶液,此时溶液显红色($KMnO_4$ 的颜色),经过一定时间的加热,使 $KMnO_4$ 与水样中的还原性物质充分反应,此时溶液仍显红色($KMnO_4$ 的颜色)。通用反应式如下:

$$4MnO_4^- + 5C + 12H^+ = 4Mn^{2+} + 5CO_2 + 6H_2O$$

(3)向水样中加入一定量且过量的 $Na_2C_2O_4$ 标准溶液还原剩余的 $KMnO_4$,此时溶液由红色变为无色。反应式如下：

$$2MnO_4^- + 5C_2O_4^{2-} + 16H^+ \xlongequal{} 2Mn^{2+} + 10CO_2 + 8H_2O$$

(4)用 $KMnO_4$ 标准溶液返滴剩余的 $Na_2C_2O_4$，当溶液出现 $KMnO_4$ 的红色时到达滴定终点。反应式如下：

$$2MnO_4^- + 5C_2O_4^{2-} + 16H^+ \xlongequal{} 2Mn^{2+} + 10CO_2 + 8H_2O$$

(5)根据 $KMnO_4$ 和 $Na_2C_2O_4$ 标准溶液的浓度及用量，按下式计算水样的高锰酸盐指数：

$$I_{Mn}(O_2, mg/L) = \frac{C_1(V_1 + V'_1) - C_2V_2}{V_{水样}} \times 1\,000 \times 8$$

式中　C_1——$\frac{1}{5}KMnO_4$ 标准溶液的浓度，mol/L；

V_1——(2)中 $KMnO_4$ 标准溶液的用量，mL；

V'_1——(4)中 $KMnO_4$ 标准溶液的用量，mL；

C_2——$\frac{1}{2}Na_2C_2O_4$ 标准溶液的浓度，mol/L；

V_2——(3)中 $Na_2C_2O_4$ 标准溶液的用量，mL；

$V_{水样}$——水样体积，mL。

应该说明的是，高锰酸盐指数仅在一定程度上反映水中有机物污染程度，是相对的条件性指标。但用来评价不同地区和不同时间间隔的水源水质仍有很大意义。

用此法测定高锰酸盐指数必须注意水中的 Cl^- 含量，当含量超过 300 mg/L 时，在强酸性溶液中，Cl^- 被氧化而消耗 $KMnO_4$ 的用量，导致测定结果偏高。为此，可将水样稀释使 Cl^- 含量降低或改用碱性 $KMnO_4$ 测定。

二、重铬酸钾法及其应用

重铬酸钾($K_2Cr_2O_7$)也是一种强氧化剂，其氧化性随 pH 值的减小而增强，可用于氧化还原滴定分析。$K_2Cr_2O_7$ 在酸性溶液中与还原性物质发生氧化还原反应时，$K_2Cr_2O_7$ 中的 Cr^{6+} 被还原为 Cr^{3+}。半反应为：

$$Cr_2O_7^{2-} + 14H^+ + 6e \rightleftharpoons 2Cr^{3+} + 7H_2O$$

其电位方程式为：

$$E = E^0 + \frac{0.059\,1}{6}\lg\frac{[Cr_2O_7^{2-}][H^+]^{14}}{[Cr^{3+}]^2}$$

$$E^0(Cr_2O_7^{2-}/Cr^{3+}) = 1.232\ V$$

$K_2Cr_2O_7$ 作为滴定剂有许多优点：它可作基准物质，在 140～150 ℃干燥后，可直接配制成标准溶液；$K_2Cr_2O_7$ 溶液非常稳定，可保存很长时间；一般情况下不受 Cl^- 干扰等。

重铬酸根离子 $Cr_2O_7^{2-}$ 有鲜明的橙黄色，而 Cr^{3+} 为绿色，由二者颜色差异直接判定终点是有困难的，需外加指示剂。常用二苯胺磺酸钠、邻苯氨基苯甲酸或试亚铁灵(邻二氮菲－亚铁)作指示剂。

重铬酸钾法在水质分析中多用于化学需氧量(COD)的测定，其基本原理与主要测定

步骤如下:

(1)取一定体积的水样,并用硫酸调其酸度为0.5~1.0 mol/L。

(2)向水样中加入一定量且过量的$K_2Cr_2O_7$标准溶液,在回流加热和Ag_2SO_4催化作用下,使有机物、还原性物质充分被氧化,并促进不易氧化的直链烃被氧化。此时溶液显橙黄色($Cr_2O_7^{2-}$的颜色)。通用反应式如下:

$$2Cr_2O_7^{2-}+3C+16H^+ = 4Cr^{3+}+3CO_2+8H_2O$$

(3)剩余的$K_2Cr_2O_7$以试亚铁灵为指示剂,用硫酸亚铁铵[$(NH_4)_2Fe(SO_4)_2$](或硫酸亚铁)标准溶液进行滴定,滴加的Fe^{2+}首先与$Cr_2O_7^{2-}$反应,当溶液中的$Cr_2O_7^{2-}$的浓度很小不能与滴加的Fe^{2+}反应时,滴加的Fe^{2+}将与指示剂反应生成红褐色物质,此时溶液由橙黄色($Cr_2O_7^{2-}$的颜色)经蓝绿色(主要是Cr^{3+}的颜色)变为红褐色(试亚铁灵的还原形颜色),即达滴定终点。反应式如下:

$$Cr_2O_7^{2-}+6Fe^{2+}+14H^+ \rightleftharpoons 2Cr^{3+}+6Fe^{3+}+7H_2O$$

(4)根据$(NH_4)_2Fe(SO_4)_2$标准溶液的浓度及用量,按下式可计算出水中的化学需氧量:

$$COD(O_2,mg/L)=\frac{(V_0-V_1)\cdot C\times 8\times 1\,000}{V_{水样}}$$

式中　C——$(NH_4)_2Fe(SO_4)_2$标准溶液的浓度,mol/L;

V_1——滴定水样时$(NH_4)_2Fe(SO_4)_2$标准溶液的用量,mL;

V_0——滴定空白时$(NH_4)_2Fe(SO_4)_2$标准溶液的用量,mL;

$V_{水样}$——水样体积,mL;

8——氧($\frac{1}{4}O_2$)的摩尔质量,g/mol。

$(NH_4)_2Fe(SO_4)_2$标准溶液的浓度常在使用时由$K_2Cr_2O_7$标准溶液来标定。

三、碘量法及其应用

碘量法是利用I_2的氧化性和I^-的还原性来滴定的方法。半反应为:

$$I_2+2e \rightleftharpoons 2I^- \qquad E^0=0.54\ V$$

I_2是较弱的氧化剂,可与较强的还原剂作用。I^-是中等强度的还原剂,可与许多氧化剂作用。因此,碘量法又分为直接碘量法和间接碘量法。

(1)直接碘量法:电位比$E^0(I_2/I^-)$低的还原性物质,可直接用I_2标准溶液滴定的方法称直接碘量法或碘滴定法。滴定条件是在微酸性或近中性溶液中。

(2)间接碘量法:也称滴定碘法。即电位比$E^0(I_2/I^-)$高的氧化性物质,在一定条件下利用I^-的还原作用,使I^-被氧化后生成游离态的I_2,再用还原性的$Na_2S_2O_3$标准溶液滴定I_2。滴定条件是必须在中性或弱酸溶液中。在水质分析中主要用于水中溶解氧的测定。

利用间接碘量法测定溶解氧的原理是:水中的溶解氧在碱性条件下把Mn^{2+}氧化为Mn^{4+},而Mn^{4+}在酸性条件下被I^-还原为Mn^{2+},同时I^-被氧化为I_2;再以淀粉为指示剂,用硫代硫酸钠标准溶液滴定生成的I_2,可测得I_2的量,从而可推算出溶解氧的量。其基本步骤与反应式为：

(1)取一定体积的水样。

(2)向水样中加入 $MnSO_4$ 和碱性碘化钾($KI+KOH$)溶液，生成沉淀，把溶解氧固定下来，反应式如下：

$$Mn^{2+}+2OH^{-} = Mn(OH)_2\downarrow(\text{白色})$$

$$Mn(OH)_2+\frac{1}{2}O_2 = MnO(OH)_2\downarrow(\text{棕色})$$

(3)加入浓硫酸，使沉淀溶解，Mn^{4+} 与 I^{-} 发生氧化还原反应生成 I_2，此时溶液显淡黄色(I_2 的颜色)。反应式为：

$$MnO(OH)_2+2I^{-}+4H^{+} = I_2+Mn^{2+}+3H_2O$$

(4)用硫代硫酸钠标准溶液滴定生成的 I_2，当溶液的淡黄色将要褪去完毕时，即溶液中的 I_2 很少时，加入淀粉指示剂，加入的淀粉指示剂与溶液中的 I_2 反应使溶液显蓝色；继续用硫代硫酸钠标准溶液滴定，当蓝色褪去即达滴定终点。反应式为：

$$2Na_2S_2O_3+I_2 = Na_2S_4O_6+2NaI$$

(5)根据硫代硫酸钠标准溶液的浓度和用量可推算出水中的溶解氧含量：

$$C(O_2,mg/L)=\frac{C\cdot V}{V_{\text{水样}}}\times 8\times 1\ 000$$

式中　C——$Na_2S_2O_3$ 标准溶液的浓度，mol/L；

V——$Na_2S_2O_3$ 标准溶液的用量，mL；

$V_{\text{水样}}$——水样体积，mL；

8——氧($\frac{1}{4}O_2$)的摩尔质量，g/mol。

小　结

本项目的主要内容有：氧化还原反应的方向及其影响因素；氧化还原滴定曲线及氧化还原指示剂；高锰酸钾法、重铬酸钾法、碘量法及它们在水质分析中的应用。通过本项目学习，使学生理解氧化还原滴定法的基本原理与方法，并能运用它们测定水中的高锰酸盐指数、化学需氧量、溶解氧等水质指标。

复习思考题

一、填空

1. 氧化还原反应是基于____________的反应，而酸碱、配位、沉淀反应均是基于____________的反应。

2. 氧化还原滴定方法按所用氧化剂和还原剂的不同，可分为：____________、重铬酸钾法、____________、____________等。

3. 用酸性高锰酸钾法测定水样高锰酸盐指数，水样中的 Cl^{-} 含量不应超过

________ mg/L,否则导致测定结果偏高。

4. 氧化还原电位的大小主要由物质的本性决定,溶液中________、________和气压(对气体而言)等因素对电位也有直接影响。

5. 可以根据氧化还原反应中两个电对的标准电极电位大小,判断反应方向。电位________的电对,是较强的________;电位________的电对,是较强的________。

6. 氧化剂和还原剂浓度是影响氧化还原反应方向的因素。由能斯特方程可看出,当氧化剂浓度增加时,电位 E 值________;而还原剂浓度增大时,电位 E 值________。

7. 氧化还原反应速度除了由反应物性质决定外,还受反应物________、________、催化剂等因素影响。

8. 对大多数反应,升高温度能加快反应速度。一般温度每升高________℃,可使反应速度提高 2 ~ 3 倍。用草酸钠标定高锰酸钾时,通常将溶液加热至________℃。

9. 在氧化还原滴定过程中,在等当点附近有一个电位突跃,在到达________时,两电对的电位________。

10. 常用的氧化还原指示剂有:________指示剂、________指示剂、________指示剂。间接碘量法测溶解氧所使用的指示剂是________。高锰酸钾法测定软锰矿所使用的指示剂是________。

二、名词解释

1. 氧化还原滴定法　2. 电位　3. 氧化还原指示剂　4. 高锰酸钾法

三、选择

1. 高锰酸钾标准溶液(　　)直接配制。

A. 可以　B. 必须　C. 不能　D. 高温时可以

2. 高锰酸钾法测定 H_2O_2 的滴定反应开始时,滴定速度应(　　)。

A. 较慢　B. 较快　C. 先快后慢　D. 很快

3. 重铬酸钾标准溶液(　　)直接配制。

A. 不易于提纯,所以不能　B. 低温时可以

C. 不能　D. 干燥后可以

4. 高锰酸钾法一般在(　　)介质中进行。

A. 酸性　B. 碱性　C. 中性　D. 不限制酸碱

5. 高锰酸钾标准溶液在配制后(　　)。

A. 需放置 2 ~ 3 天才能标定　B. 需放置 1 h 才能标定

C. 不需放置可直接标定　D. 需加热至沸 1 h 再标定

6. 用来标定 $KMnO_4$ 溶液的基准物质是(　　)。

A. $K_2Cr_2O_7$　B. $KBrO_3$　C. Cu　D. $Na_2C_2O_4$

四、问答

1. 氧化还原反应方向受哪些因素影响?

2. 简述在强酸性条件下测定水样中高锰酸盐指数的基本原理与主要测定步骤。

3. 简述重铬酸钾法测定水质中化学需氧量的基本原理与主要测定步骤。

4. 什么叫碘量法？直接碘量法和间接碘量法有何区别？

五、计算

1. 用标准电极电位判断氧化还原反应进行的方向。

(1) $Zn + Fe^{2+} \rightleftharpoons Zn^{2+} + Fe$

(2) $2I^- + Br_2 \rightleftharpoons 2Br^- + I_2$

(3) $2Cl^- + 2Fe^{3+} \rightleftharpoons 2Fe^{2+} + Cl_2$

(4) $I_2 + 2Cl^- \rightleftharpoons Cl_2 + 2I^-$

2. 将 1.000 g 钢样中的铬氧化成 $Cr_2O_7^{2-}$，加入 25.00 mL 0.100 0 mol/L $FeSO_4$ 标准溶液，然后用 0.018 0 mol/L $KMnO_4$ 标准溶液 7.00 mL 回滴过量的 $FeSO_4$，计算钢样中铬的百分含量（M_{Cr} = 51.99 g/mol）。

项目六 仪器分析法

任务一 分光光度法

一、基本原理

(一)光的性质

光是一种电磁辐射,具有波和粒子的二象性。光的最小单位是光子,光子具有一定的能量(E),它与光波频率(ν)或波长(λ)的关系为:

$$E = h\nu = h\frac{c}{\lambda}$$

式中 h——普朗克常数;

c——光速。

从上式可知,光子的能量 E 与频率 ν 或波长 λ 相对应,波长越长能量越小,波长越短能量越大。

电磁辐射的覆盖范围很大,按照波长由短到长的顺序,依次可分为 γ 射线、X 射线、紫外线、可见光、红外线、微波、无线电波(见表 6-1)。

表 6-1 电磁波谱

电磁辐射名称	波长范围	频率(MHz)	光子能量(eV)
γ 射线	5 ~ 140 pm	$6\times10^{14}\sim2\times10^{12}$	$2.5\times10^{6}\sim8.3\times10^{3}$
X 射线	$10^{-3}\sim10$ nm	$3\times10^{14}\sim3\times10^{10}$	$1.2\times10^{6}\sim1.2\times10^{2}$
远紫外光	10 ~ 200 nm	$3\times10^{10}\sim1.5\times10^{9}$	125 ~ 6
紫外光	200 ~ 400 nm	$1.5\times10^{9}\sim7.6\times10^{8}$	6 ~ 3.1
可见光	400 ~ 760 nm	$7.6\times10^{8}\sim4\times10^{8}$	3.1 ~ 1.7
红外光	0.76 ~ 50 μm	$4\times10^{8}\sim6\times10^{6}$	1.7 ~ 0.02
远红外光	50 ~ 1 000 μm	$6\times10^{6}\sim1\times10^{5}$	$2\times10^{-2}\sim4\times10^{-4}$
微波	0.1 ~ 100 cm	$1\times10^{5}\sim1\times10^{2}$	$4\times10^{-4}\sim4\times10^{-7}$
无线电波	1 ~ 1 000 m	$1\times10^{2}\sim0.1$	$4\times10^{-7}\sim4\times10^{-10}$

可见光就是平时可以直接用肉眼观察到的光,其波长范围为 400 ~ 760 nm。在该范围内,不同波长的可见光对人眼产生不同的刺激,人眼感觉到的效果就是呈现不同的颜色,波长与颜色的关系如图 6-1 所示。将具有不同颜色的光称为色光。各种色光之间并无严格的界限,绿色与黄色之间有各种不同色调的黄绿色。

人们日常所见的白光,就是由上述色光按一定比例混合而产生的一种综合效果,故称白光为混合光。如果把图 6-2 中位置相对应的两种色光按一定强度比例混合,也可以得到白光,这两种色光通常称为互补色光,简称互补色或互补光。如青光与红光互补,绿光与紫光互补。

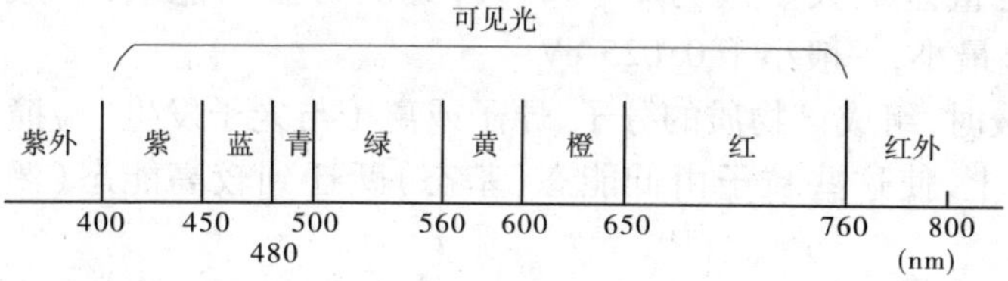

图 6-1 可见光的颜色与波长

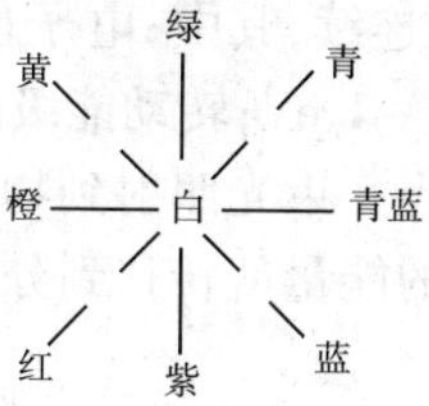

图 6-2 互补光示意图

如果将一束白光通过棱镜色散,也可以将白光分解成上述色光,并按波长的次序排列成一条光带。进一步证明白光是由一对对互补光按适当的强度比例混合而成的。

只具有一种波长用棱镜不能再分解的光,叫单色光。从严格意义上来讲,单色光就是具有唯一波长的光,上述的色光也不能称为单色光,最多只能称为近似的单色(相对于人眼的分辨率),因为每种色光都具有一定的波长范围。如绿色光就包括 500 ~ 560 nm 的各种单色光。

(二)溶液的颜色与溶液对光的选择性吸收

不同溶液会呈现不同的颜色,是由于溶液对不同波长的光选择性吸收的结果。在白光的照射下,如果可见光几乎全部被吸收,则溶液呈黑色;如果全部不吸收或吸收极少,则溶液呈无色;如果只吸收或最大程度吸收某种波长的色光,则溶液呈被吸收色光的互补色。例如当白光通过 $KMnO_4$ 溶液时,它选择地吸收了白光中的绿色光,其他色光不被吸收而透过溶液,从互补规律可知,透过的光线中,除紫色光外,其他颜色的光互补成白光,所以 $KMnO_4$ 溶液呈透过光的颜色,即紫色。

为了更详细地了解溶液对光的选择性吸收性质,可以使用不同波长的单色光分别通过某一固定浓度和厚度的有色溶液,测量该溶液对各种单色光的吸收程度(吸光度),以波长 λ 为横坐标、吸光度 A 为纵坐标作图,所得曲线叫光吸收曲线,该曲线能够很清楚地描述溶液对不同波长单色光的吸收能力。

图 6-3 是四种不同浓度 $KMnO_4$ 溶液的光吸收曲线。从图中可以看出,不管浓度大小,在可见光范围内,$KMnO_4$ 溶液对波长 525 nm 附近的绿色光吸收最多,而对紫色和红色光吸收很少。光吸收最大处的波长叫最大吸收波长,常用 λ_{max} 表示。$KMnO_4$ 溶液的 $\lambda_{max} = 525$ nm。浓度不同时,溶液对光的吸收程度(吸光度)不同,由于最大吸收波长不变,故四条光吸收曲线的形状相似。

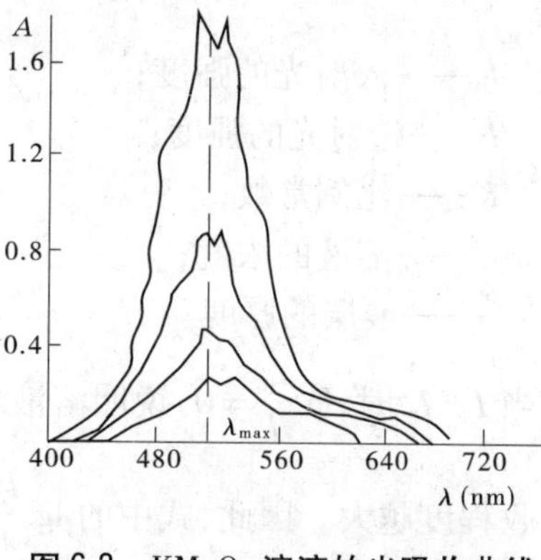

图 6-3 $KMnO_4$ 溶液的光吸收曲线

(三)吸收光谱产生的机制

溶液为什么会对光线有选择性吸收呢?这是

因为物质总是在不断地运动着,而构成物质的分子及原子具有一定的运动方式,各种运动方式具有不同的能量,属于一定的能级,分子内部运动的方式有三种:①电子相对于原子核心的运动;②原子在平衡位置附近的振动;③分子本身绕其重心的转动。因此,相对于这三种不同的运动形式,分子具有电子能级、振动能级和转动能级。能级具有量子化的特征,不连续,其中,电子能级的能量差最大一般为 1 ~ 20 eV;其次为振动能级,一般在 0.025 ~1 eV;转动能级的能量差最小,一般小于 0.025 eV。

当一束光照射到物质或溶液时,组成该物质的分子、原子或离子与光子发生"碰撞",光子的能量就转移到分子、原子上,使这些粒子由低能态(基态)跃迁到较高能态(激发态):

$$\underset{\text{(基态)}}{\mathrm{M}} + h\nu \longrightarrow \underset{\text{(激发态)}}{\mathrm{M}^*}$$

这个作用叫作物质对光的吸收。被激发的粒子约在 10^{-8} s 后,又回到基态,并以热或荧光等形式释放出能量。

由于分子、原子或离子具有不连续的量子化能级,仅当照射光光子的能量($h\nu$)与被照射物质粒子的基态和激发态能量之差相当时才能发生吸收。不同物质微粒由于结构不同而具有不同的量子化能级,其能量差也不相同,所以物质对光的吸收具有选择性。不过,由于溶液中分子内部三种能级都有,且可见光的能量较大,三种能级跃迁均可同时激发,大小能级叠加后能级差相对较小,所以在分子吸收的吸收曲线上相邻波长的光也被吸收,一般呈带状吸收。

(四)光的吸收定律

从直观上不难理解,由于光线透过溶液时,溶液中的质点(分子、原子、离子)选择性地吸收某一波长的光,所以溶液的浓度越大或液层越厚,光透过的质点也就越多,则光被吸收得越多,而透过的光就越少。

实践证明,当一束平行的单色光通过均匀、非散射的稀溶液时,溶液对光的吸收程度与溶液的浓度及液层厚度的乘积成正比。此定量关系称为光的吸收定律,也叫朗伯 - 比尔定律。它的数学表达式是:

$$\lg \frac{I_0}{I} = KCb$$

式中 I_0——入射光的强度;

I——透射光的强度;

K——比例常数;

C——溶液的浓度;

b——液层的厚度。

当 $I = I_0$ 时,$\lg \frac{I_0}{I} = 0$,说明溶液对光完全不吸收;I 值越小,则 $\lg \frac{I_0}{I}$ 值越大,溶液对光的吸收程度越大。因此,式中的 $\lg \frac{I_0}{I}$ 一项表示溶液对光的吸收程度,常用 A 表示,称为吸光度。所以:

$$A = KCb$$

比例常数 K 与入射光的波长、溶液的性质及温度有关，它反映了在一定条件下，溶液对某一波长光的吸收能力。

若 C 的单位用 mol/L，b 的单位用 cm，则 K 就用 ε 表示，其单位为 L/(mol · cm)，称为摩尔吸光系数。它表示当溶液浓度为 1 mol/L、液层厚度为 1 cm 时溶液对某波长单色光的吸光度。摩尔吸光系数 ε 是各种有色物质在一定波长入射光照射下的特征常数，ε 值越大，表示有色物质对该波长光的吸收能力越大，测定起来灵敏度也就越高。由于 ε 值受波长影响，平时所讲的有色物质的摩尔吸光系数是指在最大波长处的摩尔吸光系数，以 ε_{max} 表示。

比色分析中常把 $\frac{I}{I_0}$ 称为透光度或透光率，用 T 表示。它反映了透过溶液的光强度在原入射光中所占比例，T 越大，说明透过溶液的光越多，而被溶液吸收的光越少，所以透光度 T 也能间接地表示溶液对光的吸收程度。吸光度 A 与透光度 T 的关系如下：

$$A = \lg \frac{I_0}{I} = -\lg \frac{I}{I_0} = -\lg T$$

光吸收定律是分光光度法的理论基础。实际测定时，一般采用相对标准方法，即在一定条件下，测定已知浓度标准溶液的吸光度 A，确定 $A \sim C$ 具体函数，然后在同样条件下测出样品的吸光度，从而求出样品浓度，而不是直接用理论值代入 $A = KCb$ 计算。

应用光吸收定律，一定要注意它的适用条件。在实际测试时，如果单色光不纯或者溶液浓度过大，都会导致溶液的吸光度与浓度不成直线关系，而偏离光吸收定律。

二、显色反应及显色条件

（一）显色反应和显色剂

由上述可知，比色分析或分光光度法是根据溶液中待测组分对某波长光选择性吸收，且吸收程度与待测组分的浓度有定量关系来测定的。这就要求待测组分必须选择性地吸收某波长的光，即有一定的颜色。而实际溶液大部分是无色的或颜色很淡，不能直接进行测定。我们可以往溶液中加入试剂，使待测组分转变为有色物质，然后再进行比色或吸光度测定。将被测组分转变为有色化合物的反应叫显色反应。显色反应主要是配合反应，其次是氧化还原反应。在显色反应中，所加入的与被测组分形成有色物质的试剂叫显色剂。同一组分常常可以与多种显色剂反应，生成多种不同的有色物质，我们应根据下列原则选择最有利于测定的显色反应。

(1)选择性好。在一定条件下，显色剂仅与待测组分发生显色反应，干扰物质较少，或干扰物质容易去除。

(2)灵敏度高。由于分光光度法常用于微量组分的测定，因此要求方法的灵敏度要高。一般认为生成有色物质的摩尔吸光系数 $\varepsilon \geqslant 10^4 \sim 10^5$ 时，该显色反应就具有较高的灵敏度。

(3)有色化合物的组成恒定(符合一定的化学式)、性质稳定。这样可以保证在测定过程中溶液的吸光度基本不变。

(4)显色剂与生成的有色化合物之间有较大的颜色差别。一般要求二者的最大吸收波长相差60 nm以上。这样显色时颜色变化明显,可以降低试剂空白,提高准确度。

实际的显色反应不一定能够完全遵循上述的四条原则,此时应根据具体情况综合考虑,如对于高含量组分的测定可以牺牲一些灵敏度。

一般来说,在水质分析中,有机显色剂用得较普遍,而无机显色剂由于其灵敏度和选择性都不太高,用得比较少。

(二)显色条件

显色效果不但由显色剂本身的性质决定,而且还受反应条件影响。一般来说,应该注意的主要显色条件有以下几方面。

1. 显色剂用量

显色反应可表示为:

$$\underset{\text{(待测组分)}}{M} + \underset{\text{(显色剂)}}{R} = \underset{\text{(有色化合物)}}{MR}$$

根据平衡移动原理,增加显色剂的浓度,可使待测组分转变成有色化合物的反应更完全,但显色剂过多,则会发生其他副反应,对测定不利。因此,在实际工作中应根据实验要求严格控制显色剂的用量。

2. 酸度

有机显色剂大部分是有机弱酸,溶液的酸度影响显色剂的浓度以及本身的颜色;大部分金属离子很容易水解,溶液的酸度也会影响金属离子的存在状态,进一步还要影响到有色化合物的组成和稳定性。因此,应通过试验确定合适的酸度范围,并在测试过程中严格控制。

3. 显色时间

不同的显色反应,其反应速度不同,颜色达到最大深度且趋于稳定的时间也不同。另外,有的反应完成显色后,过一段时间颜色会慢慢地变浅。因此,应该在显色反应后,颜色达到最大深度(吸光度最大)且稳定的时间范围内进行测定。

4. 显色温度

一般情况下,显色反应大多在室温下进行,不需要严格控制显色温度。但是,有的显色反应需要加热到一定温度才能完成,有的有色化合物的吸光系数会随温度的改变而改变,对于这种情况,应注意控制温度。

5. 溶剂

溶剂的不同可能会影响到显色时间、有色化合物的离解度及颜色等。在测试时,标准溶液和被测溶液应采用同一种溶剂。

三、比色分析法与分光光度法

(一)目视比色法

直接用眼睛观察并比较溶液颜色深浅以确定物质含量的方法叫目视比色法。常用的目视比色法是标准系列法。准备一套由同一材料制成的大小、形状、壁厚完全相同的平底玻璃管(称为比色管),在其中依次加入不同量的标准溶液,再分别加入等量的显色剂及其他试剂,并用蒸馏水或其他溶剂稀释到同样体积,形成一套颜色逐渐加深的标准色阶。将一定量待测溶液置于另一同样比色管中,在同样条件下显色,并稀释至同样体积。然后从管口垂直向下观察(如果颜色较明显也可从侧面观察),并与标准色阶比较,如果待测液与标准色阶中某一标准液颜色深度相同,则其浓度也相同;如果介于两标准液之间,则待测液浓度为两标准液浓度的平均值。

目视比色的理论根据是:白光照射有色溶液时,溶液吸收某种色光,透过其互补光,溶液呈透过光的颜色。根据光吸收定律 $A=\varepsilon Cb$,溶液浓度越大,对该色光的吸光度越大,则透过的互补光就越突出,观察到的溶液颜色也就越深,由于待测液与标准液是在完全相同的条件下显色,比较颜色时液层厚度也相同,所以两者颜色深浅一样时,浓度肯定相等。因为采用标准系列法,并直接用色阶中的标准溶液浓度来表示测定结果。所以,尽管目视比色时的条件并不一定严格满足光吸收定律(如:不是单色光,有时浓度偏高,有的显色反应本身就不符合光吸收定律等),但仍能用此法进行测定。

由于目视比色法具有设备简单、操作方便、测定灵敏度高、适用浓度范围较大(浓度高时,从比色管侧面观察;浓度低时,从比色管口垂直观察)等优点,所以广泛地应用于准确度要求不高的常规分析中,尤其是一些基层站及野外进行大批量试样的测定。但是标准系列溶液不稳定,不能久存,需要在测定同时配制,比较麻烦。另外,人眼观察有主观误差,准确度不高。随着分析仪器在实验室的普及,目视比色法正逐渐往分光光度法上过渡。

(二)分光光度法

分光光度法是采用被待测溶液吸收的单色光作入射光源,用仪表代替人眼来测量溶液吸光度的一种分析方法。测定时需要用到一种叫分光光度计的电子仪器,这是目前水质测定中用得最普及的仪器之一。

分光光度法可以采用标准曲线法。即在朗伯-比尔定律的浓度范围内,配制一系列不同浓度的溶液,显色后在相同条件下分别测定它们的吸光度值,然后以各标准溶液的浓度 C 为横坐标,对应的吸光度 A 为纵坐标作图,得到一条直线,该直线称为标准曲线或工作曲线,如图6-4所示。然后,在同样的条件下测出样品溶液的吸光度 A_x 值。根据 A_x 值,从标准曲线上直接查出样品的含量 C_x,或利用直线方程计算出样品的含量 C_x。这种方法准确度较好,主要适用于大批试样的分析,可以简化手续,加快分析速度。

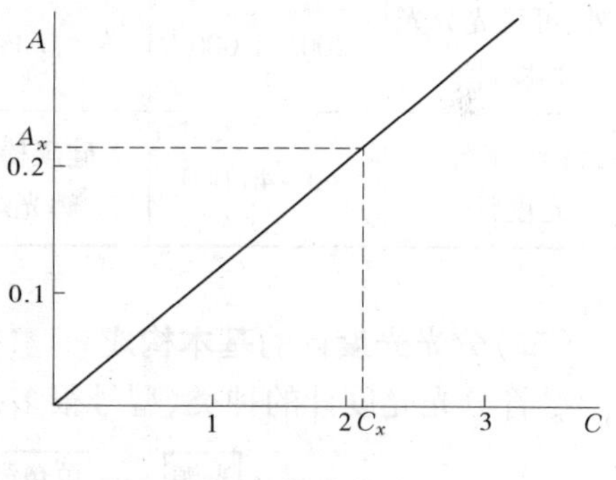

图6-4 标准曲线图

对于单个样品或少量样品的测试也可以采用比较法,以加快分析速度。方法是:在同一条件下,分别测定标准溶液和被测样品溶液的吸光度,由朗伯-比尔定律 $A=KCb$ 可知,二者的浓度比等于吸光度之比,从而可计算出被测样品的含量。新型的分光光度计已经把比较法做到了仪器之中,称为浓度直读功能,在该功能下,用标准溶液调整好仪器,在测样品溶液时直接显示浓度,使用非常方便。不过应该注意,由于随机误差的原因,该方法的准确度一般没有标准曲线法好,另外标准溶液与被测溶液浓度相差较大时该方法有较大的误差。

分光光度法的特点：

(1)用仪表代替人眼，不但消除了人的主观误差，而且将入射光的波长范围由可见光区扩大到了紫外光区和红外光区，使许多在紫外光区和红外光区有吸收峰的无色物质都可以直接用分光光度法测定。

(2)用较高纯度的单色光代替了白光，更严格地满足朗伯 - 比尔定律要求，使偏离朗伯 - 比尔定律的情况大为减少，从而提高了灵敏度和准确度。

(3)当溶液中有多种组分共存时，只要吸收曲线不十分重叠，就可以选取适当波长入射光直接测定而避免相互影响，不需通过专门的样品预处理来消除干扰。甚至可以选择合适波长的入射光同时测出多种组分含量。

四、分光光度计

(一)分光光度计的分类

分光光度计是分光光度法所必需的仪器，种类很多，一般按测定波长范围来分类，如表6-2所示。

表6-2　分光光度计的分类

分　类	工作波长范围(nm)	光源	单色器	检测器	典型仪器
可见光分光光度计	360~760 330~800	钨灯 卤钨灯	玻璃棱镜或光栅	光电管	721型 722型
紫外、可见光分光光度计	200~1 000	氢灯和钨灯	石英棱镜或光栅	光电管或光电倍增管	751型 WFD-8型
红外分光光度计	760~40 000	硅碳棒或辉光灯	岩盐或萤石棱镜	热电堆或测辐射热器	WFD-3型 WFD-7型

(二)分光光度计的基本构成

尽管分光光度计的种类、型号很多，但都是由下列基本部件构成的：

光源 → 单色器 → 吸收池 → 检测系统

(1)光源。在吸光度的测量中，提供所需波长范围内的连续光谱，并具有足够的光强度及稳定性。一般用电子光源。为满足光源性能要求，其电源应具有稳压装置且能按需要连续调节输出电压。

(2)单色器。将光源发出的连续光谱分解为单色光装置。由棱镜或光栅等色散元件及狭缝和透镜组成。它能分解出测定波长范围内的任意单色光，其单色光的纯度取决于色散元件的色散率和狭缝的宽度。

(3)吸收池(也称比色皿)。用于盛放被测溶液，并让单色光从中穿过的无色透明器皿。由玻璃(适用于可见光)或石英(适用于紫外光)制成。仪器中一般配有厚度为

0.5 cm、1 cm、2 cm、3 cm 的比色皿各一套，同一套比色皿本身的透光度相同。

(4)检测系统。用于测定被测溶液的吸光度的装置，它包括检测器和显示仪表两部分。检测器的作用是将透过吸收池的光转变为光电流，目前用得较多的检测器是光电管和光电倍增管。显示仪表的作用是测定光电流的大小，并转换成透光度(T)和吸光度(A)显示出来，显示方式有指针式和数字式两种。

(三)常用的分光光度计

1.721 型分光光度计

721 型分光光度计是实验室用得最广泛的可见光分光光度计，其结构原理如图 6-5 所示。

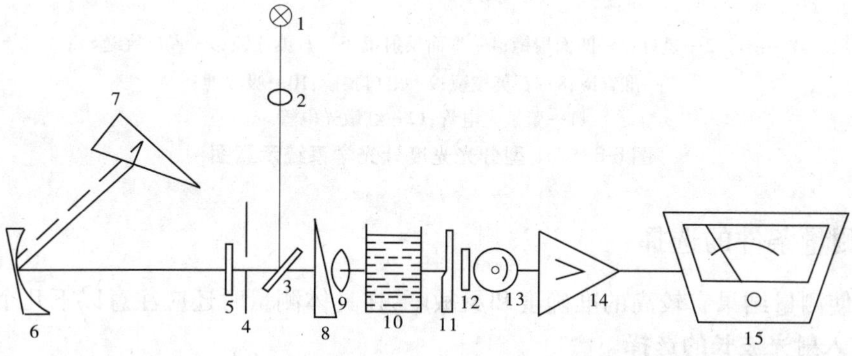

1—光源；2—聚光透镜；3—平面反射镜；4—弯曲狭缝；5—保护玻璃；6—准直镜；
7—棱镜；8—光亮调节器；9—聚光透镜；10—吸收池；11—光门；
12—保护玻璃；13—光电管；14—直流放大器；15—微安表

图 6-5 721 型分光光度计原理图

由光源 1 发出的白光，经聚光透镜 2 至平面反射镜 3，转 90°进入入口狭缝 4，经准直镜 6 变成一束平行光射入背面镀铝棱镜 7，色散后的光从铝面反射回来，再经过准直镜 6 反射至出口狭缝 4(出、入口狭缝是仪器中同一弯曲狭缝的不同位置)。由于棱镜和刻有波长的转盘相连，转动转盘即可转动棱镜角度，使所需单色光通过出口狭缝，并根据转盘上的刻度读出单色光的波长。射出的单色光经光亮调节器 8、聚光透镜 9 进入吸收池 10，被溶液吸收后照射到光电管 13 上，产生的光电流经直流放大器 14 放大输入微安表 15，在微安表的标尺上可直接读出吸光度或透光度。

2.751 型分光光度计

751 型分光光度计是在 721 型基础上生产的一种紫外、可见和近红外分光光度计。其工作原理与 721 型相似，而波长范围较宽(200 ~ 1 000 nm)，精密度也较高。它的光学系统如图 6-6 所示。

为了适应其工作波长，751 型配有两种光源，当波长在 320 ~ 1 000 nm 时用钨灯，在 200 ~ 320 nm 时用氢灯；其光电管也有两种，200 ~ 625 nm 范围内用紫敏光电管，625 ~ 1 000 nm 范围内用红敏光电管。为了防止玻璃对紫外光的吸收，751 型的棱镜、透镜等都由石英制成。

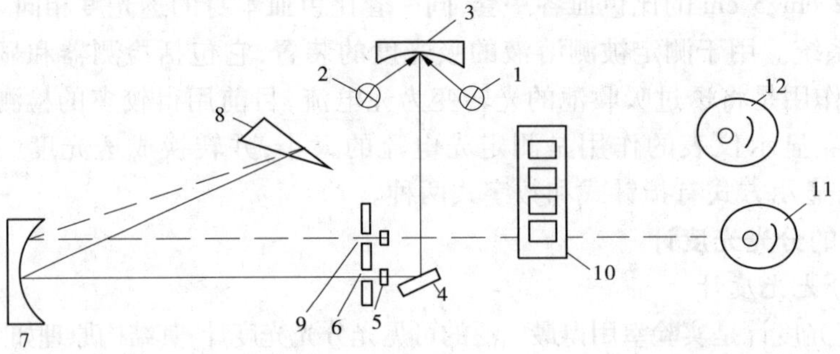

1—钨灯;2—氢灯;3—凹面聚镜;4—平面反射镜;5—石英透镜;6—入口狭缝 S_1;
7—准直镜;8—石英棱镜;9—出口狭镜;10—吸收池;
11—紫敏光电管;12—红敏光电管

图6-6 751型分光光度计光学系统示意图

五、测量条件的选择

为了使测量结果有较高的准确度和灵敏度,在具体测量时还应注意以下几个方面。

(一)入射光波长的选择

入射光的波长应根据被测液光谱吸收曲线选择。一般选最大吸收波长,因为此时的灵敏度最高。如果有干扰物质在此波长也有较大的吸收,则可选择灵敏度稍低,但能避免干扰的入射光波长。例如显色剂和有色钴配合物在420 nm处都有最大吸收峰,见图6-7,如果在此波长下测定钴,则未反应的显色剂就会干扰测定结果,可以选择显色剂不吸收的500 nm波长的入射光来测定,这样灵敏度虽然有所降低,但消除了干扰,提高了灵敏度。

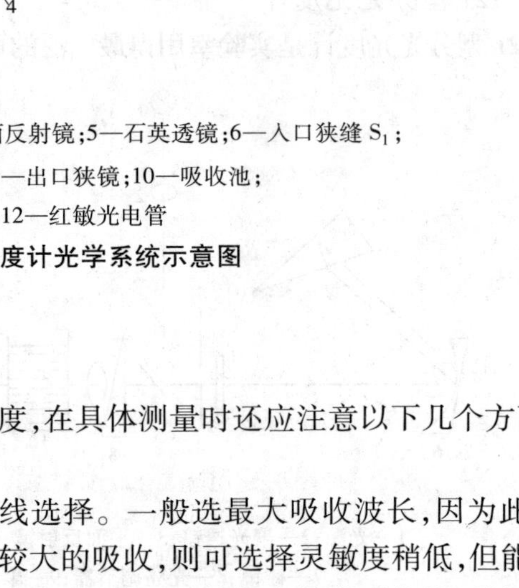

B—显色剂吸收曲线;
A—有色钴配合物吸收曲线

图6-7 显色剂和有色钴配合物吸收曲线

(二)控制吸光度读数范围

根据理论推导及测试经验,将标准溶液和待测溶液的吸光度读数控制在0.2~0.8范围内,能够使测量的相对误差最小。对此,可根据朗伯-比尔定律改变试液浓度或选用不同厚度的比色皿,使吸光度读数处在该范围内。

(三)参比溶液的选择

在分光光度法测定中,利用参比溶液调节仪器零点,即将其透光率调到100%处(吸光度为0)作为相对标准,以消除比色皿、溶剂等对入射光的反射和吸收所带来的误差。若参比溶液选择不当,则对测量读数的准确度有相当大的影响。

选择参比溶液的原则是:

(1)使测得的被测溶液的吸光度能准确地反映被测组分的浓度。

（2）参比溶液的性质要稳定，在整个测试过程中，其本身的吸光度要不变。

六、分光光度法的应用

以氨氮的测定为例简述分光光度法的应用。

氨氮是水中以 NH_3 或 NH_4^+ 形态存在的氮，它没有颜色，但可用纳氏试剂分光光度法测定。该方法的最低检出浓度为 0.02 mg/L，测定上限为 2 mg/L。

（1）原理：用纳氏试剂（碱性碘化汞钾）作显色剂，进行显色反应。氨氮与碘化汞钾在碱性条件下作用，生成红棕色配合物，其反应如下：

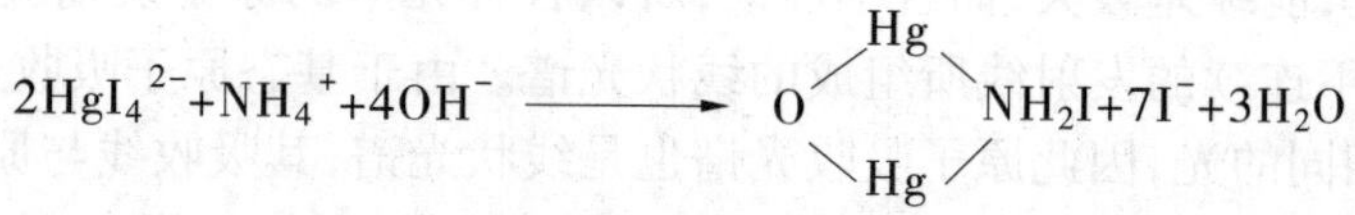

（2）标准曲线的绘制：用吸液管分别吸取浓度为 10 μg/mL 的氨标准溶液 0 mL、0.50 mL、1.00 mL、3.00 mL、5.00 mL、7.00 mL、10.00 mL 置于 7 支 50 mL 比色管中，加适量的水，加入 1 mL 酒石酸钾（掩蔽干扰离子），摇匀；加入 1.5 mL 纳氏试剂，用水定容至刻度，混匀。得到 7 个浓度大小不等的标准溶液色阶。放置 10 min 后，在波长 425 nm 处，用2 cm比色皿，以水为参比，测量吸光度。以标准溶液的浓度为横坐标，吸光度为纵坐标，绘制标准曲线。

（3）水样的测定：取适量经预处理后的水样，加入到 50 mL 比色管中，按上述的标准溶液显色测试方法测定其吸光度，并从工作曲线上查出氨氮的含量，从而计算出实际水样中的氨氮浓度。

氨氮含量高于上限时，可将水样稀释后测定，或改用容量法；氨氮含量过低时，可先将水样蒸馏富集，其方法是：将水样在弱碱性条件下蒸馏，使氨呈气态逸出，冷凝后用酸性溶液收集蒸馏液，然后比色测定，该法也称蒸馏比色法。

无色、透明含氨氮较高的水样可以直接比色测定；而有色、浑浊、含干扰物较多的水样需用蒸馏比色法测定；水样中的 Ca^{2+}、Mg^{2+}、Fe^{2+} 等干扰离子也可加入酒石酸钾钠试剂将其掩蔽，然后比色测定。

任务二　原子吸收分光光度法

原子吸收分光光度法又称原子吸收光谱法，它是基于物质所产生的原子蒸气对特定谱线（通常是元素的特征谱线）的吸收作用进行定量分析的一种方法。该方法自 20 世纪 50 年代提出以来，经过近几十年的迅速发展，仪器及分析技术日益完善，它能测定几乎全部的金属元素和一些半金属元素（用间接方法还可测定某些非金属）。由于该方法灵敏度高，可达到 ppm、ppb 数量级，干扰也较少，特别适用于微量、痕量分析，再加上现代仪器的精密度、自动化程度都很高，操作简便，分析速度快，所以原子吸收分光光度法已被广泛地应用于工矿企业、科研、环保等部门。

一、基本原理

当被分析的物质原子化后,就破坏了化学键,变为自由运动的原子,因为不存在分子,所以也就没有分子振动和转动的运动形式了,只剩下电子运动形式,对应地,也就只有一种电子能级。在正常情况下,原子处于最稳定、能量最低状态,这个状态叫基态。当原子接受外界能量时,最外层电子吸收一定的能量从基态跃迁到较高的能级,原子处于激发态,这种激发态的原子不稳定,在极短时间内,跃迁到较高能级的电子又跃迁回原能级,同时将其吸收的能量以光的形式辐射出来。光的波长取决于原子的能级差,能级由该元素的原子结构所决定,能级差较大,而且不连续,所以各种元素的原子发射光谱是由一系列具有本身特征的、不连续的发射线所组成的线状光谱。由于基态原子吸收光时,也只能吸收与发射线波长相同的光,因此原子吸收光谱也是线状光谱,其吸收线与原子发射光谱中的发射线相对应。其实吸收线与发射线均是基态原子与激发态原子相互转变的两个相反过程。第一激发态(能量最低的激发态)和基态相互转变所对应的谱线,通常称为共振线。由于各种元素的共振线都具有不同的波长而各有特征,所以共振线也叫元素的特征谱线。它是元素所有谱线中最灵敏的谱线。原子吸收分光光度法就是将试样转化为原子蒸气,让光源发出的待测元素特征谱线穿过样品蒸气,特征谱线被待测元素基态原子吸收而减弱,通过测定其减弱程度求出样品中待测元素的含量。在测定时,特征谱线减弱的程度与基态原子蒸气的厚度、基态原子的浓度有关,在一定条件下符合朗伯－比尔定律:

$$A = \lg \frac{I_0}{I} = K'C'b$$

式中 A——吸光度;

I_0——入射光(光源发出的特征谱线)的强度;

I——透射光(被待测元素吸收后的特征谱线)的强度;

K'——原子蒸气的吸收系数;

C'——蒸气中基态原子的浓度;

b——原子蒸气的厚度。

在原子吸收分光光度法中,通常采用火焰使试样蒸发为原子蒸气。原子蒸气的厚度就是火焰的厚度,一般是固定的。而火焰的温度一般在3 000 ℃以下,火焰中激发态的原子和离子很少,可以认为蒸气中的基态原子数实际上接近于被测元素总的原子数,与试样中被测元素的浓度成正比,所以吸光度 A 与试样中被测元素浓度 C 的关系可表示为:

$$A = KC$$

式中,K 为比例常数。这是原子吸收分光光度法进行定量分析的基本公式,通过测量吸光度可求得被测元素的浓度。

由于原子吸收光谱是不连续的线状光谱,吸收线频带极窄(一般为0.1~1 nm),所以,对所要吸收的单色光的纯度要求非常高,一般的光源难以满足要求,需要用由待测元素制成的锐线光源。该光源发射出的发射线中心频率与吸收线相同,但频带更窄,能满足朗伯－比尔定律的要求。因此,每分析一种元素,就需要一种由该元素制成的灯。这在进行多种元素分析时,虽然因换灯显得操作繁杂,但是各种元素的特征谱线很少重合,因而往往可不经分离而在同一溶液中直接测定多种元素,大大简化试样处理。

二、原子吸收分光光度计

原子吸收分光光度计主要由光源、原子化器、单色器和检测系统四部分组成。见图6-8。

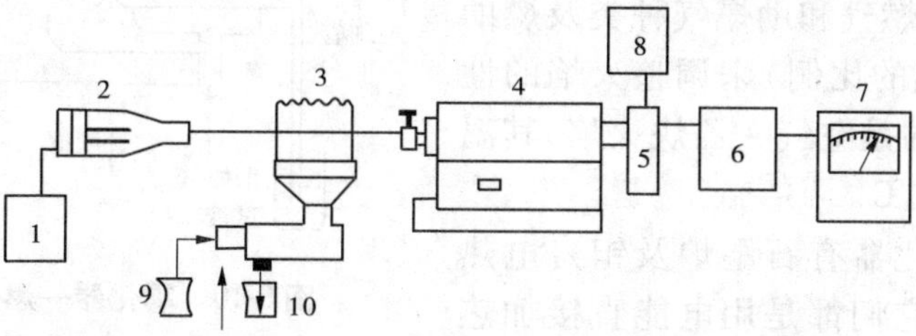

1—稳压电源;2—光源;3—原子化器;4—单色器;5—检测器;
6—放大器;7—读数器;8—高压电源;9—试液杯;10—废液杯

图6-8 原子吸收分光光度计示意图

(一)光源

光源的作用是发射待测元素的共振线(实际上除共振线外还有其他非共振谱线)。目前多用空心阴极灯作光源,结构如图6-9所示。阴极是由待测元素材料制成的空心圆筒形,阳极是一根镶有钛丝或钽片的钨棒。二极密封在带有石英窗口的玻璃管内,管内充有低压惰性气体。当两极加上300~500 V电压时,电子在离开阴极飞上阳极的过程中,与管内的惰性气体相撞,使惰性气体原子电离成正离子,在电场作用下,惰性气体正离子撞击阴极表面,可以将阴极表面金属原子溅射出来。溅射出的金属原子再与电子、惰性气体的原子、离子发生碰撞而被激发,发出待测元素的共振线。如果采用不同待测元素作阴极材料,就可制成不同元素的空心阴极灯。

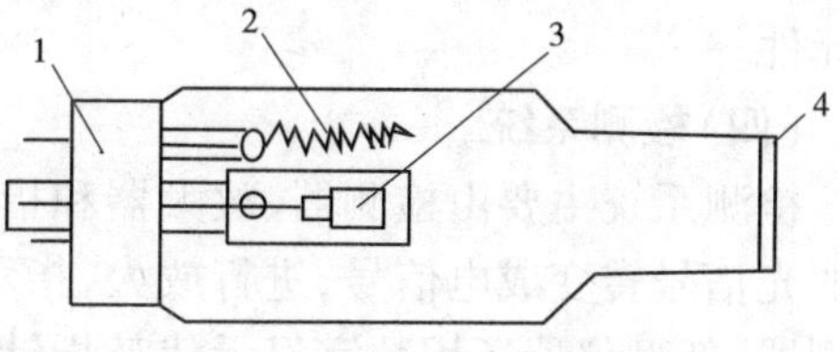

1—插头;2—阳极;3—空心阴极;4—石英窗

图6-9 空心阴极灯

目前多采用稳压、稳流窄脉冲的方式对空心阴极灯供电,以消除火焰等发射谱线对测定的干扰。空心阴极灯的发光强度可通过改变灯电流来调节。

(二)原子化器

原子化器的作用是提供一定的能量,将试样转化为所需的基态原子。待测元素由液态试样转入气相,并解离为基态原子的过程,称为原子化过程。测定的灵敏度、准确度和干扰情况,在很大程度上取决于该过程。一般要求原子化器应有尽可能高的原子化效率,性能稳定,重现性好,装置简单并且不受试样组分的影响。常用的原子化器有火焰原子化器和非火焰原子化器两种。

火焰原子化器由雾化器、预混合室和燃烧器三部分组成,如图6-10所示。当助燃气以高速通过雾化器时,将试液沿毛细管吸入,分散成气溶胶,一起喷到撞击球上,进一步分散成细雾。这些细雾与燃气在预混合室内充分混合(以减少进入火焰时引起火焰骚动),然后进入燃烧器中燃烧,细雾在火焰中蒸发、离解而产生原子蒸气。火焰的温度、氧化还原特性直接影响着基态原子产生数量,可以通过改变燃气和助燃气种类及燃助比(燃气和助燃气的比例)来调整火焰的性质。目前最常用的是空气-乙炔火焰,其温度最高可达2 300 ℃。

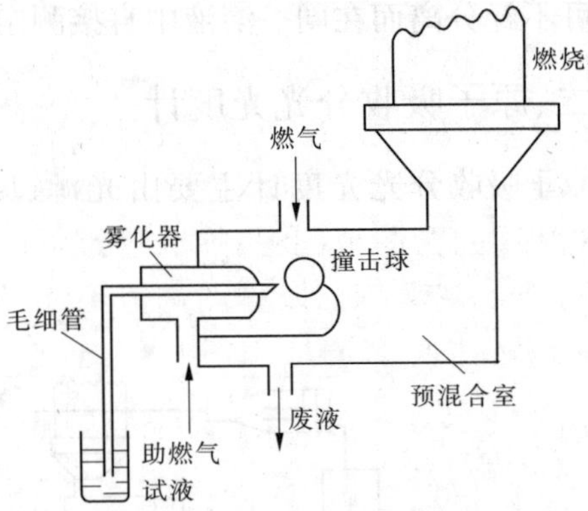

图6-10　雾化器—燃烧器示意图

非火焰原子化器有石墨炉及钽舟电热原子化器两类。它们都是用电能直接加热达到高温,使试样蒸发并进行原子化。此类原子化器试样用量少(只有几微升或几毫克)、灵敏度高(可达10^{-14} g),但结构复杂,稳定性较差。

(三)单色器

单色器的作用是将所需的共振线与邻近的其他谱线分开。其结构与上节所讲的分光光度计的单色器基本相同,也是由色散元件(棱镜或光栅)、凹面镜和狭缝组成。由于棱镜的色散率较低,而且色散率随波长而变化,现代原子吸收分光光度计多用衍射光栅作色散元件。

(四)检测系统

检测系统主要由检测器、放大器和指示仪表组成。其作用是将单色器分出的共振线微弱光信号转变成电信号,进行放大,指示信号值。原子吸收中广泛地使用光电倍增管作检测器,新型仪器还用数字显示代替指针仪表,甚至用微型电子计算机控制仪器,自动进行调零、校准、进样、数据处理、打印等,直接出分析结果。

三、分析方法

(一)标准曲线法

原子吸收分光光度法所采用的标准曲线法和分光光度法相似,先配制一系列标准溶液(浓度由低到高),分别测定吸光度A,以A为纵坐标,浓度C为横坐标,绘制$A \sim C$标准曲线(或求出其直线方程)。然后在同样条件下测定试样溶液的吸光度A_x,从标准曲线上查出对应的浓度C_x(或将A_x代入方程式求出C_x),进一步计算出试样中待测元素的含量。

为了提高测定的准确度,应使溶液的吸光度在0.05~0.7之间,同时要使标准溶液的组成尽可能地接近待测溶液。

(二)标准加入法

对于组成复杂,不能确定基本成分的试样,若想配制与之基体相似的标准溶液是非常困难的。此时可采用标准加入法进行测定。取若干份(至少4份)体积相同的待测溶液,从第二份开始分别加入不同量的待测元素标准溶液,然后稀释到一定体积。设试样中待测元素浓度为C_x,加入标准溶液后浓度分别为C_x、C_x+C_0、C_x+2C_0、C_x+4C_0、…,分别测出其吸光度为A_x、A_1、A_2、A_3、…,绘制$A \sim C$曲线,得到如图6-11所示的直线,外延直线与

横坐标相交于 C_x。此点与原点之间的距离即为试样中待测元素的浓度。

使用标准加入法的要点是标准溶液的加入量一定要适中，加入量过高易落入标准曲线的弯曲范围内，加入量过低则外推的误差大。此外，作图的点数不能太少（至少4个）。

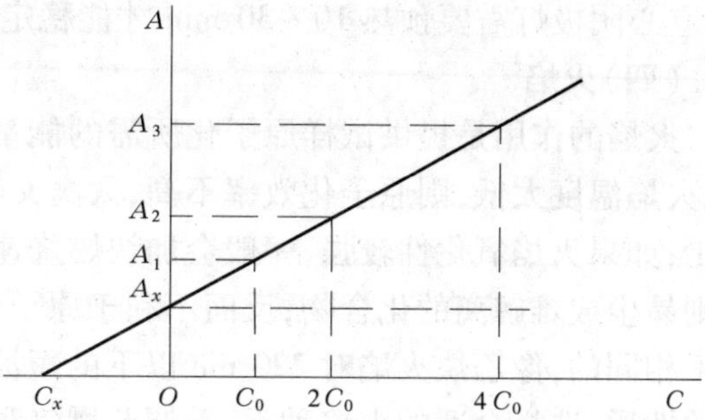

图6-11 标准加入法 $A \sim C$ 曲线

四、测量条件的选择

（一）分析线

为提高灵敏度，通常选用共振吸收线为分析线，但在某些情况下，也有例外。如：测钾，为了不增加仪器在红外光谱区的附件，不使用765.5 nm的共振线，而使用404.4 nm谱线；测汞，空气和火焰气体对汞的共振线184.9 nm都产生强烈的吸收，因而只能用253.7 nm谱线；共振线与自身其他谱线或干扰元素的谱线相距很近，互相干扰时，选用没有干扰的谱线；分析高浓度试样时，为了保持工作曲线的线性范围，选择次灵敏线是有利的，等等。一般情况下，在原子吸收分光光度计的使用说明书中都给出每种元素的多条常用分析线，可根据具体情况选择。

（二）光谱带宽

单色器的作用就是要将待测元素的分析线与邻近干扰谱线分开以供检测。在分离时，既要保证能分离开，又要有一定的出射光强度，因此分离出的出射光有一定的波长范围，称为光谱带宽。光谱带宽由色散元件的色散率与入射及出射狭缝宽度（二者通常是相等的）决定。仪器选用了某一色散元件后其色散率是一定的。因此，通常通过调节狭缝宽度选择合适的光谱带宽。

原子吸收光谱法中，如果谱线重叠干扰的概率小，可以使用较宽的狭缝，以利于增加灵敏度和提高信噪比；但如果狭缝过宽，则邻近的干扰谱线可能分离不开，以及辐射背景增强，从而使工作曲线弯曲，尤其是多谱线元素，宜选择较窄的狭缝。一般分析方法中都推荐有参考带宽，可计算出对应的狭缝宽度。实际工作中，也常采用调节狭缝宽度并观察相应吸光度值变化情况的方法来确定狭缝宽度，吸光度较大而平稳时的最大狭缝宽度即为最佳狭缝宽度。

（三）工作电流

空心阴极灯的发光特性取决于灯的工作电流。较小的灯电流可使发射的谱线宽度较窄，有利于提高测定的灵敏度。但灯电流过低，使放电不稳定、光谱输出的稳定性差、强度下降；灯电流过大，谱线变宽甚至产生自吸收，从而导致测定的灵敏度下降、工作曲线弯曲，还会缩短灯的寿命。

选用灯电流的一般原则是，在保证有足够强度而稳定的光强输出条件下，尽量使用较低的工作电流。通常以空心阴极灯上标明的最大工作电流的40% ~60%作为工作电流。具体使用时，要与仪器上的能量旋钮（有的仪器叫增益，作用是调光电倍增管上的电压，改变光电流的放大倍数）配合使用，使最终的出射光能量达到满量程的80% ~90%。另外,空心阴极灯需要预热10～30 min才能稳定地发光。

(四)火焰

火焰的作用是提供试样原子化所需的能量。火焰的特性对测定结果有重要的影响,如:火焰温度太低,则原子化效率不高,太高又会发生激发及电离,从而使有用的基态原子减少;如果火焰氧化性较强,一般会加快燃烧速度,提高火焰的温度,但对于铝、钛、铍等元素则易生成难解离的化合物,反而不利于原子化;不同火焰对不同波长辐射的透射性能是各不相同的,像乙炔火焰对220 nm以下的短波区有明显的吸收。因此,需要根据待测元素的性质,选择合适的火焰种类,并调节燃气和助燃气的比例(简称燃助比)。

(五)燃烧器高度

在火焰的不同部位,基态原子的密度是不同的,因而测定的灵敏度也不同。为了提高测定的灵敏度,应当使光源发出的光通过火焰中比较稳定、基态原子密度最大、干扰较少的区域,这个区域一般在燃烧器狭缝口上方10 mm附近,但也随待测元素的种类和火焰的性质而有所变化。可通过试验来选择合适的燃烧器高度。

五、干扰因素及消除方法

原子吸收分光光度法的干扰因素主要有光谱干扰、化学干扰、物理干扰。

光谱干扰主要是指非原子性吸收对被测元素产生的干扰作用。主要有两类:

(1)背景干扰:被测元素的基态原子以外的其他物质,对共振线产生吸收而造成的干扰。如:火焰中的各种分子对光的吸收是宽带吸收,其中包括共振线;火焰中的固体颗粒对入射光阻挡和散射,使光不能进入检测器而造成的假吸收,使测定结果偏高。消除背景吸收的最简单方法是配制一个组成与试样完全相同,只是不含待测元素的空白溶液,以此溶液调零即可,新型原子吸收分光光度计仪器上配有氘灯背景校正器,也可以消除背景干扰。

(2)发射光谱的干扰:共振线与其他干扰谱线没有分开,一起进入检测器,导致待测元素的吸光度减小。消除这种干扰的方法是选用较小的光谱带宽,或者选用没有邻近线的次灵敏线作为分析线进行测定。

化学干扰是主要干扰,它是待测元素与共存组分及燃气、助燃气成分在受热激发时发生化学结合,生成难挥发的化合物,或者待测元素受热激发时,原子失去一个或多个电子形成离子,使待测元素的基态原子减少。通常用加入释放剂❶、保护剂❷、缓冲剂❸、消电离剂❹,以及改变火焰种类、温度等方法来消除化学干扰。对于成分复杂的样品,采取预分离将干扰元素除去当然也是非常有效的方法,常用分离方法有沉淀分离、离子交换、萃取❺等。

---

❶　释放剂:是能与干扰元素形成更稳定或更难挥发的化合物,而把被测元素释放出来的化学试剂。

❷　保护剂:能使待测元素不与干扰元素生成难挥发的化合物。

❸　缓冲剂:干扰元素。在试样和标准溶液中人为加入较大量的干扰元素,使干扰作用稳定不变。

❹　消电离剂:更容易电离的物质,受热时首先电离,释放大量电子,从而能抑制待测元素的电离。

❺　萃取:即萃取分离,将与水不相溶的有机溶剂,同试液一起装入分液漏斗中加塞振荡,以使某些组分溶入有机相中,其他组分仍留在水相中,经分层、分离,得萃取液。在分析实验中,萃取分离法常用于低含量组分的富集和分离,或用于除去干扰组分。

物理干扰是由于溶液中物质的浓度或溶剂不同,导致其物理性质(如试液黏度、表面张力、蒸气压等)存在差异,从而影响试样喷入火焰的速度、雾化效率及原子化效率所引起的干扰。通常用配制与样品溶液组成相似的标准溶液的方法或采用标准加入法来消除这类干扰。如果样品溶液中含盐类或酸类浓度过高,也可用稀释的方法将样品溶液稀释至其干扰可以忽略为止(以待测元素仍能测出为前提)。

六、原子吸收分光光度法的应用

水质标准中的金属项目基本上都可用原子吸收分光光度法测定,实际工作中国标方法所推荐的也基本上都是原子吸收分光光度法。用原子吸收分光光度法进行测定,关键在于试样处理,一般是采用消解的方法来处理水样,由于相互干扰很少,可以在一份试样中同时测定多个项目。下面以测定水样中的镉、铜、铅为例来说明具体操作。

取 100 mL 水样放入 200 mL 烧杯中,加硝酸 5 mL,在电热板上加热消解,蒸至 10 mL 左右,加入 5 mL 硝酸和 2 mL 高氯酸,继续消解,直至 1 mL 左右。如果消解不完全,再次用二酸混合消解至 1 mL 左右。冷却后,加水溶解残渣,通过预先用酸洗过的中速滤纸滤到 100 mL 容量瓶中,用水稀释至标线,得到 100 mL 处理过的水样。此时原来以各种形式存在的金属都转变成了离子形式。

根据所测元素选取相应的元素灯,并按表 6-3 所列参数选择分析线和调节火焰。

吸入处理后的水样即测出其吸光度。在同样条件下,测定标准系列的吸光度,得到镉、铜、铅的标准曲线。求出水样中三种金属的含量。

如果水样中镉、铜、铅的含量太低,可用碘化钾 – 甲基异丁基甲酮对处理后的水样进行萃取,然后测定其有机相。

原子吸收分光光度法测镉、铜、铅的适用浓度范围见表 6-4。

表 6-3 分析线波长和火焰类型

元素	直接分析法(mg/L)	萃取分析法(μg/L)
镉	0.05 ~ 1	1 ~ 50
铜	0.05 ~ 5	1 ~ 50
铅	0.2 ~ 10	10 ~ 200

表 6-4 原子吸收分光光度法测镉、铜、铅的适用浓度范围

元素	分析线波长(nm)	火焰类型
镉	228.8	
铜	324.7	乙炔 – 空气氧化型
铅	283.3	

任务三 电位分析法

一、电化学基础

(一)活度与浓度

强电解质在溶液中完全电离为离子。由于相同电荷的离子互相排斥,不同电荷的离子互相吸引,离子之间彼此互相牵制,并不能完全自由地运动,从而影响离子的化学反应能力。这就导致了溶液的表观离子浓度小于实际浓度。为此,在电化学中引入"活度"的概念。

离子的活度就是离子在反应中的有效浓度,用 a 表示,它等于实际浓度乘上一个系数,即

$$a = f \cdot C$$

f 叫活度系数,表示电解质溶液中所有离子之间相互作用的强弱,它的大小取决于溶液的离子强度。溶液中离子浓度越大,离子所带电荷越多,则离子强度越大,离子间的作用力越强,活度系数越小,活度与浓度的差别越大。

在有关化学计算中,严格地讲都应该用活度,但如果溶液很稀或只作近似计算,为了简便起见,可以用浓度来代替活度进行计算。

(二)电极电位

金属晶体内有金属原子、金属离子和自由电子,当把金属浸入它的盐溶液中,金属表面的金属离子受到极性水分子的吸引,有进入溶液中而将电子留在金属上的倾向。金属越活泼,溶液中该离子的浓度越低,这种倾向越大。同时,溶液中的金属离子也有回到金属表面,接受电子成为金属原子的倾向,金属越不活泼,溶液的浓度越大,这种倾向越大。这两种相反的过程最后达到平衡,即

$$\text{M(金属)} \underset{\text{沉淀}}{\overset{\text{溶解}}{\rightleftharpoons}} \text{M}^{n+}\text{(溶液中)} + ne\text{(金属上)}$$

如果前一种倾向大于后一种倾向,金属带负电,溶液带正电,如图6-12(a)所示;如果前一种倾向小于后一种倾向,则金属带正电,溶液带负电,如图6-12(b)所示。不论是哪种情况,金属与其盐溶液接触的界面处都会形成双电层,因而在金属与溶液之间产生了电位差,这个电位差就叫金属的电极电位,用符号 E 表示,单位是伏特(V)。

目前还无法测量电极电位的绝对值,通常只测其相对值,即采用某一电极作为标准电极,人为地规定一个数值,把其他电极与此电极作比较,从而定出它们的电极电位值。目前采用的标准电极是氢电极,称为标准氢电极❶,并规定其电极电位为零。实际上,测某电极的电极电位相对值,就是将该电极与标准氢电极组成原电池,测量这个原电池的电动势。图6-13就是测量锌电极电位的装置。其电池符号为:

$$(-)\text{Zn}|\text{ZnSO}_4|\text{H}_2\text{SO}_4(1\ \text{mol/L})|\text{H}_2(101\ 325\ \text{Pa}),\text{Pt}(+)$$

(三)能斯特方程

电极电位的高低不但取决于电极本身,而且还受溶液的活度、温度影响。在25 ℃时,其间的定量关系可由能斯特方程式表达:

$$E = E^0 + \frac{0.059}{n}\lg\frac{a_O}{a_R}$$

式中　E——电对的电极电位;

E^0——电对的标准电极电位❷;

---

❶ 镀有铂黑的铂片,放在氢离子浓度(严格地讲应是活度)为1 mol/L的硫酸溶液中,在25 ℃时,不断通入压强为1 atm的纯氢气,氢气为铂黑所吸附。被氢气所饱和的铂片就像氢气构成的电极一样。其电极反应为:

$$H_2 = 2H^+ + 2e$$

❷ 温度为25 ℃,离子浓度为1 mol/L(气体压强为101 325 Pa)时所测的电极电位。

n——反应中转移的电子数；

a_O、a_R——反应中氧化态和还原态物质[1]的活度，如物质为气体，则用气体物质的分压表示，如物质为固体，则其活度为常数，定为1。

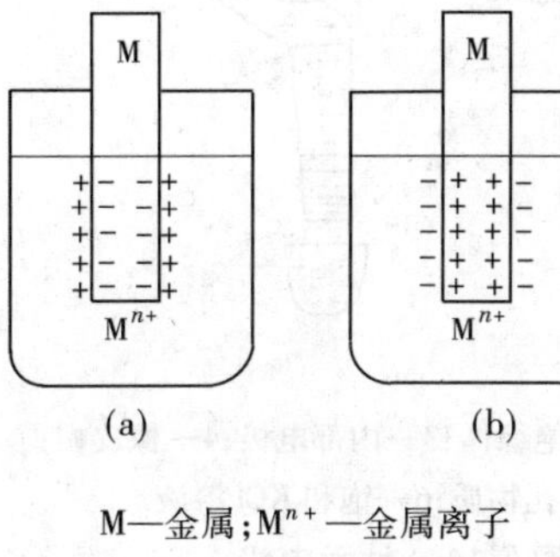

图6-12　双电层示意图

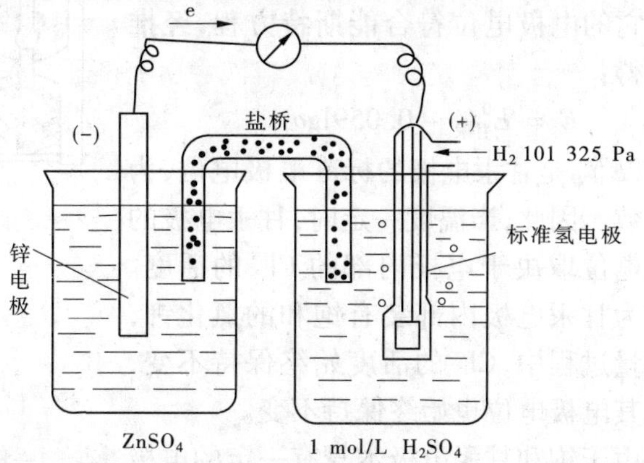

图6-13　测定锌标准电极电位的装置

对于金属离子来说，还原态是固体金属，上式可变为：

$$E = E^0 + \frac{0.059}{n}\lg a_{M^{n+}}$$

因此，在一定条件下，电极电位与溶液中金属离子的活度有定量关系，这就是电位分析的理论依据。

电位分析法分为直接电位分析和电位滴定两种。直接利用能斯特方程，通过测量电极电位求被测离子活度（或浓度）的方法叫直接电位分析。若用滴定法测被测离子，则在滴定分析中，电极电位会随着离子浓度的改变而变化，在理论终点附近，电极电位也会出现突变。通过观察电位的突变来确定终点的滴定方法叫电位滴定法。

由上述可知，绝对电位无法测定，所以在电位分析中，必须将两支电极插入溶液组成原电池。其中电极电位随待测离子活度变化而变化的电极，称为指示电极，如上述的金属电极。而电极电位保持恒定，不受待测液影响的电极，称为参比电极，如上述的标准氢电极。

（四）常用参比电极

虽然标准氢电极是测定电极电位的基准电极，但由于它不易控制，操作麻烦，在实际工作时，一般不直接使用；而是用另外一些使用方便的参比电极，如甘汞电极、银－氯化银电极等。

甘汞电极的结构如图6-14所示。电极由两个玻璃套管组成，内套管盛有汞以及汞和甘汞的糊状混合物，下端用浸有饱和氯化钾溶液的脱脂棉塞紧，上端封接一根插入纯汞中的铂丝，用作连接导线。外套管中装有饱和氯化钾溶液，下端封塞一段多孔熔结陶瓷芯。

---

[1] 在每一种电极反应中，参加反应的物质都是由同一元素的不同价态所组成，通常把低价态称为还原态，高价态称为氧化态。

内管浸泡在外管中。甘汞电极的电极反应为：

$$2Hg + 2Cl^- \longrightarrow Hg_2Cl_2 + 2e$$

它的电极电位符合能斯特方程，经推导可得：

$$E = E^0_{甘汞} - 0.059\lg a_{Cl^-}$$

其中，$E^0_{甘汞}$是甘汞电极的标准电极电位，为一常数。因此，当温度一定时，甘汞电极的电极电位取决于电极内部的 Cl^- 的活度。又因为甘汞电极内部装有饱和的氯化钾，在测量过程中，Cl^- 的活度始终保持不变，所以其电极电位也始终保持不变。

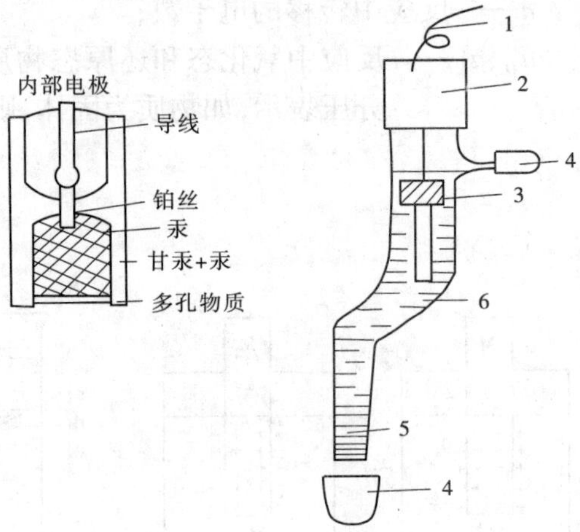

1—导线；2—绝缘体；3—内部电极；4—橡皮帽；5—多孔物质；6—饱和 KCl 溶液

图 6-14　甘汞电极

由于饱和甘汞电极本身有一定的电极电位，当用它作参比电极与指示电极组成原电池时，测定的只是该原电池的电动势 ε（两电极的电极电位差），而不是指示电极的电极电位 $E_{指示电极}$。但是，由于在测量过程中，甘汞电极的电极电位始终保持不变，测得的电动势 ε 与指示电极的电极电位 $E_{指示电极}$ 只是相差一个恒定的常数。因此，电动势 ε 也完全可以用于电位分析。

（五）常用指示电极

只要电极的电极电位能随待测离子活度变化而有规律地变化，都能用来指示待测溶液中被测离子的多少，均可作为指示电极。常用的指示电极，除上述的金属电极外，还有金属－金属难溶盐电极、惰性金属电极、膜电极等。

膜电极是近几十年迅速发展起来的新型电极。它是以固态或液态膜为传感器来指示溶液中的某种离子的活度，其膜电位与离子活度的关系符合能斯特方程。但是，膜电位产生的机制与金属电极不同，它是膜有选择性地让某些离子渗透、交换的结果，电极上没有电子转移。由于膜对离子有选择性，所以膜电极也叫离子选择性电极。膜电极的测量范围一般为 $10^{-1} \sim 10^{-5}$ mol/L，个别的可达 10^{-8} mol/L，可用于一切与溶液化学有关的领域，具有快速、灵敏、测量设备简单等特点，适用于现场测量和连续自动分析。现介绍两类水质监测中最常用的膜电极。

1. 玻璃膜电极

玻璃膜对离子的响应与玻璃的成分有关。通过改变玻璃成分中 $Na_2O - Al_2O_3 - SiO_2$ 的含量，可以分别制得对 H^+、Na^+、K^+、Ag^+、Li^+ 有选择性响应的玻璃膜电极，其中以对 H^+ 选择性响应的 pH 玻璃电极技术最成熟、应用最广泛。

pH 玻璃电极的结构如图 6-15 所示。它的主要部分是电极顶端的玻璃泡，泡的下半部分是只对 H^+ 敏感的特殊玻璃膜，膜厚一般为30～100 μm，膜内装有一定 pH 值的缓冲溶液（称为内参比溶液），其中插入一支银－氯化银电极，作为内参比电极。

当玻璃电极插入被测溶液中时，玻璃膜处于内参比溶液和试液之间。该膜由于内外

的 H^+ 活度不同，在其两侧产生电位差（膜电位），其大小为：

$$E_{膜} = E_{外} - E_{内} = K_1 + 0.059\lg a_{H^+(试)} - (K_2 + 0.059\lg a_{H^+(内)})$$

由于内参比溶液是缓冲溶液，$a_{H^+(内)}$ 为一常数，所以：

$$E_{膜} = K_3 + 0.059\lg a_{H^+(试)} = K_3 - 0.059pH_{(试)}$$

因玻璃电极内部具有内参比电极，所以整个玻璃电极的电极电位应是内参比电极电位和膜电位之和：

$$E_{玻璃} = E_{AgCl/Ag} + E_{膜} = K - 0.059pH_{(试)}$$

式中，K 为常数，由玻璃电极本身所决定。因此，在一定温度下，玻璃电极的电极电位 $E_{玻璃}$ 与试液的 pH 值成直线关系。

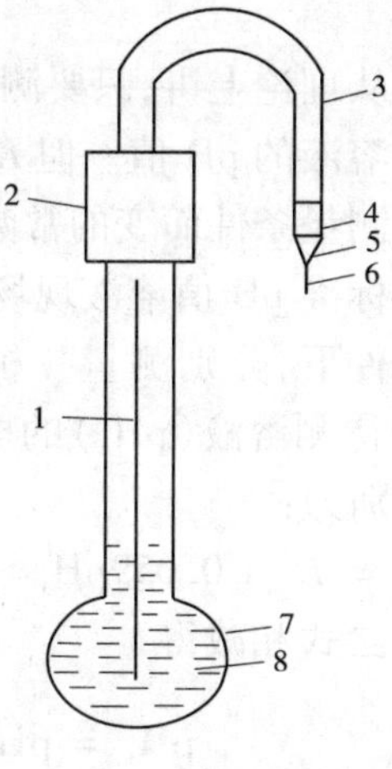

1—Ag - AgCl 内参比电极；
2—电极帽；3—外套管；
4—网状金属屏；5—绝缘；
6—导线；7—玻璃膜；
8—内参比溶液

图 6-15　玻璃电极

玻璃电极有一定的适用范围，在酸度过高（$pH < 1$）的溶液中，测得值偏高，称为"酸差"；在碱度过高（$pH > 10$）的溶液中，测得值偏低，称为"碱差"或"钠差"。不过，新型玻璃电极的适用范围比较宽，一般都能满足水质监测要求，如用锂玻璃制造的 231 型 pH 玻璃电极，可测的 pH 值范围为 1 ~ 14。

2. 晶体膜电极

晶体膜电极是目前发展最快、应用最多的膜电极。它的结构和原理与玻璃电极相似，只是以晶体膜代替了玻璃膜。晶体膜一般是将金属难溶盐加压拉制成晶而制成的单晶、多晶或混晶活性膜，它可以对相应的金属离子、阴离子有选择性响应。

氟离子选择性电极就是单晶膜电极，其结构如图 6-16 所示。它的膜是由掺有二氟化铕（有利于导电）的三氟化镧单晶片构成的。管内装有 0.1 mol/L NaCl 和 0.1 mol/L NaF 混合液作内参比溶液，以银 - 氯化银电极作内参比电极。氟电极有很好的响应性和选择性，阴离子除 OH^- 外，均无明显的干扰。pH 值适用范围为 5 ~ 7。

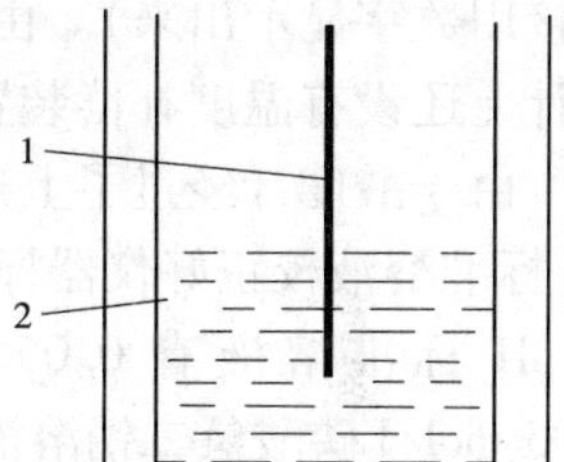

1—Ag - AgCl 内参比电极；
2—内参比溶液 NaF - NaCl 溶液；
3—三氟化镧单晶膜

图 6-16　氟离子选择性电极

二、直接电位法的应用

（一）溶液 pH 值的测定

1. 测定原理

把指示电极（玻璃电极）与参比电极（甘汞电极）插入待测溶液中，组成工作电池，将二电极的引出线接到酸度计上，测定电池的电动势。如图 6-17 所示。

电池可用下列符号表示：

(−) Ag, AgCl(固) | 内参比溶液 | 玻璃膜 | 待测溶液 | KCl(饱和) | Hg_2Cl_2, Hg(+)

|←—— 玻璃电极 ——→|←—— 甘汞电极 ——→|

经推导变换可知，电池电动势 ε 与溶液的 pH 值成直线关系：

$$\varepsilon = K' + 0.059\text{pH} \quad (25\ ℃)$$

从理论上讲，只要测得电池电动势，就可以计算出溶液的 pH 值。但 K' 值是一个随各只电极和各种测量条件而变的常数，属不固定常数，因此需要用标准 pH 值溶液现场标定。具体做法是：在同样条件下，分别测量一标准溶液（pH_s）的电动势 ε_s 和待测溶液（pH_x）的电动势 ε_x。25 ℃时，ε_s 和 ε_x 分别为：

$$\varepsilon_x = K' + 0.059pH_x \qquad \varepsilon_s = K' + 0.059pH_s$$

二式相减得

$$pH_x = pH_s + \frac{\varepsilon_x - \varepsilon_s}{0.059}$$

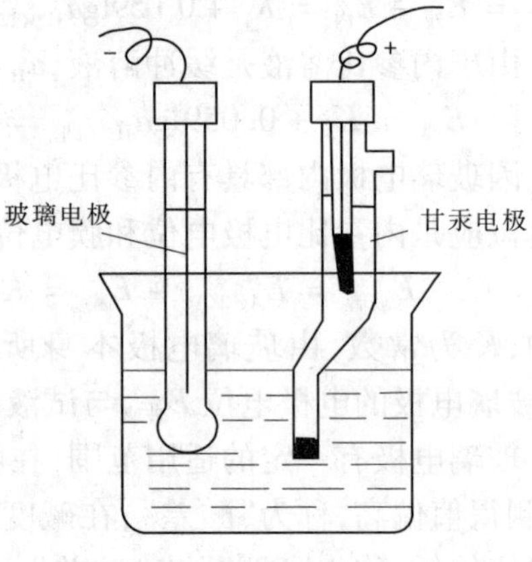

图 6-17　用玻璃电极测定 pH 值的工作电池示意图

因此，只要测得标准溶液和待测溶液的电动势，就可以根据上式计算出待测溶液的 pH 值。

2. 酸度计简介

酸度计又叫 pH 计，它在此处的作用相当于电位计。实际上酸度计就是一台经过改造的输入阻抗很高的电子毫伏计，它不但可以直接测电动势，而且还可根据某一温度下电池电动势和溶液 pH 值的转换关系，将与电动势对应的 pH 值也在仪器表头表示出来（或直接用数字显示出来）。由于温度、电极的不同都会影响电动势与 pH 值的关系，所以酸度计上还设有温度补偿装置和定位调节器，用于抵消温度、电极变化所引起的误差。

由于酸度计经过了上述的改造，用它测量溶液 pH 值的操作变得非常简单。只需用 pH 标准溶液校正好仪器标度，就可直接测出溶液的 pH 值，不再需要任何计算。最常用的 pH 标准溶液有 0.05 mol/L 邻苯二甲酸氢钾溶液、0.05 mol/L 磷酸二氢钾 + 0.05 mol/L磷酸氢二钠溶液、0.01 mol/L 硼砂溶液三种，它们在 25 ℃时的 pH 值分别为 4.008、6.864、9.182，可以根据定位用 pH 标准溶液应与待测溶液 pH 值相近的原则，从中选取一种校正仪器（称作一点定位法），新型的仪器还可以同时选用两种 pH 标准溶液（待测溶液 pH 值在二者之间）校正仪器（称作两点定位法）。与一点定位法相比，两点定位法在定位的同时还校正了电极的响应斜率，因而可进一步提高仪器测量的准确度。

按测量电动势的方式不同，酸度计可分为直读式和补偿式两类。国产的酸度计多是直读式。常用的有 pH25 型、pHS－2 型、pHS－3 型等。

（二）离子选择性电极的应用

用其他离子选择性电极测定溶液中某种离子含量的方法与测定 pH 值相似，都是把离子选择性电极与参比电极插入试液中，组成原电池，测定电池的电动势。

由于离子选择性电极反映的是离子活度，而日常工作中需要测定浓度，为此，要求标准溶液和被测溶液的离子强度必须相同，这样活度系数都相同，就可以用浓度代替活度进行计算。为了达到此目的，常采用固定离子溶液的本底，或加入离子强度缓冲溶液的办法。

1. 标准曲线法

离子选择性电极的定量方法，一般采用标准曲线法。即先配制一系列标准溶液，分别测定其电动势，绘制 $\varepsilon \sim \lg C$ 标准曲线，然后在相同条件下测定被测溶液的电动势，从标准曲线上查出相应的离子浓度值。其操作方法基本上与分光光度法的标准曲线法一样，主要区别是以电动势 ε 为纵坐标，以浓度的对数 $\lg C$ 为横坐标，在此不再赘述。

2. 一次标准加入法

当被测溶液的基体比较复杂，或离子强度变化比较大，组成很难固定的情况下，采用标准加入法比较合适。

设某一未知溶液中待测离子浓度为 C_x，其体积为 V_0，测得电动势为 ε_1，然后加入小体积 V_s（约为试样体积 V_0 的 1/100）的待测离子的标准溶液（浓度为 C_s，此处 C_s 约为 C_x 的 100 倍），则待测离子的浓度增加 ΔC，$\Delta C = \dfrac{C_s V_s}{V_x + V_s}$，再测电动势得 ε_2，根据能斯特方程，25 ℃时，应符合如下关系：

$$\varepsilon_1 = K + \frac{0.059}{n} \lg f_1 C_x$$

$$\varepsilon_2 = K + \frac{0.059}{n} \lg f_2 (C_x + \Delta C)$$

式中，f 是活度系数，$f_1 = f_2$，二式相减得：

$$\Delta\varepsilon = \frac{0.059}{n} \lg \frac{C_x + \Delta C}{C_x}$$

令 $S = \dfrac{0.059}{n}$，推导得：

$$C_x = \frac{\Delta C}{10^{\Delta\varepsilon / S} - 1}$$

由于本法仅需要一种标准溶液，操作简单快速，尤其是小批量试样应用起来很方便。

用离子选择性电极进行测定的主要优点是简便、迅速，仪器设备也较简单。再加上电极对待测离子有选择性，常常可以省去分离干扰离子的手续，即使是有色、浑浊的溶液也可以直接进行测定。因此，在工农业生产、科研、环境监测等方面得到了广泛的应用。在水质分析中，Na^+、K^+、F^-、Cl^-、NO_3^-、NH_4^+ 等项目都可以用离子选择性电极法测定。

三、电位滴定法

电位滴定法与一般容量分析滴定法基本相同，只是指示终点的方法，由原来的指示剂变色换成了电位"突变"，其基本装置如图 6-18 所示。它包括微量滴定管、滴定池、指示电极、参比电极、电磁搅拌器及测量电动势的电位计。在滴定过程中，溶液由电磁搅拌器搅拌，每加入一定量的滴定剂，就测量一次电动势。其中，在等当点附近，滴定剂的每次加入量应尽量少些，以提高作图的精确度。

滴完之后，得到一系列滴定剂用量（V）和相应电动势（ε）的数据，以滴定剂用量（V）为横坐标，电动势（ε）为纵坐标，绘制 $\varepsilon \sim V$ 曲线，如图 6-19（a）所示。曲线上的拐点即为滴定终点，此点对应的 V 值即是滴定终点所需滴定剂的体积。为了准确确定滴定终点，

常根据测定数据对 $\varepsilon \sim V$ 曲线求微分,这样滴定终点更明显,更易确定,见图 6-19(b)和图 6-19(c)。

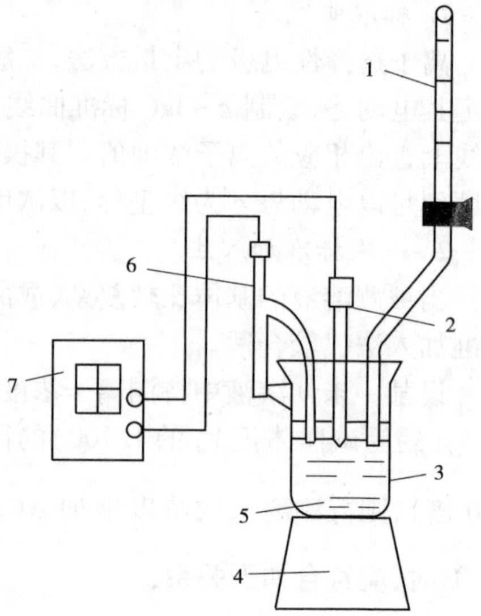

1—微量滴定管;2—指示电极;3—滴定池;
4—电磁搅拌器;5—搅拌棒;
6—参比电极;7—电位计

图 6-18　电位滴定基本装置

电位滴定法判断滴定终点,是通过仪器测量、作图得到的,更准确、更客观。它不但克服了一般容量分析法用肉眼判断终点颜色的主观误差,而且可用于有色或浑浊溶液的测定。另外,某些反应没有合适的指示剂时,也常用电位滴定法。

电位滴定也常采用滴至终点电位而终止滴定的方法。自动电位滴定计就是根据这一原理设计的。终点电位事先通过计算或实验求得。滴定时,先将仪器终止电位调到所需控制的终点电位,仪器实测的电位自动与终止电位比较,由电子开关和控制阀自动控制滴定,随着滴定剂的加入,实测电位不断变化,当滴到终点电位时,自动停止滴定。

表 6-5 列出了适用于各类滴定法的电极。

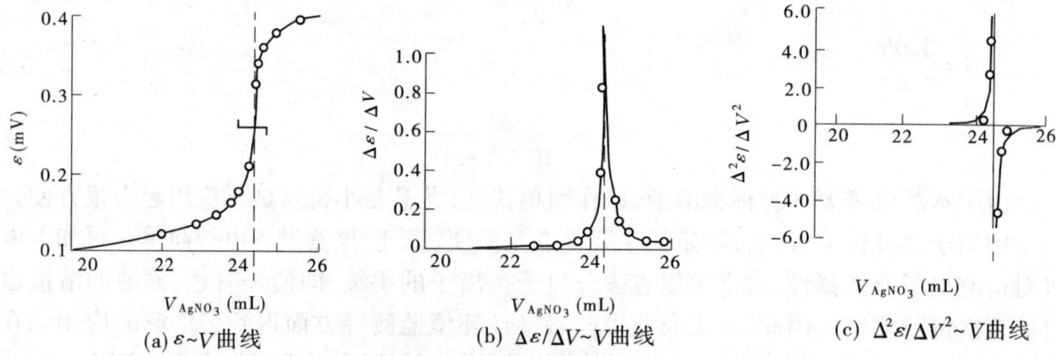

图 6-19　用 $AgNO_3$ 滴定 Cl^- 的电位滴定曲线图

表 6-5　各类滴定法使用的电极

滴定方法	参比电极	指示电极
中和滴定	甘汞电极	玻璃电极、锑电极
沉淀滴定	甘汞电极、玻璃电极	银电极、硫化银薄膜电极
氧化还原滴定	甘汞电极、钨电极、玻璃电极	铂电极
配位滴定	甘汞电极	铂电极、汞电极、氟电极、银电极、钙电极等

任务四　电导分析法

一、基本原理

金属导体是通过其内部的自由电子定向移动来导电的，而电解质溶液是通过溶液中阴、阳离子的移动来导电的。在电解质溶液中，插入两个电极并施加一定的电压，在电场力的作用下，阴离子向阳极迁移，阳离子向阴极迁移，并在电极上发生电化学反应而传递电子，因而溶液具有导电作用。溶液导电能力的大小用电导 G 表示，其值等于电阻的倒数，单位是西门子，简称"西"，用 S 表示。根据欧姆定律，当温度一定时，电阻与两极间距离 l 成正比，与电极面积 s 成反比，即 $R=\rho\frac{l}{s}$，其中 ρ 为电阻率。因此有

$$G=\frac{1}{R}=\frac{1}{\rho}\cdot\frac{s}{l}$$

式中　$\frac{1}{\rho}$——电导率，用 K 表示，S/cm。

由于电极装置一定时，l 和 s 固定，$\frac{l}{s}$是一个常数，称为电极常数，用 Q 表示。所以，上式可写为

$$G=\frac{K}{Q}$$

电极常数 Q 值可通过实测电导率已知的氯化钾溶液的电导，用下式求得：

$$Q=\frac{K_{KCl}}{G_{KCl}}$$

在相同的条件下，用该电导池测得某溶液的电导值，乘以电导池常数，即得该溶液的电导率。

溶液的导电能力受溶液的组成、浓度、温度等因素的影响。当电解质溶液浓度不大时，溶液的电导率与浓度成正比；浓度过高时，电导率反而会下降。这是因为电解质靠阴、阳离子定向移动来导电，离子浓度增大，导电能力自然增大，但离子浓度过大，离子间的静电引力就会过强，影响离子的迁移，从而降低导电能力。因此，只有在溶液较稀时，溶液的浓度才与电导率成正比，用电导率反映离子浓度大小才是准确的。温度升高，会导致离子的迁移速度增大，从而使导电能力增强。试验证明，温度每升高 1 ℃可使电导率增加 2%左右。因此，在电导测定过程中，溶液的温度必须恒定。

二、测量仪器

因为电导是电阻的倒数，只要测得溶液的电阻，便可求出该溶液的电导，所以测量电导的仪器实际上就是测量电阻的仪器。不过，由于电流通过电极时会发生氧化还原反应而改变电极附近溶液的组成，产生"极化"现象，如果直接用万用表之类的仪器测量会引起严重的测量误差。因此，在实际工作中通常采用电导仪或电导率仪等专用仪器。比较

常用的是 DDS－11 型电导仪,其组成原理如图 6-20 所示。

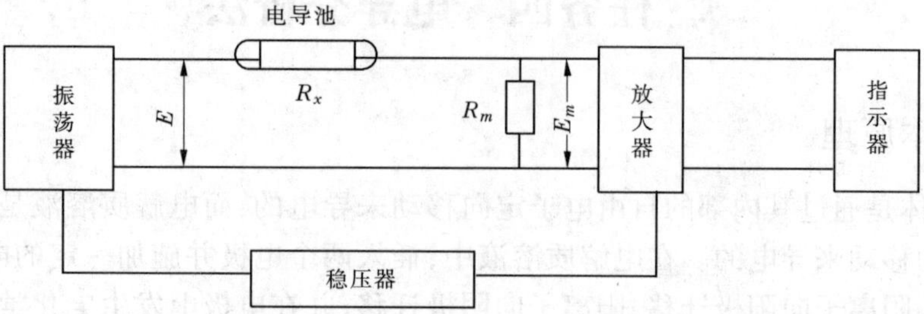

图 6-20　DDS－11 型电导仪测定原理图

由振荡器产生一个交流电压 E,此电压被送到电导池 R_x 与分压电阻 R_m 的串联回路里,由欧姆定律可知:

$$E_m = \frac{R_m}{R_m + R_x}E = \frac{R_m}{R_m + \frac{1}{G}}E$$

当电导池里溶液的电导 G 愈大,则 R_x 愈小,R_m 获得的分压 E_m 就愈大。将 E_m 送到交流放大器中放大,再经过信号整流,转换成直流信号输出推动表头,在表头上就可以直接读出电导值。

在 DDS－11 型电导仪基础上又开发出了 DDS－11A 型电导率仪,此电导率仪上,增加了一个电极常数旋钮,若将此旋钮置于 1,则表头显示电导值;若将它的刻度旋到所用电极的电极常数,则表头直接显示电导率。

三、电导测定在水质分析中的应用

溶液的电导是溶液中所有离子的共同贡献,它不是某一离子的特征参数。因此,电导分析法的选择性较差,这使它的应用受到很大的限制。不过,电导分析法也有它的独到之处,如操作简便、迅速,可以连续自动测定等。所以,在水质监测中应用也比较广泛。

(1)蒸馏水和去离子水纯度的测定。水的电导率是一个重要的水质指标,它反映了水中含有电解质的程度,特别是高纯水,测量其电导率是检验水质的简便方法。普通蒸馏水的电导率为 0.5 ~2 μS/cm,去离子水的电导率一般不超过 0.5 μS/cm,绝对纯水的理论电导率为 0.055 μS/cm(25 ℃)。

(2)水中可溶盐含量的测定。在一定浓度范围内,溶液的电导率与可溶盐的含量大致成比例关系,因此通过测定溶液的电导率,就可间接推测出可溶盐的含量。

(3)电导滴定法。在容量分析法中,利用滴定过程中被测溶液电导的突变来指示滴定终点的方法,称为电导滴定法,适用于稀溶液,如中和滴定、沉淀滴定等。

任务五　气相色谱法

俄国植物学家茨维特于 1901 年在研究分离植物叶子组成时,首先发现色谱分离现象,并提出色谱概念。到 20 世纪 50 年代,逐渐发展成为分析方法,并于 1955 年研制出第一台商品气相色谱仪。几十年来，随着色谱学研究的深入和电子技术等的发展，色谱分析法日益完善和普及，目前气相色谱仪已成为石油、化工、医药、生物、食品、环保等行业广泛应用的高效大型仪器。气相色谱仪比较复杂，种类较多，操作技术要求也较高，本任务仅对最常用的气相色谱仪作简要介绍。

一、色谱分析的原理

色谱分析的核心部件是色谱柱，它的结构比较简单，在一个不锈钢、玻璃或石英等惰性细管内装填固定相（填充柱），或直接将固定液涂在毛细管内壁（毛细管柱）。固定相就是在化学惰性的固体微粒（称为担体）表面涂上很薄一层被称为"固定液"的高沸点有机化合物溶液，真正起分离作用的是"固定液"，担体只是起承担固定液的作用，所以有时也将固定液直接称为固定相。

试样汽化后被载气携带进入色谱柱，各待测组分与固定液接触时就溶解到固定液中去。载气连续流经色谱柱时，溶解在固定液中的待测组分会从固定液中挥发出来到载气中，随着载气向前流动，然后又溶解在较前面的固定相中，这样反复多次的溶解、挥发、再溶解、再挥发不断进行。由于各组分在固定液中溶解能力不同，溶解度大的组分就较难挥发，在固定液中停留的时间较长，往前移动得就慢些；而溶解度较小的组分，在固定液中停留的时间较短，往前移动得快些。经过一定时间后，各组分就彼此分离开来，原来试样中混在一起的各组分陆续变成纯净物随载气从色谱柱流出，用检测器依次检测各组分，避免了相互干扰，从而完成各组分的分析测试。相对于固定相来讲，载气不停地向前流动，所以载气也称为流动相。图6-21可以说明组分 A、B 的分离过程。

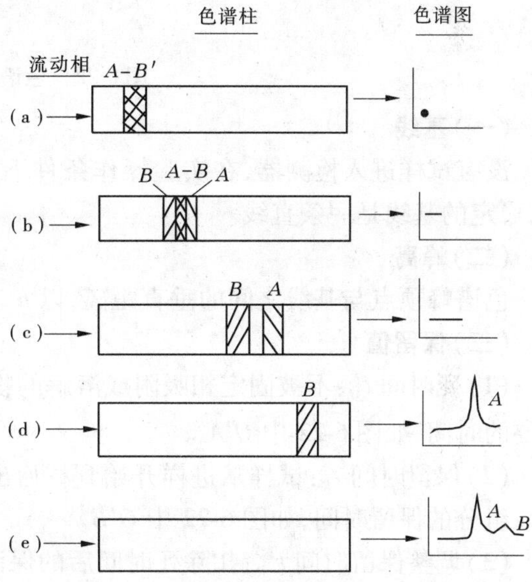

图6-21　混合物在色谱柱中的分离过程

B 组分在固定液中的溶解度比 A 大，所以 A 先被组分带出，当 A 流入检测器时，出现响应信号，记录仪上同步记录的色谱流出曲线突起，形成 A 信号峰，A 组分完全通过检测器后，流出曲线恢复平直；继而 B 组分流出，形成 B 信号峰。

二、基本术语

被测组分从进样开始，经色谱柱分离到组分全部流过检测器后，在记录仪上记录下来的响应信号，随时间变化分布的曲线（见图6-22）叫色谱流出曲线，也称色谱图。根据色谱图的出峰时间和峰面积（或峰高）进行定性、定量分析时，为了方便准确，规定了一些专有名词和术语。

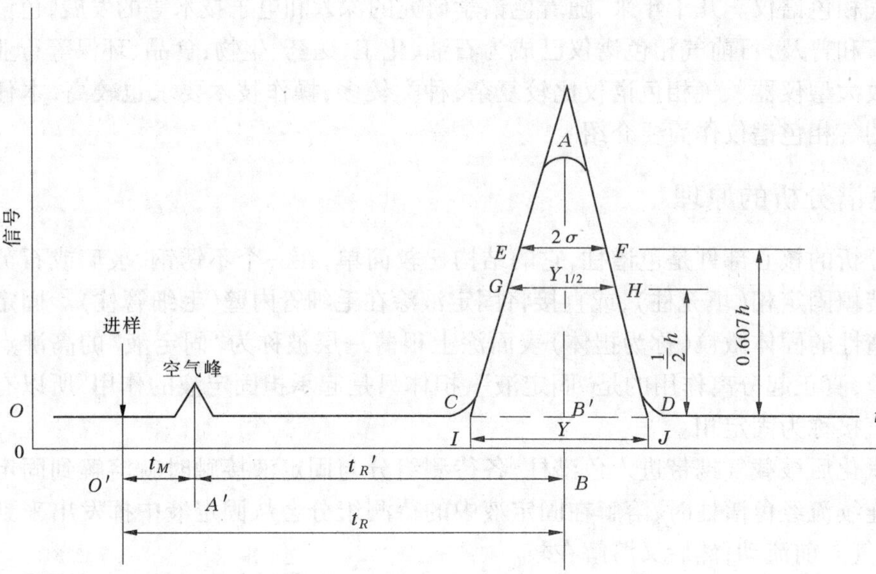

图6-22　色谱流出曲线

（一）基线

没有试样进入检测器，在实验操作条件下，反映检测器噪声随时间变化的线称为基线，稳定的基线是一条直线。

（二）峰高

色谱峰顶点与基线之间的垂直距离，以 h 表示，如图6-22中的 $B'A$。

（三）保留值

（1）死时间 t_M：不被固定相吸附或溶解的物质，从进样开始到柱后出现浓度最大值所需要的时间，如图6-22中 $O'A'$。

（2）保留时间 t_R：试样从进样开始到柱后出现某组分的浓度最大值所需要的时间，称为该组分的保留时间，如图6-22中 $O'B$。

（3）调整保留时间 t'_R：扣除死时间后的保留时间，如图6-22中 $A'B$。

$$t'_R = t_R - t_M$$

保留时间取决于组分本身的性质，所以可作为色谱定性分析的基本依据。但同一组分的保留时间常受到流动相流速的影响，因而分析者有时用保留体积进行定性检定。

（4）死体积 V_M：色谱柱在填充后，管内固定相所剩余的空间。死体积可由色谱柱出口的载气体积流速 F_0 来计算：

$$V_M = t_M \cdot F_0$$

（5）保留体积 V_R：试样从进样开始到柱后出现某组分的浓度最大值所通过的载气体积，与保留时间的关系如下：

$$V_R = t_R \cdot F_0$$

（6）调整保留体积 V'_R：扣除死体积后的保留体积。

$$V'_R = V_R - V_M = t'_R \cdot F_0$$

(7)相对保留值 $\gamma_{2,1}$:某组分 2 的调整保留值与另一组分 1 的调整保留值之比:

$$\gamma_{2,1} = \frac{t'_{R2}}{t'_{R1}} = \frac{V'_{R2}}{V'_{R1}}$$

(四)区域宽度

色谱峰的区域宽度是组分在色谱柱中谱带扩张的函数,它反映了色谱分析条件下动力学因素造成各组分在柱中的扩散程度。区域宽度越窄,越有利于组分的分离。通常度量色谱峰区域宽度有三种方法:

(1)标准偏差 σ:即 0.607 倍峰高处色谱峰宽度的一半,如图 6-22 中 EF 距离的一半。

(2)半峰宽 $Y_{1/2}$:峰高一半处的峰宽,如图 6-22 中 GH 的距离,它与标准偏差 σ 的关系是:

$$Y_{1/2} = 2.354\sigma$$

(3)峰底宽 Y:也称基线宽度,指色谱峰两侧拐点上的切线在基线上的截距,如图6-22 中 IJ 的距离,它与标准偏差 σ 的关系是:

$$Y = 4\sigma$$

三、气相色谱仪

由前述可知,气相色谱法就是载气载着欲分离的试样通过色谱柱中的固定相,使试样中的各组分分离,然后分别检测。其简单流程如图 6-23 所示。载气由高压钢瓶 1 供给,经减压阀 2 减压后,进入载气净化干燥管 3,经针形阀 4 调节流量和压力(由流量计 5 和压力表 6 指示载气的柱前流量和压力)后,以稳定的压力、恒定的流量连续流过进样器(包括汽化室)7,试样就在进样器注入(如为液体试样,经汽化室瞬间汽化为气体)。由载

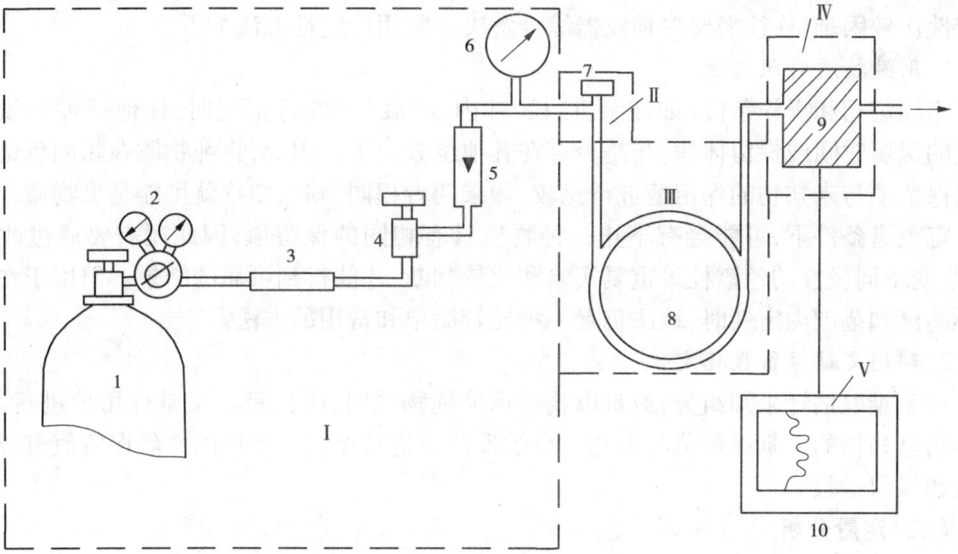

1—高压钢瓶;2—减压阀;3—载气净化干燥管;4—针形阀;5—流量计;6—压力表;
7—进样器;8—色谱柱;9—检测器;10—记录仪

图 6-23　气相色谱流程

气携带试样进入色谱柱8,将各组分分离,各组分依次进入检测器9后放空。检测器信号由记录仪10记录,得到色谱图。

由图6-23可知,气相色谱仪一般由五部分组成:

(1)载气系统:包括气源、气体净化、气体流量控制和测量,提供符合分析要求的载气。载气是用来载送试样通过色谱柱的惰性气体,常用的载气有 H_2、N_2、He 等。

(2)进样系统:包括进样器、汽化室,将样品快速而定量地加到载气通道,并被载气带进色谱柱。

(3)分离系统:包括色谱柱、柱箱,以及恒温控制装置,其核心是色谱柱,作用是将多组分样品分离为单个组分。目前常用的色谱柱有填充柱和毛细管柱两种柱型。

(4)检测系统:包括检测器、检测器的电源及控温装置,检测器的作用是将各组分在载气中的浓度变化转变为电信号。目前,最常用的检测器是热导池检测器、氢火焰检测器和电子捕获检测器。

(5)记录或数据处理系统:包括放大器、记录仪,将检测器的电信号进行记录获得色谱图。新型仪器大多采用电子积分仪或色谱工作站来代替记录仪,它利用计算机技术对检测器的电信号进行处理,在得到色谱图的同时对所得数据进行处理加工。

四、分析方法

(一)定性分析

气相色谱是一种高效、快速的分离分析技术,它可以在很短的时间内将混合在一起的多种物质分离开来,并得到色谱图。气相色谱的定性分析就是要确定色谱图中每个色谱峰代表什么物质。目前主要根据色谱峰的保留值定性,复杂组分、没有已知纯物质的组分的定性比较困难,往往需要多种仪器综合解决。常用的定性方法如下。

1. 用纯物质对照定性

当固定相和操作条件(如柱温、柱长、柱内径、载气流速)不变时,任何一种物质都有一定的保留时间或保留体积,与是否存在其他组分无关。因此,将纯物质在相同色谱条件下的保留值与未知物的保留值进行比较,如果两者相同,则未知物就可能是该物质。由于在一定色谱条件下,可能会有不止一种物质具有相同的保留值,因此还需要通过改变温度、改变不同极性的色谱柱等重复实验和比较判断,才能得到可靠的结果。但用于在一个较小的已知范围内定性时,该法仍是一种比较简单和常用的方法。

2. 利用文献保留数据定性

对于难以估计未知组分,或难以找到标准纯物质时,可以利用文献保留值进行定性,即利用已知物的文献保留值与未知组分的保留值进行比较。常用的文献保留值有校对保留值和保留指数。

(二)定量分析

在一定的色谱条件下,分析组分 i 的质量(m_i)或其在载气中的浓度,与检测器响应信号(峰面积 A_i 或峰高 h_i)成正比:

$$m_i = f_i' \cdot A_i$$

这是色谱定量分析的依据。由上式可见,在定量分析中需要:①准确测量峰面积;

②准确求出比例常数(称为定量校正因子);③根据上式正确选用计算方法,将测得组分峰面积换算为质量或浓度。

1.峰面积的测量

根据记录仪记录的色谱峰,测量出峰高和区域宽度,按下式计算:

对称峰　$A=1.065hY_{1/2}$

不对称峰　$A=h\dfrac{Y_{0.15}+Y_{0.85}}{2}$

式中　$Y_{1/2}$——半峰宽;

$Y_{0.15}$、$Y_{0.85}$——峰高0.15和0.85处的峰宽。

带有电子积分仪或色谱工作站的气相色谱仪,能够自动地准确测出峰高、区域宽度、峰面积,甚至可利用下述的计算方法直接计算出分析结果。

2.校正因子

(1)绝对校正因子。由于同一检测器对不同的物质具有不同的响应值,所以即使等量的两种物质,对应的峰面积也不相等。为了使峰面积能准确地反映待测组分的含量,就必须事先用已知量的待测物质测定在所用色谱条件下的峰面积,用下式计算校正因子:

$$f'_i=\frac{m_i}{A_i}$$

式中　f_i'——绝对校正因子,其含义是与单位峰面积相当的物质质量。

(2)相对校正因子。由于测定绝对校正因子需要准确量出进样量,而且测量结果易受操作条件的影响,所以准确测定绝对校正因子比较困难。在实际工作中,通常使用相对校正因子参与定量分析的计算。相对校正因子就是被测物质 i 的绝对校正因子与一标准物质 s 的绝对校正因子之比:

$$f_i=\frac{f_i'}{f_s'}=\frac{m_i}{m_s}\cdot\frac{A_s}{A_i}$$

式中　m_i、m_s——被测物质质量和标准物质质量;

A_i、A_s——被测物质 i 和标准物质 s 的峰面积。

在进行具体测定时,需事先准确量取一定量的 i 物质和 s 物质混合,然后取适量的混合液注入色谱,根据测定结果用上式计算。由于测定过程中只需知道注入的混合样中物质 i 和标准物质 s 的质量比,以及两种物质对应的峰面积之比,所以对操作技术要求比较宽松,并不需要准确控制注入量。

实际应用时,常将"相对"二字省去,即没有特别注明时,校正因子就是指相对校正因子。常见物质的校正因子可以从有关文献中查到,若查不到,可按上述方法测定。

3.定量分析方法

1)归一化法

当试样中各组分都能流出色谱柱,并在色谱图上显示色谱峰时,可用归一化法计算。设试样中有 n 个组分,各组分的质量分别是 m_1、m_2、…、m_n,则第 i 种组分的百分含量为:

$$m_i\%=\frac{m_i}{\sum_{i=1}^{n}m_i}\times 100=\frac{f_iA_i}{\sum_{i=1}^{n}f_iA_i}\times 100$$

归一化法的优点是简便、准确,进样量的多少、操作条件的变动等对结果的影响较小,对多组分的同时测定尤其方便。缺点是试样中的所有组分都必须全部出峰,某些不需定量的组分也必须测出校正因子和峰面积。

2)内标法

当试样中所有组分不能全部出峰,或只需求试样中某几个组分时,可用内标法。

准确称取 m(g)试样,加入某种纯物质 m_s(g)作为内标物,根据内标物和试样的质量比 m_s/m、组分的校正因子 f_i 及组分和内标物的色谱峰面积之比 A_i/A_s,可按下式求出组分的百分含量。

$$m_i\% = \frac{m_i}{m} \times 100 = \frac{f_i \dfrac{A_i}{A_s} m_s}{m} \times 100 = f_i \frac{A_i}{A_s} \cdot \frac{m_s}{m} \times 100$$

内标物的选择很重要。它应是试样中不存在的纯物质,其物理及物理化学性质与被测组分相近,色谱峰处于待测组分峰附近且能够很好地分开,加入量与待测组分量相当。

内标法的优点是定量准确,操作条件不必严格控制,且不像归一化法有使用上的限制。缺点是每次分析都要准确称取试样和内标物的质量,比较费时,不宜作快速控制分析。

3)外标法

外标法也称标准曲线法。在一定的色谱操作条件下,用纯物质配制一系列不同浓度的标准样,定量进样,按测得的峰面积对标准系列的浓度作图绘制标准曲线。在同样条件下,对试样进行分析,用所得的峰面积在标准曲线上查出所测组分的含量。

外标法的优点是操作和计算简便,不需知道所有组分的校正因子。但结果的准确度主要取决于进样量的重现性和操作条件的稳定性。

五、气相色谱法的应用

由于气相色谱法具有高分离效能、高灵敏度、操作简单、分析快速的特点,使它广泛地应用于水中微量有机污染物的分析,如苯系物、卤代烃、硝基苯类、六六六、DDT、有机磷农药等。但是,气相色谱仪属于大型精密仪器,价格较贵,且对使用人员的技术要求较高,影响了它在基层单位的普及。在此也不作过多的介绍。

任务六　原子荧光光谱法

原子荧光光谱法(AFS)是原子光谱法中的一个重要分支。从其发光机制看属于一种原子发射光谱(AES),而基态原子的受激过程又与原子吸收光谱(AAS)相同。因此,可以认为AFS是AES和AAS两项技术的综合发展,它兼具AES和AAS的优点,同时又克服了两者的不足。

AFS技术的优点如下:

(1)谱线简单,仅需分光能力一般的分光光度计,甚至可以用滤光片等进行简单分光或用日盲光电倍增管直接测量;

(2)灵敏度高,检出限低;

(3)适用于多元素的同时分析。

一、仪器原理

(一)原子荧光的概念

气态自由原子吸收光源的特征辐射后,原子的外层电子跃迁到较高能级,然后又跃迁返回基态或较低能级,同时发射出与原激发波长相同或不同的光辐射即为原子荧光。原子荧光是光致发光,也是二次发光。当激发光源停止照射之后,再发射过程立即停止。

(二)原子荧光的类型

原子荧光有两种基本类型:共振荧光和非共振荧光。

(1)共振荧光:荧光线的波长与激发线的波长相同。它的特点是激发线与荧光线的高低能级相同,如锌原子吸收213.86 nm的光,它发射荧光的波长也为213.861 nm。

(2)非共振荧光:荧光线的波长与激发线的波长不相同,大多数是荧光线的波长比激发线的波长长,如铅原子吸收283.31 nm的光,而发射405.78 nm的荧光。

(三)原子荧光的猝灭现象

处于激发态的原子寿命是十分短暂的,当它以光辐射的方式去激发时将发出原子荧光。但是除发光过程外受激原子和其他粒子碰撞,把一部分能量变成热运动与其他形式的能量,因而发生无辐射的去激发过程,这种现象称为荧光猝灭。荧光的猝灭会使荧光的量子效率降低,荧光强度减弱甚至不产生荧光。

(四)氢化物发生(原子荧光基础)

1. 氢化物发生法

原子荧光光谱法的分析对象,原理上与原子吸收光谱法和原子发射光谱法相同,可以进行多种元素的定量分析。但是迄今为止,原子荧光光谱法最成功的应用还是易形成气态氢化物的8种元素(As、Sb、Bi、Se、Ge、Pb、Sn、Te)以及Hg。用常规的原子光谱分析方法测定这些元素有很大的困难。首先,这些元素的激发谱线大概落在紫外区,因此测量灵敏度较低;另外,常规火焰产生的强烈的背景干扰,导致测量信噪比变坏。

上述As、Sb、Bi、Se、Ge、Pb、Sn、Te 8种元素的氢化物具有挥发性,通常情况下为气态。借助载气流可以方便地将其导入原子光谱分析系统的原子化器之中进行燃烧产生气态的原子蒸气,通过特定的光源进行激发产生荧光,然后进行光谱测量。

氢化物发生法的主要优点在于:

(1)分析元素能够与可能引起干扰的样品基体分离,消除了干扰。

(2)与溶液直接喷雾进样相比,氢化物发生法能够将待测元素充分预富集,进样效率近乎100%。

(3)连续氢化物发生装置宜于实现自动化。

(4)不同价态的元素氢化物发生法实现的条件不同,可进行价态分析。

2. 氢化物发生法分类

氢化物发生法有很多种,但概括起来可以归纳为金属-酸还原体系、硼氢化钠-酸还原体系。

1)金属－酸还原体系

金属－酸还原体系即 Marsh 反应：用金属锌作为还原剂，其反应如下：

$$Zn + 2HCl \longrightarrow ZnCl_2 + 2H\cdot$$

$$nH\cdot + M^{m+} \longrightarrow MH_n + H_2\uparrow$$

式中 H · 为初生态氢。这种反应只适用于产生砷化氢，而且反应速度很慢，大约要 10 min，必须借助捕集器收集才能用于分析测试。

2)硼氢化钠－酸还原体系

酸化过的样品溶液中砷、铅、锑、硒等元素与还原剂(一般为硼氢化钾或硼氢化钠)反应，在氢化物发生系统中生成气态氢化物：

$$NaBH_4 + 3H_2O + H^+ \longrightarrow H_3BO_3 + Na^+ + 8H\cdot \xrightarrow{E^{m+}} EH_n + H_2\uparrow\text{(过剩)}$$

(m 可以等于或不等于 n)

硼氢化钠－酸还原体系克服了或大大减少了金属－酸还原体系的缺点，在还原能力、反应速度、自动化操作、干扰程度以及适用的元素数目等诸多方面表现出极大的优越性，它是氢化物反应进样方式发展中的重要阶段。

3. 氢化物发生法中的干扰

1)干扰的分类

氢化物发生法的干扰主要有液相干扰、气相干扰和散射干扰。液相干扰产生在氢化物形成或形成的氢化物从样品溶液中逸出的过程中，它是由于氢化物发生速度的改变(发生动力学干扰)或者是由于发生效率的改变，即转化为氢化物的百分比的改变而引起的。气相干扰一般在氢化物传输过程中或在原子化器中产生，因此又可分为传输过程干扰和原子化器中的干扰。散射光对原子荧光也会产生影响，这是因为荧光信号比发射和吸收信号更弱，更容易受到散射光的干扰。

2)干扰的消除

(1)液相干扰：络合掩蔽、分离(沉淀、萃取)、加入抗干扰元素、改变酸度、改变还原剂的浓度、改变干扰元素的价态等。

(2)气相干扰：分离(吸收、改变传输速度)、改善传输管道。

(3)散射干扰：清洁原子化器、烟囱、排气罩。

二、原子荧光仪器

原子荧光光谱仪的结构由四部分组成，即激发光源、光学系统、原子化系统和测光系统。由于测量的是原子荧光，为了避免激发光源的光线直接进入检测系统，因此光源和检测器不能在同一轴线上。由于原子荧光辐射的强度在各个方面几乎是相同的，因此可以从任何角度来检测荧光信号，在理论上，原子荧光仪器可同时进行多道测量。图 6-24 为原子荧光光谱仪的基本结构。

原子荧光仪器的测量原理为：将被测元素的酸性溶液引入氢化物发生器中，加入还原剂后即发生氢化反应并生成被测元素的氢化物；元素氢化物进入原子化器后即解离成被测元素的原子；原子受特征光源的照射后产生荧光；荧光信号通过光电检测器被转变为电

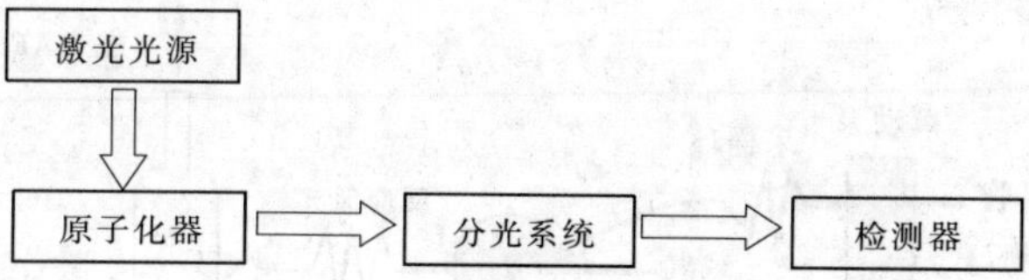

图6-24 原子荧光光谱仪的基本结构

信号,由检测系统检出。无色散双道原子荧光光度计原理图见图6-25。

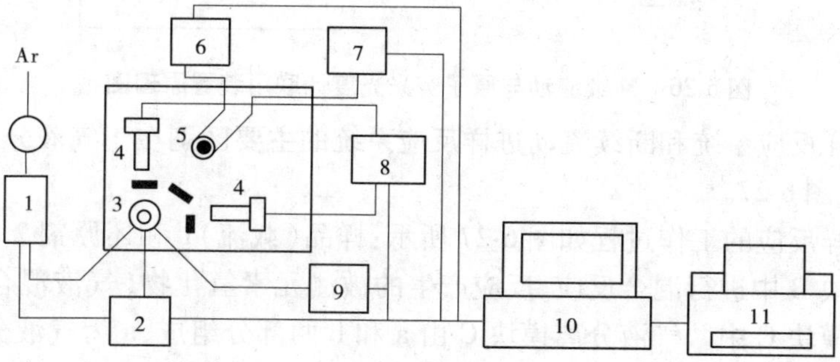

1—气路系统;2—氢化物发生系统;3—原子化器;4—激发光源;5—光电倍增管;6—前置放大器;
7—负高压;8—灯电源;9—炉温控制;10—控制及数据处理系统;11—打印机

图6-25 无色散双道原子荧光光度计原理图

从上述的测量原理可以看出,原子荧光仪器装置由五大部分组成:氢化物发生系统、光源系统、光学系统、原子化系统、测光系统。

(一)氢化物发生系统

氢化物发生系统由自动进样器(全自动进样器)、氢化反应系统、气液分离装置等部分组成。

1. 自动进样器

自动进样器有三维自动进样器和转盘式自动进样器(极坐标自动进样器)两种,相比较而言,三维自动进样器的特点是样品盘中可放置的样品个数较多,样品量较大,但进样毛细管的长度较长;而转盘式自动进样器进样毛细管的长度短,样品盘中可放置的样品个数较少,样品量较小。

2. 氢化反应系统

在我国的原子荧光仪器的发展过程中,曾用过的氢化反应方法有间断法(手动)、连续流动法、流动注射法、断续流动法、间歇泵法和顺序注射法,目前多采用断续流动法和间歇泵法。

断续流动进样的关键技术主要有以下两点:

(1)采用“过量进样,定量采样”的方式,来弥补由于蠕动泵的泵管疲劳而引起的进样量漂移;

(2)样品和载流用同一条流路交叉进样,载流将储存于采样环中的样品推入混合反应块中反应,同时清洗进样管道,避免样品之间的交叉污染。

断续流动与原子荧光光度计联用装置原理如图6-26所示。

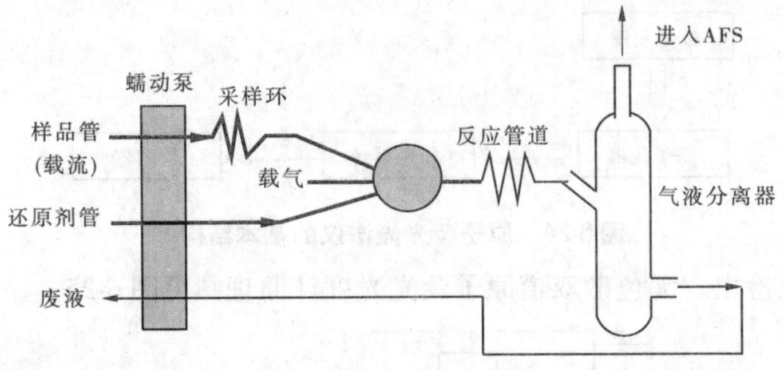

图6-26　断续流动与原子荧光光度计联用装置原理图

间歇泵进样反应系统和断续流动进样反应系统的主要区别在于气液分离器装置中废液的排放上,见图6-27。

间歇泵进样反应的工作过程如图6-27所示:样品(载流)1和还原剂2通过蠕动泵A泵入混合反应块B中进行混合反应,反应产生的被测元素氢化物(气液混合)通过载气3带入气液分离模块C中。气液分离模块C由a和b两部分组成,a为气液分离器,b为水封。进入气液分离模块C中的氢化物(气体)5往上进入原子化器,其废液往下在载气压力作用下进入水封b。水封b由内外两层管组成,内层管上端面开口,且开口面比气液分离器a的入口面低一定的高度h;内外层之间有一定间隙,废液从内外层之间的间隙中通过。当废液漫过内层管上端面后,在自然重力或外力(如蠕动泵等)的作用下从内层管往下流入废液瓶。

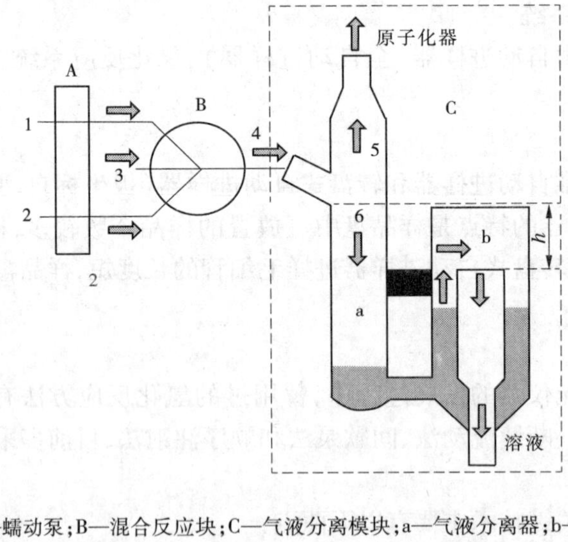

A—蠕动泵;B—混合反应块;C—气液分离模块;a—气液分离器;b—水封
1—样品(载流);2—还原剂;3—载气;4—氢化物(气液混合);5—氢化物(气体);6—废液

图6-27　间歇泵进样装置示意图

3.气液分离装置

被测元素的酸性溶液与还原剂反应产生被测元素的氢化物(气体),通过气液分离器(习惯称一级气液分离器)分离,被测元素的氢化物(气体)进入原子化器原子化,液体经废液管排出。通过气液分离器分离出来的被测元素的氢化物(气体)中,还带有大量的水蒸气。这些水蒸气分子不仅会对荧光信号产生严重的散射干扰,而且会使荧光猝灭。因此,从气液分离器分离出来的被测元素的氢化物(气体)在进入原子化器原子化以前,需进一步去除水蒸气(习惯称二级气液分离器)。

如图 6-28 所示,水封型二级气液分离器相当于一个 U 形管,从一级气液分离器出来的混合气体(被测元素的氢化物气体、氢气、载气、水蒸气等)通过进气口 1 喷射到内管壁上,一部分水蒸气通过内管壁冷凝成水滴往下流。其余气体从出气口 2 往上进入原子化器。当水面漫过排废口 4 时即被蠕动泵抽走,使水封液面始终保持在一定的高度。加水口 3 的作用是在测量开始时加入一定量的水形成水封,以封住从进气口 1 进来的气体不至于从加水口 3 跑走。

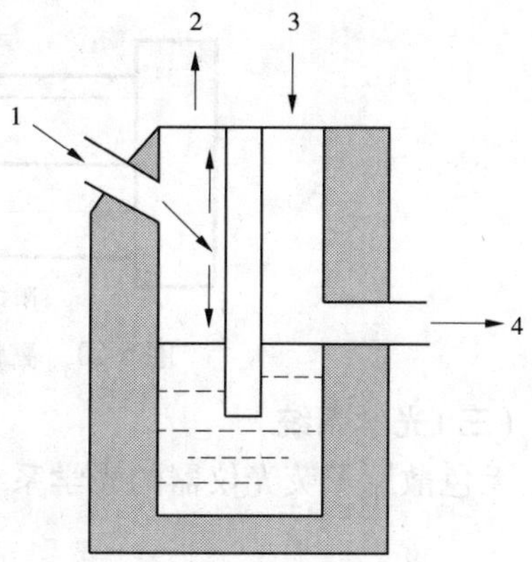

1—进气口;2—出气口;3—加水口; 4—排废口

图 6-28　水封型二级气液分离器

(二)光源系统

激发光源是原子荧光光谱仪的主要组成部分。在一定条件下,荧光强度与激发光源的发射强度成正比,因此一个理想的光源应当具有下列条件:①发射强度高,无自吸;②稳定性好,噪声小;③发射的谱线窄且纯度高;④价格便宜且有足够长的使用寿命;⑤适用于各种元素分析,即能制造出各种元素的同类型的灯。

空心阴极灯是原子吸收测量中最常用的光源。如图 6-29 所示,它由封在玻璃管中的一个钨丝阳极和一个圆柱形空心阴极所组成。玻璃管内充有一定压力的氖或氩气。阴极则由具有所需光谱的金属或涂有一层这种金属的材料或该金属合金构成。

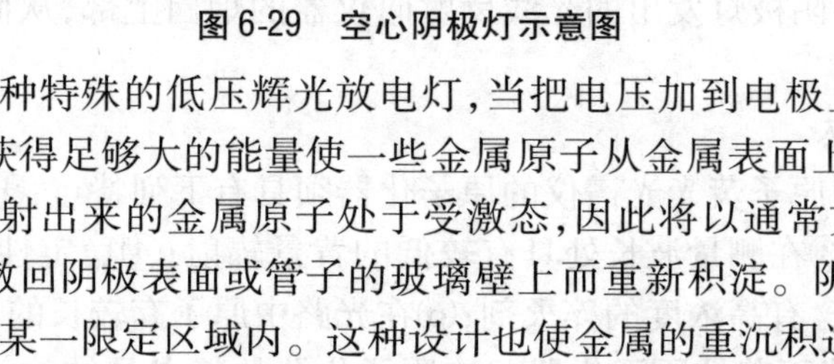

图 6-29　空心阴极灯示意图

空心阴极灯是一种特殊的低压辉光放电灯,当把电压加到电极上时,如果电压足够高,则气体阳离子将获得足够大的能量使一些金属原子从金属表面上溅射出来而形成原子蒸气云。一部分溅射出来的金属原子处于受激态,因此将以通常方式发出特征辐射。最后,金属原子又扩散回阴极表面或管子的玻璃壁上而重新积淀。阴极的圆柱形结构可使辐射集中在管子的某一限定区域内。这种设计也使金属的重沉积过程在阴极而不是在玻璃壁上发生的可能性增加。

高性能(双阴极)空心阴极灯结构如图 6-30 所示,是在普通空心阴极灯的基础上又增加了一个阴极,成为辅助阴极。因此,灯的辐射由两个阴极的辐射叠加而成,其辐射强度比普通空心阴极灯高几倍到十几倍。同时,由于灯的使用电流由两个阴极分担,因此灯的使用寿命加长。高性能(双阴极)空心阴极灯另一个突出的优点是谱线纯度明显高于普通空心阴极灯,特别适合于原子荧光光谱仪。

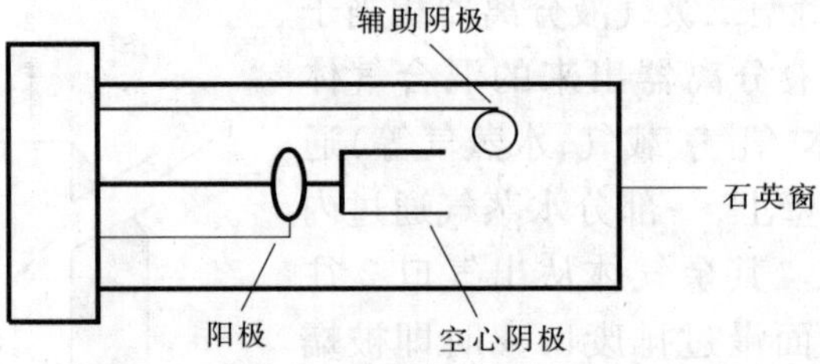

图 6-30　高性能(双阴极)空心阴极灯结构图

(三)光学系统

无色散原子荧光仪器的光学系统均为无色散系统,其示意图如图 6-31 所示。

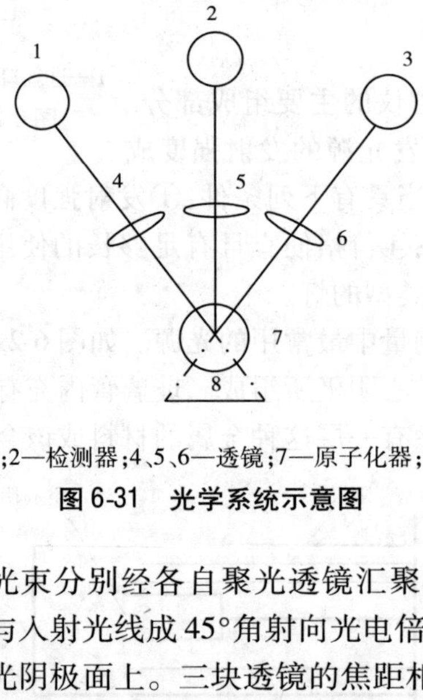

1、3—光源;2—检测器;4、5、6—透镜;7—原子化器;8—反射镜

图 6-31　光学系统示意图

两个空心阴极灯发出的光束分别经各自聚光透镜汇聚在原子化器石英炉的火焰中心,激发产生的原子荧光,以与入射光线成45°角射向光电倍增管聚光镜,以1∶1的成像关系汇聚成像在光电倍增管的光阴极面上。三块透镜的焦距相同,物距=相距=60 mm。

在正对各自空心阴极灯方向,有一个成45°斜角放置的玻璃反射镜,该反射镜可以将透过原子化器的空心阴极灯发出的光线反射向仪器的烟囱上部,从而避免杂散光对荧光测定的影响。

(四)原子化系统

一个理想的用于原子荧光光谱仪的原子化器须具有下列特点:①原子化效率高;②没有物理或化学干扰;③在测量波长处具有较低的背景辐射;④稳定性好;⑤为获得最大的荧光量子效率,不应含有高浓度的猝灭剂;⑥在光路中原子有较长的寿命。

图 6-32 是屏蔽式石英炉原子化器。该原子化器的特点是结构简单,记忆效应小,使用寿命长。它由一个电点火双层石英炉芯及其夹紧机构和外层金属保护套构成。

电点火炉丝是一个盘绕在石英原子化炉芯口上的细电热丝，在正常使用时，它应发热并可以点燃氢气和氢化物的混合物，并形成一个炬状火焰。

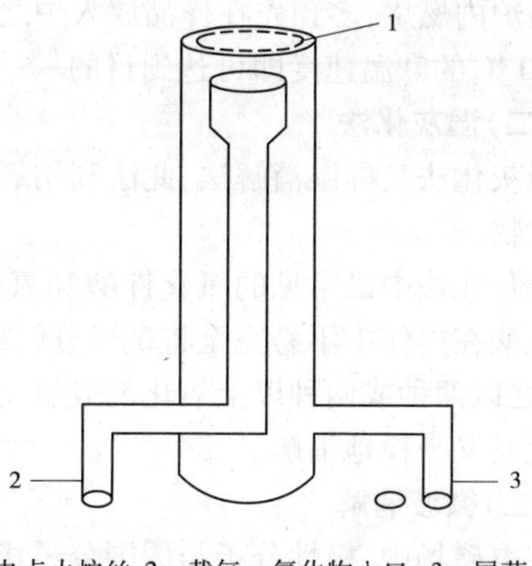

1—电点火炉丝；2—载气＋氢化物入口；3—屏蔽气入口

图 6-32 屏蔽式石英炉原子化器

（五）测光系统

无色散原子荧光仪器使用的检测器一般为日盲光电倍增管。如图 6-33 所示，光电倍增管由光电阴极、若干倍增极和阳极三部分组成。光电阴极是由半导体光电材料制造的，不同光谱范围的管子，阴极材料不同，入射光就在它上面打出光电子。倍增极数目在 4～14 个不等。在各倍增极上加上电压，阳极收集电子，外电路形成电流输出，其输出电流与入射光强成正比。工作时，在阴极 K 上加一负电压（仪器条件设置中的负高压），各个倍增极上均加上电压。从阴极开始，各个倍增极 E_1、E_2、E_3 等电位依次升高，阳极 A 电位最高。

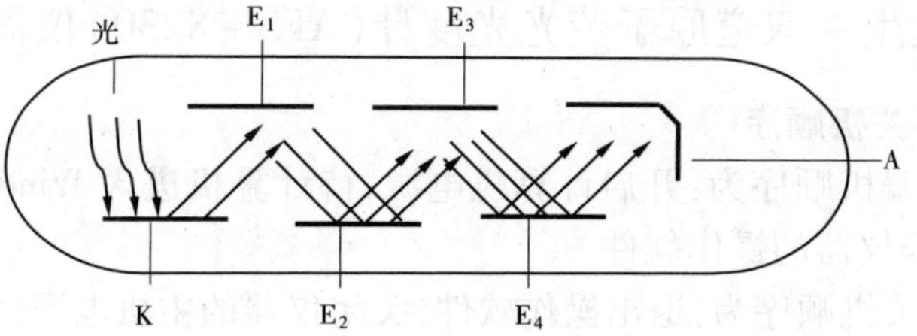

图 6-33 光电倍增管示意图

三、样品预处理技术

大多数分析方法如原子吸收光谱法、原子荧光光谱法、电化学法等，均要求把分析试样首先转变成均匀的溶液，除少数分析手段可直接分析固体样品外，绝大多数情况下必须经过预处理，先制备成样液，然后进行定量。

消解除去试样中有机成分或从试样中浸提出待测成分的方法很多。有干法、湿法；有在密闭系统中也有在开放系统中；有高压，也有低压；有用无机的酸碱试样，也有用有机溶剂，等等。这些方法各有其特点，应根据试样的待测元素以及实验设备进行选用。

（一）高温炉干灰化法

干灰化法是在供给能量的前提下直接利用氧，氧化分解样品中有机物的方法。将样品的器皿放在高温炉内，利用高温（450～850 ℃）下空气中的氧将有机物碳化和氧化，挥发掉易挥发性组分；与此同时，试样中不挥发组分也多转变为氧化物或耐高温盐类。

高温炉干灰化法的一般操作步骤分为干燥、碳化、灰化和溶解灰分残渣几个过程。灰化的样品首先必须彻底干燥，否则在高温下能造成爆溅，使样品丢失或沾污。为防止样品在高温炉内燃烧,多预先在样品放入炉之前用小火将其碳化。一般在250~350 ℃间以每小时50 ℃的升温速度即可达到目的。

(二)湿灰化法

湿灰化法又称湿消解法,此法利用氧化性酸和氧化剂对有机物进行氧化、水解,以分解有机物。

湿灰化法中最常见的氧化性酸和氧化剂是H_2SO_4、HNO_3、$HClO_4$和H_2O_2等。单一的氧化性酸在操作中不易完全将试样分解或在操作时容易产生危险,在日常工作中多不采用,代之以两种或两种以上氧化剂或氧化性酸联合使用,以发挥各自的作用,使有机物能够高速而又平稳地消解。

(三)微波消解

在电磁场中,极性分子与周围分子相互碰撞摩擦,分子的总能量增加,使试样温度急剧上升。同时,试液中的带电粒子受电场力的作用而来回迁移运动,也会与邻近分子撞击,使得试样温度升高。

微波电磁辐射对不同的物质所产生的偶极转动、电子和离子的迁移现象,对增进化学反应产生影响,可迅速提高反应物温度,激发分子高速度旋转和振动,使之处于反应的准备状态或亚稳态,促使进一步电离或氧化还原反应。

四、氢化物发生-双道原子荧光光度计(AFS-8230)仪器使用方法

(一)仪器的开关机顺序

AFS-8230的开机顺序为:开启计算机电源,待计算机进入Windows系统后,打开仪器的主机电源,打开仪器的操作软件。

AFS-8230的关机顺序为:退出操作软件,关闭仪器的主机电源,关闭计算机。

(二)光路调节方法

打开仪器主机电源后,灯室内的空心阴极灯应该自发点亮(汞灯可能不亮,需用点火器或用海绵轻擦点亮),这时需要进行光路调节。将调光器放置在原子化器上方,调节灯架上的四颗螺钉和灯的高度,使灯发出的光斑落在原子化器石英炉的中心线与透镜的水平中心线的交汇点上,即调光板最下方的“十”字上。

(三)更换元素灯

在关掉主机电源之后(注意,更换元素灯一定要在主机电源关闭的情况下操作!),先把元素灯放在灯架上,轻按下灯架上盖,旋转滑扣锁紧灯,再把元素灯插头的凸出之处与灯插座的凹处相对,轻轻插入,即装上元素灯。

(四)AFS-8230软件操作顺序

(1)在打开仪器开关,调节光路之后,双击软件图标,进入仪器操作软件。

(2)进入软件后,出现自检测窗口。单击“全部检测”按钮,显示正常后单击“关闭”或“返回”。点火预热原子化器20 min。

(3)单击“元素表”,出现元素表窗口。点“手工设置”,选为None,关闭不使用的元素灯,然后单击“确定”。

(4)单击“仪器条件”,在窗口内设置仪器条件、测量条件、样品空白和 Test 等,单击“确定”。

(5)单击“标准系列”,设置标准和样品的位置,单击“确定”。

(6)单击“样品参数”,单击添加样品,分别输入样品名称、样品形态、稀释因子、样品起始位置等,单击“确定”。

(7)单击“测量窗口”,进入测量窗口。点“预热”,测量之前仪器应预热 30 min。

(8)打开氩气瓶,次级压力调到 0.2 ~0.3 MPa。

(9)检查二级气液分离器(水封)中是否有水。

(10)将样品放好,将泵的压块压上。依次测量标准空白、标准系列和未知样品。出现文件名输入窗口,输入文件名,单击“打开”,在“报告”窗口中查看或打印结果。

(11)用蒸馏水清洗进样系统并排空,将泵的压块放松。

(12)退出软件,关闭电源,关闭氩气瓶。

小　结

本项目主要介绍了分光光度法、原子吸收分光光度法、电位分析法、电导分析法、气相色谱法、原子荧光光谱法等仪器分析方法的基本原理及在水质监测中的应用。通过本项目学习,使学生了解以上各种仪器分析法的基本原理与使用操作,能运用仪器分析方法对有关的水质指标进行分析监测。

复习思考题

一、填空

1. 光是一种电磁辐射,光的最小单位是光子,光子的能量 E 与频率 ν 或波长 λ 相对应,波长越长能量__________,波长越短能量__________。

2. 可见光就是我们平时可以直接用肉眼观察到的光,其波长范围为__________。

3. 由于溶液在分子吸收的吸收曲线上相邻波长的光也被吸收,一般呈__________吸收。

4. 一般来说,显色反应中应注意的主要显色条件有:__________、__________、__________、显色温度和溶剂。

5. 1955 年,澳大利亚物理学家 A. Walsh 提出,用__________吸收来代替__________吸收,从而解决了测量原子吸收的困难。

6. 原子光谱的特征为__________,分子光谱的特征为__________。

7. 原子吸收分析常用的火焰原子化器由__________、__________、__________和火焰组成。

8. 膜电极产生的机制与金属电极不同,它是膜有选择性地让某些离子__________、__________的结果,电极上没有__________转移。它适用于现场测量和连续自动分析。

9. 电极电位随待测离子活度变化而变化的电极,称为________电极,如甘汞电极、银-氯化银电极等。而电极电位保持恒定,不受待测液离子活度影响的电极,称为________电极,如金属电极、金属-金属难溶盐电极、膜电极等。

10. 气相色谱定量分析时,当样品中各组分不能全部出峰或在多种组分中只需定量其中某几个组分时,可选用________。

11. 原子荧光是气态自由原子吸收光源的特征辐射后,________电子跃迁到较高能级,然后又跃迁返回________能级,同时发射出与原激发波长________的光辐射。

二、名词解释

1. 互补光　2. 单色光　3. 光吸收曲线　4. 显色反应　5. 目视比色法

6. 标准色阶　7. 分光光度法　8. 原子吸收光谱法　9. 直接电位分析

10. 基线　11. 荧光猝灭

三、选择

1. 分光光度法的吸光度与(　　)无关。

A. 入射光的波长　B. 液层的高度　C. 液层的厚度　D. 溶液的浓度

2. 吸光度读数在(　　)范围内,测量较准确。

A. 0~1　B. 0~0.8　C. 0.2~0.8　D. 0.15~1.5

3. 测量一组工作溶液并绘制标准曲线,要使标准曲线通过坐标原点,应该(　　)。

A. 以纯水作参比,吸光度扣除试剂空白　B. 以纯水作参比,吸光度扣除皿差

C. 以试剂空白作参比　D. 以试剂空白作参比,吸光度扣除皿差

4. 可用于减少测定过程中的偶然误差的方法是(　　)。

A. 增加平行试验的次数　B. 进行空白试验

C. 进行仪器校准　D. 进行对照试验

5. 下列不属于原子吸收分光光度计组成部分的是(　　)。

A. 单色器　B. 原子化器　C. 吸收池　D. 光源

6. 用 1 mg/mL 铬储备液配制 1 μg/mL 的工作液,用此工作液配制一组标准系列并绘制标准曲线,若在移取储备液的过程中漏掉一滴,则最后测得水样的铬含量会(　　)。

A. 没有影响　B. 偏低　C. 偏高　D. 以上都有可能

7. 下列操作中,不正确的是(　　)。

A. 拿比色皿时用手捏住比色皿的毛面,切勿触及透光面

B. 被测液要倒满比色皿,以保证光路完全通过溶液

C. 比色皿外壁的液体要用细而软的吸水纸吸干,不能用力擦拭,以保护透光面

D. 在测定一系列溶液的吸光度时,按从稀到浓的顺序进行以减小误差

8. 原子吸收光谱分析仪的光源是(　　)。

A. 空心阴极灯　B. 氢灯　C. 钨灯　D. 氘灯

9. 原子吸收光谱产生的原因是(　　)跃迁。

A. 分子中电子能级　B. 转动能级

C. 振动能级　D. 原子最外层电子

10. 原子吸收分析的定量方法中的标准加入法可以消除(　　)干扰。

A. 基体效应　B. 背景吸收　C. 光散射　D. 谱线干扰

11. (　　)不是原子吸收光谱分析法的定量方法。

A. 内插法　B. 归一化法　C. 工作曲线法　D. 标准加入法

12. 在气相色谱法中,可用作定量的参数是(　　)。

A. 保留时间　B. 峰面积　C. 半峰宽　D. 相对保留值

13. 用酸度计测定 pH 值为 7 ~ 8 的水样,对仪器进行两点校正时,先后选用的 pH 标准溶液为(　　)。

A. 6.86、4.01　B. 4.01、6.86　C. 6.86、9.18　D. 9.18、6.86

14. 电位滴定法与容量滴定法的根本区别在于(　　)不同。

A. 指示终点的方法　B. 滴定仪器　C. 滴定手续　D. 标准溶液

15. 离子选择性电极的选择性主要取决于(　　)。

A. 离子浓度　B. 电极膜活性材料的性质

C. 待测离子活度　D. 测定温度

16. 气相色谱的主要部件包括(　　)。

A. 载气系统、分光系统、色谱柱、检测系统、记录或数据处理系统

B. 载气系统、原子化装置、吸收池、检测系统、记录或数据处理系统

C. 载气系统、进样系统、分离系统、检测系统、记录或数据处理系统

D. 载气系统、光源、分离系统、检测系统、记录或数据处理系统

17. 黄色 - 蓝色、绿色 - 紫红色、橙色 - 青色等互为互补色。请推断,当溶液吸收了紫红色光,则溶液呈现(　　)的颜色。

A. 蓝色　B. 黄色　C. 绿色　D. 紫红色

18. 电位分析法测定氟离子含量加入总离子强度调节剂(TISAB 溶液)的作用是(　　)。

A. 掩蔽干扰离子,调节溶液总离子强度,控制溶液 pH 值

B. 增加溶液总离子强度,使电极产生响应

C. 中和强酸、强碱,使水样 pH 值呈中性

D. 调节水样的色度

19. 气液色谱中选择固定液的原则是(　　)。

A. 极性相同　B. 活性相同　C. 官能团相同　D. 相似相溶

20. pH 玻璃电极产生的不对称电位来源于(　　)。

A. 内外玻璃膜表面特性不同　B. 内外溶液中 H^+ 浓度不同

C. 内外溶液的 H^+ 活度系数不同　D. 内外参比电极不一样

四、问答

1. 溶液为什么会对光线有选择性吸收?

2. 朗伯 - 比尔定律的内容是什么? 适用条件有哪些? 其数学表达式是什么?

3. 什么是标准曲线法?

4. 分光光度计的基本组成是什么? 各部分的作用是什么?

5. 原子吸收分光光度法对光源的基本要求是什么？为什么要求用锐线光源？

6. 原子吸收分光光度计主要由哪几部分组成？各部分的功能是什么？

7. 从原理和仪器上比较原子吸收分光光度法与紫外可见吸收分光光度法的异同点。

8. 用玻璃电极测定溶液 pH 值的理论依据是什么？它的实际操作原理是什么？

9. 简述色谱分析的基本原理。

10. 气相色谱仪主要由哪几部分组成？每部分的作用是什么？

11. 简述氢化物发生法的干扰分类及消除方法。

五、计算

1. 用邻二氮菲法测定 Fe^{3+} 含量。用浓度为 2.5×10^{-3} mol/L 的 Fe^{3+} 标准溶液显色后，波长为 510 nm，用 1.0 cm 比色皿测得吸光度 $A_s=0.430$，若在同样条件测未知液的吸光度 $A_x=0.620$，求未知液的 Fe^{3+} 浓度 C_x。

2. 采用可见光分光光度法分析水样中铁的含量，测得数据如下表所示。直线方程为 $y=0.0079x+0.0056$。填写下表空白处内容，并计算水样中铁的含量(mg/L)。

编号	1	2	3	4	5	6	7	$8_{水样}$
加 10.0 μg/mL 铁标准液体积(mL)	0.00	1.00	2.00	4.00	6.00	8.00	10.00	10.00
铁标准质量(μg)								—
稀释定容体积(mL)	50.00							
A	0.001	0.079	0.177	0.320	0.489	0.643	0.790	0.127
$A_{校正}$								

3. 用氟离子电极测定试样中的 F^- 时，取水样 100.00 mL，加入总离子强度调节剂，测得化学电池电动势为 −125 mV，加入 1.00 mL 0.0100 mol/L NaF 标准溶液后，测得电动势为 −102 mV，已知氟离子选择性电极的电极系数 S 为 58.6 mV，计算水样中 F^- 的浓度。

4. 用 AAS 法测定某试样溶液中铅的浓度，各试液在加入铅标准溶液后，用水稀释至 50 mL，测得的吸光度如下表所示。

序号	试液(mL)	加入铅标准溶液(10 μg/mL)体积(mL)	吸光度
1	25	0.00	0.042
2	25	0.50	0.080
3	25	1.00	0.116
4	25	2.00	0.190

测定的标准曲线方程为 $y=0.184\,6x+0.042\,4$。求试样中铅的浓度(mg/L)。

5. 用 pH 计测定 pH = 5.00 的溶液，其电极电位为 0.043 5 V；测定另一未知试液时，电极电位为 0.014 5 V，电极的响应斜率为 58.0 mV/pH，计算未知液的 pH 值。

6. 采用气相色谱法测定苯、甲苯、乙苯、对二甲苯的混合物，得到它们的色谱峰面积如下表，试计算此苯系物中各组分的质量分数。

组分	苯	甲苯	乙苯	对二甲苯
f_i'	1.00	1.04	1.09	1.12
$A(cm^2)$	5.20	3.81	5.10	4.23

7. 为分析某不含环己酮的试样中乙酸的质量分数，称取此试样 1.250 0 g，以环己酮做内标，称取 0.185 2 g 的环己酮加入到试样中去，混合均匀后，吸取此试样 5 μL 进样，得到如下数据，试计算试样中乙酸的质量分数。

组分	环己酮	乙酸
峰面积 $A(cm^2)$	3.58	1.74
质量校正因子 f_i	1.00	1.78
内标物质量 $m_s(g)$	0.185 2	
试样质量 $m(g)$	1.250 0	

项目七　水质监测

任务一　水质监测站网

一、水质监测站的分类

水质监测站也称水质站，是为掌握水质动态收集和积累水质基本资料而设置的监测站。它是进行水环境监测采样和现场测定，定期收集和提供水质、水量等水环境资料的基本单元，可由一个或多个采样断面或采样点组成。水质监测站的类型有多种，一般有两种分类方法。

（一）按目的与作用分类

按目的与作用不同，水质站可分为以下两类：

(1)国家基本水质站：为公共服务目的、经统一规划设立，能获取基本水环境与水生态要素信息，并与水文站、雨量站、地下水水位观测井等统一规划设置的站。它是为流域或区域水资源开发、利用、保护与管理、防灾减灾等提供重要的水资源质量、水环境与水生态要素信息，长期和系统监测自然环境演变、分析人类活动对水质资源与水生态环境的影响而设立的。国家基本水质站应保持相对稳定，其监测项目与频次、监测质量、资料报送、汇编与存贮等均应符合《水环境监测规范》(SL 219—2013)的规定。未经批准，不得降低技术要求和终止监测活动。

(2)专用水质站：为科学研究、工程建设与运行管理等特定目的服务而设立的水质站。其采样断面(点)布设、监测项目与频次等视设站目的而定。

（二）按水体类型分类

按水体类型不同，水质站可分为以下三类：

(1)地表水水质监测站：以地表水为监测对象的水质监测站。地表水水质监测站可分为河流水质监测站和湖泊(水库)水质监测站，河流水质监测站又可分为源头背景水质监测站、干流水质监测站和支流水质监测站等。

(2)地下水水质监测站：以地下水为监测对象的水质监测站。

(3)大气降水水质监测站：以大气降水为监测对象的水质监测站。

二、水质监测站的布设

全国水质监测站网实行统一规划。根据监测目的或服务对象的不同，监测站网可分成国界、跨省(自治区、直辖市)和设区市等行政区界、集中式饮用水水源地、其他各类水功能区、入河排污口、水体沉降物、水生态等专业监测网或专用监测网。

水质监测站的布设，关系着水质监测工作的成败。在一个区域内，不同的地方水质不一样,即使同一个地方在不同的时间水质也不一样,即水质在空间上和时间上的分布是不均匀的,具有时空性。水质监测站的布设就是在区域的不同位置布设各种监测站,控制水质在区域的变化。在一定范围内布设的测站数量越多,则越能反映水体的质量状况,但需要较高的经济代价;测站数量越少,则经济上越节约,但不能正确地反映水体的质量状况。所以,布设的测站数量既不能太多也不能太少,力求做到测站数量最少和经济投入最少,并且还要能正确地反映水体的质量状况。

在设置水质监测站前,应调查并收集本地区有关基本资料,如水质、水量、地质、地理、工业、城市规划布局,主要污染源与入河排污口以及水利工程和水产等资料,用作设置具有代表性水质监测站的依据。

(一)地表水水质监测站的布设

1. 河流水质监测站的布设

河流的上游河段,接近源头的地方一般受人类活动的影响较小,背景水质站应设在这里。干支流的水质站一般应设在下列水域或区域:

(1)干流控制河段,包括主要一、二级支流汇入处、重要水源地和主要退水区。

(2)大中城市河段或主要城市河段和工矿企业集中区。

(3)已建或即将兴建大型水利设施河段、大型灌区或引水工程渠首处。

(4)入海河口水域。

(5)不同水文地质或植被区、土壤盐碱化区、地方病发病区、地球化学异常区、总矿化度或总硬度变化率超过50%的地区。

2. 湖泊(水库)水质监测站的布设

湖泊(水库)水质监测站应设在下列水域:

(1)面积大于100 km^2 的湖泊。

(2)梯级水库和库容大于1亿 m^3 的水库。

(3)具有重要供水、水产养殖、旅游等功能或污染严重的湖泊(水库)。

另外,重要国际河流、湖泊,流入、流出行政区界的主要河流、湖泊(水库),以及水环境敏感水域,应布设界河(湖、库)水质站。

(二)地下水水质监测站的布设

地下水水质监测站的布设应根据本地区水文地质条件及污染源分布状况,与地下水水位观测井结合起来进行设置。

地下水类型不同的区域、地下水开采强度不同的区域应分别设置水质监测站。

(三)降水水质监测站的布设

应根据水文气象、风向、地形、地貌及城市大气污染源分布状况等,与现有雨量观测站相结合设置。下列区域应设置降水水质监测站:

(1)不同水文气象条件、不同地形与地貌区。

(2)大型城市区与工业集中区。

(3)大型水库、湖泊区。

三、水环境监测站网

水环境监测站网是按一定的目的与要求,由适量的各类水质监测站组成的水环境监测网络。水环境监测站网可分为地表水、地下水和大气降水三种基本类型。根据监测目的或服务对象的不同,各类水质监测站可组成不同类型的专业监测网或专用监测网。我国水质监测站网见图7-1。

水环境监测站网规划应遵循以下原则:以流域为单元进行统一规划,与水文站网、地下水位观测井网、雨量观测站网相结合;各行政区站网规划应与流域站网规划相结合。站网应不断进行优化调整,力求做到多用途、多功能,具有较强的代表性。目前,我国地表水的监测主要由水利和环保部门承担。

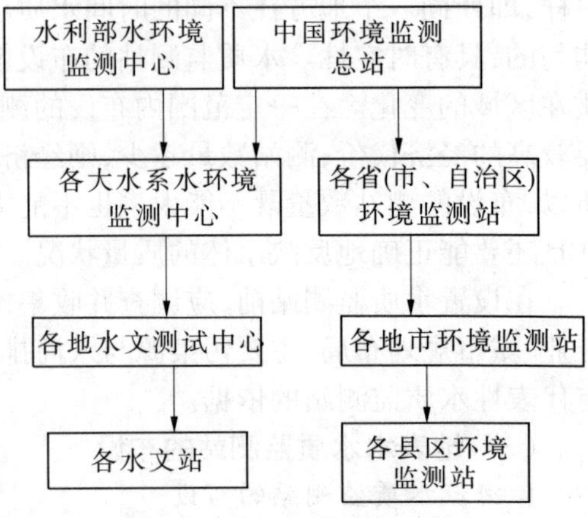

图 7-1　水质监测站网图

任务二　地表水水质监测

地表水水质监测的主要内容有站网布设、水样的采集与保存、确定监测项目、选用分析方法及水质分析、数据处理与资料整理等。站网布设的内容在本项目任务一中已作介绍,数据处理与资料整理的内容将在本项目任务五介绍;本任务主要介绍地表水水样的采集与保存、确定监测项目、选用分析方法等内容。

一、水样的采集与保存

水样是水体的样品,它的代表性关系着水质监测结果的正确性。采样位置、采样时间、采样频率、采样方法及水样保存等,都影响着水质监测的结果。

一条河流的不同河段或湖泊(水库)的不同位置的水质不同,即水质在空间上的分布是变化的。为了正确反映水质在空间上的分布,需要在河流或是湖泊(水库)的不同位置分别设置采样断面(监测断面),以控制水质在空间上的变化;即使同一采样断面,不同的位置水质不同,为了控制断面上的水质变化,需要在断面的不同位置布设多条采样垂线,并且在采样垂线上布设若干个采样点。

水质在空间上的分布是变化的,在时间上的分布也是变化的。为了正确反映水质在时间上的变化,需要合理确定每个采样点的采样时间和采样频率。

(一)采样断面的布设

采样断面的布设应充分考虑本河段(地区)取水口、排污(退水)口数量和分布及污染物排放状况、水文及河道地形、支流汇入及水利工程情况、植被与水土流失情况、其他影响水质及其均匀程度的因素等。力求以较少的监测断面和测点获取最具代表性的样品,全面、真实、客观地反映该区域水环境质量及污染物的时空分布状况与特征。避开死水及回水区,选择河段顺直、河岸稳定、水流平缓、无急流湍滩且交通方便处。尽量与水文断面相结合。

1. 河流采样断面的布设

1）采样断面的类型

为了掌握河流水质状况，常在河流的不同位置设置三种采样断面：

（1）对照断面（背景断面）：具有判断水体污染程度的参比和对照作用，或提供本底值的断面。

（2）控制断面：为及时掌握受污染水体的现状和变化动态，进而进行污染控制的断面。

（3）消减断面：当工业废水（或生活污水）在水体内流经一定距离而达到（河段范围）最大程度混合，其污染状况明显减缓的断面。

2）采样断面的设置

对不同性质的河流及同一河流的不同位置（河段），为了掌握它们的水质变化规律常在以下区域设置采样断面：

（1）城市或工业区河段，应布设对照断面、控制断面和消减断面。

（2）污染严重的河段可根据排污口分布及排污状况，设置若干控制断面，控制的排污量不得小于本河段总量的80%。

（3）河段内有较大支流汇入时，应在汇合点支流上游处，及充分混合后的干流下游处布设断面。

（4）出入境国际河流、重要省际河流等水环境敏感水域，在出入本行政区界处应布设断面。

（5）水质稳定或污染源对水体无明显影响的河段，可只布设一个控制断面。

（6）河流或水系背景断面可设置在上游接近河流源头处，或未受人类活动明显影响的河段。

（7）水文地质或地球化学异常河段，应在上、下游分别设置断面。水生生物保护区以及水源型地方病发病区、水土流失严重区应设置对照断面和控制断面。

（8）城镇饮用水水源地在取水口及其上游1 000 m处分别布设监测断面。在饮用水水源保护区以外如有排污口，应视其影响范围与程度增设监测断面。潮汐河段或其他水质变化复杂的河段，在取水口和取水口上游、下游1 000 m处分别布设监测断面。

（9）水网地区应按长年主导流向设置断面；有多个叉路时，应设置在较大干流上，控制径流量不得少于总径流量的80%。

图7-2为河流监测断面设置示意图。

2. 潮汐河流采样断面的布设

（1）设有防潮闸的河流，在闸的上、下游分别布设监测断面。

（2）未设防潮闸的潮汐河流，在潮流界以上布设对照断面；潮流界超出本河段范围时，在本河段上游布设对照断面。

（3）在靠近入海口处布设消减断面；入海口在本河段之外时，设在本河段下游处。

（4）控制断面的布设应充分考虑涨、落潮水流变化。

3. 湖泊（水库）采样断面的布设

（1）湖泊（水库）主要出入口、中心区、滞流区、饮用水水源地、鱼类产卵区和游览区等

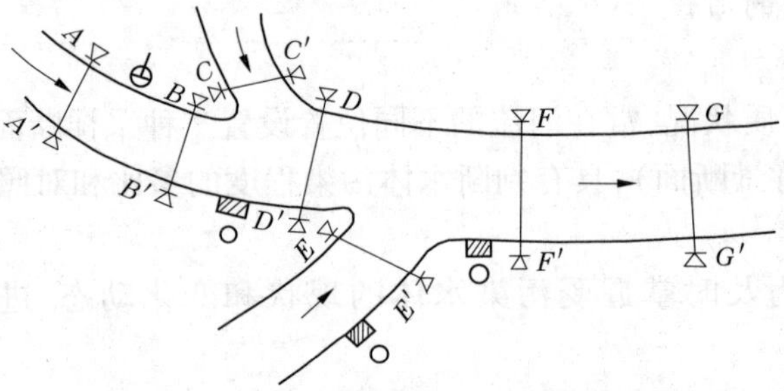

→ 水流方向；⊕ 自来水厂取水点；○ 污染源；

▨ 排污口；A—A'为对照断面；G—G'为消减断面；

B—B'、C—C'、D—D'、E—E'、F—F'为控制断面

图 7-2　河流监测断面设置示意图

应设置断面。

(2)主要排污口汇入处，视其污染物扩散情况，在下游 100～1 000 m 处设置 1～5 条断面或半断面。

(3)峡谷型水库，应在水库上游、中游、近坝区及主要库湾回水区布设采样断面。

(4)湖泊(水库)无明显功能分区，可采用网格法均匀布设，网格大小依湖、库面积而定。

(5)湖泊(水库)的采样断面应与断面附近水流方向垂直。

图 7-3 为湖泊(水库)监测断面设置示意图。

(二)采样垂线和采样点的布设

1. 采样垂线的布设

(1)河流(潮汐河段)采样垂线的布设应符合表 7-1 的规定。

(2)湖泊(水库)采样垂线布设。

湖泊(水库)的中心、滞流区的各断面，可视湖库大小、水面宽窄，沿水流方向适当布设 1～5 条采样垂线。

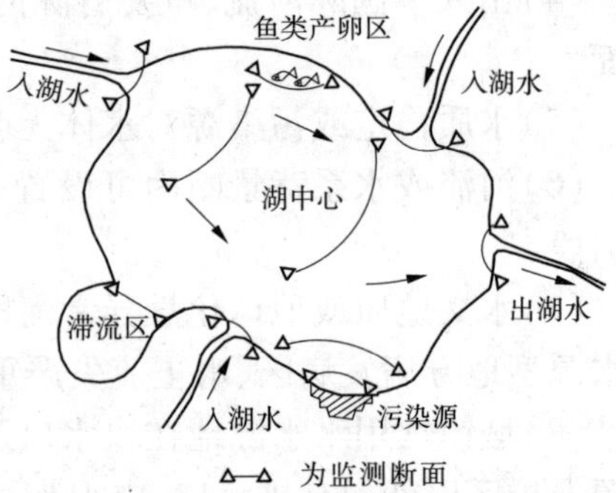

△—△ 为监测断面

图 7-3　湖泊(水库)监测断面设置示意图

2. 采样点的布设

(1)河流采样垂线上采样点一般按表 7-2 的规定布设，特殊情况可按河流水深和待测物分布均匀程度确定。

表 7-1　江河采样垂线布设

水面宽(m)	采样垂线布设	岸边有污染带	相对范围
<50	1 条(中泓处)	如一边有污染带，增设 1 条垂线	
50～100	左、中、右 3 条	3 条	左、右设在距湿岸 5～10 m 处
100～1 000	左、中、右 3 条	5 条(增加岸边两条)	岸边垂线距湿岸边陲 5～10 m 处
>1 000	3～5 条	7 条	

(2)湖泊(水库)采样垂线上采样点一般与河流相同，但出现温度分层现象时，应分别在表温层、斜温层和亚温层布设采样点。

表7-2　采样点布设

水深(m)	采样点数	位置	说　明
<5	1	水面下0.5 m	1. 不足1 m时,取1/2水深 2. 如沿垂线水质分布均匀,可减少中层采样点 3. 潮汐河流应设置分层采样点
5~10	2	水面下0.5 m,河底上0.5 m	
>10	3	水面下0.5 m,1/2水深,河底上0.5 m	

另外,当水体封冻时,河流和湖泊(水库)的采样点均应布设在冰下水深0.5 m处;水深小于0.5 m时,在1/2水深处采样。

(三)水样的采集

1. 采样频次和时间的确定

1)河流采样频次和时间的确定

(1)重要河流的干流站和全国重点基本站等,采样频次每年不得少于12次,每月中旬采样。遇特大水旱灾害,应增加采样频次。

(2)一般中小河流基本站采样频次每年不得少于6次,丰、平、枯水期各2次,或按单数月或双数月采样1次。

(3)流经城市或工业区污染较为严重的河段,采样频次每年不得少于12次,每月采样1次。在污染河段有季节差异时,采样频次和时间可按污染季节和非污染季节适当调整,但全年监测不得少于12次。

(4)水功能一级区中的保护区(自然保护区、源头水保护区)、保留区应每年采样6次,丰、平、枯水期各2次。水功能一级区中的缓冲区、跨流域等大型调水工程水源地保护区,应每月采样1次,全年不少于12次;发生水污染事件或水污染严重时,应增加采样频次。

(5)水功能二级区中的重要饮用水水源区应按旬采样,每月3次,全年36次。一般饮用水水源区每月2次,全年24次。其他水功能二级区每月1次,全年不少于12次;相邻水功能区区间水质有相互影响的或有水事纠纷的,应增加采样频次。

(6)潮汐河段和河口采样频次每年不得少于3次,按丰、平、枯三期进行,每次采样应在当月大汛或小汛日采高平潮与低平潮水样各一个;全潮分析的水样采集时间可从第一个落憩到出现涨憩,每隔1~2 h采一个水样,周而复始直到全潮结束。

(7)河流水系的背景断面每年采样6次,丰、平、枯水期各2次。

2)湖泊(水库)采样频次和时间的确定

(1)设有全国重点基本站或具有向城市供水功能的湖泊(水库),每月采样1次,全年12次。

(2)一般湖泊(水库)水质站全年采样3次,丰、平、枯水期各1次。

(3)污染严重的湖泊(水库),全年采样不得少于6次,隔月1次。

对同一河流、湖泊(水库)应力求水质、水量及时间同步采样,在河流、湖泊(水库)最枯水位和封冻期,应适当增加采样频次,专用站的采样频次与时间视具体要求而定。

2. 采样器和储样器

1)采样器

采样器应有足够强度,且使用灵活、方便可靠,大小和形状适宜,容易清洗并可反复使用;与水样接触的部分应采用惰性材料,如不锈钢、聚四氟乙烯等。采样器在使用前,应先用洗涤剂洗去油污,用自来水冲净,用10%盐酸荡洗,自来水冲净,蒸馏水润洗后备用。图7-4为常用的采样器。采样器的类型有:

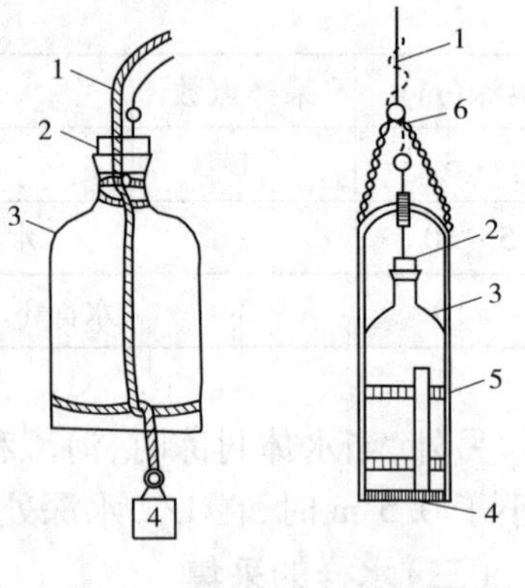

1—绳子;2—带有软绳的橡胶塞;
3—采样瓶;4—铅锤;
5—铁框;6—挂钩

图7-4 常用的采样器

(1)直立式采样器。适用于水流平缓的河流、湖泊、水库的水样采集。

(2)横式采样器。与铅鱼联用,用于山区水深流急的河流水样采集。

(3)有机玻璃采样器。由桶体、带轴的两个半圆上盖和活动底板等组成,主要用于水生生物样品的采集,也适用于除细菌指标与油类以外水质样品的采集。

(4)自动采样器。利用定时关启的电动采样泵抽取水样,或利用进水面与表层水面的水位差产生的压力采样,或可随流速变化自动按比例采样等。此类采样器适用于采集时间或空间混合积分样,但不适宜于油类、pH值、溶解氧、电导率、水温等项目的测定。

2)储样器

储样器材质应化学稳定性好,不会溶出待测组分,且在储存期内不会与水样发生物理化学反应。对光敏性组分,应具有遮光作用;用于微生物检验用的容器能耐受高温灭菌。根据不同的监测项目可选择不同材质的储样器:

(1)测定有机及生物项目的储样容器应选用硬质(硼硅)玻璃容器。

(2)测定金属、放射性及其他无机项目的储样容器可选用高密度聚乙烯或硬质(硼硅)玻璃容器。

(3)测定溶解氧及生化需氧量(BOD_5)应使用专用储样容器。

容器在使用前应根据监测项目和分析方法的要求,采用相应的洗涤方法洗涤。

3. 采样方法与采样方式

根据实际情况采用如下所述的采样方法和采样方式:

1)采样方法

(1)定流量采样。当累积水流流量达到某一设定值时,脉冲触发采样器采集水样。

(2)流速比例采样。可采集与流速成正比例的水样,适用于流量与污染物浓度变化较大的水样采集。

(3)时间积分采样。适用于采集一定时段内的混合水样。

(4)深度积分采样。适用于采集沿采样垂线不同深度的混合水样。

2)采样方式

(1)涉水采样。适用于水深较浅的水体。

(2)桥梁采样。适用于有桥梁的采样断面。

(3)船只采样。适用于水体较深的河流、水库、湖泊。

(4)缆道采样。适用于山区流速较快的河流。

(5)冰上采样。适用于北方冬季冰冻河流、湖泊和水库。

采集水样的量应根据监测项目及采用的分析方法所需水样量和备用水样量而定。

4. 采样质量保证与质量控制

采样质量保证与质量控制应符合下列要求:

(1)采样人员应通过岗前培训考核,持证上岗,切实掌握采样技术,熟知水样固定、保存、运输条件。

(2)采样人员不得擅自变更采样位置;采样时应保证采样按时、准确、安全,断面、垂线、采样点的位置准确;必要时,采用定位仪(GPS)定位。

(3)当不能抵达指定采样位置时,应详细记录现场情况和实际调整的采样位置。水体异常可能影响样品代表性时,应立即进行现场调查和分析影响原因,及时调整采样计划和增设断面或垂线、采样点,并进行详细记录。

(4)采样时,不得搅动水底沉积物,以免影响样品的真实性。用船只采样时,采样船应位于下游方向逆流采样;在同一采样点上分层采样时,应自上而下进行,避免不同层次水体混扰。

(5)采样容器容积有限需要多次采样时,可将各次采集的水样放入洁净的大容器中进行混匀后分装,但不得用于溶解氧和细菌等易变项目的检验。

(6)细菌总数、大肠菌群、粪大肠菌群、油类、生化需氧量、有机物、硫化物、余氯、悬浮物、放射性等有特殊要求的检验项目,应单独采样;溶解氧、生化需氧量和挥发性有机污染物的水样应将水充满容器,密闭保存;油类的水样应在水面下 300 mm 单独采集,全部用于测定,不得用采集的水样冲洗采样器(容器)。

(7)水样装入容器后,应按规定要求立即加入相应的固定剂摇匀,贴好标签;或按照规定要求低温避光保存。

(8)采样时应用签字笔或硬质铅笔做好现场采样记录,填写“水质采样记录表”,字迹工整、清晰,项目完整。

(9)采样结束前,应核对采样计划、填好水样送检单、核对瓶签。若有错误,应立即补采或重采。

(10)每批水样,应选择部分项目加采现场平行样、制备现场空白样,与样品一同送实验室检测分析。

(四)水样的保存

水样采集后,由于环境的改变、微生物的作用及化学反应,水样水质会受到不同程度的影响,所以应尽快进行分析测定,以免在存放过程中引起较大的水质变化。有的监测项目要在采样现场采用相应方法立即测定。如:用温度计法测水温;用 pH 计法测 pH 值;用容量法或膜电极法测溶解氧;用电导仪法测电导率;用塞氏盘法测透明度;在现场描述记录水的色、臭和味及感官性状等。有的监测项目不能很快测定,需要保存一段时间。水样保存的期限取决于水样的性质、测定要求和保存条件。未采取任何保存措施的水样,允许存放的时间一般为:

清洁水样 72 h
轻度污染的水样 48 h
严重污染的水样 12 h

为了最大限度地减少水样水质的变化,须采取正确有效的保存措施。水样常用的保存方法有:

(1)冷藏或冷冻法。其作用是抑制微生物活动,减缓物理挥发和化学反应速度。

(2)加入化学试剂法。如加入生物抑制剂;调节 pH 值;加入稳定剂等。其作用是减少水样水质的变化,稳定水质。

应该说明的是,无论采用何种保存方法,均不得干扰、影响以后的水质测定,这是水样保存的原则。表 7-3(1)和表 7-3(2)列出了我国水质采样标准中建议的水样保存技术。

表 7-3(1) 常用样品保存技术

待测项目	容器类别	保存方法	分析地点	可保存时间	建议
pH	P 或 G	在 0～4 ℃暗处冷藏	现场	12 h	现场直接测试
酸度及碱度	P 或 G		分析室	30 h 或 12 h	水样注满容器
臭和味	G	0～4 ℃冷藏	分析室	6 h	最好在现场测试
电导率	P 或 G		分析室	12 h	最好在现场测试
色度	P 或 G	在 0～4 ℃暗处冷藏		12 h	
悬浮物	P 或 G		分析室	14 d	单独定容采样
浊度	P 或 G		现场		现场直接测试
臭氧	G		现场		
余氯	P 或 G		现场		最好现场分析;否则,应在现场用过量 NaOH 固定,保存不应超过 6 h
二氧化碳	P 或 G		分析室		
溶解氧	溶解氧瓶	现场固定并存放暗处	现场、分析室	24 h	碘量法加1 mL 1 mol/L 硫酸锰和 2 mL 1 mol/L 碱性碘化钾
油脂、油类、碳氢化合物、石油及其衍生物	G	现场萃取冷冻至 -20 ℃	分析室	24 h 数月	建议使用分析时所用的溶剂冲洗容器,采样后立即加入萃取剂,或进行现场萃取
砷	P 或 G	加 H_2SO_4 使 pH < 2 加碱调节 pH = 12	分析室	数月	不能用硝酸酸化。生活污水及工业废水应使用加碱保存方法
阴离子表面活性剂	P 或 G			2 h	

续表 7-3(1)

待测项目	容器类别	保存方法	分析地点	可保存时间	建议
硫化物	G	每 100 mL 水样先加 2 mL 2 mol/L 醋酸锌后,再加入 2 mL 2 mol/L NaOH 并冷藏	分析室	12 h	必须现场固定
总氰化物	P	用 NaOH 调节至 pH >9	分析室	24 h	
高锰酸盐指数 化学需氧量	G	在 0 ~4 ℃暗处冷藏,用 H_2SO_4 酸化至 pH <2	分析室	2 d	如果 COD 是因为存在有机物引起的,则必须加以酸化
生化需氧量	G	在 0 ~4 ℃暗处冷藏	分析室	6 h	最好使用专用玻璃容器
基耶达氮、氨氮	P 或 G	用 H_2SO_4 酸化至 pH <2,并在 0 ~4 ℃冷藏	分析室	24 h	为了阻止硝化细菌的新陈代谢,应考虑加入杀菌剂,如丙烯基硫脲或氯化汞或三氯甲烷等
硝酸盐氮	P 或 G	酸化至 pH < 2 并在 0 ~ 4 ℃冷藏	分析室	24 h	有些废水样品不能保存,需要现场分析
亚硝酸盐氮	P 或 G	在 0 ~4 ℃冷藏,避光	分析室	尽快	
有机氯农药	G	在 0 ~4 ℃冷藏	分析室	1 周	建议于采样后立即加入萃取剂,或在现场进行萃取
有机磷农药	G	在 0 ~4 ℃冷藏	分析室	24 h	
游离氰化物	P		分析室	24 h	保存方法取决于所用的分析方法
酚	BG	用 $CuSO_4$ 抑制生化作用,并用 H_3PO_4 酸化,或用 NaOH 调节至 pH >12	分析室	24 h	保存方法取决于所用的分析方法

注:P—聚乙烯;G—玻璃;BG—硼硅玻璃。

表 7-3(2)　常用样品保存技术

待测项目			容器类别	保存方法	分析地点	可保存时间	建议
物理、化学分析	叶绿素 a		P 或 G	0 ~ 4 ℃下冷藏，过滤后冷冻滤渣	分析室	24 h 1 个月	
	汞		P 或 BG		分析室	14 d	保存方法取决于分析方法
	镉	可过滤镉	P 或 BG	在现场过滤，硝酸酸化滤液至 pH < 2	分析室	14 d	滤渣用于测定不可过滤镉，滤液用于该项测定
		总镉		硝酸酸化至 pH < 2	分析室	14 d	取均匀样品消解后测定
	铜		P 或 G	同镉			
	铅		P 或 BG	同镉			酸化时不能使用 H_2SO_4
	锰		P 或 BG	同镉			
	锌		P 或 BG	同镉			
	总铬		P 或 G	酸化至 pH < 2	分析室	14 d	不得使用磨口及内壁已磨毛的容器，以避免铬被吸附
	六价铬		P 或 G	用 NaOH 调节至 pH = 7 ~ 9			
	钙		P 或 BG	过滤后将滤液酸化至 pH < 2	分析室	14 d	酸化时不要用 H_2SO_4，酸化的样品可同时用于测其他金属
	总硬度		P 或 BG	同钙			
	镁		P 或 BG	同钙			
	氟化物		P		分析室	中性样品可保存数月	
	氯化物		P 或 G		分析室	数月	
	总磷		BG	用 H_2SO_4 酸化至 pH < 2	分析室	24 h	
	硒		G 或 BG	用 NaOH 调节至 pH > 11	分析室	数月	
	硫酸盐		P 或 G	于 2 ~ 5 ℃冷藏	分析室	30 d	

续表 7-3(2)

待测项目		容器类别	保存方法	分析地点	可保存时间	建议
微生物分析	细菌总数 大肠菌总数 总大肠菌数 总链球菌数 沙门氏菌数等	灭菌容器 G	0～4 ℃冷藏	分析室	12 h（地表水、污水及饮用水）	取氯化或溴化过的水样时，所用的样品瓶中应先加入（消毒前加入）硫代硫酸钠（一般每 125 mL 样品加入 0.1 mL 10%（W/W）硫代硫酸钠溶液），以消除氯或溴对细菌的抑制作用 对重金属含量高于 0.01 mg/L 的水样，应在容器消毒之前，按每 125 mL 容积加入 0.3 mL 的 15%（W/W）EDTA 溶液
生物学分析	鉴定和计数： （1）底栖类无脊椎动物—大样品—小样品	P 或 G	加入 70%（V/V）乙醇或加入 40%（V/V）中性甲醛（用硼酸钠调节）使水样成为 2%～5%（V/V）的溶液	分析室	1 年	应先倒出样品中的水以使防腐剂的浓度最大
			加入防腐溶液，含 70%（V/V）乙醇、40%（V/V）甲醛和甘油，其三者比例为 100∶2∶1			当心甲醛蒸气！工作地点不应大量存放
	（2）浮游植物、浮游动物	G	1 份体积样品加入 100 份卢戈耳溶液：每升用 150 g 碘化钾、100 g 碘、18 mL 乙酸（$\rho = 1.04$ g/mL），配成水溶液，存放在冷暗处 加 40%（V/V）甲醛，使之成 4%（V/V）福尔马林溶液或加卢戈耳溶液	分析室	1 年	若发生脱色，则应加更多的卢戈耳溶液

续表 7-3(2)

待测项目		容器类别	保存方法	分析地点	可保存时间	建　议
生物学分析	湿重和干重: (1)底栖大型无脊椎动物 (2)大型植物 (3)浮游植物 (4)浮游动物 (5)鱼	G	0 ~ 4 ℃冷藏	现场或分析室	24 h	尽快分析
	灰分重量: (1)底栖大型无脊椎动物 (2)大型植物 (3)悬垂植物 (4)浮游植物	P或G	过滤后于0 ~ 4 ℃冷藏 -20 ℃保存 -20 ℃保存 过滤并冷藏,-20 ℃保存	分析室	6个月	
	热值测定: (1)浮游植物 (2)浮游动物	P或G	过滤后于0 ~ 4 ℃冷藏,保存于干燥器皿中	分析室	24 h	尽快分析

注:P—聚乙烯;G—玻璃;BG—硼硅玻璃。

二、监测项目与分析方法

(一)监测项目

水质监测项目包括反映水质状况的各项物理指标、化学指标、微生物指标等。选测项目过多会造成人力、物力的浪费,过少则不能正确反映水体水质状况。所以,必须合理地确定监测项目,使之能正确地反映水质状况。确定监测项目时,要根据被测水体和监测目的综合考虑。通常按以下原则确定监测项目:

(1)国家与行业水环境与水资源质量标准或评价标准中已列入的监测项目。

(2)国家及行业正式颁布的标准分析方法中列入的监测项目。

(3)反映本地区水体中主要污染物的监测项目。

(4)专用站应依据监测目的选择监测项目。

监测项目可分为必测项目与选测项目两类。河流(湖、库)等地表水全国重点基本站监测项目如表7-4所示。

(二)分析方法

水质分析的基本方法有化学分析法(滴定分析法、重量分析法等)和仪器分析法(原子吸收法、气相色谱法等),分析方法的选用应根据样品类型、污染物含量以及方法适用范围等确定。分析方法的选择应符合以下原则：

(1)选用国家标准分析方法、行业标准分析方法或统一分析方法。

(2)河流、湖泊、水库等地表水监测项目应优先选用地表水环境质量标准、渔业水质标准和生活饮用水卫生标准规定的分析方法。

(3)特殊监测项目，尚无国家或行业标准分析方法或统一分析方法时，可采用ISO等标准分析方法，但应进行适用性检验，验证其检出限、准确度和精密度等技术指标均能达到质量控制要求。

(4)当规定的分析方法应用于基体复杂或干扰严重的样品分析时，应增加必要的消除基体干扰的净化步骤等，并进行可适用性检验。

地表水监测项目分析方法见表7-5。潮汐河流水样中盐度如大于3‰，应按海水分析方法测定。

表7-4 地表水监测项目

水体	必测项目	选测项目
河流	水温、pH、溶解氧、高锰酸盐指数、化学需氧量、五日生化需氧量、氨氮、总磷、总氮、铜、锌、氟化物、硒、砷、汞、镉、六价铬、铅、氰化物、挥发酚、石油类、阴离子表面活性剂、硫化物、粪大肠菌群	矿化度、总硬度、电导率、悬浮物、硝酸盐氮、硫酸盐、氯化物、碳酸盐、重碳酸盐、总有机碳、钾、钠、钙、镁、铁、锰、镍，其他项目根据水功能区和入河排污口管理需要确定
饮用水水源地	水温、pH、溶解氧、高锰酸盐指数、化学需氧量、五日生化需氧量、氨氮、总磷、总氮、铜、锌、氟化物、硒、砷、汞、镉、六价铬、铅、氰化物、挥发酚、石油类、阴离子表面活性剂、硫化物、粪大肠菌群、氯化物、硫酸盐、硝酸盐氮、总硬度、电导率、铁、锰、铝	三氯甲烷、四氯化碳、三溴甲烷、二氯甲烷、1,2－二氯乙烷、环氧氯丙烷、氯乙烯、1,1－二氯乙烯、1,2－二氯乙烯、三氯乙烯、四氯乙烯、氯丁二烯、六氯丁二烯、苯乙烯、甲醛、乙醛、丙烯醛、三氯乙醛、苯、甲苯、乙苯、二甲苯、异丙苯、氯苯、1,2－二氯苯、1,4－二氯苯、三氯苯、四氯苯、六氯苯、硝基苯、二硝基苯、2,4－二硝基甲苯、2,4,6－三氯苯酚、五氯苯、苯胺、联苯胺、丙烯酰胺、丙烯腈、邻苯二甲二丁酯、邻苯二甲酸(2－乙基己基)酯、水合肼、四乙基铅、吡啶、松节油、苦味酸、丁基黄原酸、活性氯、滴滴涕、林丹、环氧七氯、对硫磷、甲基对多氯联苯、硫磷、马拉硫磷、乐果、敌敌畏、敌百虫、内吸磷、百菌清、甲萘威、溴氰菊酯、阿特拉津、苯并(a)芘、甲基汞、微囊藻毒素－LR、黄磷、钼、钴、铍、硼、锑、镍、钡、钒、钛、铊
湖泊水库	水温、pH、溶解氧、高锰酸盐指数、化学需氧量、五日生化需氧量、氨氮、总磷、总氮、铜、锌、氟化物、硒、砷、汞、镉、六价铬、铅、氰化物、挥发酚、石油类、阴离子表面活性剂、硫化物、粪大肠菌群、氯化物、叶绿素a、透明度	矿化度、总硬度、电导率、悬浮物、硝酸盐氮、硫酸盐、碳酸盐、重碳酸盐、总有机碳、钾、钠、钙、镁、铁、锰、镍，其他项目根据水功能区和入河排污口管理需要确定

表7-5　地表水监测项目分析方法

序号	项目	分析方法	最低检出限(mg/L)	方法来源
1	水温	温度计法		GB 13195—91
2	pH	玻璃电极法		GB 6920—86
3	溶解氧	碘量法	0.2	GB 7489—87
		电化学探头法		HJ 506—2009
4	高锰酸盐指数		0.5	GB 11892—89
5	化学需氧量	重铬酸盐法	10	GB 11914—89
		快速消解分光光度法	15	HJ/T 399—2007
6	五日生化需氧量	稀释与接种法	0.5	HJ 505—2009
7	氨氮	纳氏试剂分光光度法	0.025	HJ 535—2009
		水杨酸分光光度法	0.01	HJ 536—2009
		蒸馏－中和滴定法	0.05	HJ 537—2009
8	总磷	钼酸铵分光光度法	0.01	GB 11893—89
9	总氮	碱性过硫酸钾消解紫外分光光度法	0.05	HJ 636—2012
10	铜	原子吸收分光光度法	0.05(直接法) 0.001(萃取法)	GB 7475—87
		二乙基二硫代氨基甲酸钠分光光度法	0.01	HJ 485—2009
		2,9－二甲基－1,10－菲啰啉分光光度法	0.03	HJ 486—2009
11	锌	原子吸收分光光度法	0.05(直接法)	GB 7475—87
12	氟化物	离子选择电极法	0.05	GB 7484—87
		茜素磺酸锆目视比色法	0.1	HJ 487—2009
		氟试剂分光光度法	0.02	HJ 488—2009
13	硒	原子荧光法	0.000 4	HJ 694—2014
		2,3－二氨基萘荧光法	0.000 25	GB 11902—89
14	砷	原子荧光法	0.000 3	HJ 694—2014
		硼氢化钾－硝酸银分光光度法	0.000 4	GB 11900—89
		二乙基二硫代氨基甲酸银分光光度法	0.007	GB 7485—87
15	汞	原子荧光法	0.000 04	HJ 694—2014
		冷原子吸收分光光度法	0.000 02	HJ 597—2011
16	镉	原子吸收分光光度法	0.05(直接法) 0.001(萃取法)	GB 7475—87

续表 7-5

序号	项目	分析方法	最低检出限(mg/L)	方法来源
17	铬(六价)	二苯碳酰二肼分光光度法	0.004	GB 7467—87
		火焰原子吸收分光光度法	0.03	HJ 757—2015
18	铅	原子吸收分光光度法	0.2(直接法) 0.01(萃取法)	GB 7475—87
19	氰化物	硝酸银滴定法	0.25	HJ 484—2009
		异烟酸-吡唑啉酮分光光度法	0.004	
		异烟酸-巴比妥酸分光光度法	0.001	
		吡啶-巴比妥酸分光光度法	0.002	
		真空检测管-电子比色法	0.009	HJ 659—2013
20	挥发酚	溴化容量法	0.1	HJ 502—2009
		4-氨基安替比林分光光度法	0.000 3(萃取法)	HJ 503—2009
21	石油类	红外分光光度法	0.01	HJ 637—2012
22	阴离子表面活性剂	亚甲蓝分光光度法	0.05	GB 7494—87
23	硫化物	气相分子吸收光谱法	0.005	HJ/T 200—2005
		碘量法	0.4	HJ/T 60—2000
		直接显色分光光度法	0.004	GB/T 17133—1997
		亚甲基蓝分光光度法	0.005	GB/T 16489—1996
24	粪大肠菌群	纸片快速法	20 MPN/L	HJ 755—2015
		多管发酵法和滤膜法(试行)		HJ/T 347—2007
25	硫酸盐	铬酸钡分光光度法(试行)	8	HJ/T 342—2007
		火焰原子吸收分光光度法	0.4	GB 13196—91
		重量法	10 以上	GB 11899—89
26	氯化物	硝酸汞滴定法(试行)	2.5	HJ/T 343—2007
		硝酸银滴定法	10	GB 11896—89
27	硝酸盐	紫外分光光度法(试行)	0.08	HJ/T 346—2007
		气相分子吸收光谱法	0.006	HJ/T 198—2005
		酚二磺酸分光光度法	0.02	GB 7480—87
28	铁	邻菲啰啉分光光度法(试行)	0.03	HJ/T 345—2007
		火焰原子吸收分光光度法	0.03	GB 11911—89
29	锰	甲醛肟分光光度法(试行)	0.01	HJ/T 344—2007
		火焰原子吸收分光光度法	0.01	GB 11911—89

任务三　地下水水质监测

储存在土壤和岩石空隙(孔隙、裂隙、溶隙)中的水统称为地下水。地下水是水资源的重要组成部分。

地下水水质监测的目的在于掌握地下水环境质量状况,保护和开发地下水资源,进行地下水污染的综合防治和地下水评价。它是环境水质监测的重要组成部分。

一、水样的采集与保存

地下水和地表水一样,水质随时间和空间而变化。影响地下水水质的因素有气候、岩性、生物作用、补给条件、人类活动等。为了正确地反映地下水水质在空间和时间上的变化规律,需要在一定的位置布设采样井(点),并制定合理的采样时间和采样频率。

(一)采样井布设

在布设地下水采样井之前,应收集本地区有关资料,包括区域自然水文地质单元特征、地下水补给条件、地下水流向及开发利用、污染源及污水排放特征、城镇及工业区分布、土地利用与水利工程状况等。

1. 采样井布设原则

(1)以地下水类型区和开采强度分区为基础,并根据监测目的和精度要求合理布设各类监测井。

(2)以平原区和浅层地下水为重点,平面上点、线、面相结合布设各类监测井,垂向上分层布设各类监测点。

(3)以特殊类型区地下水监测为重点,兼顾基本类型区地下水监测。

(4)与地下水功能区管理相结合,重点监测地下水开采层或供水层。

(5)与地下水水文监测井相结合,并优先选用符合监测条件的民用井或生产井。

(6)监测井密度在主要供水区密,一般地区稀。污染严重区密,非污染区稀。

2. 采样井常布设的位置

(1)以地下水为主要供水水源的地区。

(2)饮水型地方病(如高氟病)高发地区。

(3)污水灌溉区、垃圾堆积处理场地区、地下水回灌区、大型矿山排水区及大型水利工程或工业建设项目区等。

(4)超采区、次生盐渍和污染严重区。

(5)不同水文地质单元区。

(6)地下水功能区。

3. 地下水监测井布设密度

地下水监测井布设密度应根据水文地质条件、地下水类型、开采强度及污染状况等合理选定。以地下水为主要供水水源的地区,监测井布设密度不得低于表7-6中的最底限要求。其他地下水功能区、污染严重区、超采区或强采区应按表7-6中的最高限要求加密。

表 7-6　地下水监测井网布设密度　（单位：眼/10^2 km^2）

基本类型区名称		开采强度分区			
		超采区	强采区	中等开采区	弱开采区
平原区	冲积平原区	8～14	6～12	4～10	2～6
	内陆盆地平原区	10～16	8～14	6～12	4～8
	山间平原区	12～16	10～14	8～12	6～10
	黄土台塬区	参照冲积平原区弱开采区监测站布设密度布设			
	荒漠区				
山丘区	一般基岩山丘区				
	岩溶山区				
	黄土丘陵区				

（二）水样的采集与保存

1. 采样器与储样器要求

（1）采样器与储样器材质要求与地表水相同。

（2）地下水水质采样器分为自动式与人工式，自动式用电动泵进行采样，人工式分活塞式与隔膜式，可按要求选用。

（3）采样器在测井中应能准确定位，并能取到足够量的代表性水样。

2. 采样方法与要求

（1）采样时，采样器放下与提升时动作要轻，避免搅动井水及底部沉积物。

（2）用机井泵采样时，应待管道中的积水排净后再采样。

（3）自流地下水样品应在水流流出处或水流汇集处采集。

（4）水样采集量应满足监测项目与分析方法所需量及备用量要求。

3. 采样时间与频次

（1）背景井点每年采样 1 次。

（2）全国重点基本站每年采样两次，丰、枯水期各 1 次。

（3）地下水污染严重的控制井，每季度采样 1 次。

（4）在以地下水作生活饮用水水源的地区每月采样 1 次。

（5）专用监测井按设置目的与要求确定。

4. 水样的保存

样品保存方法和要求与地表水相同（见表 7-3）。

5. 采样质量保证与要求

（1）采样人员应经过岗前培训，持证上岗。

（2）每次检验工作结束后，样品容器等应及时清洗。

（3）地下水水样容器和其他污水样品容器应分类存放，不得混用。

（4）采样后尽快分析测定。能在现场测定的项目应立即测定，需要带回实验室分析测定的项目应加入保护剂或低温避光保存。

(5)水位、水温、pH、电导率、浊度、色度、臭和味应在采样现场观察和测定。

(6)现场使用的监测仪器应经过检定或校准合格,并在使用前进行仪器校正。

(7)每批水样应选择部分项目加采现场平行样、制备现场空白样,与样品一同送实验室检测分析。

二、监测项目与分析方法

(一)监测项目

1. 选择监测项目的原则

(1)反映本地区地下水主要水质污染状况。

(2)满足地下水质量评价与保护要求。

(3)按本地区地下水功能用途选择。

(4)矿区或地球化学高背景区,可根据矿物成分、丰度来选测。

(5)专用站按监测目的与要求选择。

2. 地下水水质监测项目

不同的监测站(井)监测项目不同,全国重点基本站的监测项目如表 7-7 所示。

表 7-7　地下水监测项目

必测项目	选测项目
pH、总硬度、溶解性总固体、钾、钠、钙、镁、硝酸盐、氯化物、氟化物、硫酸盐、氨氮、硝酸盐氮、亚硝酸盐氮、高锰酸盐指数、挥发性酚、氰化物、砷、汞、六价铬、铅、铁、锰、总大肠菌群	色、臭和味、浊度、肉眼可见物、铜、锌、钼、钴、阴离子合成洗涤剂、电导率、溴化物、亚硝胺、碘化物、硒、铍、钡、镍、六六六、滴滴涕、细菌总数、总 α 放射性、总 β 放射性

(二)分析方法

地下水分析方法的选用原则:

(1)选用国家标准分析方法,并与相关质量标准的规定相一致。

(2)专用监测井、地下水资源普查的监测项目,其分析方法可选用国家或水利行业标准分析方法。

(3)特殊监测项目,尚无国家或行业标准分析方法时,可采用 ISO 等标准分析方法,但应进行适用性检验,验证其检出限、准确度和精密度等技术指标均能达到质量控制要求。

分析方法的选择同地表水一样,参见表 7-5。

任务四　水污染监测与调查

工业污水性质复杂,污染物种类繁多,有的污染物毒性很强、危害很大。城镇生活污水的污染物主要是有机污染和微生物污染,随着全国城镇化的发展,生活污水量越来越大，排入水体的污染物越来越多，工业污水和生活污水是造成水体污染的主要原因。农业生产使用的化肥、农药对水体水质的影响也很大，不能忽视。为了正确有效地进行水质监测和评价，掌握水质的变化规律，防止水体污染，进行水污染综合治理，对污染源进行调查和监测显得尤为重要。

一、排污口监测与调查

进入水域（河流、湖泊、水库等）的排污口数量、排污水量、污水污染物浓度等都直接影响着水域水质。排污口的监测与调查是水域水质监测的重要内容。下面仅就入河排污口的监测与调查加以介绍。

开展入河排污口监测前，应进行必要的现场查勘和社会调查，以确定入河排污口的数量、分布、污水的流向、排放方式和排放规律以及排污单位。根据污水性质和来源，将入河排污口排出的污、废水分为以下类型：

（1）工业废水；

（2）生活污水；

（3）医院污水；

（4）工业废水和生活污水合流的混合污水；

（5）城市污水处理出厂水。

进行入河排污口监测时，应同步测定污、废水和主要污染物质的排放量。

（一）污、废水流量的测定

1. 污、废水流量的测定方法

常用的测定方法有流速仪法、浮标法、三角形薄壁堰法、矩形薄壁堰法、容积法等。根据入河排污口的情况和具体条件，可采用超声波流量计和电磁流量计测定流速。

2. 污、废水量的计算

在某一时间间隔内，入河排污口的污、废水排放量按下式计算：

$$Q = VAt$$

式中　Q——污、废水排放量，m^3/d（或 t/d）；

V——污、废水平均流速，m/s；

A——过水断面面积，m^2；

t——日排污时间，s。

在无法采用有关方法测量污水量时，可根据以下经验计算公式推算排放量：

$$Q = q\omega k$$

式中　Q——污、废水排放量，t/d；

q——单位产品污、废水排放量，t/单位产品；

ω——产品日产量；

k——污、废水入河量系数。

（二）入河排污口采样点的布设

（1）采样点可选择在排污沟（渠）平直、水流稳定、水质均匀的部位，但应避免纳污河道水流的影响。有一定宽度和深度的，应按《水环境监测规范》（SL 219—2013）中地表水监测有关技术规定的要求布设监测断面(点)。

(2)有涵闸或泵站控制的排污口,在积蓄污水的池塘、洼地内设置采样点;水网与河口地区应避免河道往复与潮汐水流的影响。

(3)城市污水处理厂的进、出水口应设采样点。

(4)根据农田灌溉方式和退水流向,在灌区主要退水口布设监测断面(点);有多处农田退水口时,应控制监测区域入河退水总量的80%以上;建有农田小区径流池的,可在径流池内布设监测断面(点)。

(三)采样器和样品容器

污水样品采集可选用聚乙烯塑料桶、有机玻璃采水器、泵式采水器、自动采水器等采样工具。样品容器用硬质玻璃和聚乙烯塑料等具塞(带盖)瓶、桶,不应使用橡胶塞和软木塞。

(四)采样方法与要求

(1)采样器应按规定洗涤,并保持清洁,避免沾污或交叉污染。

(2)排污沟(渠)水深小于1 m的,应在1/2水深处采样;水深大于1 m的,应在1/4水深处采样。

(3)采样时注意除去水面的杂物、垃圾及漂浮物。同时应避免搅动底部沉积物,防止异物进入采样器。

(4)在排污暗管(渠)落水口或观察孔采样,可直接用采样桶采集。

(5)用样品容器直接采样时,应反复用水样冲洗数次后再采样。但当水面有浮油物时,采油的容器不能冲洗。

(6)入河排污口监督性或抽查性监测可以采集瞬时样品。污水排放不稳定,污染物浓度有明显变化,可分时间段采样。但各次采样时,应注意采样量与实时的污水流量成正比,保证混合样品具有代表性。

(7)用自动采用器采样时,当污水排放较稳定、污染物浓度变化较小时,可采用时间比例采集混合样。污水流量和污染物浓度随时间变化大于20%时,应采用流量比例采集混合样。

(8)测定pH、悬浮物、溶解氧、化学需氧量、五日生化需氧量、硫化物、油类、有机物、余氯、粪大肠菌群、放射性等项目的样品,不宜采集混合样,需要单独采样。

(五)采样时间与频率

采样时间与频率和污水类型有关。工业废水的排放情况与产品类型、数量、原材料、工艺等有关,规律性不强;生活污水的排放比较有规律,一般以日、季呈周期性变化;医院污水和工业废水相似,没有规律。我国《环境监测技术规范》中对向国家直接报送数据的废水排放源规定:工业废水每年采样监测2~4次;生活污水每年采样监测2次,春、夏季各一次;医院污水每年采样监测4次,每季度一次。

(六)监测项目与分析方法

监测项目与污水类型有关,表7-8列出了不同类型污水的监测项目,可根据监测的污水类型选择相应的监测项目。所选用的分析方法应符合国家和行业有关标准的规定。

表 7-8 污水监测项目

污水类型	常规项目	增测项目
工业废水	pH、色度、悬浮物、化学需氧量(COD_{Cr})、五日生化需氧量(BOD_5)、石油类、挥发酚、总氰化物等	相应的行业类型国家排放标准和 GB 8978 中规定的其他监测项目
生活污水	化学需氧量、五日生化需氧量、悬浮物、氨氮、总磷、阴离子表面活性剂、细菌总数、总大肠菌群等	GB 8978 和相关排放标准中规定的其他监测项目
医院污水	pH、色度、余氯、化学需氧量、五日生化需氧量、悬浮物、致病菌、细菌总数、总大肠菌群等	有关排放标准中规定的其他监测项目
市政污水(含城市污水处理厂出厂)	化学需氧量、五日生化需氧量、悬浮物、氨氮、总磷、石油类、挥发酚、总氰化物、阴离子表面活性剂、细菌总数、总大肠菌群等	GB 8978 和相关排放标准中规定的其他监测项目
农业废水	pH、五日生化需氧量、悬浮物、总氮、总磷、有机磷农药、有机氯农药	除草剂、灭菌剂、杀虫剂等

二、污染源调查

引起水体污染的污染源包括工业污染源、城镇生活污染源和农业污染源。

对一个区域内直接污染河道(湖、库)水域的污染源,应通过资料收集、访问、现场查勘和实地监测等形式进行调查,并将调查到的资料进行统计整理、绘制图表、整编、建档备案。为掌握污染源的变化状况,污染源调查应定期进行,新增与扩建污染源应及时调查掌握。

(一)工业污染源调查的内容

(1)企业名称、厂址、企业性质、生产规模、产品、产量、生产水平等。

(2)工艺流程、工艺原理、工艺水平、能源和原材料种类及消耗量。

(3)供水类型、水源、供水量、水的重复利用率。

(4)生产布局、污水排放系统和排放规律、主要污染物种类排放浓度和排放量、排污口位置和控制方式,以及污水处理工艺及设施运行状况。

(二)城镇生活污染源调查的内容

(1)城镇人口、居民区布局和用水量。

(2)医院分布和医疗用水量。

(3)城市污水处理厂设施、日处理能力及运行状况。

(4)城市排水管网分布状况。

(5)生活垃圾处置状况。

(三)农业污染源调查的内容

(1)农药的品种、品名、有效成分、含量、使用方法、使用量和使用年限及农作物的品种等。

(2)化肥的使用品种、数量和方式。

(3)其他农业废弃物。

三、水污染事故调查

大量高浓度污水排入水体,有毒物质大量泄漏或翻沉进入水体,以及其他易出现或突发性出现水质恶化的事件,都属于水污染事故。水污染事故发生后,应及时进行调查。对重大水污染事故,应有书面调查报告。水污染事故调查有以下内容:

(1)一般水污染事故,应调查发生的时间、水域、污染物数量、人员受害和经济损失情况等。

(2)重大水污染事故,应调查事故发生的原因、过程、采取的应急措施、处理结果、事故直接和潜在或间接的危害、社会影响、遗留问题和防范措施等。

四、水污染动态监测

动态监测是在常规水质监测的基础上,根据各河道污染的主要水质指标,分河段按不同水情和污染状况,采取不同的监测频次,对河道水污染进行跟踪性或监视性监测,以确定污染的影响范围与程度。

动态监测可采取河段(闸坝)定点监测和干支流河道、上下游间追踪监测相结合;河道水量、水质同步监测和入河排污口水量、水质同步监测相结合;现场测定和室内测定相结合等监测方式。

动态监测的任务是及时掌握河道水量水质变化,对大量高浓度污废水的排入、积蓄和下泄,有毒物质大量泄漏或翻沉,以及易出现水质恶化或突发性水污染事故提出预警,为当地政府和有关单位制定或采取防治应急措施提供依据。

(一)有下列情况之一,应进行动态监测

(1)发生人畜饮用水中毒。

(2)水体受到严重污染,河道(湖、库)出现大面积死鱼。

(3)有大量高浓度污、废水入境。

(4)有大量高浓度污水蓄积的水闸运行前后,或在运行中泄量有大的改变。

(5)发生污水坝垮坝、有毒物质大量泄漏。

(6)因水质污染使城市生活、生产正常供水受到影响。

(二)水污染动态监测采样点布设的水域

(1)易发生水质严重恶化会危及沿岸城市供水安全的河段。

(2)受严重污染的主要河流出、入境处。

(3)受严重污染的主要支流入干流河口处。

(4)有大量污、废水积蓄的闸坝。

(5)其他重要控制河段。

任务五 水质自动监测

影响水质变化的因素极为复杂,仅凭定点定时的人工采样监测难以确切掌握水质的变化动态。为了实时、连续获得水质变化信息,预警预报重大水质污染事故,解决跨行政区域的水污染事故纠纷,监督总量控制制度落实情况和排放达标情况,必须采用和发展水质自动监测技术。

水质自动监测技术在国外起步较早,1959 年美国开始对俄亥俄河进行水质自动监测;1967 年日本开始在公共水域设立水质自动监测器,1971 年以后在东京、大阪等地建立了水质自动监测系统;1975 年英国建成了泰晤士河流域自动水环境监测系统。我国于 1983 年在上海建立了黄浦江水质自动监测系统,相继自 1999 年 9 月至 2003 年 12 月,在松花江、辽河、海河、黄河、淮河、长江、珠江、太湖、巢湖、滇池等流域建设了 82 个水质自动监测站。目前,水质自动监测技术在我国应用广泛,发展迅速。我国的水质自动监测站(简称水站)的建设也取得了较大的进展,生态环境部已在我国重要河流的干支流、重要支流汇入口及河流入海口、重要湖库湖体及环湖河流、国界河流及出入境河流、重大水利工程项目等断面上建设了 100 个水质自动监测站,监控包括七大水系在内的 63 条河流、13 座湖库的水质状况。

一、水质自动监测系统的组成

水质自动监测系统是一套以在线自动分析仪器为核心,运用现代自动控制技术、计算机应用技术以及通信网络技术所组成的一个综合性的在线自动监测系统,一般由一个监测中心站(总站)和若干个固定监测站(子站)组成。

中心站是整个自动监测站的指挥中心,它由计算机系统和电台组成,它的任务是:向子站发布各种指令,管理子站的工作;收集、处理、储存子站的监测数据;建立监测资料数据库。子站的任务是:接受中心站的工作指令,对各种监测项目自动监测;将监测的数据作必要的处理与短期的保存,通过无线传输系统将监测数据传给中心站。图 7-5 是黄河花园口水质自动监测系统构成图。

二、水质自动监测系统的分类

水质自动监测系统可分为地表水和污水自动监测系统,可以自动连续地测定几个项目,做到及时、准确地掌握地表水和污水水质及其变化情况。

污水水质自动监测站(子站)与地表水水质自动监测站相似,其内容可参阅有关资料,在此不再赘述。下面仅介绍地表水水质自动监测站(子站)的基本组成、监测项目与工作原理。

三、地表水水质自动监测站(子站)

(一)组成

地表水水质自动监测站(子站)由站房、取水系统(包括采水部分、送水管、排水管及

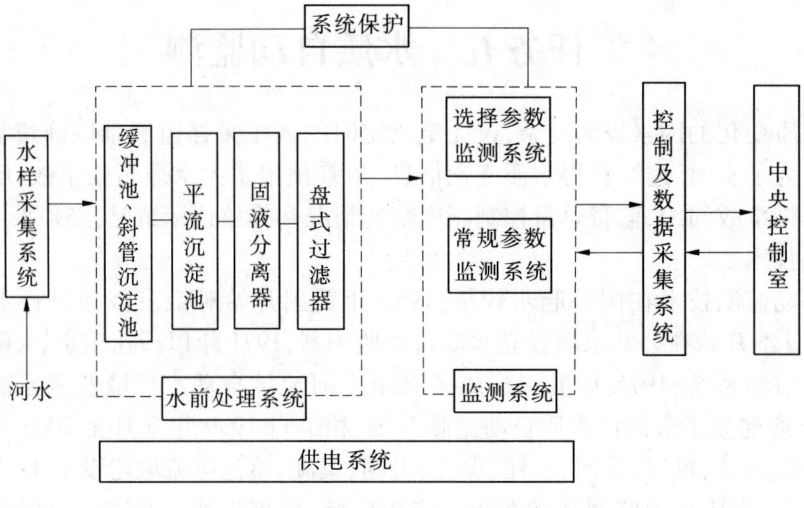

图7-5 黄河花园口水质自动监测系统构成

调整槽等)、配水系统(包括管路自动清洗系统、除藻系统等)、水质自动监测仪、自动操作控制系统、数据采集与传输系统、避雷针等组成。比较典型的地表水水质自动监测站有在河堤上建立的、临桥建立的、岸边建立的等,如图7-6所示。

(二)监测项目

目前,水质自动监测项目及分析方法见表7-9。

一般常选择以下参数作为自动监测站的观测项目:

(1)水文参数:水位、流速等;

(2)常规五参数:水温、pH、溶解氧、浊度、电导率;

(3)有机污染参数:COD、BOD、TOC等;

(4)氮源污染参数:氨氮、硝氮、总氮等;

(5)磷污染参数:总磷等。

(三)监测仪器

1.监测仪器应具备的基本功能

(1)仪器基本参数和储存监测数据的断电保护与自动恢复;

(2)时间设置功能,可任意设置监测频次;

(3)定期自动清洗;

(4)定期校准;

(5)故障时自动报警。

2.监测仪器分类

水质自动监测仪器类型、型号很多,不同的生产厂家产品技术性能不同,按监测的水质参数可归纳为以下几种类型:

(1)水位、流速、流量仪;

(2)常规五参数监测仪;

(3)COD在线自动监测仪;

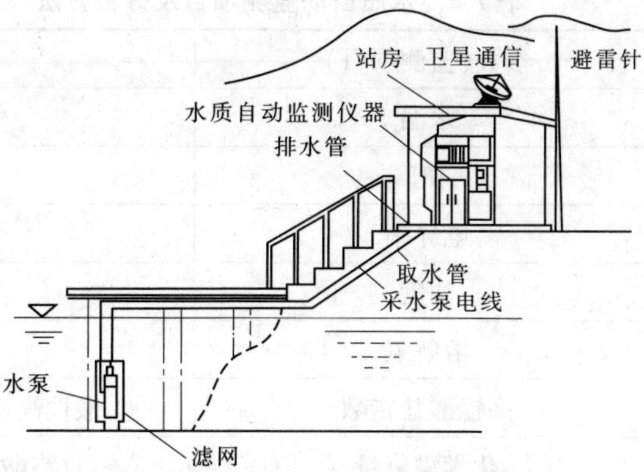

(a)在河堤上建立的水质自动监测站

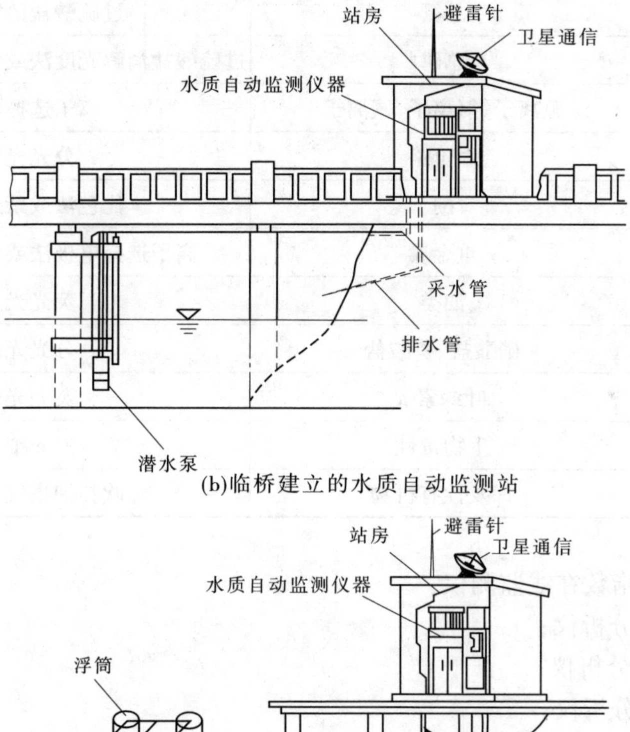

(b)临桥建立的水质自动监测站

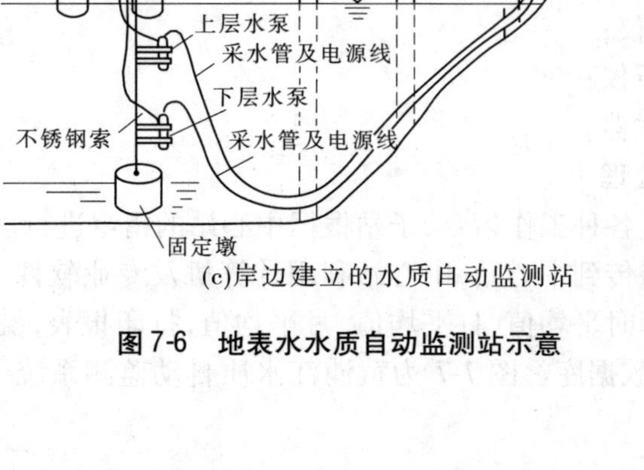

(c)岸边建立的水质自动监测站

图 7-6 地表水水质自动监测站示意

表7-9 水质自动监测项目及分析方法

序号	参数(监测项目)	分析方法
1	水温	温度传感器法
2	pH	玻璃电极法
3	电导率	电极法
4	浊度	光散射法
5	溶解氧	膜电极法
6	高锰酸盐指数	酸性高锰酸盐氧化库仑滴定法
7	化学需氧量	重铬酸钾氧化滴定或比色法
8	氨氮	气敏电极法或光度法
9	总氮	过硫酸盐消解光度法
10	总磷	过硫酸盐消解光度法或紫外线钼催化光度法
11	氟离子、氯离子、氰离子	离子选择电极法
12	六价铬	分光光度法
13	酚	比色法或紫外吸收法
14	重金属	离子选择电极法或阳极溶出伏安法
15	油类	荧光光度法
16	硝酸盐、磷酸盐	分光光度法
17	叶绿素 a	荧光光度法
18	生物毒性	发光细菌法
19	挥发性有机物	吹扫捕集气相色谱法

(4)高锰酸盐指数在线监测仪；

(5)TOC 在线分析仪；

(6)BOD 在线分析仪；

(7)生物毒性分析仪；

(8)氨氮在线分析仪；

(9)总氮在线分析仪；

(10)总磷在线分析仪；

(11)自动水质采样器。

(四)数据传输及处理

中心站向子站发送各种工作指令,子站根据中心站的指令进行水质自动监测,并把监测数据用有线或无线遥传到中心站,中心站利用计算机及专业软件系统对子站的监测数据进行收集、处理,计算时平均值、日平均值、月平均值,打印报表,绘制各种污染曲线、图形等,并建立监测资料数据库。图7-7为黄浦江水质自动监测系统子站各仪器仪表与计算机之间的关系图。

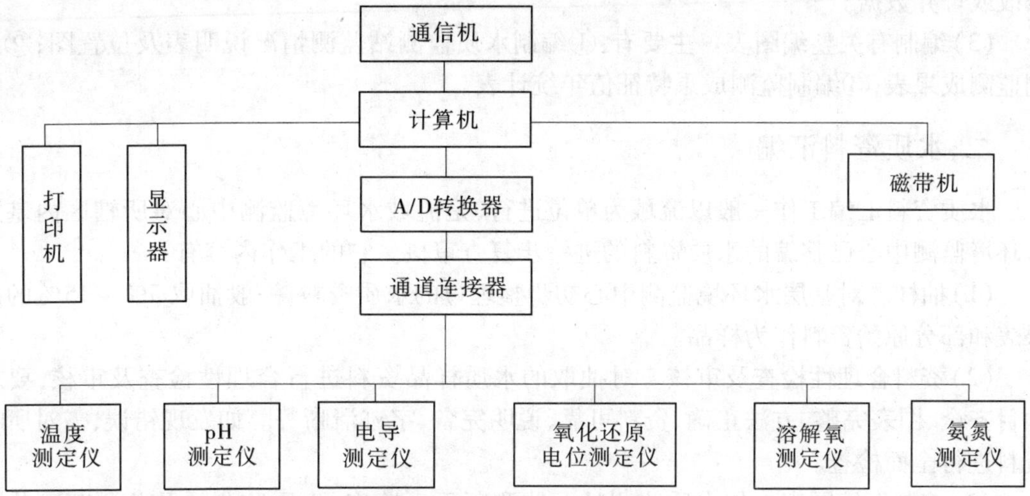

图 7-7 子站组成方块图

黄浦江水质自动监测系统是一个集中式多端点数据采集、无线通信的计算机网络昼夜 24 h 连续监测的系统。该系统由 1 个中心站、3 个子站(分别布设在黄浦江上、中、下游)组成,中心站通过 PDP11/23 计算机向 3 个子站发布指令,3 个子站监测到的 pH、DO、水温、电导、氧化还原电位、氨氮等参数的水质信息通过 A/D 转换,由子站微机系统进行数据采集、储存、显示、打印,并以无线通信的方式将 10 min 平均值送到中心站,由中心站汇总、打印各种报表(如日、月报表等),并建立水质资料数据库,为黄浦江的治理提供科学依据。

任务六 水质资料整编

通过布点、采样、分析,获得了大量的水质监测数据,这些数据是零散的、不系统的,有些可能是错误的,不能很好地为工农业生产、环境保护工作服务。所以,必须对这些监测数据进行整理,即把零散的、不系统的监测数据汇集在一起,通过一定的方法和要求使之成为正确的、系统的、完整的水质资料,这就是水质资料整编。水质资料整编包括两个阶段:一个是水质资料的初步整编,另一个是水质资料的复审汇编,习惯上把前者称为整编,把后者称为汇编,现分述如下。

一、水质资料整编

水质资料整编工作是以基层水环境监测中心为单位进行的,是对水质资料的初步整理,是整编全过程中最主要、最基础的工作,它的工作内容有:

(1)收集原始资料。包括自监测任务书、采样记录、送样单至最终监测报告及有关说明等一切原始记录资料。

(2)审核原始资料。要对以上的各种原始资料按规范的要求进行全面的审查。如发现可疑之处,应查明原因加以改正,并作记录;若原因不明,则应如实说明情况,不得任意修改或舍弃数据。

(3)编制有关整编图表。主要有:①编制水质监测站监测情况说明表及位置图;②编制监测成果表;③编制监测成果特征值年统计表。

二、水质资料汇编

水质资料汇编工作一般以流域为单位进行,是流域水环境监测中心对所辖区内基层水环境监测中心已整编的水质资料的进一步复查审核。它的工作内容有:

(1)抽样。对基层水环境监测中心初步整理过的水质资料,一般抽取5%～15%的成果表和部分原始资料作为样品。

(2)资料合理性检查及审核。对抽取的水质样品资料进行合理性检查及审核,要求项目齐全、图表完整、方法正确、资料可靠、说明完备、字迹清晰等。如发现错误,需对所有资料进行全面检查。

(3)编制汇编图表。如水质监测站及监测断面一览表、水质监测站及监测断面分布图、资料索引、其他图表等。

汇编成果一般包括的内容有:①资料索引表;②编制说明;③水质监测站及监测断面一览表;④水质监测站及监测断面分布图;⑤水质监测站监测情况说明表及位置图;⑥监测成果表;⑦监测成果特征值年统计表。

经过整编和汇编的水质资料可以用纸质、磁盘和光盘保存起来,如水质监测年鉴、水环境监测报告、水质监测数据库、水质监测档案库等,为工农业生产和环境保护工作服务。

三、资料保存

水质资料保存应遵守以下要求:

(1)应按有关档案管理规定,建立健全监测与管理资料档案管理制度,做好纸质和电子文件(记录)资料的收集、整理、归档、保管和提供。

(2)建有自动监测系统、网络办公系统或实验室信息管理系统的,对实时进行的电子文件先做逻辑归档,然后定期完成物理归档和电子记录原件纸质复制或纸质副本归档。

(3)监测资料应分类立卷归档,定期向本单位档案部门移交,任何个人不得据为己有。

(4)资料保存应符合以下基本要求:①档案资料应保存在温度、湿度、光线、空气等环境条件适宜、洁净场所。应配有防盗、防火、防渍、防有害生物等必备设施,确保档案的安全。②电子文件资料保存还应采取防震、防磁、防修改与删除等措施,并按载体保存限期转录和制作备份。③除原始资料外,整、汇编成果资料备份应异地存放。④电子记录与纸质复制件或纸质副本保存期限应相同。⑤原始资料保存期限为5年,整、汇编成果资料应长期保存。

(5)保密资料的使用管理和销毁,以及密级的变更和解密等,应符合国家和行业的有关规定。

小　结

本项目重点介绍了水质监测站网，地表水和地下水的水样采集与保存、监测项目与分析方法等内容；简要介绍了水污染监测与调查，水质自动监测技术，水质资料整编等相关知识。通过本项目学习，使学生掌握地表水和地下水的水样采集与保存、监测项目与分析方法等内容；了解水质监测站网，水污染监测与调查，水质自动监测技术，水质资料整编等相关知识。

复习思考题

一、填空

1. 水质监测站的类型有多种。按目的与作用可分为基本站和专用站。按水体类型可分为＿＿＿＿＿＿水质监测站、＿＿＿＿＿＿水质监测站、＿＿＿＿＿＿水质监测站。

2. 由于水质在空间上和时间上的分布是不均匀的，具有＿＿＿＿＿＿性，所以在水质监测站的布设数量不能太多也不能太少，力求做到监测站数量最少和经济投入最少，并且还要能正确地反映水体的＿＿＿＿＿＿状况。

3. 未采取任何保存措施的水样，允许存放的时间一般为：严重污染的水样＿＿＿＿＿＿，轻度污染的水样＿＿＿＿＿＿，清洁水样＿＿＿＿＿＿。

4. 水样常用的保存方法有：＿＿＿＿＿＿、＿＿＿＿＿＿。

5. 水质监测项目包括反映水质状况的各项＿＿＿＿＿＿指标、＿＿＿＿＿＿指标、＿＿＿＿＿＿指标等。水质分析的基本方法有化学分析法和＿＿＿＿＿＿分析法。

6. 采样井布设密度为主要供水区密，一般地区稀；城区＿＿＿＿＿＿，农村＿＿＿＿＿＿；污染严重区密，非污染区稀。

7. 根据污水性质和来源，将入河排污口排出的污、废水分为＿＿＿＿＿＿、＿＿＿＿＿＿、医院污水、工业废水和生活污水合流的混合污水和城市污水处理出厂水。

8. 污、废水流量常用的测定方法有＿＿＿＿＿＿、＿＿＿＿＿＿、＿＿＿＿＿＿、矩形薄壁堰法、容积法等。

9. 水质资料整编包括两个阶段：一个是水质资料的＿＿＿＿＿＿，另一个是水质资料的＿＿＿＿＿＿。

二、名词解释

1. 水质监测站　2. 对照断面　3. 控制断面　4. 消减断面　5. 地下水
6. 水污染事故

三、选择

1. 重要河流的干流站和全国重点基本站等，采样频次每年不得少于(　　)次，每月中旬采样。

A. 1　　B. 4　　C. 6　　D. 12

2. 污染严重的湖泊(水库)，全年采样不得少于(　　)次。

A.1　　B.4　　C.6　　D.12

3.适用于山区水深流急的河流水样采集的采样器是(　　)。

A.直立式采样器　　B.横式采样器　　C.自动采样器　　D.有机玻璃采样器

4.测定有机及生物项目的储样容器应选用(　　)容器。

A.硬质(硼硅)玻璃　　B.聚乙烯　　C.塑料　　D.专用贮样

5.测定(　　)项目的水样可加入浓硝酸做保存剂。

A.六价铬　　B.氨氮　　C.色度　　D.铜、铅、锌、镉

6.潮汐河流水样中盐度如大于(　　),应按海水分析方法测定。

A.10%　　B.10‰　　C.3%　　D.3‰

7.排污沟(渠)水深小于1 m,应在(　　)水深处采样;水深大于1 m,应在1/4水深处采样。

A.1/4　　B.1/3　　C.1/2　　D.2/3

8.在地表水监测断面和采样点的布设中,在一条垂线上,当水深为0.5~5 m时,在(　　)处设一个采样点。

A.水面下0.5 m　　B.水面下1.0 m　　C.1/2水深　　D.河底以上0.5 m

9.在采集溶解氧测定的水样时,在现场加入的保护剂是(　　)。

A.H_2SO_4　　B.$MnSO_4$和碱性碘化钾

C.氯化汞　　D.HNO_3

10.按照水质分析要求,当采集水样测定金属和无机物时,应该选择(　　)容器。

A.不锈钢瓶　　B.普通玻璃瓶　　C.棕色玻璃瓶　　D.聚乙烯瓶

四、问答

1.水环境监测站网规划应遵循的原则是什么?

2.地表水水质监测的主要内容有哪些?为了掌握河流的水质变化规律,如何设置采样断面?

3.河流采样垂线和采样点如何布设?

4.水质自动监测系统的组成是什么?各自的任务是什么?

5.在水质自动监测技术中,比较成熟的常规监测项目有哪些?常规五参数指的是哪些水质指标?

6.采集水样注意事项有哪些?

项目八 水质评价

任务一 概 述

一、水质评价分类

水质评价是水环境质量评价的简称，是根据水的不同用途，选定评价参数，按照一定的质量标准和评价方法，对水体质量定性或定量评定的过程。其目的在于准确地反映水质的情况，指出发展趋势，为水资源的规划、管理、开发、利用和污染防治提供依据。

水质评价是环境质量评价的重要组成部分，其内容很广泛，因工作目的不同，研究的角度不同，分类的方法也不同。

（一）按评价阶段分类

(1)回顾评价：根据水域历年积累的资料进行评价，以揭示该水域水质污染的发展变化过程。

(2)现状评价：根据近期水质监测资料，对水体水质的现状进行评价。

(3)预断评价：又称影响评价，根据地区的经济发展规划对水体的影响，预测水体未来的水质状况。

（二）按评价水体用途分类

(1)生活饮用水质量评价。

(2)渔业用水质量评价。

(3)工业用水质量评价。

(4)观赏水体质量评价。

(5)灌溉水体质量评价。

（三）按评价参数的数量分类

评价参数又称评价因子，按其数量可分为：

(1)单因子评价：只有一个评价参数的水质评价。

(2)多因子评价：有多个评价参数的水质评价。

（四）按评价水体类型分类

(1)地表水水质评价：以地表水体为评价对象，包括河流水质评价、湖泊（水库）水质评价、河口水质评价和海洋水质评价等。

(2)地下水水质评价：以地下水为评价对象，包括浅层地下水水质评价和深层地下水水质评价等。

二、水质评价的一般程序

水质评价工作是在水质监测的基础上进行的,其一般程序如下:

(1)收集、整理、分析水质监测的数据和有关资料。包括:

①水体环境背景值的调查。水体环境中相对清洁区监测的参数统计平均值就是该水体环境的背景值。所谓相对清洁区,是指受人类活动影响较小的地区。进行一个区域或河段评价时,可将对照断面的监测值作为背景值。

②污染源调查与评价。污染源是影响水质的重要因素,通过污染源调查与评价可以确定水体的主要污染物种类及数量,从而确定水质监测项目和水质评价因子。

③水质监测。为水质评价提供必需的水质数据。

(2)确定水质评价参数。确定评价参数就是确定评价因子,应根据评价目的和影响水质的主要污染物来确定评价参数。若评价参数选择不当,则直接影响到水质评价的结论,不能达到水质评价的目的。

(3)选择评价方法,建立水质评价的数学模型。评价方法和水质模型都直接影响着评价结论的正确性,所以应正确选择。

(4)确定评价标准。水质标准是水质评价的准则和依据。对同一水体,采用不同的标准会得出不同的结论。应根据评价水体的用途和评价目的选择合适的水质标准。

(5)提出评价结论。根据计算结果进行水质等级划分,提出评价结论。

(6)绘制水质图。水质图可以更直观地反映水质状况。基本的水质图一般包括以下内容:①流域位置图;②水文地质状况图;③污染源分布图;④监测断面分布图;⑤污染物含量等值线图;⑥水体综合评价图等。

图8-1为水质评价程序示意图。本项目主要介绍地表水和地下水现状评价的一些内容。

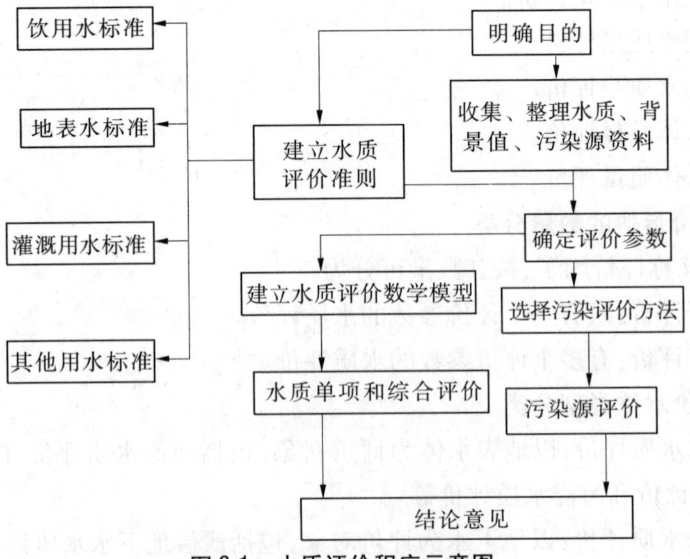

图8-1　水质评价程序示意图

任务二 地表水水质评价

按照一定的质量标准选择合适的评价参数和评价方法,对地表水水体的质量进行定性或定量的评定过程称地表水水质评价。评价对象可以是一条河流,或是一条河流的一个河段、几个河段,一个湖泊,一个水库等。它们的评价方法和程序基本相似,大同小异,本项目重点介绍通用的地表水水质评价方法。

一、确定评价标准

水质标准是评价水质的准则和依据。一般应采用国家规定的最新标准或相应的地方标准;国家无标准的水质参数可采用国外标准或经主管部门批准的临时标准;评价区内不同功能的水域应采用不同类别的水质标准。如地表水水质标准、海湾水水质标准、生活饮用水水质标准、渔业用水标准、农业灌溉用水标准等。

确定合适的评价标准十分重要,而且应该注意选择统一的标准。因为采用不同的标准,对同一水体的评价会得出不同的结果,甚至对水质是否污染也会有不同的结论。

二、确定评价参数

(一)参数选择

1. 评价参数选择原则

地表水体质量的好坏与其污染物有关,而其污染物种类很多、浓度不一,在评价时不可能全部考虑,但若考虑不当,则会影响到评价结论的正确性和可靠性。因此,常常将能正确反映水质的主要污染物作为水质评价因子即评价参数。评价参数的选择通常遵照以下原则:

(1)所选择的评价参数应满足评价目的和评价要求。

(2)所选择的评价参数应是污染源调查与评价所确定的主要污染源的主要污染物。

(3)所选择的评价参数应是地表水体质量标准所规定的主要指标。

(4)所选择的评价参数应考虑评价费用的限额与评价单位可能提供的监测和测试条件。

2. 常见的评价参数

水体不同、评价目的不同,评价参数的选择也有所不同。总之,要处理好需要和可能之间的关系。常见的评价参数有:

(1)感官物理性状参数。如温度、色度、浊度、悬浮物等。

(2)氧平衡参数。如 DO、COD、BOD_5 等。

(3)营养盐参数。如氨氮、硝酸盐氮、磷酸盐氮等。

(4)毒物参数。如酚、氰、汞、铬、镉、砷、农药等。

(5)微生物学参数。如细菌总数、大肠菌群等。

(二)参数取值

评价参数的取值会直接影响评价结果,参数不同的取值反映的水质变化规律不同。

目前,参数取值有以下几种情况:

(1)取几个小时平均值和日平均值。用于评价水质逐日的变化。

(2)取年平均值。用于评价水质逐年或长期的变化。

(3)取月或季平均值(一般较少用)。用于评价水质逐月或逐季的变化。

(4)一次随机取样值。偶然性很大,不能正确评价水质的变化,只能反映水质某一时刻的情况。

在进行水质评价时,根据不同的情况,正确取用参数值。

三、选择评价方法

地表水水质可以直接用感官性状参数、氧平衡参数、毒物参数及生物学参数评价,也可以用数学模式(亦称水质指数)及分级评价法进行评价。以下主要对后两种评价方法做具体介绍。

(一)水质指数法

利用表征水体水质的物理化学参数的污染物浓度值,通过数学处理,得出一个较简单的相对数值(一般是无量纲值),用于反映水体的污染程度,这种处理方法称为污染指数法。污染指数是定量表示水质的一种数量指标,有反映单一污染物影响下的"单一指数"(分指数)和反映多项污染物共同影响下的"综合指数"两种。利用这两种指数可以进行不同水体之间,同一水体不同部分之间,或同一水体不同时间的水质状况比较,即水质评价。

1. 单一指数(分指数)

单一指数 I_i,是指某种污染物的实测浓度值(或经过某种计算的取值)C_i 与该污染物的评价标准值 S_i 的比值。计算公式为:

$$I_i = \frac{C_i}{S_i}$$

这里 I_i 是监测值对标准值的比值,又称等标污染负荷,是一个无量纲的数,在一定条件下,可以表示水质相对污染状况:

当 $I_i < 1.0$ 时,可以认为水质是清洁的(对某一污染物而言);

当 $I_i > 1.0$ 时,说明水质已污染(对某一污染物而言);

当 $I_i = 1.0$ 时,水质处于临界状态(对某一污染物而言)。

对于性质不同的污染物,其污染指数计算公式有所不同:

(1)对于随浓度增加而污染危害也增加的污染物,如酚、氰、COD 等,其污染指数计算公式为:

$$I_i = \frac{C_i}{S_i}$$

式中,各字母含义同前。

(2)对于随浓度增加而危害程度下降的污染物,如溶解氧等,其污染指数计算公式为:

$$I_i = \frac{C_{max} - C_i}{C_{max} - S_i}$$

式中　C_{max}——水质指标 i 在水中可能的最大浓度，如 20 ℃时，水中的饱和溶解氧为 9.2 mg/L；

其他字母含义同前。

(3)对具有最高允许浓度和最低允许浓度限制的污染物，其污染指数计算式为：

$$I_i = \frac{C_i - S_i}{S_{max} - S_i} \text{或} I_i = \frac{C_i - S_i}{\bar{S}_i - S_{min}}$$

式中　S_{max}和 S_{min}——某一水质指标标准值的上限和下限；

$\bar{S} = \frac{S_{max} + S_{min}}{2}$；

其他字母含义同前。

2. 综合指数

河流的污染一般是由多种污染物引起的，用单一指数法进行评价，往往不能全面反映水质状况。为了解决这个问题，后来出现了综合指数法。综合指数表示多项污染物对水环境产生的综合影响程度。它是以单一指数为基础，通过各种数学关系式综合求得的。综合计算的方法很多，现介绍几种常用的综合指数计算形式：

(1)叠加型指数。此指数是在 1975 年北京西郊环境质量评价中提出的。计算公式为：

$$I = \sum_{i=1}^{n} \frac{C_i}{S_i}$$

式中　I——水质综合评价指数；

C_i——污染物 i 的实测浓度，mg/L；

S_i——污染物 i 的水环境质量标准，mg/L。

此指数计算简单，意义明确。但对取不同参数个数的水体评价缺少可比性，如一个河段取酚、氰、汞、铬四项污染物为评价参数，而另一水域取酚、氰、COD、BOD、砷、铬六项污染物为评价参数，通过计算得到两个综合污染参数 I_1 和 I_2，就不能简单地根据 I_1 和 I_2 的数值大小做出哪一水域污染严重的结论。另外，此参数是将各污染物对环境的影响平等对待，没有考虑不同污染物对环境影响程度的差别，如某河流锰离子与氰离子的浓度均超过允许标准的 1 倍，它们对 I 值的影响是同等的，但实际是氰离子浓度超标 1 倍就会带来严重的环境危害，而锰离子浓度超标 1 倍，对环境的影响是微弱的。

(2)均值型指数。1977 年，在图们江水系污染与水资源保护研究工作中，提出此指数，又称综合污染指标。其计算公式为：

$$I = \frac{1}{n} \sum_{i=1}^{n} \frac{C_i}{S_i}$$

式中　n——选取的污染物个数，即评价参数的个数；

其他字母含义同前。

这种方法解决了参数个数多少不同对指数值的影响，但仍未考虑污染物危害程度不同对指数值的影响。

(3)加权均值型指数。1977年在南京城区环境质量综合评价研究中提出的水域质量综合指标,即属此型。其计算公式为:

$$I = \sum_{i=1}^{n} W_i \frac{C_i}{S_i}$$

式中 W_i——污染物 i(单一指数 C_i/S_i)的加权值(权重),$\sum_{i=1}^{n} W_i = 1$;

其他字母含义同前。

当时共选砷、酚、氰、铬、汞五种污染物作为评价参数,按综合污染指数 I 值对水域的水质进行分级(见表8-1)。

表8-1 加权均值型指数水质分级

I 值	级别	分类依据
<0.2	清洁	多数项目未检出,个别项目检出但在标准内
0.2~0.4	尚清洁	检出值均在标准内,个别值接近标准
0.4~0.7	轻污染	有1项检出值超过标准
0.7~1.0	中污染	有1~2项检出值超过标准
1.0~2.0	重污染	全部或相当部分监测项目检出值超过标准
>2.0	严重污染	相当部分项目检出值超过标准1倍到数倍

加权均值型指数应用中的主要问题在于权重(加权值)W_i 的确定。W_i 的确定方法很多,如流量加权、河段长度加权、湖泊面积加权等。但对于一般情况,多是根据污染参数对环境的影响、对人体健康和生物的危害,确定每个污染参数的相对重要性,给出它们不同的权重。例如,某河段评价参数有酚、氰、铬、砷,那么可按重要性大小,分别给出其权重为0.4、0.3、0.2、0.1,或是根据群众和专家的意见来确定权重。在实际工作中如何确定权重,还要结合实际,具体问题具体分析。

(4)均方根型指数。这种指数的形式很多,如:

$$I = \sqrt{\frac{1}{n} \sum_{i=1}^{n} \left(\frac{C_i}{S_i}\right)^2}$$

式中,各字母含义同前。

(5)内梅罗指数

$$I = \sqrt{\frac{\left(\max \frac{C_i}{S_i}\right)^2 + \left(\frac{1}{n} \sum_{i=1}^{n} \frac{C_i}{S_i}\right)^2}{2}}$$

式中 C_i——水质指标 i 的实测值;

S_i——水质指标 i 的标准值;

$\max \frac{C_i}{S_i}$——n 个$\frac{C_i}{S_i}$中的最大值；

$\frac{1}{n}\sum_{i=1}^{n}\frac{C_i}{S_i}$——$n$ 个$\frac{C_i}{S_i}$的平均值。

(6)有机污染综合指数。

黄浦江起源于上海市和江苏省交界的淀山湖，流经上海市境内，在吴淞口流入长江，是上海市的主要给水水源，同时也是主要的排污河道。1976～1977 年上海市有关单位针对黄浦江水体受到严重污染，夏季出现黑臭的现象，进行了调查和评价。

评价人员根据长期实际观察实验积累的经验，认为主要是氨氮及耗氧有机物的污染降低了水中溶解氧，造成了发臭现象。因此，选择了 NH_3-N、COD、BOD 和 DO 四个参数，提出了如下评价公式：

$$A=\frac{BOD_i}{BOD_0}+\frac{COD_i}{COD_0}+\frac{NH_3-N_i}{NH_3-N_0}-\frac{DO_i}{DO_0}$$

式中 A——有机污染综合指数；

BOD_i、COD_i、NH_3-N_i、DO_i——各参数的实测值，mg/L；

BOD_0、COD_0、NH_3-N_0、DO_0——各参数的标准值，mg/L。

根据观察实验结果，参照当时的国家地面水质三级标准，结合黄浦江的具体情况将各参数的标准值定为 $BOD_0=4$ mg/L、$COD_0=6$ mg/L、$NH_3-N_0=1$ mg/L、$DO_0=4$ mg/L；并将 $A\geq2$ 定为受到有机污染的标志。水质分级情况见表 8-2。

表 8-2 水质分级

A 值	污染程度分级	水质质量评价
<0	0	良好
0～1	1	较好
1～2	2	一般
2～3	3	轻污染
3～4	4	中度污染
>4	5	严重污染

表 8-3 就是根据黄浦江某年实测水质资料，利用有机污染综合指数对黄浦江水质进行评价的部分成果。从表 8-3 可以看出，黄浦江上游淀山湖和淀峰有机污染评价值 A 为负值，表明上游水质良好；但从日晖港起，黄浦江进入市区后，由于纳入了大量城市生活污水和工业废水，水中有机物质增多，污染加剧，A 值出现高峰，大都超过 2。

表 8-3 中所列 10 条支流都是上海市区和郊区几个重要工业区的主要排污河道，因而 A 值普遍较大，表明受有机污染严重。10 条支流的 A 值，6 月有 8 条大于 2，6 条大于 4，达到了严重污染，最大值出现在日晖港，高达 28.03。10 月有 7 条大于 2，4 条大于 4，最大值在杨浦港，高达 32.25。

表 8-3 黄浦江有机污染综合指数评价成果

时间		断面名称											
		上游		支流									
		淀山湖	淀峰	老塘	六磊塘	日晖港	白莲泾	苏州河	虹港	杨浦港	虬江	高桥港	蕴藻浜
6月	A 值	−0.64	−1.33	0.90	1.32	28.03	3.23	10.11	10.59	8.91	7.56	2.25	5.59
	水质级别	0	0	1	2	5	4	5	5	5	5	3	5
10月	A 值	−0.78	−1.05	10.05	1.72	3.07	0.52	2.09	5.22	32.25	9.87	3.15	−0.14
	水质级别	0	0	5	2	4	1	3	5	5	5	4	0

综合指数的形式还有很多,在各种水质评价中都有应用。但从基本思路上看,都是将其污染物的实测值与评价标准值比较,得到各污染物的分指数 $I_i(C_i/S_i)$,然后采用各种方法计算得到污染综合指数 I,根据 I 的大小可以评价水体质量。

(二)分级评价法

分级评价法是将评价参数的代表值与各类水体的分级标准值分别进行对照比较,确定其单项的水质分级,然后进行等级指标的综合叠加,综合评价水体的类别或等级。1982年全国水资源调查和评价中曾使用此法。分级评价法在具体使用时有不同方式,常采用百分制分级法和十分制分级法(W 分级法)。

1. 百分制分级法

百分制分级法的一般步骤是:

(1)选择评价参数:根据实际情况选择合适的评价参数若干个,通常选取10个评价参数,如DO、COD、氰、酚、铅、汞、铬、铜、油、砷等。

(2)制定评价准则:评价准则包括单因子评分标准、水质分级标准。应根据实际情况并结合现行的有关环境质量标准制定科学、合理的评价准则。

(3)给每个评价参数评分:根据评价参数的实测值,套用单因子评分标准,给每个评价参数评分,每个参数的评分值最高为10分,最低为0分。

(4)计算总分:总分即 M 值,其取值范围最高是100分,最低是0分,按下式计算。

$$M = \sum_{i=1}^{10} A_i$$

式中 M——总分;

A_i——评价参数 i 的评分值。

(5)确定水质级别:根据总分计算结果,套用水质分级标准,确定水质级别。

【例 8-1】 现测得某河段水体中含 DO 3.5 mg/L、酚 0.015 mg/L、氰 0.04 mg/L、As 0.03 mg/L、Cr 0.16 mg/L、Hg 0.000 4 mg/L、COD 9.5 mg/L、油 0.35 mg/L、Cd 0.025 mg/L、Pb 0.06 mg/L,单因子评分标准及水质分级标准分别如表 8-4 及表 8-5 所示。试用百分制分级法对该水体进行评价。

表 8-4 单因子评分标准

污染级别		COD	DO	氰	酚	油	铅	汞	砷	镉	铬
理想级	mg/L	<3	>6	<0.01	<0.001	<0.01	<0.01	<0.000 5	<0.01	<0.001	<0.01
	评分值	10	10	10	10	10	10	10	10	10	10
良好级	mg/L	<8	>5	<0.05	<0.01	<0.3	<0.05	<0.002	<0.04	<0.005	<0.05
	评分值	8	8	8	8	8	8	8	8	8	8
污染级	mg/L	<10	>4	<0.1	<0.02	<0.6	<0.1	<0.005	<0.08	<0.01	<0.1
	评分值	6	6	6	6	6	6	6	6	6	6
重污染级	mg/L	<50	>3	<0.25	<0.05	<1.2	<0.2	<0.025	<0.25	<0.05	<0.25
	评分值	4	4	4	4	4	4	4	4	4	4
严重污染级	mg/L	≥50	≤3	≥0.25	≥0.05	≥1.2	≥0.2	≥0.025	≥0.25	≥0.05	≥0.25
	评分值	2	2	2	2	2	2	2	2	2	2

表 8-5 水质分级标准

M 值	100~96	95~76	75~60	59~40	<40
水质等级	理想级	良好级	污染级	重污染级	严重污染级

解:选择 DO、酚、氰、As、Cr、Hg、COD、油、Cd、Pb 10 个评价参数;根据各评价参数的实测资料套用单因子评分标准(见表 8-4)给每个评价参数评分:DO 4、酚 6、氰 8、As 8、Cr 4、Hg 10、COD 8、油 6、Cd 4、Pb 6;计算总分(M 值):

$$M = \sum_{i=1}^{10} A_i = 4 + 6 + 8 + 8 + 4 + 10 + 8 + 6 + 4 + 6 = 64$$

根据 $M=64$,套用水质分级标准(见表 8-5),可评定该河段水质为污染级。

2. 十分制分级法

十分制分级法又称 W 分级法,其一般步骤与百分制分级法相似,具体如下:

(1)选择评价参数:根据实际情况选择合适的评价参数若干个。

(2)制定评价准则:评价准则包括单因子评分标准、水质分级标准,应根据实际情况并结合现行的有关环境质量标准制定科学、合理的评价准则。

(3)给每个评价参数评分:根据评价参数的实测值,套用单因子评分标准,给每个评价参数评分,每个参数的评分值最高为 10 分,最低为 0 分。

(4)计算总分:总分即 W 值,为“两个最低分之和”,其取值范围最高是 20 分、最低是 0 分,按下式计算:

$$W = A_X + A_Y$$

式中 W——总分;

A_X——评价参数中最低的评分值;

A_Y——评价参数中次低的评分值。

(5)确定水质级别:根据总分计算结果,套用水质分级标准,确定水质级别。

(6)写出数学模式:数字模式为 $SN_{10}^{x}N_{8}^{x}N_{6}^{x}N_{4}^{x}N_{2}^{x}$,$S$ 为评价参数总个数,N_{10}^{x} 为得10分的评价参数个数,余类推。

(7)写出污染表达式:污染表达式为 SW_{J-C},J 为水质分级级别Ⅰ~Ⅴ,C 为超标项目个数。

(8)写出超标项目:将超出环境标准的项目标出。

【例8-2】 已知洋河下游八号桥断面、逐鹿桥断面的水质监测资料(部分)如表8-6所示,单因子评分标准及水质分级标准如表8-7和表8-8所示,试用 W 分级法对此二断面的水质进行评价。

表8-6　实测水质资料(部分)　(单位:mg/L)

断面	年度	DO	BOD_5	I_{Mn}	挥发酚
八号桥	1981~1982	8.32	6.13	4.34	0
	1986~1987	6.00	5.62	14.50	0.019
	1991~1992	7.70	15.95	11.30	0.013
逐鹿桥	1981~1982	10.55	3.69	1.99	0
	1986~1987	7.40	2.30	3.45	0.003
	1991~1992	9.85	8.00	2.60	0.002

表8-7　单因子评分标准

项目	Ⅰ级		Ⅱ级		Ⅲ级		Ⅳ级		Ⅴ级	
	mg/L	评分	mg/L	评分	mg/L	评分	mg/L	评分	mg/L	评分
DO	≥6	10	≥5	8	≥3	6	≥2	4	<2	2
BOD_5	<3	10	<4	8	<6	6	<10	4	>10	2
I_{Mn}	≤4	10	<6	8	<8	6	<10	4	>10	2
挥发酚	<0.002	10	<0.005	8	<0.01	6	<0.1	4	>0.1	2

表8-8　水质分级标准

水质等级	理想级(Ⅰ)	良好级(Ⅱ)	污染级(Ⅲ)	重污染级(Ⅳ)	严重污染级(Ⅴ)
W 值	20或18	16或14	12或10	8或6	<4

解:选择DO、BOD_5、I_{Mn} 及挥发酚4个评价参数;根据各评价参数的实测资料套用单因子评分标准(见表8-7)给每个评价参数评分;计算 W 值,并据 W 值套用水质分级标准(见表8-8)对水质进行分级;写出数学模式及污染表达式;写出超标项目。详见表8-9。

表 8-9 W 分级评价表

断面	年度	DO mg/L	DO 评分	BOD_5 mg/L	BOD_5 评分	I_{Mn} mg/L	I_{Mn} 评分	挥发酚 mg/L	挥发酚 评分	W 值	水质级别	数学模式	污染表达式	超标项目
八号桥	1981～1982	8.32	10	6.13	4	4.34	8	未	10	12	Ⅲ	$4N_{10}^2N_8^1N_4^1$	$4W_{Ⅲ-1}$	BOD_5
	1986～1987	5.97	10	5.62	6	14.50	2	0.019	4	6	Ⅳ	$4N_{10}^1N_6^1N_4^1N_2^1$	$4W_{Ⅳ-1}$	I_{Mn}
	1991～1992	7.70	10	15.95	2	11.30	2	0.013	4	4	Ⅴ	$4N_{10}^1N_4^1N_2^2$	$4W_{Ⅴ-2}$	BOD_5，I_{Mn}
逐鹿桥	1981～1982	10.55	10	3.69	8	1.99	10	未	10	18	Ⅰ	$4N_{10}^3N_8^1$	$4W_{Ⅰ-1}$	BOD_5
	1986～1987	7.40	10	2.30	10	3.45	10	0.003	8	18	Ⅰ	$4N_{10}^3N_8^1$	$4W_{Ⅰ-1}$	挥发酚
	1991～1992	9.85	10	8.00	6	2.60	10	0.002	10	16	Ⅱ	$4N_{10}^3N_6^1$	$4W_{Ⅱ-2}$	BOD_5

3. 单因子评价法

单因子评价法又称一票否决法，其评价步骤如下：

(1)选择评价参数：根据实际情况选择合适的评价参数若干个。

(2)确定评价标准：一般选择现行水质标准如《地表水环境质量标准》(GB 3838—2002)等为评价标准。

(3)确定单因子水质类别：根据各评价参数的实测值套用评价标准，分别确定单因子水质类别。

(4)确定水质综合类别：水质综合类别与单因子水质类别中最差的类别相同。

(5)统计超标项目(参数)：超标项目(参数)即实测值超出了标准值的项目(参数)，不同的水域功能标准值不同，如《地表水环境质量标准》(GB 3838—2002)一般以Ⅲ类水为污染标准界限，若评价参数的实测值超过其上限，即为超标，对这样的参数应进行统计说明。

【例 8-3】 已知某河流断面实测水质监测资料(部分)如表 8-10 所示，试用单因子评价法对该断面进行水质评价。

解：(1)选择 11 个评价参数：分别为溶解氧、高锰酸盐指数、化学需氧量、五日生化需氧量、氨氮、总氮、挥发酚、氰化物、砷、六价铬、汞等。

(2)确定评价标准：以《地表水环境质量标准》(GB 3838—2002)为评价标准。

(3)确定单因子水质类别：根据评价参数的实测值套用评价标准分别确定单因子水质类别，溶解氧Ⅰ类、高锰酸盐指数Ⅱ类、化学需氧量Ⅲ类、五日生化需氧量Ⅰ类、氨氮Ⅳ类、总氮劣Ⅴ类、挥发酚Ⅱ类、氰化物Ⅰ类、砷Ⅰ类、六价铬Ⅰ类、汞Ⅰ类。

(4)确定水质综合类别：水质综合类别与单因子水质类别中最差的类别相同，即与总氮的水质类别相同，为劣Ⅴ类。

(5)统计超标项目(参数)：以Ⅲ类水为污染标准值，则超标的项目有氨氮、总氮 2 个。

详见表8-11。

表8-10 某河流断面水质监测资料

参数	浓度(mg/L)	参数	浓度(mg/L)	参数	浓度(mg/L)
溶解氧	12.0	氨氮	1.31	砷	0.002 36
高锰酸盐指数	3.4	总氮	3.83	六价铬	未检出
化学需氧量	15.4	挥发酚	0.003	汞	未检出
五日生化需氧量	2.8	氰化物	0.004		

表8-11 某河流断面单因子水质评价表

序号	参数	浓度(mg/L)	单因子水质类别	水质综合类别	超标项目与超标率
1	溶解氧	12.0	Ⅰ		
2	高锰酸盐指数	3.4	Ⅱ		
3	化学需氧量	15.4	Ⅲ		
4	五日生化需氧量	2.8	Ⅰ		
5	氨氮	1.31	Ⅳ		
6	总氮	3.83	劣Ⅴ	劣Ⅴ	氨氮、总氮
7	挥发酚	0.003	Ⅱ		
8	氰化物	0.004	Ⅰ		
9	砷	0.003	Ⅰ		
10	六价铬	未	Ⅰ		
11	汞	未	Ⅰ		

(三)统计型评价法

在评价时段内,当有足够数量(如30~40次以上)的水质资料时,则可以把每一个水质参数看作是一个随机变量,每一次的实测值就是这个随机变量的取值,实测值出现的次序先后与历时长短不予考虑,这样就可以将概率统计的方法用在水质评价中去,从而可以求得水质参数大于等于某一浓度出现的概率,或是某一概率下对应的水质参数的浓度。这就是水质的统计型评价法,其步骤如下:

(1)选择评价参数:根据评价目的结合实际情况选择若干个评价参数。

(2)收集整理资料:在评价时段内,收集整理每一个评价参数的实测水质资料。

(3)计算(累积)经验频率:对每一个评价参数的实测值,从大到小依次排序,并按下式计算(累积)经验频率:

$$P = \frac{m}{n+1}$$

式中　P——(累积)经验频率;

n——总的水质监测次数;

m——序号。

(4)绘制(累积)经验频率曲线:以水质参数的实测浓度为纵坐标,以(累积)经验频率为横坐标绘制(累积)经验频率曲线。

(5)评价:在(累积)经验频率曲线上,水质参数的浓度值与(累积)经验频率是对应的,由(累积)经验频率可以查出浓度,由浓度可以查出(累积)经验频率,从而可以求得水质参数大于等于某一浓度出现的概率,或是某一概率下对应的水质参数的浓度,这就是评价结论。

表8-12是根据黄河某断面实测水质资料,利用统计型评价法对该断面进行水质评价的部分成果,从中可以看出各种概率(累积经验频率)下的水质状况。如概率是50%时对应的COD为2.4 mg/L、酚为0.002 4 mg/L,即COD大于等于2.4 mg/L出现的概率是50%、酚大于等于0.002 4 mg/L出现的概率是50%,等等。

表8-12　黄河某断面水质统计型评价成果　(单位:mg/L)

项目	概率(累积经验频率 P)									均值
	10%	20%	30%	40%	50%	60%	70%	80%	90%	
DO	8.45	7.95	7.55	7.20	6.90	6.65	6.35	5.80	4.7	6.79
COD	4.1	3.4	2.9	2.6	2.4	2.2	2.1	1.9	1.4	2.7
酚	0.005 6	0.004 2	0.003 4	0.002 9	0.002 4	0.001 9	0.001 4	0.000 9	0.000 4	0.003 0
氰	0.007 3	0.005 2	0.003 7	0.002 6	0.002 0	0.001 4	0.001 1	0.000 6	0.000 2	0.003 4
砷	0.021 0	0.012 5	0.008 0	0.005 0	0.002 0	0	0	0	0	0.008 3
汞	0.001 9	0.000 3	0	0	0	0	0	0	0	0.000 8

任务三　水体质量综合评价

作为水体质量的整体概念,除了水层的水质,还应包括底泥和水生生物的质量状况。有关水质评价方法上节已经讲过,本任务将主要介绍底质和生物学评价方法,并通过对湖泊水体质量的评价,介绍水体质量综合评价的内容。

一、底质评价

底质评价方法与水质评价方法相似,也是先求出各评价参数(通常选pH值、氧化还原电位、灼烧减重、氮、磷及汞、铬、砷等有毒物质)的单一指数:

$$I_i = \frac{C_i}{S_i}$$

然后再用前面所述的"叠加""均值"等方法求出底质综合指数。由于缺乏底质的评价标准(S_i),目前常采用评价地区未受污染或稍污染的土壤中同类物质自然含量的监测上限代替。

二、生物学评价

生物学评价可以通过求生物指数来进行,也可以根据水生生物的种类来评价。

(一)生物指数

各种污染物质使水体生态环境恶化,造成生物群落发生变化,生物指数是根据生物种群的变化,求出一定的数量值,用以反映水体的质量。

(1)Beck 指数。该指数按底栖大型无脊椎动物对有机污染的耐性分成两类:Ⅰ类是不耐有机污染的种类,Ⅱ类是能忍受中等程度的污染,但非完全缺氧条件下的种类。将一个调查地点内Ⅰ类和Ⅱ类动物种类数 n_{I} 和 n_{II} 按下式计算:

$$I = 2n_{\mathrm{I}} + n_{\mathrm{II}}$$

当 $I=0$ 时,为严重污染;$I=1\sim10$,为中度污染;$I>10$,为清洁水。

此法要求调查采集的各测站环境因素力求一致,如水深、流速、底质、水草等。

(2)污染生物指数。颤蚓可用来作为污染生物的代表。颤蚓类的数量占整个底栖动物数量的百分数就是污染生物指数。

$$\text{生物指数}(\%) = \frac{\text{颤蚓类个体数}}{\text{底栖动物个数}} \times 100$$

当此指数小于 60% 时,表示水质良好;60% ~80% 时为中等污染;大于 80% 时为严重污染。

(3)硅藻类生物指数。用河流中硅藻的种类计算生物指数。计算公式为:

$$I = \frac{2A + B - 2C}{A + B - C} \times 100$$

式中　A——不耐污染的生物种类数;

B——对有机污染不敏感的种类数;

C——污染区内特有的生物种类数;

I——生物指数,I 越大表明水质越好,I 越小污染越严重。

(4)群落多样性生物指数。该指数是利用水生物群中种数与个体数的比值来确定污染的情况。由于水体遭受污染后,生物种群中往往出现某些种类减少,而另一些抵抗污染力强的种类个体数量却大量增加。对于不同程度污染的水域,它们的比值是不同的,故可以利用这个比值关系来评价水污染情况,早期提出的指数公式为:

$$d = \frac{S}{\ln N}$$

式中　S——生物群种数;

N——各类生物的总个体数;

d——多样性指数,d 值越小,表示水被污染得越严重。

上式过于简单,易于掩盖不同生物群中种间个体数量相对差异性,而且 d 与样品的多少有关。下面的公式可以克服这些缺点。

$$d = -\sum_{i=1}^{S} \left(\frac{n_i}{N}\right) \log_2 \left(\frac{n_i}{N}\right)$$

式中　n_i——样品中第 i 种生物的个体数($i=1,2,3,\cdots,S$)；

N——样品中生物个体总数；

d——意义同前，可以分为5个等级：0为严重污染，0～1为重污染，1～2为中污染，2～3为轻污染，3以上为清洁水体。

（二）指示生物

河流被污染后，在污染源下游相当长的流程内，由于水体的自净作用，污染程度逐渐降低，水生生物种类发生相应的变化。根据出现的各种特有的指示生物，沿流程可分成几个连续的污染带：多污带、α－中污带、β－中污带和寡污带。各污染带的化学和生物学特征见表8-13。

表8-13　污水生物体系各污染带内的化学和生物学特征

特征	多污带	α－中污带	β－中污带	寡污带
化学过程	因腐败现象引起的还原和分解作用明显开始	水和底泥中出现氧化作用	到处进行氧化作用	因氧化使矿化作用达到完成阶段
溶解氧	全无	有一些	较多	很多
BOD	很高	高	较低	低
硫化物形成	有强烈硫化氢味，大致可以辨识	硫化氢味消失	无	无
水中有机物	有大量高分子有机物	因高分子有机物分解而产生氨基酸	有很多脂肪酸胺化合物	有机物全分解
底质	往往有黑色硫化铁存在，故常带黑色	硫化铁已氧化成氢氧化铁，故不呈黑色		大部分已氧化
水中细菌	大量存在，每毫升水中达100万个以上	很多，每毫升水中达10万个以上	数量减少，每毫升水中在10万个以下	少，每毫升水中在100个以下
栖息生物的生态学特性	所有动物皆为细菌摄取者，均能耐pH的强烈变化，均为耐低溶解氧的嫌气性生物，对硫化氢、氨等有强烈的抗性	以摄食细菌的动物占优势，其他有食肉性动物。一般对pH和溶解氧变化有高度适应性。能忍耐氨，但对H_2S的忍耐弱	对溶解氧和pH变化的忍耐性差，对腐败性毒物无长时间的耐性	对溶解氧和pH变化的耐性很差，特别缺乏对腐败性毒物（如H_2S等）的耐性
植物	出现无硅藻、绿藻、结合藻和高等植物	藻类大量发生，有蓝藻、绿藻、结合藻和硅藻出现	多种硅藻、绿藻、结合藻出现，此带为鼓藻类主要分布区	水中藻类少，但着生藻类多

续表 8-13

特征	多污带	α - 中污带	β - 中污带	寡污带
动物	微型动物为主,原生动物占优势	微型动物占大多数	多种多样	多种多样
原生动物	有变形虫、纤毛虫,但无太阳虫、双鞭毛虫和双管虫	逐渐出现太阳虫、双管虫,但无苏联鞭毛虫出现	出现太阳虫、双管虫中耐污性弱的种类和双鞭毛虫	仅有少数鞭毛虫和纤毛虫
后生动物	仅有少数轮虫、蠕形动物、昆虫幼虫出现。水螅、淡水海绵、苔藓动物、小型甲壳类、贝类、鱼类不能在此生存	有贝类、甲壳类、昆虫出现,但无淡水海绵、苔藓动物,鱼类中的鲤、鲫、鲶等可在此带栖息	淡水海藻、苔藓动物、水螅、贝类、小型甲壳类两栖动物、鱼类多种出现	除各种动物外,昆虫幼虫种类极多

可以根据污染特征,如水中细菌数等指示说明水质污染程度。这种利用对环境中某种污染敏感(或有较高耐量)的生物种类的存在(或缺失),来指示其所在水体该污染物的多寡或分解程度的方法,即为生物指示法。

三、水体质量综合评价

有了水质、底质和生物学评价以后,便可以对整个水体的质量进行综合评价。方法有均值法、加权法:

$$I_{综} = \frac{1}{3}(I_{水} + I_{底} + I_{生})$$

$$I_{综} = W_{水} I_{水} + W_{底} I_{底} + W_{生} I_{生}$$

式中　$I_{综}$——水体综合指数;

$I_{水}$、$I_{底}$、$I_{生}$——水质、底质、生物学评价的综合指数;

$W_{水}$、$W_{底}$、$W_{生}$——水质、底质、生物学评价值所占的权重。

将得到的水体综合指数 $I_{综}$ 按一定原则进行适当的污染分级,即可概括出水体的质量状况。

四、评价实例

实例一　白洋淀水体综合评价

在本例水体综合评价中采用了如下模式:

$$I_{综} = I_{水} + I_{底} + I_{生}$$

其中,水质和底泥采用指数评价法

$$I = \sum_{i=1}^{n} \frac{C_i}{S_i} C_k$$

式中　I——污染物 i 的综合污染指数;

C_i——污染物 i 的实测值,mg/L;

S_i——污染物 i 的评价标准,mg/L;

C_k——综合系数,定为0.1。

生物评价采用如下指数公式:

$$I_{生} = \sum_{j=1}^{n} \frac{C_j}{S_j} \times 100\%$$

式中　$I_{生}$——生物指数;

C_j——j 监测点水中耐污染无脊椎动物数量,个;

S_j——j 监测点水中无脊椎动物总数量,个。

水体综合指数 $I_{综}$,并参照水体生态特征,将白洋淀的污染程度分为四级(见表8-14)。

表8-14　白洋淀综合污染程度分级

级别	污染程度	指数	生态特征
Ⅰ	未污染	<0.40	大多数污染物含量低于标准,个别超标。无色无味,氧化环境,NH_4^+ 态氮矿质化,浮游藻类少,昆虫幼虫为主,沉水植物和浮叶植物丰富,组成苦菜,杂群落
Ⅱ	轻污染	0.40~0.60	个别污染物超标,无色无味,氧化环境,NH_3 态氮转化为NH_4^+态氮,软体动物以虾类为主,沉水植物组成黑藻群落,挺水植物、浮叶植物稀少
Ⅲ	中污染	0.60~0.80	有两种污染物超标,水色灰褐,氧化还原环境,有机物分解为NH_3 态氮,软体动物较多,也有一定数量的水丝蚓,沉水植物以竹叶眼子菜－南齿眼子菜群落为主,浮叶植物出现水鳖
Ⅳ	重污染	>0.80	两种以上污染物超标率较高,水呈茶褐色,氧化还原环境,浮游生物多,水丝蚓摇蚊幼虫为主,浮叶植物水鳖群落组成,沉水挺水植物稀少

实例二　阳澄湖水体综合评价

1977年,江苏省地理研究所与南京大学对江苏省内阳澄湖进行了综合评价。

评价过程是在获得有代表性的环境调查资料后,先分别进行水质、生物和底质各自的综合评价,然后再作水体综合评价。

水质综合评价选择参数较多,采用的是污染指数法和分级叠加法(此处略)。

底质综合评价,选择有机质含量、pH值、硫化物、汞、铬、砷为参数。由于缺乏关于底质污染的统一标准，当时是根据苏南地区主要土类及第四纪沉积物的本底调查，结合湖区情况，提出了阳澄湖底质中有害物质自然含量的上限：

汞:0.3 mg/kg;砷:10 mg/kg;铬:60 mg/kg;硫化物:60 mg/kg

以此作为底质污染的标准。求出单项参数的污染指数（分指数），再用公式

$$底质综合指数 = [(分指数的最大值^2 + 分指数的平均值^2)/2]^{1/2}$$

计算求得底质综合指数，并以此分级：

底质综合污染指数	底质污染分级
<1.0	清洁
1.0~1.5	轻污染
>1.5	污染

最后根据各采样点的污染分级，作出底质的综合污染分区图。

生物学评价，主要是通过鉴定藻类和底栖无脊椎动物的组成来进行的。根据对优势种和代表种的种群及其数量的分析，来判断水体的污染程度，同时参考 Beck 指数法计算结果，共同划分污染等级。

在作出水质、生物、底质的综合分区图后，根据三者资料的代表性资料、与人体健康的密切程度及其他用途进行水体的综合评价。由于阳澄湖底质常年受挖泥积肥的影响，其资料代表性差，而生物监测的项目少，且没有明确的划分污染标准，因此在评价水体的质量时，水质、生物、底质的权重应不同。三者的权重依次为 0.6、0.3、0.1。将其代入下述公式，即可得出各点的综合质量指数。

$$P = \sum M_i W_i$$

式中 P——水体质量等级；

M_i——水质、生物、底质的分级值；

W_i——水质、生物、底质的权重。

例如，某采样点水质为 2 级，生物为 1 级，底质为 3 级，则该点综合质量等级为：

$$P = 2 \times 0.6 + 1 \times 0.3 + 3 \times 0.1 = 1.8 \approx 2$$

即为 2 级。经过逐点计算，得出各采样点相应的质量分级，最后绘出该湖的水体质量综合分区图（略）。

任务四 地下水水质评价

一、评价目的和原则

随着城市建设、工业发展和地下水的大规模开发利用，地下水的水质和水量均发生了显著变化。不仅影响到城市供水质量，危及人体健康，而且诱发水源枯竭、地面下沉、咸水入浸等一系列水文地质、工程地质问题。因此，研究这些问题并提出防治措施就成了城市环境中迫切需要解决的问题，是城市环境质量评价不可分割的重要组成部分。进行地下

水质量评价,其目的就是研究和认识城市地区的环境水文地质条件和特征,以及随着城市发展、地下水开发利用而带来的地下水质的变化,为控制地下水污染,制定城市水资源政策提供科学依据。

地下水水质评价与地表水水质评价相比,除具有评价工作的相同特征外,还有它自己的特点。由于地下水埋藏于地质介质中,受地质构造、水文地质条件及地球化学条件等多因素的影响,水质的污染十分缓慢和复杂,所以评价它较地表水就更为困难。

对于地下水水质评价,主要遵循的几条原则是:

(1)评价工作主要限于那些已经或将要以地下水作为供水源的城市或工业区。

(2)评价工作必须在已有城市水文地质工作的基础上进行,没有开展过水文地质、工程地质普查的城市同时开展水文地质、工程地质调查和研究工作。

(3)必须有地下水水质监测资料作基础,在缺乏监测资料的地区应首先开展水化学研究。

(4)必须以地下水资源的质量变化和地质环境的质量变化为重点,结合该地区的环境水文地质条件类型来进行。

二、评价参数的选择

在自然界中,影响地下水水质的有害物质很多。无机化合物有几十种,有机化合物有上百种,其中能溶解于水的有70多种。不同地区,由于工业布局不同,污染源不同,污染物组成也就存在很大差异。因此,地下水水质评价参数的选择要根据研究区的具体情况而定。一般情况下,可把地下水污染物质分为如下几类:

(1)能反映地下水的常规理化指标。如K^+、Na^+、Ca^{2+}、Mg^{2+}、SO_4^{2-}、Cl^-、HCO_3^-、CO_3^{2-}、NH_4^+、NO_3^-、pH值、矿化度、总硬度等。

(2)有毒的金属和非金属物质。如汞、铬、镉、铅、砷、氟化物、氰化物等。

(3)有机有害物质。如酚、有机氯、有机磷等。

(4)微生物。如细菌、病虫卵、病毒等。

各地区在评价地下水水质时,除第一类反映地下水水质的一般理化指标必须监测外,还要根据各地的污染特点来选择评价参数。值得指出的是,由于地下水埋藏于地下,地表污染源、表层地质结构、地貌特征、植被、人类开发工程、水文地质条件及地下水开发现状等,都直接影响地下水水质的好坏,所以在选择评价参数时,也应对其加以考虑。

三、评价方法

地表水水质评价的方法在地下水水质评价中根据实际也可选用,在此不再赘述。此处主要介绍单项组分评价法和综合评价法,其评价步骤如下。

(一)单项组分评价法

(1)选择评价参数:选择的评价参数一般不少于《地下水质量标准》(GB/T 14848—2017)规定的监测项目。

(2)确定评价标准:以《地下水质量标准》(GB/T 14848—2017)为评价标准。

(3)单项组分评价:根据每个评价参数的实测值,套用评价标准,分别确定它们的单项组分(单因子)水质类别。

这样,每一个评价参数均有一个水质评价类别,此即单项组分评价法的评价结果。应注意,不同类别标准值相同时,从优不从劣,如挥发酚类Ⅰ、Ⅱ类标准值均为0.001 mg/L,若水质分析结果为0.001 mg/L时,应定为Ⅰ类,而不定为Ⅱ类。

(二)综合评价法

(1)选择评价参数:选择的评价参数不少于《地下水质量标准》(GB/T 14848—2017)规定的监测项目,但不包括细菌学指标。

(2)确定评价标准:评价标准包括:①单项组分水质分类标准,常用《地下水质量标准》(GB/T 14848—2017);②单项组分评分标准,如表8-15所示;③综合水质分级标准,如表8-16所示。

表8-15 单项组分评分标准

类别	Ⅰ	Ⅱ	Ⅲ	Ⅳ	Ⅴ
F_i	0	1	3	6	10

表8-16 综合水质分级标准

级别	优良	良好	较好	较差	极差
F	<0.80	0.80~2.50	2.50~4.25	4.25~7.20	≥7.20

(3)单项组分评价:根据每个评价参数的实测值,套用单项组分水质分类标准,分别确定它们的水质类别。

(4)确定单项组分评价分值:根据每个评价参数的水质类别和表8-15,确定单项组分的评价分值F_i。

(5)计算综合评价分值:根据单项组分的评价分值,按照下式计算综合评价分值F。

$$F = \sqrt{\frac{\overline{F}^2 + F_{max}^2}{2}}, \quad \overline{F} = \frac{1}{n}\sum_{i=1}^{n} F_i$$

式中 F——综合评价分值;

$\overline{F}$——各单项组分评分值的平均值;

F_{max}——最大的单项组分评分值;

n——评价参数的个数。

(6)确定地下水水质级别:根据综合评分值F和表8-16确定地下水水质级别,再将细菌学指标评价类别注在级别定名之后,如"优良(Ⅱ类)""较好(Ⅲ类)"。

表8-17就是利用综合评价法对某地下水水质评价的成果表,从中看出该地下水水质为极差(Ⅳ类)。

表 8-17 某地下水水质综合评价成果表

参数	浓度(mg/L)	单因子水质类别	F_i	F	综合水质级别
铝	0.01	Ⅰ	0		
氨氮	1.50	Ⅳ	6		
硝酸盐	13.30	Ⅲ	3		
亚硝酸盐	4.85	Ⅴ	10		
挥发酚	0.001	Ⅰ	0		
氰化物	0.01	Ⅱ	1		
砷	0.001	Ⅰ	0		
汞	未	Ⅰ	0		
六价铬	0.002	Ⅱ	1		
总硬度	659	Ⅴ	10	7.21	极差
铅	0.02	Ⅱ	1		
氟	0.72	Ⅰ	0		
镉	0.001	Ⅱ	1		
铁	0.02	Ⅰ	0		
锰	0.05	Ⅰ	0		
溶解性总固体	512	Ⅲ	3		
高锰酸盐指数	0.8	Ⅰ	0		
硫酸盐	138.0	Ⅱ	1		
氯化物	91.4	Ⅱ	1		
总大肠菌群(MPN/100 mL)	36	Ⅳ			
评价结果		极差(Ⅳ类)			

小 结

本项目重点介绍了地表水与地下水水质评价的方法与步骤。通过本项目学习,使学生掌握地表水与地下水水质评价的方法与步骤,能够对一般的地表水、地下水进行评价。

复习思考题

一、填空

1. 水质评价按评价阶段分类有:________、________、________;按评价参数的数量分类有:________、________。

2. 由于缺乏底质的评价标准(S_i),目前常采用评价地区未受污染或稍污染的土壤中同类物质自然含量的监测________代替。

3. 作为水体质量的整体概念,除水层的水质外,还应包括________和________的质量状况。

二、名词解释

1. 水质评价　2. 单一指数　3. 生物指数

三、选择

1. (　　)指数解决了参数个数多少不同对指数值的影响,但仍未考虑污染物危害程度不同对指数值的影响。

A. 均方根型　B. 均值型　C. 叠加型　D. 内梅罗

2. 生物学评价可以通过求生物指数来进行水质评价,(　　)可用来作为污染生物的代表。

A. 水蛭　B. 水螅　C. 蚯蚓　D. 颤蚓

3. 河流被污染后,根据出现的各种特有的指示生物,沿流程可分成几个连续的污染带:多污带、α-中污带、β-中污带和寡污带。其中溶解氧饱和时处于(　　)。

A. 寡污带　B. 多污带　C. β-中污带　D. α-中污带

4. 单一指数 I_i 的计算公式为(　　)。

A. $I_i = \sum_{i=1}^{n} \frac{C_i}{S_i}$　B. $I_i = \frac{1}{n}\sum_{i=1}^{n} \frac{C_i}{S_i}$　C. $I_i = \frac{C_i}{S_i}$　D. $I_i = \sqrt{\frac{1}{n}\sum_{i=1}^{n} (\frac{C_i}{S_i})^2}$

5. 地下水的评价标准是现行的(　　)。

A.《污水综合排放标准》(GB 8978—1996)

B.《生活饮用水卫生标准》(GB 5749—2006)

C.《地表水环境质量标准》(GB 3838—2002)

D.《地下水质量标准》(GB/T 14848—2017)

四、问答

1. 水质评价的一般程序是什么?

2. 本项目介绍的水质评价方法有哪些?

3. 在水质评价中,百分制分级评价法的一般步骤是什么?

4. 在水质评价中,十分制分级评价法的一般步骤是什么?

5. 利用单因子评价法进行水质评价的步骤有哪些?

6. 对于地下水质量评价,主要遵循哪几条原则?

五、计算

现测得某河段水体中含 DO 3.5 mg/L、酚 0.015 mg/L、氰 0.04 mg/L、As 0.03 mg/L、Cr 0.16 mg/L、Hg 0.000 4 mg/L、COD 9.5 mg/L、油 0.35 mg/L、Cd 0.025 mg/L、Pb 0.06 mg/L，单因子评分标准和水质分级标准如表 8-18 及表 8-19 所示。

(1)分别计算其分指数、均值型指数和内梅罗指数；

(2)分别采用单因子评价法和十分制分级评价法对该水体进行评价。

表 8-18 单因子评分标准

污染级别		COD	DO	氰	酚	油	铅	汞	砷	镉	铬
理想级	mg/L	<3	>6	<0.01	<0.001	<0.01	<0.01	<0.000 5	<0.01	<0.001	<0.01
	评分值	10	10	10	10	10	10	10	10	10	10
良好级	mg/L	<8	>5	<0.05	<0.01	<0.3	<0.05	<0.002	<0.04	<0.005	<0.05
	评分值	8	8	8	8	8	8	8	8	8	8
污染级	mg/L	<10	>4	<0.1	<0.02	<0.6	<0.1	<0.005	<0.08	<0.01	<0.1
	评分值	6	6	6	6	6	6	6	6	6	6
重污染级	mg/L	<50	>3	<0.25	<0.05	<1.2	<0.2	<0.025	<0.25	<0.05	<0.25
	评分值	4	4	4	4	4	4	4	4	4	4
严重污染级	mg/L	≥50	≤3	≥0.25	≥0.05	≥1.2	≥0.2	≥0.025	≥0.25	≥0.05	≥0.25
	评分值	2	2	2	2	2	2	2	2	2	2

表 8-19 水质分级标准

M 值	100 ~ 96	95 ~ 76	75 ~ 60	59 ~ 40	<40
水质等级	理想级	良好级	污染级	重污染级	严重污染级

项目九 水质预测

任务一 概 述

在管理工作中,决策和计划占有很重要的地位。正确的决策和计划主要取决于科学预测。预测通常是根据历史资料及现状,经过定性的经验分析或定量的计算,以探索事物的演变规律。

一、预测的分类和预测模型

(一)预测的分类

预测有多种分类方法。

(1)按预测对象可分为六大类:①社会预测;②经济预测;③科学预测;④技术预测;⑤军事预测;⑥环境预测。

(2)按预测技术属性可分为:①定性预测;②定量预测;③定时预测。

(3)按预测时间可分为:①近期预测;②短期预测;③中期预测;④长期预测;⑤未来预测。

(4)按预测方式可分为:①直观性预测;②探索性预测;③目标预测;④反馈预测。

(二)预测模型

预测的常用方法之一就是模型法。预测模型是预测的核心,建立预测模型是预测技术的关键。

预测模型按变量之间的关系可分为因果关系模型、时间关系模型和结构关系模型等;按变量的形式又可分为线性预测模型和非线性预测模型;按变量的数量预测可分为一元模型和多元模型等。

环境预测是研究社会、经济发展给环境所造成的负担,即污染问题。预测污染物质的产生量,对未来或未知的环境前景进行估计和推测,以便采取对策,防治污染,改善环境。环境预测一般包括两个方面的内容,一是污染物排放量的预测,二是区域环境质量的预测,通过污染物的排放量来推断环境质量发展变化的方向和程度。

水质预测属于环境预测的一部分,即预测未来水平年排入水体污染物的种类和数量,并据此来推断水环境质量发展变化的方向和程度。科学的水质预测是水质评价和管理的依据。对未来的水质状况预测越准确,做出的决策就越正确,实现确定的目标就越有把握。

二、水质预测的一般方法与程序

(一)水质预测的一般方法

水环境质量预测是通过已取得的情报资料和监测、统计数据对水污染的现状进行评价,对将来或未知的水质前景进行估计和推测。水质预测不仅是进行水资源保护决策的依据,促进环境科学管理的动力,也是制订区域、流域水污染综合防治规划及水资源保护规划的基础。水质预测是根据经济、社会发展规划中各水平年的发展目标进行的。

进行水质预测的方法主要取决于预测的目的和所能得到的数据资料。对于区域和流域水环境预测来说,一般有两种方法:从整体到局部的宏观预测,以及从局部到整体的微观预测。

1. 宏观预测

预测流域、区域或整个城市实施经济、社会发展规划对水环境的影响。首先从流域、区域或城市国民经济生产总值的增长入手,用数学模型或统计方法求出万元产值的排污量,据此预测各经济、社会发展水平年的排污增长量;再根据人口预测,计算生活污水的增长,求出整个流域、区域或城市在各个经济、社会发展水平年污水和污染物的排放总量。然后根据水质调查和现状评价及水质保护目标,再分别预测区域内的各个局部的排污数量,并作出相应的影响评价。

2. 微观预测

将流域、区域或城市分为若干子系统(如行业、地区),根据各系统的具体发展规划,按照主要污染物的排放量和分布,逐行业、逐地区地分别预测出主要污染物的排放量。最后预测出整个流域、区域或城市在经济、社会发展的各个水平年主要污染物及污水的排放总量,并作出相应的影响评价。

(二)水质预测的一般程序

水质预测一般可分为三个阶段,如图9-1所示。

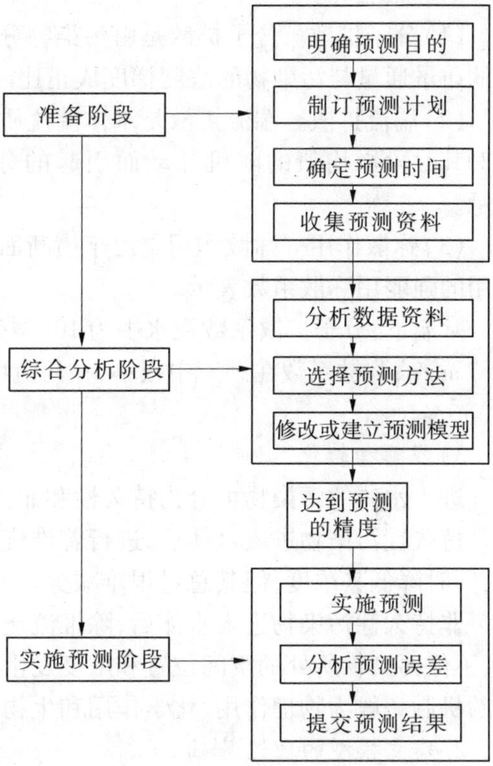

图9-1　水质预测的一般程序

(1)准备阶段。明确水质预测的目的,制订预测计划,确定预测时间,收集进行水质预测所必需的数据和资料。

(2)综合分析阶段。分析数据和资料,选择预测方法,修改或建立预测模型,检验预测模型等。

(3)实施预测阶段。实施预测并进行误差分析,提交预测结果。

任务二　水质数学模型

水质数学模型,是描述污染物在水体中运动变化规律及其影响因素相互关系的数学表达式。它是目前环境质量数学模型中发展最早、应用最广的一种。

一、水质数学模型的建立

(一)建立模型的依据

1. 污染物在水体中的运动变化

污染物进入水体后,发生着各种运动变化。

1)推流迁移

推流迁移指污染物随着水流在空间三个方向上平移运动所产生的迁移作用,也称平流迁移。推流迁移只改变污染物所处的位置,而不改变污染物的浓度。推流迁移的污染物质量通量与水流速度有关。

2)分散稀释

(1)分子扩散。分子扩散是由污染物分子的随机运动引起的质点分散现象。分子扩散的质量通量与污染物的浓度梯度成正比。分子扩散的强弱用分子扩散系数表示。

(2)湍流扩散。湍流扩散是水体湍流质点的各种状态(流速、压力、浓度等)的瞬时值相对其时段平均值的随机脉动而引起的分散现象。湍流扩散的强弱用湍流扩散系数表示。

(3)弥散作用。弥散作用是由于横断面上的流速分布不均匀引起的分散现象。弥散作用的强弱用弥散系数表示。

常温下,分子扩散系数在水中为 $10^{-9} \sim 10^{-10}\ m^2/s$;湍流扩散系数在河流中为 $10^{-4} \sim 10^{-6}\ m^2/s$;弥散系数在湖库中很小,在河流中为 $10^{-2} \sim 10\ m^2/s$,而在河口很大,可达 $10 \sim 10^3\ m^2/s$。

3)降解和转化

进入水体的污染物可分为持久性和非持久性两大类。

持久性污染物进入水体后,进行着推流迁移和分散稀释作用,不断改变所处的空间位置,同时降低其浓度,但其总量很难减少。如重金属、高分子聚合物等。

非持久性污染物进入水体后,除推流迁移和分散稀释作用外,还进行着降解和转化作用,不但污染物所处的空间位置和浓度发生变化,而且污染物的总量也会减少。降解和转化的机制一般为物理作用、化学作用和生物作用等。

2. 建立模型的理论基础

污染物进入水体后进行着一系列运动变化过程,这些过程与污染物本身的特性有关,也与多种水环境条件紧密相连。在这些过程的综合作用下,污染物浓度降低。因此,物理、化学、生物学和水力学中用来描述这些过程的各种数学方程,如推流方程、混合方程、扩散方程、沉淀方程、吸附方程、氧化方程、碳化方程、硝化方程、厌氧方程等,均是建立水质数学模型的理论基础。将污染物在水体环境中的物理、化学和生物学过程经过各种数学方法处理,形成水质变化规律的各种数学表达式,即为水质数学模型。水质模型的种类很多,但不论哪一类模型,都是将所研究的某一特定水体当作一个化学反应系统(或称连续搅拌化学反应器),在这个系统内,污染物的变化是遵守质量守恒定律的。

(二)模型分类

水质数学模型可按以下特性分类:

(1)按解的特点分为:确定性模型(应用最广)和随机性模型。

(2)按时间分为:稳态模型和动态模型。

(3)按空间分为:一维模型和多维模型。

(4)按反应动力学分为:生化模型、纯转移模型、纯反应模型、转移和反应模型以及生态模型等。

(5)按模型性质分为:黑箱、白箱和灰箱模型。

(三)建立水质数学模型的步骤

(1)模型概化。确定模型在时间与空间上的规律和范围,将系统描述为具有一定形状大小及体积分量空间关系的网络。比如,确定模型的维数(空间)和状态(是稳态还是动态)等。

(2)模型结构识别。确定表征系统响应的参数及模型的函数结构。用数学方法描述系统每个分量的水环境行为、过程和功能;确定在其范围内必须进行模拟的边界条件。然后根据一些数学方法和判别准则,对模型的函数表达式进行识别和检验,看其是否能代表系统动态的真实情况,如果不能代表则须重新进行概化和修改。

(3)模型参数的估值。模型的基本参数确定后,就应估计其具体数值。可通过实验室模拟试验或将现场测定数据代入模型,选择最佳拟合观测值作为模型的参数值。

(4)模型灵敏度分析。参数的变化对模型的影响程度称为模型的灵敏度。在其他参数不变时变动某一参数,若函数值随之发生较大的变化,则说明函数对该参数灵敏度高,应严格控制这个参数,以保证模型的精确性。

(5)模型的验证。在建立模型过程中,作了一系列的假设,这些假设与实际情况有一定差别,在取得数据之后,由于受到误差的干扰,也可能使参数估计产生误差。因此,为判别所建立的水质模型是否有效,必须使用新的现场观测数据来加以验证。如果结果不满意,则须重复前述步骤,重新建立模型。

(6)模型的应用。用模型来解决实际问题时,要选择适当的求解技术,将函数表达式变换为适合于求解的形式,形成模型的输入和输出。应当弄清楚,哪些变量是模型的输入量,哪些是所需要的输出量;输入量必须去收集,输出量则是模型的计算结果,是解决实际问题所需要的信息。

二、常用的水质数学模型

前面提到,水质数学模型按空间特性可分为一维模型和多维模型。水质模型的维数是指水体的空间方向数,空间方向常用 x、y、z 来表示。x 表示河流、湖库的纵向,即水流方向;y 表示在水平面上与 x 方向垂直的河流、湖库的横向,即横断面方向;z 表示河流、湖库的垂向,即水深方向。描述空间完全均匀混合的水体,即污染物在水体的 x、y、z 三个方向的浓度相同或接近,只考虑污染物在时间轴上的变化时用零维模型;描述污染物在水体一个空间方向上的浓度变化,河流指 x 方向即纵向,湖、库指 z 方向即水深方向时用一维模型;描述污染物在水体两个空间方向上的浓度变化,河流指 x 和 y 方向,湖、库指 x 和 z 方向用二维模型;描述污染物在水体空间 x、y、z 三个方向上的浓度变化时用三维模型。若河流流量与污水量之比在 10~20 之间,则规定只考虑稀释,不考虑降解,若河水与污水完全均匀混合,则用零维模型;若考虑沿河道的污染物衰减和沿程稀释倍数的变化时,用一维模型;考虑排放口混合区范围时,则用二维模型。

按时间特性水质数学模型又可分为稳态模型和动态模型。所谓稳态,是指污染物浓度随时间不发生变化;若污染物浓度随时间发生变化则为动态,又称非稳态。

水质数学模型种类很多,而且该领域的发展变化也很快。在此,仅介绍几种常用的水质数学模型。

(一)河流水质模型

1. 均匀混合水质模型(零维水质模型)

当污染物进入河段后,假设污染物与河水完全均匀混合,则根据物质平衡原理,可建立水质模型基本方程如下:

$$V\frac{\mathrm{d}C}{\mathrm{d}t} = Q(C_0 - C) - kCV$$

(1)稳态情况,即 $$\frac{\mathrm{d}C}{\mathrm{d}t} = 0$$

则基本方程的解为: $$C = \frac{QC_0}{Q + kV}$$

如果是连续河段,则第 i 河段模型为:

$$C_i = C_0\left(\frac{1}{1 + k\frac{\Delta x}{u}}\right)^i$$

式中 C_0——河段起始断面污染物浓度,mg/L;

C——河段末断面污染物浓度,mg/L;

C_i——连续河段中,起始断面以下第 i 断面污染物浓度,mg/L;

k——污染物衰减系数,1/s 或 1/d;

V——河段水体体积,m^3;

Q——河段流量,m^3/s;

Δx——河段长度,m;

u——河段平均流速,m/s 或 m/d。

【例 9-1】 单元河段长 $\Delta x = 1\ 000$ m,共 20 个河段,平均水深 $H = 1$ m,河宽 $B = 3$ m,河段流量 $Q = 100\ m^3/s$。已知起始断面 BOD 浓度 $C_0 = 10$ mg/L,BOD 衰减系数 $k = 0.1\ d^{-1}$,求各单元河段 BOD 浓度 C_i。

解:起始断面以下,各断面 BOD 浓度按零维水质模型(稳态、连续河段模型)计算,即

$$C_i = C_0\left(\frac{1}{1 + k\frac{\Delta x}{u}}\right)^i$$

单元河段流速为:$u = \frac{Q}{BH} = \frac{100}{3 \times 1} = \frac{100}{3}$(m/s)

将 $C_0 = 10$ mg/L,$k = 0.1\ d^{-1} = 0.1/86\ 400(s^{-1})$,$\Delta x = 1\ 000$ m,$u = \frac{100}{3}$(m/s)代入模型公式得各断面 BOD 浓度值,结果见表 9-1。

表 9-1 各断面 BOD 浓度计算结果 (单位:mg/L)

断面	1	2	3	4	5
C	9.999 653	9.999 306	9.998 959	9.998 612	9.998 265
断面	6	7	8	9	10
C	9.997 918	9.997 571	9.997 224	9.996 877	9.996 530
断面	11	12	13	14	15
C	9.996 180	9.995 836	9.995 489	9.995 142	9.994 795
断面	16	17	18	19	20
C	9.994 448	9.994 101	9.993 754	9.993 407	9.993 060

(2)非稳态情况,即$\frac{dC}{dt}\neq 0$,把水质模型变形为:

$$\frac{dC}{dt}=\frac{QC_0}{V}-\frac{Q+kV}{V}C$$

解之得:

$$C=(C_0-I\theta)\exp\left(-\frac{t}{\theta}\right)-I\theta$$

式中 C_0——起始断面浓度;

I——污染负荷函数,即单位水体污染物输入速率,$I=\frac{QC_0}{V}$;

θ——水力停留时间,$\theta=\frac{V}{Q+kV}$。

2. 一维水质模型

河流一维水质模型基本方程为:

$$\frac{\partial C}{\partial t}=E_x\frac{\partial^2 C}{\partial x^2}-u\frac{\partial C}{\partial x}-kC$$

对难降解的污染物,$k=0$,则基本方程为:

$$\frac{\partial C}{\partial t}=E_x\frac{\partial^2 C}{\partial x^2}-u\frac{\partial C}{\partial x}$$

式中 C——河水污染物浓度,mg/L;

E_x——纵向(水流方向)弥散系数,km^2/d;

u——断面平均流速,km/d;

k——污染物衰减系数,1/d;

t——时间,d;

x——纵向(顺河水流向)距离,km。

1)稳态模型

当污染物输入量、断面平均流速、纵向弥散系数不随时间变化时,则河水污染物浓度是稳定的,也不随时间变化,即

$$\frac{\partial C}{\partial t} = 0$$

边界条件:当 $x=0$ 时,$C=C_0$;当 $x=\infty$ 时,$C=0$。

稳态模型为:

$$C = C_0 \exp\left[\frac{u}{2E_x}\left(1 - \sqrt{1 + \frac{4kE_x}{u^2}}\right)x\right]$$

对难降解污染物,即 $k=0$,稳态模型为:

$$C = C_0 \exp\left(-\frac{ux}{E_x}\right)$$

如果忽略弥散作用即 $E_x=0$,河流一维稳态模型则为:

$$C = C_0 \exp(-kt) = C_0 \exp\left(-k\frac{x}{u}\right)$$

式中 C_0——$x=0$ 处河水中污染物浓度;

其他字母含义同前。

【例 9-2】 一改建工程拟向某河流排放含酚废水,废水设计流量 $q=0.15\ m^3/s$,苯酚浓度 $C_1=30$ mg/L,河水流量 $Q=5.5\ m^3/s$,流速 $u=0.3$ m/s,苯酚背景浓度 $C_2=0.5$ mg/L,降解系数 $k=0.2\ d^{-1}$,纵向弥散系数 $E_x=10\ m^2/s$。求排放点下游 10 km 处苯酚的浓度。

解:根据题意可选用一维稳态水质模型求解。

(1)排放点处即起始断面苯酚浓度为:

$$C_0 = \frac{qC_1 + QC_2}{q+Q} = \frac{0.15\times 30 + 5.5\times 0.5}{0.15 + 5.5} = 1.28(\text{mg/L})$$

(2)排放点下游 10 km 处苯酚浓度为:

$$\begin{aligned} C &= C_0 \exp\left[\frac{u}{2E_x}\left(1 - \sqrt{1 + \frac{4kE_x}{u^2}}\right)x\right] \\ &= 1.28 \times \exp\left[\frac{0.3\times 10\times 1\,000}{2\times 10}\times\left(1 - \sqrt{1 + \frac{4\times 10}{0.3^2}\times\frac{0.2}{24\times 60\times 60}}\right)\right] \\ &= 1.19(\text{mg/L}) \end{aligned}$$

2)非稳态模型

(1)瞬时污染源非稳态模型。

初始和边界条件为:

$$C(x,0) = 0 \quad (x \geqslant 0)$$
$$C(0,t) = C_0 \quad (t>0, t\to 0)$$

瞬时污染源非稳态模型为:

$$C(x,t) = \frac{W}{A\sqrt{4\pi E_x t}}\exp(-kt)\cdot\exp\left[-\frac{(x-ut)^2}{4E_x t}\right]$$

对难降解污染物($k=0$),其瞬时污染源非稳态模型为:

$$C(x,t) = \frac{W}{A\sqrt{4\pi E_x t}}\exp\left[-\frac{(x-ut)^2}{4E_x t}\right]$$

式中　$C(x,t)$——x 处 t 时刻河水污染物浓度;

C_0——起始断面污染物浓度,mg/L;

W——瞬时排放的污染物总量,g;

A——河流断面面积,m^2;

u——断面平均流速,m/s;

E_x——纵向弥散系数,m^2/s;

t——时间,s;

k——污染物衰减系数,1/s。

【例9-3】　瞬时向河流投放示踪剂溶液,含罗丹明染料 $W=5$ kg,在起始断面处充分混合。假定河流宽度 $B=10$ m,水深 $H=0.5$ m,平均流速 $u=0.5$ m/s,纵向弥散系数 $E_x=0.5\ m^2/s$。试求投放点下游500 m处的罗丹明浓度的时间过程线。

解:设罗丹明染料在示踪时间内不降解,即降解系数 $k=0$,根据题意可选用一维瞬时污染源非稳态水质模型求解。直接将已知条件代入公式,则投放点下游500 m处的罗丹明浓度为:

$$C=\frac{W}{A\sqrt{4\pi E_x t}}\exp\left[-\frac{(x-ut)^2}{4E_x t}\right]$$

$$=\frac{5\times1\,000}{10\times0.5\sqrt{4\times3.14\times0.5t}}\exp\left[-\frac{(500-0.5t)^2}{4\times0.5t}\right]$$

计算结果如下:

t(s)	10×60	12×60	14×60	16×60	18×60	20×60	22×60
C(mg/L)	5×10^{-14}	1.8×10^{-5}	0.305	10.456	5.788	0.178	6.7×10^{-4}

(2)连续污染源非稳态模型。

初始和边界条件为:

$$C(x,0)=0\quad(x\geqslant0)$$

$$C(0,t)=C_0\quad(t>0)$$

连续污染源非稳态模型为:

$$C(x,t)=\frac{C_0}{2}\exp\left[\frac{ux}{2E_x}\left(1+\sqrt{1+\frac{4kE_x}{u^2}}\right)\right]\cdot\operatorname{erfc}\left[\frac{x+ut\sqrt{1+\frac{4kE_x}{u^2}}}{\sqrt{4E_x t}}\right]+$$

$$\frac{C_0}{2}\exp\left[\frac{ux}{2E_x}\left(1-\sqrt{1+\frac{4kE_x}{u^2}}\right)\right]\cdot\operatorname{erfc}\left[\frac{x-ut\sqrt{1+\frac{4kE_x}{u^2}}}{\sqrt{4E_x t}}\right]$$

对难降解污染物($k=0$)连续污染源非稳态模型为:

$$C(x,t)=\frac{C_0}{2}\operatorname{erfc}\frac{x-ut}{\sqrt{4E_x t}}+\frac{C_0}{2}\exp\left(\frac{ux}{2E_x}\right)\cdot\operatorname{erfc}\left(\frac{x+ut}{\sqrt{4E_x t}}\right)$$

式中　C_0——起始断面污染物浓度,mg/L,$C_0 = \frac{W}{Q\Delta t}$;

$\mathrm{erfc}(x)$——余误差函数,$\mathrm{erfc}(x) = 1 - \frac{2}{\sqrt{\pi}}\int_0^x e^{-t^2}dt$;

x——河流纵向距离,m;

u——平均流速,m/s;

t——时间,s;

$C(x,t)$——x 处 t 时间的污染物浓度,mg/L;

E_x——纵向弥散系数,m^2/s;

k——污染物衰减系数,1/s。

3. 二维水质模型

在宽浅河流上,排入河中的污染物,在水深方向(z 方向)可以认为混合均匀,在水平面的纵向(x 方向)和横向(y 方向)形成混合区,这时河水的水质需用二维水质模型描述。在稳态情况下二维水质模型基本方程为:

$$u\frac{\partial C}{\partial x} + v\frac{\partial C}{\partial y} = E_x\frac{\partial^2 C}{\partial x^2} + E_y\frac{\partial^2 C}{\partial y^2} - kC$$

式中　C——污染物浓度,mg/L;

x——沿河水流向的坐标,m;

y——垂直 x 轴的横向坐标,m;

u——河水纵向流速,m/s;

v——河水横向流速,m/s;

E_x、E_y——河流纵向和横向弥散系数,m^2/s;

k——污染物衰减系数,1/s。

二维水质模型基本方程一般只能用数值法求解。在最简单的情况下,才有解析解,其解的情况很复杂,在此不予讨论。

4. BOD-DO 耦合模型

溶解氧是指单位水体中氧气的含量,常用 DO 来表示,单位是 mg/L。它是反映水体污染程度和水环境质量的一个重要指标。其数量越大水体质量越好,反之,说明水体污染程度越大,水环境质量越差。它与水污染和水环境质量的许多参数密切相关。因此,溶解氧模型得到了广泛应用。溶解氧模型类型很多,最典型的是 BOD-DO 耦合模型,又称 S-P 模型。

1925 年美国两位工程师斯特里特(H. Streeter)和菲尔普斯(E. Phelps)根据俄亥俄河的污染调查研究,认为在河流的自净过程中,同时存在着两个过程:第一个过程是耗氧过程,即有机污染物进行生物氧化,消耗水中溶解氧(DO)的过程,其速率与水中有机污染物浓度(BOD)成正比。第二个过程是溶氧过程,即大气中的氧气不断地溶入水体的过程,所谓大气复氧,其速率与水体的氧亏值成正比。氧亏值是指水中溶解氧的实际浓度与该水温条件下氧的饱和溶解浓度之差。从而提出了描述一维河流中 BOD 和 DO 消长变化规律的模型即 S-P 模型,经过多年发展,已出现许多修正的模型。现将最初的模型

(S-P模型)介绍如下:

(1)基本假设:河流中的BOD衰减和DO的复氧都是一级反应;反应速度是恒定的;河流中的耗氧是由BOD的衰减引起的,而河流中的溶解氧来源是大气复氧。

(2)模型的基本方程为:

$$\frac{\mathrm{d}L}{\mathrm{d}t} = -k_1 L$$

$$\frac{\mathrm{d}D}{\mathrm{d}t} = k_1 L - k_2 D$$

式中 L——河水中的BOD值,mg/L;

D——河水中的氧亏值,mg/L;

k_1——河水中BOD的衰减(耗氧)系数,1/d;

k_2——河流复氧系数,1/d;

t——河水的行流时间,d。

(3)模型基本方程的解析解为:

$$L = L_0 \mathrm{e}^{-k_1 t}$$

$$D = \frac{k_1 L_0}{k_2 - k_1}(\mathrm{e}^{-k_1 t} - \mathrm{e}^{-k_2 t}) + D_0 \mathrm{e}^{-k_2 t}$$

式中 L_0——河流起始点的BOD值,mg/L;

D_0——河流起始点的氧亏值,mg/L。

上式反映河流的氧亏值变化规律,若用溶解氧来表示,则

$$C(\mathrm{O}) = C(\mathrm{O_s}) - D = C(\mathrm{O_s}) - \frac{k_1 L_0}{k_2 - k_1}(\mathrm{e}^{-k_1 t} - \mathrm{e}^{-k_2 t}) - D_0 \mathrm{e}^{-k_2 t}$$

式中 $C(\mathrm{O})$——河流中的溶解氧值,即DO值,mg/L;

$C(\mathrm{O_s})$——河流中的饱和溶解氧值,mg/L。

河流中的溶解氧最低点,即临界点,氧亏值D最大用D_c表示,其变化速率为零,则

$$\frac{\mathrm{d}D}{\mathrm{d}t} = k_1 L - k_2 D = 0$$

由此得

$$D_c = \frac{k_1}{k_2} L_0 \mathrm{e}^{-k_1 t_c}$$

$$t_c = \frac{1}{k_2 - k_1} \ln\left\{\frac{k_2}{k_1}\left[1 - \frac{D_0 (k_2 - k_1)}{L_0 k_1}\right]\right\}$$

式中 D_c——临界点的氧亏值(最大氧亏值),mg/L;

t_c——从起始点到临界点的河水行流时间,d;

其他字母含义同前。

S-P模型在水质预测中应用最广,也可应用于河段的最大允许排污量计算。

(二)湖泊(水库)水质数学模型

湖泊一般是天然形成的,水库是由于发电、灌溉、防洪等目的拦河筑坝人工形成的,它们的水域开阔,水流状况基本相同,所以可以用相似的水质模型来描述它们的水质情况。

目前用于描述湖泊和水库(简称湖库)水质变化的模型分为描述湖库营养状况的箱式模型、分层箱式模型和描述温度及水质竖向分布的分层模型。下面介绍几种常用的湖库水质模型。

1. 完全混合水质模型

完全混合水质模型属箱式模型。对于停留时间很长、水质基本稳定的中小湖库,可以把它们看作一个均匀混合的水体。

1)污染物(营养物)混合和降解模型

湖库中某种污染物(营养物)的浓度随时间的变化与以下因素有关:输入湖库污染物(营养物)的量、输出湖库污染物(营养物)的量、污染物(营养物)在湖库中的降解或沉降的量。根据物质平衡原理,可得模型基本方程为:

$$V\frac{\mathrm{d}C}{\mathrm{d}t} = \overline{W} - QC - k_1CV$$

式中　V——湖库的容积,m^3;

C——污染物(营养物)的浓度,mg/L;

$\overline{W}$——污染物(营养物)的平均排入量,mg/s;

t——时间,s;

Q——流出湖库的流量,m^3/s;

k_1——污染物(营养物)衰减系数或沉降速率系数,1/s。

对上式积分得:

$$C(t) = \frac{\phi}{Q + k_1V}\left\{\frac{\overline{W}}{\phi} - \exp\left[-\left(\frac{Q}{V} + k_1\right)t\right]\right\}$$

其中

$$\overline{W} = \overline{W}_0 + C_pq$$

$$\phi = \overline{W} - (Q + k_1V)C_0$$

式中　$\overline{W}_0$——现有污染物排放量,mg/s;

C_p——拟建项目废水中污染物浓度,mg/L;

q——拟建项目的废水排放量,m^3/s;

C_0——湖库中污染物起始浓度,mg/L。

则

$$C(t) = \frac{\overline{W}}{\alpha V}(1 - e^{-\alpha t}) + C_0e^{-\alpha t}$$

$$\alpha = \frac{Q}{V} + k_1$$

对于持久性污染物,$k_1 = 0$,则

$$\alpha = \frac{Q}{V}$$

当时间足够长,湖库中的污染物(营养物)浓度达到平衡时:

$$\frac{\mathrm{d}C}{\mathrm{d}t}=0$$

则平衡时的浓度

$$C_e=\frac{\overline{W}}{\alpha V}$$

(1)求湖库中污染物(营养物)达到一定浓度 $C(t)$ 所需时间 t_β

设 $C(t)/C_p=\beta$,则

$$t_\beta=\frac{V}{Q+k_1V}\ln(1-\beta)$$

(2)无污染物(营养物)输入($\overline{W}=0$)时,污染物(营养物)浓度随时间变化为

$$C(t)=C_0\mathrm{e}^{-(\frac{Q}{V}+k_1)}=C_0\mathrm{e}^{-\alpha t}$$

这时,可以求出污染物(营养物)浓度与初时浓度之比为 $\delta(\delta>1)$ 时,$C(t)/C_0=1-\beta$,所需用的时间:

$$t_\delta=\frac{1}{\alpha}\ln\frac{1}{\delta}$$

2)溶解氧模型

描述湖库中的溶解氧(或亏氧量)的模型为:

$$\frac{\mathrm{d}D}{\mathrm{d}t}=\left(\frac{Q}{V}+k_1\right)L+k_2[C(\mathrm{O_s})-C(\mathrm{O})]-R$$

式中　$\mathrm{d}D/\mathrm{d}t$——湖库氧亏量 D 随时间 t 的变化率;

k_1——湖库中 BOD 衰减(耗氧)系数,1/d 或 1/s;

k_2——大气复氧系数,1/d 或 1/s;

$C(\mathrm{O_s})$——湖库某一温度的饱和溶解氧浓度,mg/L;

$C(\mathrm{O})$——湖库的溶解氧浓度,mg/L;

Q——湖库的出入流量,$\mathrm{m^3/d}$ 或 $\mathrm{m^3/s}$;

V——湖库的容积,$\mathrm{m^3}$;

L——湖库中的 BOD 值,mg/L;

R——湖库的生物和非生物因素耗氧总量,mg/d 或 mg/s,其计算式为:

$$R=\gamma A+B$$

其中　A——养鱼密度,$\mathrm{kg/m^3}$;

γ——鱼类耗氧速率,mg/(kg·d)或 mg/(kg·s);

B——其他因素耗氧量,$\mathrm{mg/(m^3\cdot d)}$ 或 $\mathrm{mg/(m^3\cdot s)}$。

本模型没考虑浮游植物的增氧量。

2. 扩散模型

水域宽阔的大湖库,当污水流入湖库时,污染往往出现在入口附近水域,应考虑污水在湖库中的稀释扩散现象。假设污染物在湖库中呈圆锥形扩散(采用圆锥极坐标较方便),如图 9-2 所示,根据湖库水中的移流和扩散过程,用物质平衡原理得模型基本方程为:

$$\frac{\partial C_r}{\partial t} = \left(E - \frac{q}{\varphi H}\right)\frac{1}{r}\frac{\partial C_r}{\partial r} + E\frac{\partial^2 C_r}{\partial r^2}$$

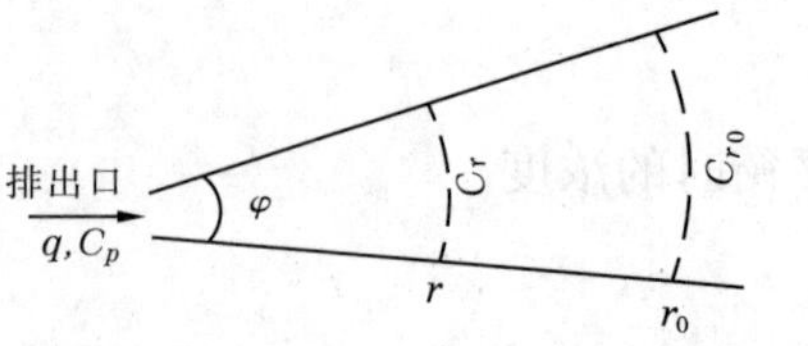

图 9-2　湖边排污口扩散示意图

式中　q——排入湖库中的废水流量,m^3/d;

r——湖库内某计算点离排污口的距离,m;

E——径向湍流混合系数,m^2/d;

C_r——所求计算点的污染物浓度,mg/L;

H——废水扩散区平均水深,m;

φ——废水在湖库中的扩散角,由排放口处的地形确定(如在开阔、平直和与岸垂直时 $\varphi = 180°$,在湖库中心时 $\varphi = 360°$)。

上面为水质模型的基本方程,在不同的条件下有不同的解,可得出不同的水质模型。

1)持久性污染物,在稳态、无风时的模型

积分基本方程得:

$$C_r = C_p - (C_p - C_{r_0})\left(\frac{r}{r_0}\right)^{\frac{q}{\varphi HE}}$$

式中　r_0——没有受到排污影响的最近点到排污口的距离,可选离排污口很远的某点,排入污水对该点的水质影响可以忽略不计,如图 9-2 所示;

C_{r_0}——r_0 处的污染物浓度,可以取 r_0 点的现状值;

C_p——排污口排放废水污染物的浓度;

E——径向湍流混合系数,可以用示踪试验法、类比调查法等确定,若考虑湖库中的风浪影响,也可用下面的经验公式求 E:

$$E = \frac{\rho H^{\frac{2}{3}} d^{\frac{1}{3}}}{f_0 g}\sqrt{\left(\frac{uh}{\pi H}\right)^2 + \bar{u}^2}$$

其中　ρ——水的密度;

H——湖库水深(计算范围内平均水深);

d——湖库底沉积物的直径;

g——重力加速度;

f_0——经验系数;

u——湖库水流速度;

$\bar{u}$——风浪和湖流造成的湖水平均流速;

h——湖库水的波浪爬高。

2)非持久性污染物的简化水质模型

(1)在湖水流速很小,风浪不大,湖水稀释扩散较差的情况下,可将基本方程中的弥散项略去。这时考虑稳态条件,并增加污染物质的自净项,即可得污水在湖库中移流和化学、生化降解共同作用下的浓度递减方程为:

$$q\frac{dC}{dr} = -k_1 CH\varphi r$$

代入边界条件 $r = 0$ 时,$C = C_0$(C_0 为排放口浓度),则其解为:

$$C = C_0\exp\left(-\frac{k_1\varphi H}{2q}r^2\right)$$

式中 k_1——污染物在湖库中的降解速率,1/d,其值取决于有机污染物性质、湖库水的理化性质、湖库水文气象状况等,可用实测、实验方法求得。

(2)湖库溶解氧方程。在前面条件下,湖库的溶解氧基本方程为:

$$q\frac{\mathrm{d}D}{\mathrm{d}r} = (k_1L - k_2D)\varphi Hr$$

式中 D——离排污口距离为 r 处的氧亏值$[C(O_s) - C(O)]$;

k_2——湖库水的复氧速率。

上式的解为:

$$D = \frac{k_1L_0}{k_2 - k_1}[\exp(-nr^2) - \exp(-mr^2)] + D_0\exp(-mr^2)$$

式中 D_0——排放口处的氧亏量;

m、n 可按下式计算(式中符号意义同前)

$$m = \frac{k_2\varphi H}{2q}, n = \frac{k_1\varphi H}{2q}$$

三、水质模型参数的估值

前面学习了河流、湖库的常用水质模型,在这些模型中有许多参数,如流速、流量、扩散系数、弥散系数、耗氧系数、复氧系数等,它们是水质物理、化学和生物化学动力学过程的常数。在应用模型之前,必须把这些参数的值确定下来。如何确定这些参数的数值,这是建立水质模型的一个重要环节。模型参数的估值,可由实验室测定、野外观测以及通过资料分析计算等方法求得。

(一)参数估值的方法

1. 实验室测定法

实验室测定法主要是对单个参数进行分别的测定,常利用动力学常数的测定方法。设计一个特定过程的模拟反应器,在不同的时间取样分析其反应物或产物的浓度,然后用图解法或数理统计方法(如最小二乘法、斜率法、两点法、多点法等)来确定所研究过程的动力学常数。

用实验室测定法可以确定 BOD 反应速度常数 k_1、硝化速率常数 k_N 及底泥耗氧速度常数等。

2. 经验公式估算法

利用各种有关的经验公式估算河流水力学参数、弥散系数、复氧系数等。也可以利用现场测定数据对单参数或多参数进行估值。

应用多维参数的最优化估值方法可以同时确定模型中的多个参数。这种方法从模型的整体出发,由此求得的参数代入模型后,能大大提高模型的可靠性。但这种方法比较复杂,不易掌握,通常需要借助计算机来实施。

(二)部分参数的估值

1.弥散系数的估值

一个流量恒定、无弯曲顺直的河段,其垂向(z 方向)、横向(y 方向)、纵向(x 方向)的弥散系数分别为 E_z、E_y 和 E_x,可用下式估算:

$$E_z = \alpha_z H u^*$$

$$E_y = \alpha_y H u^*$$

$$E_x = \alpha_x H u^*$$

式中　H——平均水深,m;

　　u^*——摩阻流速(剪切流速),m/s,其计算式为:

$$u^* = \sqrt{gHI}$$

其中　I——河段的水力坡度;

　　g——重力加速度。

一般河流 α_z 为0.067左右。$\alpha_y = 0.058H + 0.006\,5B$($B/H \leqslant 100$,$B$ 为水面宽度,H 为平均水深)。天然河流 α_x 变幅很大,$B = 15 \sim 60$ m 时,$\alpha_x = 14 \sim 650$;$B = 200$ m 的米苏里河 $\alpha_x = 7\,500$,实验室的浅水渠 $\alpha_x = 6.3$,爱尔德公式中 $\alpha_x = 5.93$,则弥散系数的计算式为:

$$E_z = 0.067H\sqrt{gHI}$$

$$E_y = (0.058H + 0.006\,5B)H\sqrt{gHI} \quad (B/H \leqslant 100)\text{(泰勒公式)}$$

$$E_x = 5.93H\sqrt{gHI} \quad \text{(爱尔德公式)}$$

2.饱和溶解氧的估算

河流水温为 T 时的饱和溶解氧可按下式计算:

$$C(\mathrm{O_s}) = \frac{468}{31.6 + T}$$

式中　$C(\mathrm{O_s})$——水温为 T 时的饱和溶解氧,mg/L;

　　T——水的温度,℃。

3.耗氧系数 k_1 和 k_N 的估算

耗氧系数又称耗氧速率常数,单位是1/d。k_1 为碳化BOD的耗氧系数,即有机物在碳化反应过程的耗氧系数;k_N 为硝化BOD的耗氧系数,即有机物在硝化反应过程的耗氧系数。

1)k_1 的估算

k_1 的估算方法很多,在此仅介绍两点法。两点法是利用河流两个断面的BOD浓度值估算 k_1 的一种方法。

在没有废水和支流加入的河段,其 k_1 计算式为:

$$k_1 = \frac{1}{t}\ln\left(\frac{L_A}{L_B}\right)$$

式中　L_A、L_B——河流上游断面 A 和下游断面 B 处的BOD浓度,mg/L;

　　t——A、B 两个断面间的流行时间,d。

在实际应用中,为了减少误差,上下游间可多取几个断面,利用两点法可得到几个 k_1

值,然后取其平均值。

2) k_N 的估算

与计算 k_1 的方法相似,公式如下:

$$k_N = \frac{1}{t}(\ln L_{NA} - \ln L_{NB})$$

式中 L_{NA}——河流起始段面 $A(t=0)$ 处硝化 BOD(NBOD)的浓度,mg/L;

L_{NB}——河流下游断面 $B(t=t)$ 处硝化 BOD(NBOD)的浓度,mg/L;

t——起始断面 A 到下游断面 B 的流行时间,d。

在实际应用中,为了减少误差,可多取几个断面,得到几个 k_N 值,然后取其平均值。

k_1 和 k_N 与温度的关系可用下式表达:

$$k_t = k_{20} \times 1.047^{(T-20)}$$

式中 k_{20}——20 ℃时的 k_1(或 k_N)值;

k_t——水温为 T 时的 k_1(或 k_N)值;

T——水温,℃。

4. 复氧系数 k_2 的估算

复氧系数又称大气复氧速率常数,单位是 1/d。其估算方法如下。

1) 欧康纳 - 多宾斯(简称欧 - 多)公式

$$k_{2(20\,℃)} = 294\frac{(D_m u)^{\frac{1}{2}}}{H^{\frac{3}{2}}} \quad (C_z \geqslant 17)$$

$$k_{2(20\,℃)} = 824\frac{D_m^{0.5} I^{0.25}}{H^{1.25}} \quad (C_z < 17)$$

式中 C_z——谢才系数,计算式为:

$$C_z = \frac{1}{n}H^{\frac{1}{6}}$$

D_m——氧的分子扩散系数,计算式为:

$$D_m = 1.774 \times 10^{-4} \times 1.037^{(T-20)}$$

I——河底坡度;

n——河床糙率;

H——断面平均水深;

u——断面平均流速;

T——水温。

2) 欧文斯经验公式

$$k_{2(20\,℃)} = 5.34\frac{u^{0.67}}{H^{1.85}} \quad (0.1\ \text{m} \leqslant H \leqslant 0.6\ \text{m}, u \leqslant 1.5\ \text{m/s})$$

3) 丘吉尔经验公式

$$k_{2(20\,℃)} = 5.03\frac{u^{0.696}}{H^{1.673}} \quad (0.6\ \text{m} \leqslant H \leqslant 8\ \text{m}, 0.6\ \text{m/s} \leqslant u \leqslant 1.8\ \text{m/s})$$

以上各式应用条件不同,在计算时要正确选择。另外,k_2 与温度的关系可用下式表达:

$$k_{2(T)} = k_{2(20\ ℃)} \times 1.02^{(T-20)}$$

式中 $k_{2(T)}$——水温为 T(℃)时的 k_2 值;

$k_{2(20\ ℃)}$——水温为 20 ℃时的 k_2 值;

T——水温,℃。

任务三 水质预测方法

新建、扩建、改建的直接或间接向水体排放污染物的建设项目和其他的水利工程,都不同程度地影响着水体水质以及生态环境,必须在建设前对它们的影响做出科学的评价,并向有关单位提交"环境影响报告书"。对水质和生态环境有较大不良影响的工程应采取相应的环保措施后才能开工,否则应停建或缓建。

预测建设项目对水环境的影响,应尽量采用成熟、简便并能满足要求的预测方法。一般有两类方法。

第一类是定性分析法,如专家判断法是利用专家的经验来推断建设项目对水环境的影响;类比调查法是参照现有相似工程对水体的影响,来推测拟建项目对水环境的影响。第二类是定量预测法,常指应用物理模型和数学模型进行预测,水质数学模型应用最多最广。定性分析法具有省时、省力、耗资少等优点,但结果是定性的,不能量化;定量预测法的结果是量化的,比较准确,但耗时、耗力、耗资多。具体应用时,可结合实际情况和要求选用合适的预测方法。

本任务仅介绍利用水质数学模型预测建设项目对水体水质影响的有关内容。

水体水质的变化是由排污系统的水质水量变化和受纳水体的水质水量变化引起的。因此,进行水体水质污染预测需要掌握以下资料:

(1)污染物排入水体的情况(排入的量和时空分布等),这是水质系统的输入。

(2)受纳水体的水质水量情况。

(3)污染物排入水体后的变化规律(迁移、分散稀释和降解等),这是水质系统的运行状态。

建立合适的水质数学模型,根据水质系统的输入和运行状态,推求水质数学模型系统的输出,这就是水体水质变化的预测结果。水质预测分为污染源预测和水质污染预测,其方法分述如下。

一、污染源预测

(一)废水量预测

1. 工业废水排放量预测

工业废水排放量预测常用下式计算:

$$W_t = W_0(1 + r_w)^t$$

式中 W_t——预测水平年工业废水排放量,万 m³;

W_0——基准年工业废水排放量,万 m³;

r_w——工业废水排放量年平均增长率；

t——基准年至预测水平年的时间间隔，年。

利用上式预测工业废水排放量关键是求 r_w。如果资料比较完善，可以用统计回归方法求出 r_w；如果资料不完善，则可结合经验判断方法求出 r_w。

2. 生活污水量预测

生活污水量预测可用下式计算：

$$Q = 0.365AF$$

式中　Q——生活污水年排放量，万 m^3；

A——预测年份人口数，万人；

F—人均生活污水量，L/(d·人)；

0.365——单位换算系数。

预测年份人均生活污水量常用人均生活用水量代之，不同地区水资源情况不一样，用水习惯不一样，其值不同，可根据当地实际取值。预测年份人口数采用地方人口规划值，无地方规划值时，根据基准年人口增长率计算获得。其计算式为：

$$A = A_0(1 + p)^n$$

式中　A_0——基准年人口，万人；

p——人口增长率；

n——规划年与基准年的年数差值。

(二)污染物排放量预测

1. 工业污染物排放量预测

预测工业污染物排放量可按下式计算：

$$W_i = (q_i - q_0) \times C_0 \times 10^{-2} + W_0$$

式中　W_i——预测年份某污染物排放量，t；

q_i——预测年份工业废水排放量，万 m^3；

q_0——基准年工业废水排放量，万 m^3；

C_0——含某污染物废水的工业排放标准，mg/L；

W_0——基准年某污染物排放量，t。

2. BOD 排放量预测

BOD 排放量预测需对工业污染源及生活污染源分别预测，然后再相加。如果经过污染源调查，已知各行业 BOD 排放量与产值的关系，并建立起适当的模型，又已知工业发展规划(各行业的产值增长及各行业所属工厂的布局)，即可进行工业源排放量的预测。沈阳等城市在工业污染源中曾提出过如下模型：

$$P = \alpha D^{\beta}$$

式中　P——工业源的排污量；

D——工业产值(分行业)；

α、β——系数，与行业特点及工厂规模有关，可以用统计回归等方法求出。

如果仅有一两年的污染源调查数据，又只知道工业发展的综合目标(工业总产值的增长)，则只能采取概略预测的方法：

$$P = TA_0D_t$$

式中　P——排污量；

A_0——基准年万元产值排污量；

D_t——预测水平年工业总产值；

T——排污量随时间递减系数。

$$T = (1 + r_D)^t$$

其中　r_D——因技术进步等因素引起的万元排污量递减率；

t——基准年到预测年的年限。

使用这个方法首先要解决两个问题：一是选定基准年（一般以预测起始年为基准年）；二是求 T，即确定 r_D，一般是用经验判断来确定。比如某城市选定1980年为基准年，万元排污量为 A_0，到2000年其工业总产值翻两番，而根据该城市的工业现状及2000年有可能达到的技术水平，只依靠技术进步，其排污量即有可能只翻一番，也就是

$$2P_{1980} = P_{2000}$$

即

$$2A_0D_{1980} = A_{2000}D_{2000}$$

因为从1980年到2000年工业总产值翻两番，所以

$$4D_{1980} = D_{2000}$$

根据以上两式可得

$$\frac{1}{2}A_0 = A_{2000}$$

又因为

$$P_{2000} = D_{2000}A_{2000} = A_0(1 + r_D)^tD_{2000}$$

即

$$A_{2000} = A_0(1 + r_D)^t$$

所以

$$\frac{1}{2}A_0 = A_0(1 + r_D)^t \quad (t = 2\,000 - 1\,980 = 20)$$

得

$$r_D = -0.034$$

r_D 也可以分段计算，如1980年到1990年为一段，1990年到2000年为一段，分别计算。

生活污染源BOD排放量预测，可根据人口增长来预测。每人每天BOD排放量可以测出，然后乘以一年的天数365即为每人每年的BOD排放量，将其乘以预测的人口数即可算出生活污染源BOD排放量。把生活污染源BOD预测排放量与工业污染源BOD预测排放量相加即可得到总的BOD排放量。

二、水质污染预测

水质的定量预测通常采用水质数学模型法。选择合适的水质数学模型进行水质预测

不仅适用于短期预测,也适用于长期预测。

应用水质模型预测水质,通常要根据模型要求,将水域划分成若干段或若干区。一般是将水质水量变化处作为节点划分区段,使区段内的水质参数一致。还要用实测资料推求模型参数,并对模型进行检验。下面通过实例来了解如何应用水质数学模型预测水质。

【例9-4】 五日生化需氧量及溶解氧浓度的预测

一个拟建工厂的废水将排入一条比较清洁的河流。河流的 $BOD_5=2.0$ mg/L,溶解氧浓度是8.0 mg/L,水温22 ℃,流量为7.1 m^3/s;工业废水的 $BOD_5=800$ mg/L,水温31 ℃,流量为3.5 m^3/s,排出前废水经过曝气使溶解氧浓度达到6 mg/L。废水与河水可在排污口附近迅速混合,混合后河道中平均水深为0.91 m,河宽为15.2 m,河流的溶解氧标准为5.0 mg/L,各个常数经测定为 $k_1(20\ ℃)=0.23\ d^{-1}$,$k_2(20\ ℃)=3.0\ d^{-1}$,$\theta_1=1.05$,$\theta_2=1.02$。

要求计算:①工厂排出废水的最高允许 BOD_5;②计算河道下游沿程溶解氧浓度。

解:根据本题条件与要求,选择S-P水质模型进行计算(模型内容详见上节)。污水与河水混合后流量为

$$Q=7.1+3.5=10.6(m^3/s)$$

水流速度为

$$u_x=\frac{Q}{BH}=\frac{10.6}{0.91\times15.2}=0.76(m/s)$$

起始点水温

$$T=\frac{22\times7.1+31\times3.5}{10.6}=25(℃)$$

起始点溶解氧

$$C(O_0)=\frac{8\times7.1+6.0\times3.5}{10.6}=7.33(mg/L)$$

常压淡水25 ℃时的饱和溶解氧浓度可用下式计算

$$C(O_s)=\frac{468}{31.6+T}=\frac{468}{31.6+25}=8.27(mg/L)$$

因此,起始点氧亏量为:

$$D_0=8.27-7.33=0.94(mg/L)$$

在25 ℃时

$$k_1(25\ ℃)=k_1(20\ ℃)\times\theta_1^{(25-20)}=0.23\times1.05^{(25-20)}=0.29(d^{-1})$$

$$k_2(25\ ℃)=k_2(20\ ℃)\times\theta_2^{(25-20)}=3.0\times1.02^{(25-20)}=3.3(d^{-1})$$

最大允许亏氧量为:

$$D_{max}=8.27-5.00=3.27(mg/L)$$

①计算工厂排放废水的最高允许 BOD_5

由S-P模型知,临界亏氧量即最大亏氧量(本题已算出为3.27 mg/L)的发生时间 t_c(最大氧亏点)为:

$$t_c=\frac{1}{k_2-k_1}\ln\left\{\frac{k_2}{k_1}\left[1-\frac{D_0(k_2-k_1)}{L_0k_1}\right]\right\}$$

$$=\frac{1}{3.3-0.29}\ln\left\{\frac{3.3}{0.29}\left[1-\frac{0.94\times(3.3-0.29)}{0.29L_0}\right]\right\}$$

临界点的亏氧量(本题为3.27 mg/L)计算式为:

$$D_c=\frac{k_1L_0}{k_2}e^{-k_1t_c}=\frac{0.29L_0}{3.3}e^{-0.29t_c}=0.087\ 9L_0e^{-0.29t_c}$$

式中,L_0 为起始点的 BOD 浓度(非 BOD_5),单位是 mg/L。利用上面二式采用试算法求解 L_0,即假设一 L_0 值,求出 t_c,再求出 D_c,当 $D_c = D_{max} = 3.27$ mg/L 时,L_0 值即为所求。本题求得 $L_0 = 46.0$ mg/L,$t_c = 0.729$ d,$D_c = 3.27$ mg/L。

这里的 L_0 为 BOD_u,而要计算的是 BOD_5(20 ℃),即在起始点的允许 BOD_5(20 ℃)值为:

$$BOD_{5(20\ ℃)} = L_0(1 - e^{-5k_1}) = 46.0(1 - e^{-5\times 0.23}) = 31.4\ \text{mg/L} \quad (\text{混合后})$$

工厂排出废水最大允许 BOD_5 为

$$BOD_5 = \frac{31.4 \times 10.6 - 2.0 \times 7.1}{3.5} = 91.0(\text{mg/L})$$

而废水的实际 $BOD_5 = 800$ mg/L。因此,必须经过处理后才能排放,处理率为:

$$\frac{800 - 91.0}{800} = 88.6\%$$

②河道下游沿程溶解氧浓度的计算

由以上知水温 20 ℃时 $k_2 = 3.0\ d^{-1}$,25 ℃时 $k_2 = 3.3\ d^{-1}$。污水与河水混合后水温为 25 ℃,下游水温也按 25 ℃考虑。从起始点到下游沿程各处(按流动时间 t 或流动距离 x 均可,本题按流动时间 t)的溶解氧浓度为:各点的饱和溶解氧量与亏氧量之差。25 ℃各点的饱和溶解氧 $C(O_s) = 8.27$ mg/L,那么只要求出各点的亏氧量 D_t 即可。D_t 按下式计算:

$$D_t = \frac{k_1 L_0}{k_2 - k_1}(e^{-k_1 t} - e^{-k_2 t}) + D_0 e^{-k_2 t}$$

把各项数据代入上式得

$$D_t = \frac{0.29 \times 46.0}{3.3 - 0.29}(e^{-0.29t} - e^{-3.3t}) + 0.94e^{-3.3t}$$
$$= 4.43(e^{-0.29t} - e^{-3.3t}) + 0.94e^{-3.3t}$$

利用上式列表计算各点 t 处的亏氧量 D_t,计算结果见表 9-2。

最大亏氧点 $t_c = \frac{1}{3.3 - 0.29}\ln\left\{\frac{3.3}{0.29} \times \left[1 - \frac{0.94 \times (3.3 - 0.29)}{0.29 \times 46.0}\right]\right\} = 0.73\ (\text{d})$

表 9-2 溶解氧计算结果 [$DO = C(O_s) - D_t = 8.38 - D_t$]

时间 t(d)	亏氧量 D_t(mg/L)	溶解氧 DO(mg/L)	时间 t(d)	亏氧量 D_t(mg/L)	溶解氧 DO(mg/L)	时间 t(d)	亏氧量 D_t(mg/L)	溶解氧 DO(mg/L)
0.0	0.94	7.33	0.8	3.26	5.01	5.0	1.04	7.23
0.1	1.79	6.48	0.9	3.23	5.04	6.0	0.78	7.49
0.2	2.38	5.89	1.0	3.19	5.08	7.0	0.58	7.69
0.3	2.76	5.51	1.5	2.84	5.43	10.0	0.24	8.03
0.4	3.01	5.26	2.0	2.48	5.79	11.0	0.18	8.09
0.5	3.16	5.11	2.5	2.14	6.13	12.0	0.14	8.13
0.6	3.24	5.03	3.0	1.86	6.41	15.0	0.06	8.21
0.7	3.27	5.00	4.0	1.39	6.88	20.0	0.01	8.26

说明：

(1)以上溶解氧计算是将工业废水处理88.6%后，即排入水体的工业废水$BOD_5=91.0$ mg/L的计算结果。如不处理直接排入水体则应按实际排入水体的BOD_5计算L_0，从而求得亏氧量和溶解氧。

(2)以上为$k_2(20\ ℃)=3.0\ d^{-1}$的计算结果，若$k_2(20\ ℃)=2.5\ d^{-1}$时可同理计算。图9-3是利用计算结果绘制的溶解氧浓度剖面图。

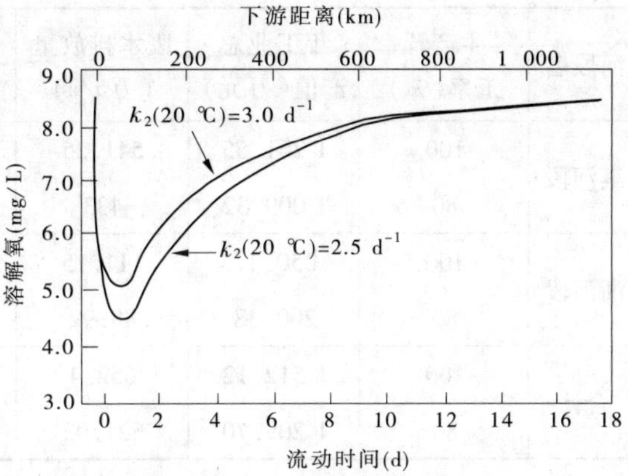

图9-3 溶解氧浓度剖面图

【例9-5】 淇河盘石头水库水质影响预测实例(1992年预测)。

1.工程概况

盘石头水库是卫河支流淇河中游拟建的一座大型综合利用的水库工程，坝址位于河南省鹤壁市西南约15 km的盘石头村附近，下距入卫河口约70 km 。水库控制流域面积1 915 km^2，占淇河流域面积的89.4%。

盘石头水库总库容6.16亿m^3，属大(2)型，工程等级为Ⅱ等，主要建筑物级别为2级。洪水标准为:100年一遇洪水设计,2 000年一遇洪水校核。

根据《海河流域补充规划》报告，盘石头水库的开发任务以防洪、工业及生活供水为主，兼顾农田灌溉，结合灌溉及供水进行发电。水库对环境影响评价工作大纲于1992年11月编制完成，影响报告书于1993年完成。

2.污染源预测

根据污染源现状，以1986年为基准年预测2000年工业废水及污染物排放情况。

1)废水量预测

预测模式为：

$$Q_2 = DG\left(1 - \frac{P_2 - P_1}{1 - P_1}\right)$$

式中 Q_2——预测年份废水排放量，万m^3；

D——预测年份工业产值，万元；

G——基准年万元产值工业废水量，万m^3/万元；

P_1——基准年工业用水循环率(%)；

P_2——预测年工业用水循环率(%)。

根据调查，库区河段造纸厂现状水循环率为30%，按照鹤壁市淇河流域水资源保护规划，取预测年淇河段造纸厂的工业用水循环利用率分别为1990年40%，2000年60%。

预测时工业产值年递增率1990年前取8%，1991~2000年工业产值递增率取5%；由于有11家造纸厂废水污染物不直接排入水体，通过不同方式就地消耗，根据需要只对直接排入水体的16家工厂污染源进行预测。2000年的废水量预测结果见表9-3。

表 9-3　库区各河段 2000 年废水及污染物排放预测

河段名	生产开工率(%)	年工业总产值(万元)	废水排放量(万 t/a)	污染物排放量(t/a)			
				SS	COD	BOD_5	挥发酚
淇河段	100	1 261.65	541.25	1 589.68	6 456.75	4 415.78	3.202
	80	1 009.32	433	1 271.74	5 165.40	3 532.62	2.562
淅河段	100	250.47	111.15	315.59	1 281.83	876.65	0.636
	80	200.38	88.92	252.48	1 025.48	701.32	0.509
合计	100	1 512.12	652.4	1 905.27	7 738.58	5 292.43	3.838
	80	1 209.70	521.92	1 524.22	6 190.88	4 233.94	3.071

2)工业污染物排放量预测

预测模式为:

$$W_i = V_b P B$$

式中 W_i——预测年某污染物排放量,t;

V_b——基准年单位产值某污染物排放量,t/万元;

B——预测年工业产值,万元;

P——消减系数。

根据以上参数(V_b 值)和 2000 年工业产值,对主要污染物排放量进行预测,结果见表 9-3。

基准年单位产值某污染物排放量(V_b)又称万元产值污染物排放系数,经分析 V_b 值如表 9-4 所示。2000 年消减系数 P 取 0.7。

表 9-4　基准年万元产值污染物排放量

污染物	SS	BOD_5	COD	挥发酚
V_b(t/万元)	1.80	5.00	7.311	0.003 626

在现状条件下,库区上游污染源对水质已显出有机污染,随着工矿企业的发展,到 2000 年污染物排放量有所增加,如不采取相应措施,水质将受到一定影响。

目前库区所有造纸厂家对造纸废水大部分进行了过滤、沉淀法处理,采取纸浆回用、水循环利用等方法,已取得了初步成效。今后应继续对老企业进行技术改造,对新建企业坚持“三同时”,在库周不建污染重的工矿企业,尽量减少污染物排放,保护水库水质。

3.水库水质影响预测

水库建成蓄水后,水温预测是分层型的,在汛期可能出现临时混合现象,汛期由于水体交换频繁,水质与原河道水质相近。非汛期蓄水,由于库内流速减小,悬浮物泥沙沉降,水体透明度有所增加。

库区水体有毒有害物质挥发酚、氰化物、砷、汞、六价铬、铅、镉等,由现状监测得知,其含量很低,根据库周污染源状况和今后发展预测,水库兴建后上述物质对水库水质没有显著影响。鉴于库周污染源主要排放有机污染物,现以 DO - BOD_5 数学模型预测水质。

1)模型的建立

盘石头水库水温结构为分层型,4~8 月在垂直方向上存在着明显的温度分层现象,由于密度差异引起各层复氧、耗氧条件差异,水库水质亦呈层状分布。但由于垂向混掺、扩散、转化机制复杂,参数很难确定,为使模型简化、实用,评价单位根据质量平衡原理按完全混合模型推导了 BOD_5 和 DO 模型;模型推求过程中同时考虑了水温分层、溶解氧复氧由浅入深逐渐衰减的过程和有机物的降解等因素。

(1)模型原理方程式

$$\Delta CV = Q_I C_I \Delta t - Q_P C \Delta t - kCV\Delta t$$

式中　Δt——时段长;

ΔC——时段中水库某一污染物的浓度变化量,mg/L;

C——水库水体某一污染物的浓度,mg/L;

C_I——入库水体某一污染物的浓度,mg/L;

V——水库蓄水量,m^3;

k——水库中某一污染物的降解系数,1/d;

Q_I——入库流量,m^3/s;

Q_P——出库流量,m^3/s。

(2)BOD_5 模型。

将模型原理方程式用在 BOD_5 上,得 BOD_5 模型基本方程为:

$$\frac{\mathrm{dBOD}}{\mathrm{d}t} = \frac{Q_I \times \mathrm{BOD}_I}{V} - \frac{Q_P \times \mathrm{BOD}}{V} - k_1 \times \mathrm{BOD}$$

若 Q_I、Q_P、BOD_I、V 在时段 Δt 内为常量,则其解析解为:

$$\mathrm{BOD}_t = \frac{1}{A}\left[Q_I \times \mathrm{BOD}_I - (Q_I \times \mathrm{BOD}_I - A \times \mathrm{BOD}_0)\exp\left(\frac{A \times \Delta t}{V}\right)\right]$$

式中,$A = \dfrac{1}{Q_P + k_1 V}$。

BOD_5 基本方程的差分解为:

$$\mathrm{BOD}_t = \frac{Q_I \times \mathrm{BOD}_I - \dfrac{Q_P + k_1 V}{2} \times \mathrm{BOD}_0 + \dfrac{V_0}{\Delta t} \times \mathrm{BOD}_0}{\dfrac{V_t}{\Delta t} + \dfrac{Q_P + k_1 V}{2}}$$

式中　V——$V = \dfrac{V_0 + V_t}{2}$;

BOD_0、BOD_t、BOD_I——时段初、末、入库生化需氧量,mg/L;

V_0、V_t——时段初、末水库蓄水量,m^3;

k_1——BOD 在水库中的降解速率(耗氧系数),1/d;

Q_I——入库流量,m^3/s;

Q_P——出库流量,m^3/s。

(3)DO(溶解氧)模型。

将模型原理方程式用在DO上,得DO模型基本方程式为:

$$\frac{\mathrm{dDO}}{\mathrm{d}t}=\frac{Q_I}{V}\mathrm{DO}_I-\frac{Q_P}{V}\mathrm{DO}-k_1\mathrm{BOD}+k_2\phi(\mathrm{DO}_s-\mathrm{DO})$$

模型中考虑了大气复氧和BOD的耗氧。

其解析解为:

$$\mathrm{DO}_t=\frac{B}{C}\left[1-\left(1-\frac{C}{B}\mathrm{DO}_0\right)\exp\left(\frac{C}{V}\Delta t\right)\right]$$

式中,$B=Q_I\times \mathrm{DO}_I+k_2\phi V\times \mathrm{DO}_s-k_1V\times \mathrm{BOD}$;$C=Q_P+k_2\phi V$。

其差分解为:

$$\mathrm{DO}_t=\frac{Q_I\times \mathrm{DO}_I-\frac{Q_P}{2}\times \mathrm{DO}_0+\frac{k_2\phi V}{2}\times(\mathrm{DO}_s-\mathrm{DO}_0)-\frac{k_1V}{2}\times \mathrm{BOD}+\frac{V_0}{\Delta t}\times \mathrm{DO}_0}{\frac{V_t}{\Delta t}+\frac{Q_P+k_2\phi V}{2}}$$

式中　DO——水库内溶解氧浓度,mg/L;

DO_0、DO_t、DO_I——时段初、末、入库溶解氧浓度,mg/L;

k_2——大气复氧系数,1/d。

ϕ——复氧衰减系数;

Q_I——入库流量,$\mathrm{m^3/s}$;

Q_P——出库流量,$\mathrm{m^3/s}$。

DO_s——饱和溶解氧浓度,mg/L,$\mathrm{DO}_s=\frac{468}{31.6+T}$;

T——水温,℃;

其他符号意义同前。

2)模型参数选择

(1)耗氧系数k_1。一般由类比水库或室内试验取得。因当时国内尚缺乏水库生化需氧量降解的观测资料,本模型依据室内试验确定。水温20 ℃时,$k_{1(20\,℃)}=0.02$。考虑水温对耗氧系数的影响,计算式为:

$$k_{1(T)}=k_{1(20\,℃)}\times 1.047^{(T-20)}$$

式中,T为水库水温。

(2)大气复氧系数k_2。k_2主要取决于水库中溶解氧的亏损和水流紊动强弱。对于流速缓慢的湖库,自净系数f在1.0~1.5之间;本水库f取2.0,$k_{2(20\,℃)}=fk_{1(20\,℃)}=0.04$,考虑温度修正,计算式为:

$$k_2=k_{2(20\,℃)}\times 1.25^{(T-20)}$$

(3)复氧衰减系数ϕ。复氧衰减系数是反映水库不同深度溶解氧相对大小的一个参数。其影响因素极为复杂,但主要与k_2有关,ϕ值从库表至库底,因与空气接触情况不同而逐渐衰减。水库混合层(库表以下10~15 m),水体混掺强烈,复氧条件与天然河流类似;深层水体由于受温跃层"屏蔽作用"的影响,水体交换迟缓,复氧条件较差,据此复氧衰减系数ϕ取值为:表层$\phi=1.0$;中层$\phi=0.5$;底层$\phi=0.1$。

3)计算结果分析

以1991年9月至1992年8月(建库前)鹤壁市水厂取水口处(盘石头坝址以上5 km)的实测BOD_5和DO资料为模型的输入,通过模型计算预测建库后的BOD_5和DO值,预测结果见表9-5。

表9-5(1)　盘石头水库BOD_5、DO预测成果(平水年$P=50\%$)　(单位:mg/L)

时间(年-月)	入库BOD_5	预测BOD_5			入库DO	预测DO		
		上	中	下		上	中	下
1991-08	0.7				7.7			
1991-09	2.1	0.4	0.5	0.6	7.2	8.0	6.7	1.3
1991-10	3.4	0.4	0.4	0.5	6.6	8.8	7.4	2.0
1991-11	3.5	0.4	0.4	0.5	8.4	8.8	7.5	2.3
1991-12	3.6	0.4	0.4	0.4	10.2	8.0	6.9	2.2
1992-01	3.3	0.6	0.6	0.6	9.9	8.6	7.5	3.0
1992-02	3.0	0.6	0.6	0.6	9.6	8.3	7.3	3.3
1992-03	3.1	0.6	0.6	0.6	9.3	7.7	6.8	3.4
1992-04	3.2	0.5	0.6	0.6	9.0	9.4	7.0	3.7
1992-05	2.8	0.4	0.5	0.5	8.7	8.6	6.5	3.7
1992-06	2.4	0.3	0.5	0.5	8.4	8.4	6.4	3.7
1992-07	1.9	0.3	0.5	0.5	6.7	7.8	7.7	4.0
1992-08	1.4	0.2	0.5	0.4	5.0	7.4	7.7	3.7

表9-5(2)　盘石头水库BOD_5、DO预测成果(丰水年$P=15\%$)　(单位:mg/L)

时间(年-月)	入库BOD_5	预测BOD_5			入库DO	预测DO		
		上	中	下		上	中	下
1991-08	0.7				7.7			
1991-09	2.1	1.1	1.1	1.2	7.2	9.9	10.4	9.2
1991-10	3.4	1.3	1.4	1.4	6.6	9.0	8.9	8.0
1991-11	3.5	1.3	1.3	1.3	8.4	8.5	8.4	7.7
1991-12	3.6	1.2	1.2	1.2	10.2	8.2	8.2	7.5
1992-01	3.3	1.1	1.1	1.1	9.9	8.2	8.2	7.5
1992-02	3.0	0.8	0.8	0.8	9.6	7.1	7.0	6.5
1992-03	3.1	0.5	0.5	0.5	9.3	5.7	5.7	5.2
1992-04	3.2	0.4	0.4	0.4	9.0	8.3	5.4	5.0
1992-05	2.8	0.2	0.3	0.3	8.7	7.6	5.4	4.0
1992-06	2.4	0.2	0.3	0.3	8.4	7.1	5.7	3.5
1992-07	1.9	0.3	0.3	0.4	6.7	8.2	7.3	4.2
1992-08	1.4	1.3	1.4	1.5	5.0	11.6	12.1	10.0

表 9-5(3)　盘石头水库 BOD_5、DO 预测成果(枯水年 $P=85\%$)　(单位:mg/L)

时间(年-月)	入库 BOD_5	预测 BOD_5			入库 DO	预测 DO		
		上	中	下		上	中	下
1991-08	0.7				7.7			
1991-09	2.1	0.3	0.4	0.6	7.2	7.9	6.5	1.1
1991-10	3.4	0.3	0.3	0.4	6.6	8.5	7.1	1.6
1991-11	3.5	0.3	0.3	0.4	8.4	8.4	7.0	1.8
1991-12	3.6	0.3	0.3	0.3	10.2	8.2	6.9	1.8
1992-01	3.3	0.3	0.3	0.3	9.9	8.2	6.9	2.0
1992-02	3.0	0.3	0.3	0.3	9.6	7.4	6.3	2.0
1992-03	3.1	0.3	0.3	0.3	9.3	6.6	5.6	2.1
1992-04	3.2	0.3	0.4	0.3	9.0	8.4	5.2	2.1
1992-05	2.8	0.3	0.3	0.3	8.7	8.0	4.6	2.2
1992-06	2.4	0.2	0.3	0.4	8.4	8.2	4.7	2.4
1992-07	1.9	0.2	0.3	0.4	6.7	8.0	7.0	2.8
1992-08	1.4	0.1	0.2	0.3	5.0	7.6	7.3	2.6

建库前 BOD_5 浓度为 1.4 ~ 3.6 mg/L,DO 浓度为 5.0 ~ 10.2 mg/L。枯水期 BOD_5 属于Ⅲ类水质。建库后水库蓄水量大,水体停滞时间长,对 BOD_5 具有显著的稀释降解作用。模型预测结果表明,BOD_5 浓度为 0.2 ~ 1.5 mg/L,符合Ⅰ类水质标准。

水库水温分层对水质影响最大的就是溶解氧。由于温度形成的密度屏障,有效地阻挡了下层水体与上层水体和大气之间的交换,加上光合作用微弱,下层 DO 含量始终较低。库水上层通过风力混掺和光合作用始终保持较高的溶解氧水平,与温度分布相类似,DO 在垂直方向上同样存在着跃变现象。

从表 9-5 看出盘石头水库预测水质:

平水年($P=50\%$),BOD_5 为 0.2 ~ 0.6 mg/L;DO 表层 7.4 ~ 9.4 mg/L,中层 6.4 ~ 7.7 mg/L,底层 1.3 ~ 4.0 mg/L。

丰水年($P=15\%$),BOD_5 为 0.2 ~ 1.5 mg/L,符合Ⅰ类水质标准,由于入库流量大,垂向混掺强烈,水温分层减弱,DO 垂向分布趋于均一,上下层 DO 差值为 0.5 ~ 4.0 mg/L。

枯水年($P=85\%$),BOD_5 为 0.1 ~ 0.6 mg/L,DO 表层为 6.6 ~ 8.5 mg/L,中层 4.6 ~ 7.3 mg/L,底层 1.1 ~ 2.8 mg/L。

小 结

本项目主要介绍了水质数学模型的建立、类型及参数估算等内容,并通过实例介绍了利用水质数学模型进行水质预测的方法步骤。通过本项目学习,使学生掌握常用的水质数学模型的类型及参数估算的方法,了解一般的水质预测工作。

复习思考题

一、填空

1. 预测的类型很多,按预测技术属性可分为:__________预测、__________预测和________预测。

2. 预测的常用方法之一就是模型法。按变量的数量预测可分为:__________、________。

3. 对于区域和流域水环境预测来说,一般有两种方法:________、________。

4. 若河流流量与污水量之比在10~20,则规定只考虑________,不考虑________。

5. 几种常用的河流水质模型有:零维水质模型、一维水质模型、________、________。

6. 水质的定量预测通常采用水质数学模型法。选择合适的水质数学模型进行水质预测不仅适用于________预测,也适用于________预测。

二、名词解释

1. 水质预测 2. 水质数学模型 3. 水质模型的维数 4. 稳态 5. DO 6. BOD

三、选择

1. 预测地表水水质变化的方法有(　　)。

A. 数学模型法　B. 化学模型法　C. 专业判断法　D. 其他方法

2. 在水质模型这个系统内,污染物的变化是遵守(　　)定律的。

A. 万有引力　B. 能量守恒　C. 质量守恒　D. 朗伯-比尔

3. 水质模型的维数常用 x、y、z 来表示。x 表示河流、湖库的纵向,即(　　)。

A. 横断面方向　B. 水流方向　C. 水深方向　D. 都不是

4. 目前用于描述湖泊和水库水质变化的模型分为:描述湖库营养状况的箱式模型、分层箱式模型及描述温度和水质竖向分布的分层模型。完全混合水质模型属于(　　)。

A. 分层箱式模型　B. 分层模型　C. 扩散模型　D. 箱式模型

5. 河流水质模型参数的确定方法不包括(　　)。

A. 公式计算和经验值估算　B. 室内模拟实验测定

C. 拟合曲线法　D. 现场实测

四、问答

1. 水质预测的一般程序有哪些?

2. 建立水质数学模型的步骤是什么?

五、计算

一新建工厂拟向某河流排放污水,污水设计流量为0.30 m^3/s,污水中某污染物浓度为30 mg/L,河流中该污染物背景浓度为0.5 mg/L,河水流量为10.0 m^3/s,流速为0.3 m/s,纵向弥散系数为10 m^2/s,该污染物降解系数为0.2/d。求排放点下游10 km处该污染物的浓度。

教学实验

实验室常识简介

一、常用玻璃仪器

实验室中大量使用玻璃器皿。玻璃是多种硅酸盐、铝硅酸盐、二氧化硅和硼酸盐等物质的复杂混熔体，它有很好的透明度、很高的化学稳定性、较强的耐热性，有一定的机械强度和良好的绝缘性能，而且玻璃的原料来源广泛，可以用多种方法制成各种不同形状的产品，故其具有加工方便、价格低廉、适用面广等优点。因此，化学分析实验室中的大部分仪器多用玻璃制作。

玻璃仪器的种类很多，各种不同专业的实验室还用到一些特殊的玻璃仪器，只有对化学仪器的有关知识及功能有一定的了解，才能掌握并正确地使用它，从而完成好各种实验。在此，我们主要介绍一般通用的玻璃仪器。其名称、规格、用途及使用注意事项如表1所示。

表1　常见玻璃仪器及使用

序号	名称	外形	规格容量(mL)	主要用途	使用注意事项
1	烧杯	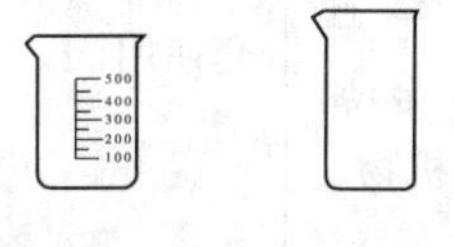 带近似溶剂刻度　高形	50、100、200、250、500、1 000、2 000	配制溶液、溶解试样等	加热时应受热均匀，溶液量一般不超过容积的2/3，且不可干烧
2	锥形瓶	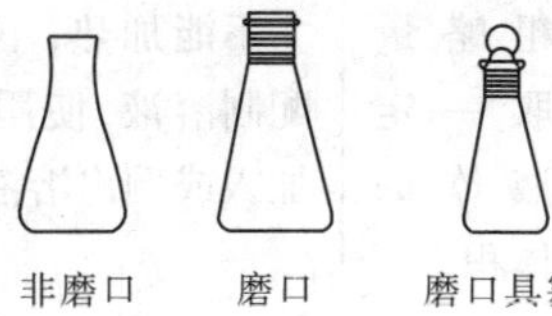 非磨口　磨口　磨口具塞	150、250、300、500	容量滴定、加热处理试样等	除与烧杯相同的要求外，磨口的三角瓶加热要打开塞子
3	碘量瓶	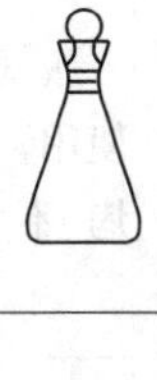	100、250、500、1 000	碘量法、其他生成挥发物的定量分析	瓶塞应配套，漏水不能使用

续表1

序号	名称	外形	规格容量(mL)	主要用途	使用注意事项
4	溶解氧瓶	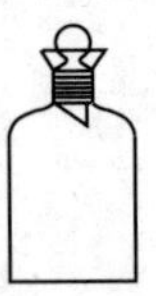	250、500	DO、BOD_5 的测定	同碘量瓶
5	蒸馏烧瓶	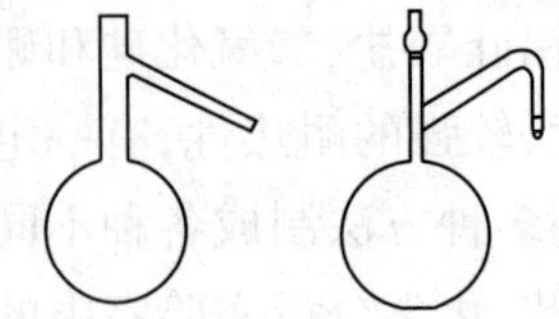 圆底 平底	50、100、250、500、1 000、2 000	蒸馏	一般要避免直接加热
6	烧瓶	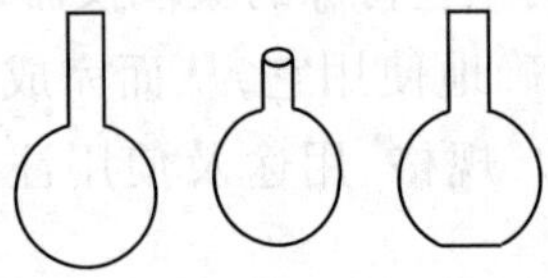 长颈 短颈 平底	100、250、500、1 000	加热、蒸馏	同蒸馏烧瓶
7	凯式烧瓶		100、250、500	消解有机物及一些非金属无机物	可与冷凝管、定氮球配套使用
8	量筒、量杯	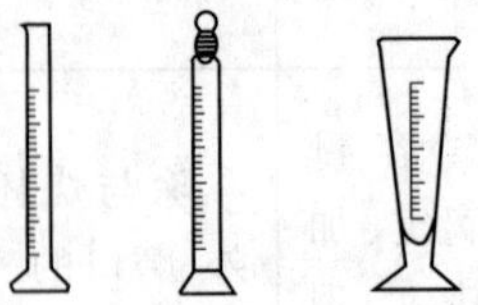 量筒 具塞量筒 量杯	5、10、50、100、250、500、1 000、2 000,量出式	用来粗略量取一定液体的体积	不能加热,不能在其中配制溶液,使用时应沿壁加入或倒出溶液
9	容量瓶		5、50、100、200、250、500、1 000,量入式,无色、棕色,A、B级	配制准确体积的溶液	瓶塞应配套,漏水不能使用。一般不可加热、烘烤,不可长期储存溶液

续表1

序号	名称	外形	规格容量(mL)	主要用途	使用注意事项
10	滴定管	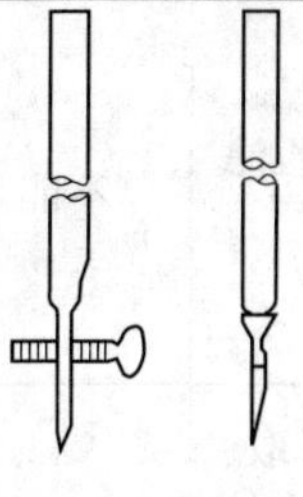 酸式 碱式	25、50、100,量出式,无色、棕色,酸、碱式	滴定分析操作	不能漏水,不能加热。碱式滴定管不能放与橡胶作用的溶液,且不能长期存放碱液
11	移液管	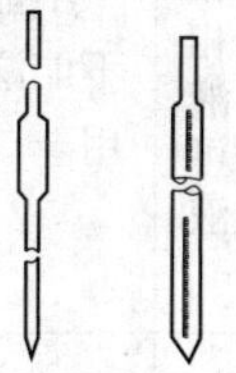	1、2、5、10、15、20、25、50、100,量出式,A、B级	用来准确移取一定量的溶液	不能加热,上口和下端管尖均不可碰破
12	比色管	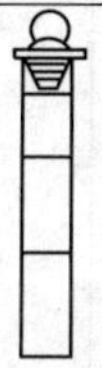	10、25、50、100,带刻度、不带刻度,具塞、不具塞	比色分析	不能漏水,不可直接加热
13	称量瓶	 高形 扁形	直径×瓶高(mm×mm) $\phi 25\times 40$、$\phi 30\times 50$、$\phi 50\times 30$、$\phi 35\times 70$、$\phi 70\times 35$	用于测定水分或在烘箱中干燥试样	瓶和盖子要配套使用,烘烤时不能盖紧瓶塞
14	滴瓶	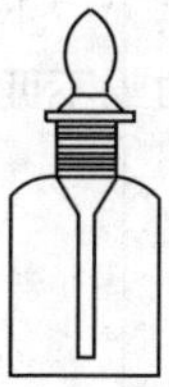	30、60、125,无色、棕色	盛需滴加的试剂	不可加热。应配套使用,存放碱液应用橡胶塞,不能在瓶中配制热效应大的溶液
15	试剂瓶	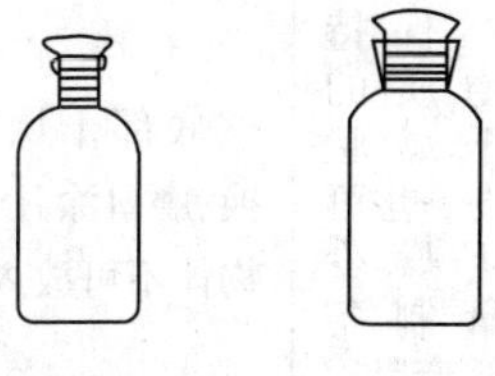 细口瓶 广口瓶	60、125、250、500、1 000、2 000、3 000、10 000、20 000,无色、棕色	广口瓶用于存放固体试剂;细口瓶主要用来存放液体试剂	不可加热。应配套使用,存放碱液应用橡胶塞,不能在瓶中配制热效应大的溶液

续表 1

序号	名称	外形	规格容量（mL）	主要用途	使用注意事项
16	漏斗	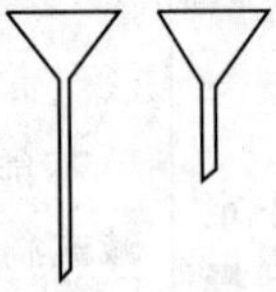	直径（mm）：50、60、75 90、120	过滤沉淀	不能直接用火烘烤
17	分液漏斗	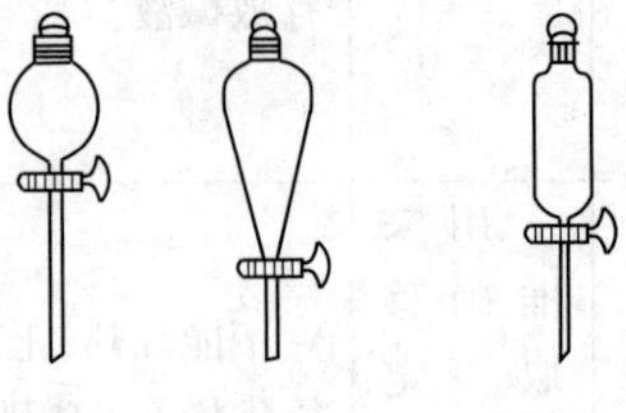	50、100、250、500、1 000	萃取、富集，分离两相互不相溶的液体，也可作加液器	不能直接在火上加热；不能漏水；塞子要配套使用。
18	砂芯漏斗		滤板按孔径大小分为 $P_{1.6}$、P_4、P_{10}、P_{40}、P_{100}	$P_{1.6}$、P_4 用于过滤微生物，P_{10} 用于重量分析，P_{40}、P_{100} 用于过滤金属	过滤时应在抽滤下进行
19	冷凝管	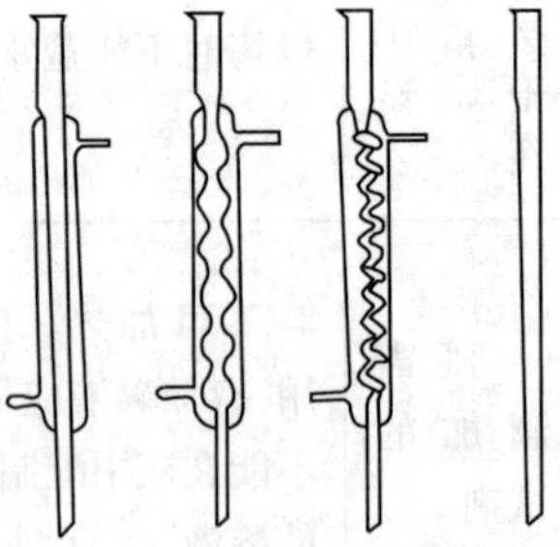	全长（mm）：200、300、400、500、600、800	用于冷凝蒸馏出的液体	下口进水，上口出水！不可骤冷骤热
20	干燥器	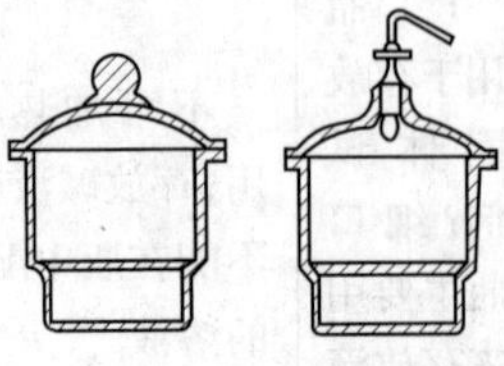	直径（mm）：160、240、300 等，无色、棕色	保持物质的干燥状态，也可干燥少量制备的产品	底部干燥剂要定期更换，磨口涂凡士林，红热的物体不可放入

二、玻璃器皿的洗涤及常用洗涤液的配制

在分析工作中,洗净玻璃器皿是一项十分重要的准备工作。因为仪器洗涤不符合要求将直接影响测定结果的准确度和精密度,所以洗涤仪器是一项技术性很强的工作。不同分析工作有不同的仪器洗涤要求,必须认真对待。下面介绍一般定量分析中仪器的洗涤方法。

(一)一般玻璃器皿的洗涤步骤

(1)常规洗涤法:一般的玻璃仪器,先用自来水冲洗除去灰尘后,用毛刷蘸取肥皂液、洗涤剂或去污粉等,仔细刷净内外表面,尤其应注意容器磨砂部分。必要时可将洗液温热或将玻璃仪器在其中短时间浸泡,然后用自来水冲洗3~5次,将洗涤的仪器倒置,仪器壁上不应挂有水珠。再用纯水充分润湿2~3次,即可使用。若有水珠附着在仪器壁上,必须重新洗涤。

(2)不便刷洗的玻璃仪器的洗涤法:度量仪器(如容量瓶、刻度吸管等)和形状特殊的仪器,不能用毛刷刷洗。应先用自来水冲洗,沥干,根据污垢的性质选择不同的洗涤液进行浸泡,再按常规洗涤方法用水冲净。

(3)特殊清洁要求的器皿洗涤:在某些实验中对玻璃仪器洗涤有特殊的清洁要求。如比色皿盛有机物后,要用有机溶剂洗涤,必要时可用硝酸浸洗。用酸浸后,先用水冲净,再用去离子水或蒸馏水洗净晾干。若急用,可先控干大部分水分后,再用无水乙醇或丙酮洗涤除尽残存水分,晾干即可使用。

注意:①仪器用后应立即清洗,以免放置一段时间后不好清洗,造成测定误差;②用刷子刷洗玻璃仪器时,不能用力过猛,防止擦洗的容器内壁粗糙,影响测定结果或以后更难清洗;③新启用的硬质玻璃瓶和聚乙烯塑料瓶,先用硝酸溶液(1+1)浸泡24 h,再选用不同的洗涤方法清洗;④铬酸洗液因毒性较大尽可能不用,近年来多以合成洗涤剂和有机溶剂来除去油污,但有时仍要用到铬酸洗液。

(二)玻璃仪器的干燥

做实验经常用到的玻璃仪器应在实验完毕后清洗干净备用。不同的实验,对玻璃仪器的干燥有不同的要求,通常实验中用的烧杯、锥形瓶等洗净后即可使用,而用于有机化学实验或有机分析的玻璃仪器,则要求在洗净后必须进行干燥。

(1)晾干。不急用的玻璃仪器,可在蒸馏水润洗后倒置在无尘处,自然干燥。倒置可以防止灰尘落入,但要注意放稳仪器。

(2)烘干。洗净的玻璃仪器放在带鼓风机的电热恒温干燥箱内烘干,温度在105~120 ℃保温约1 h。称量瓶等烘干后要放在干燥器中冷却保存。组合玻璃仪器需要分开后烘干,以免因膨胀系数不同而烘裂。砂芯玻璃滤器及厚壁玻璃仪器烘干时须慢慢升温且温度不可过高,以免烘裂。玻璃量器的烘干温度也不宜过高,以免引起体积变化。

注意玻璃仪器干燥时,应先将其中的蒸馏水尽量倒干,放置时应注意平放或使仪器口朝上,带塞的瓶子应打开瓶塞,如果能将仪器放平在托盘里则更好。

(3)烤干。试管能直接用火烤,但管口必须朝下倾斜,以免水珠倒流引起炸裂。火焰先从试管底部开始,缓慢向下移至管口,如此反复烘烤,直到不见水珠后,再将管口朝上,

把水汽烘赶干净。烧杯或蒸发皿(先将外壁水珠擦去)可置于石棉网上用小火烤干。

(4)吹干。体积小又急需干燥的玻璃仪器,可用电吹风机吹干。先用少量乙醇、丙酮(或乙醚)倒入仪器中将其润湿,倒净溶剂后,再用电吹风机吹,开始用冷风,然后用热风把玻璃仪器吹干。另一种方法是将洗净的仪器直接放在玻璃仪器气流干燥器上进行干燥。

(三)洗液的配制

在分析工作中,仪器的洗涤干净与否是决定实验测量准确度高低的首要环节。根据不同的实验要求以及污物的性质和器皿被沾污的程度不同,选用的洗涤剂也各不相同。一般容器和粗量器(如量杯、量筒等),用毛刷蘸肥皂水或洗衣粉刷洗,而不宜用毛刷刷洗的器皿和难以刷洗干净的器皿,需要采用相应的洗液洗涤,各种洗液的配制及使用情况见表2。

表2　洗涤液的配制及使用

洗液名称	配制方法	适用洗涤的仪器	注意事项
合成洗涤剂	选用合适的洗涤剂或洗衣粉溶于温水中,配成浓溶液	洗涤玻璃器皿安全方便,不腐蚀衣物	该洗液用后,最好再用 6 mol/L 硝酸浸泡片刻
铬酸洗液	将 20 g 研细的重铬酸钾(工业纯)溶于 40 mL 水中,在搅拌下徐徐加入 360 mL 浓工业硫酸,放冷,装入试剂瓶中盖紧瓶塞备用	用于去除器壁残留油污,可用少量洗液刷洗或浸泡一夜。洗液可回收重复使用	新配的洗液呈暗红色,反复使用后,补加适量浓硫酸恢复酸的强度。若液体变绿色,洗液不宜再用。废液要回收处理
碱性高锰酸钾洗液	①方法一:4 g $KMnO_4$ 溶于少量水,加 10% NaOH 溶液至 100 mL。 ②方法二:4 g $KMnO_4$ 溶于 80 mL 水,加 50% NaOH 溶液至 100 mL。后者更利于高锰酸钾快速溶解	作用缓慢温和,用于洗涤被油或有机物沾污的器皿	玻璃器皿上沾有褐色氧化锰,可用盐酸羟胺或草酸洗液清洗除之。洗液不应在所洗的玻璃器皿中长期存留
草酸洗液	5 ~ 10 g 草酸溶于 100 mL 水中,加入少量浓盐酸	用于洗涤使用高锰酸钾洗液后器皿产生的二氧化锰	必要时加热使用
纯酸洗液	①1 + 1 HCl;②1 + 1 H_2SO_4;③1 + 1 HNO_3;④H_2SO_4 + HNO_3 等体积混合液	浸泡或浸煮器皿,洗去碱性物质及大多数无机物残渣	使用需加热时,温度不宜太高,以免浓酸挥发或分解
碱性乙醇洗液	25 g 氢氧化钾溶于少量水中,再用工业纯乙醇稀释至 1 L	用于洗涤玻璃器皿上的油污	不要加热

三、化学试剂的规格和用途

化学试剂是符合一定质量标准的纯度较高的化学物质,它是分析工作的物质基础。能否正确地选择、使用化学试剂,将直接影响分析实验的成败、测量结果的准确度和实验成本等问题,因此必须充分了解化学试剂的规格及使用方面的知识。

化学试剂规格又称试剂级别。化学试剂的种类很多,其分类和分类标准也不尽一致。试剂按用途可分一般试剂、标准试剂、特殊试剂、高纯试剂等多种;按组成、性质、结构又可分无机试剂、有机试剂。另外,新的试剂还在不断产生,因此没有绝对的分类标准。我国国家标准是根据试剂的纯度和杂质含量,将试剂分为五个等级,并规定了试剂包装的标签颜色及应用范围。表3为我国化学试剂等级标准。

表3 化学试剂等级标准

等级	名称	符号	试剂瓶标签颜色
一级	优级纯(保证试剂)	GR	绿色
二级	分析纯(分析试剂)	AR	红色
三级	化学纯	CP	蓝色
四级	实验试剂(医用)	LR	棕色
	生物试剂	BR 或 CR	黄色

一级品纯度较高,适用于精密的分析及科学研究工作;二级品纯度次之,适用于大多数的分析工作;三级品较低,适用于一般的分析或化学实验等。试剂的纯度对分析结果的准确度影响较大。试剂纯度越高,引入的误差将越小。但不同纯度的试剂,其价格相差数倍甚至十几倍。在分析试验中,不应盲目选用高纯度的试剂,要根据具体实验要求,在试剂所含杂质对分析结果无影响的情况下,尽可能选用低纯度的试剂,以免超规格造成浪费,但也不能随意降低规格而影响分析结果的准确性。

化学试剂在实验室分装时,一般把固体试剂装在广口瓶中,把液体试剂或配制的溶液盛放在细口瓶或带有滴管的瓶中,对见光易分解的试剂或溶液(如硝酸银等)应盛放在棕色瓶内。试剂瓶上都应贴有标签,写上试剂的名称、规格或浓度(溶液)及日期。长期保存使用的试剂,在标签外面涂上一层蜡来保护它。

四、玻璃仪器的使用

在水质分析中常用到容量瓶、移液管、滴定管等玻璃仪器,用来准确测量溶液的体积。对这类仪器的正确使用是提高分析结果准确度的关键。下面分别介绍这几种常用玻璃仪器的操作要领。

(一)滴定管的使用

滴定管是准确测量放出液体体积的量器,按其容积不同分为常量、半微量及微量滴定管。

常量滴定管中最常用的是容积为 50 mL(20 ℃)的滴定管,其最小分度值为 0.1 mL,读数可估读到 0.01 mL。此外,还有容积为 100 mL 和 25 mL 的常量滴定管,最小分度值也是 0.1 mL。

微量滴定管是测量少量液体时用的滴定管,容积有 1 ~5 mL 各种规格,最小分度值为 0.005 mL 或 0.01 mL。

滴定管按其用途分为酸式滴定管和碱式滴定管两种。酸式滴定管的下端装有玻璃活塞,用来盛放酸性或具有氧化性的溶液(如高锰酸钾、碘、硝酸银等溶液),不适宜装碱性溶液,因为玻璃活塞易被碱性溶液腐蚀而难以转动。碱式滴定管的下端用乳胶管连接一个小玻璃管,乳胶管内有一玻璃珠,用以控制溶液的流出。碱式滴定管用来装碱性溶液和无氧化性溶液。有些需要避光的溶液(如硝酸银、高锰酸钾溶液)应采用棕色滴定管。

滴定管的使用步骤包括洗涤、检漏、涂油、排气泡、操作、控制速度、终点读数等。

1. 洗涤

对无明显油污的干净滴定管,可直接用自来水冲洗或用滴定管刷蘸肥皂水或洗涤剂(但不能用去污粉)刷洗,再用自来水冲洗。刷洗时要注意,不用刷头露出铁丝的毛刷,以免划伤滴定管内壁。如有明显油污,则需用洗液浸洗。洗涤时向管内倒入10 mL左右铬酸洗液(碱式滴定管将乳胶管内玻璃珠向上挤压封住管口或将乳胶管换成乳胶滴头),再将滴定管逐渐向管口倾斜,并不断旋转,使管壁与洗液充分接触,管口对着废液缸,以防洗液洒出。若油污较重,可装满洗液浸泡,浸泡时间的长短视沾污情况而定。洗毕,洗液应倒回洗液瓶中,洗涤后应用大量自来水润洗,并不断转动滴定管,至流出的水无色,再用蒸馏水润洗三遍,洗净后的管内外壁应均匀地润上一层水膜而不挂水珠。

2. 检漏

滴定管在使用前必须检查是否漏水。滴定管洗净后,先检查旋塞转动是否灵活,是否漏水。先关闭旋塞,将滴定管充满水,用滤纸在旋塞周围和管尖处检查。然后将旋塞旋转180°,直立静置2 min,再用滤纸检查。如酸式管漏水或活塞转动不灵,则应重新涂抹凡士林。其方法是:将滴定管平放于实验台上,取下活塞,用吸水纸擦净或拭干活塞及活塞套,在活塞两侧涂上薄薄一层凡士林,再将活塞平行插入活塞套中,单方向转动活塞,直至活塞转动灵活且外观为均匀透明状态为止(见图1)。用橡皮圈套在活塞小头一端的凹槽上,固定活塞,以防止其滑落打碎。如碱式滴定管漏水,应先检查橡皮管是否老化,检查玻璃珠是否大小适当,若有问题,应及时更换。

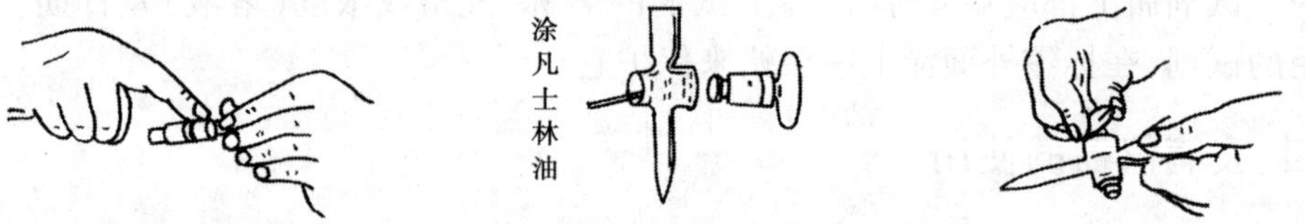

(a) 活塞涂油　　(b) 安装活塞　　(c) 转动活塞

图1　酸式滴定管活塞涂油

如遇凡士林堵塞了尖嘴玻璃小孔,可将滴定管装满水,用洗耳球鼓气加压,或将尖嘴浸入热水中,再用洗耳球鼓气,便可以将凡士林排除。

3. 装溶液和排气泡

洗净后的滴定管在装液前,应先用待装溶液润洗内壁3次,润洗溶液用量依次为10 mL、5 mL、5 mL左右。

装入溶液的滴定管,应检查出口下端是否有气泡,如有应及时排除。其方法是:取下滴定管,倾斜成30°角,对酸式滴定管,迅速打开活塞(反复多次),使溶液冲出并带走气泡;碱式滴定管排气泡的方法:将碱式滴定管管体竖直,捏住玻璃珠,使橡胶管弯曲,管尖斜向上约45°角,挤压玻璃珠处胶管,使溶液冲出,以排除气泡,如图2所示。

将排除气泡后的滴定管补加操作溶液到零刻度以上，然后调整液面至零刻度线或零刻度线以下附近位置。

4. 滴定操作

(1)酸式滴定管操作方法：滴定时，应将滴定管垂直地夹在滴定管夹上，滴定台应呈白色。滴定管插入锥形瓶口下约1 cm，用左手控制旋塞，拇指在前，食指中指在后，无名指和小指弯曲在滴定管和旋塞下方的直角中。转动旋塞时，手指弯曲，手掌要空，如图3(a)所示。右手三指拿住锥形瓶颈，瓶底离滴定台面2～3 cm，滴定管下端深入瓶口约1 cm，微动右手腕关节摇动锥形瓶，边滴边摇使滴下的溶液混合均匀。摇动锥形瓶的规范方式为：右手执锥形瓶颈部，手腕用力使瓶底沿顺时针方向画圆，要求使溶液在锥形瓶内均匀旋转，形成漩涡，溶液不能有跳动。管口与锥形瓶应无接触。在滴加溶液的过程中，眼睛应始终注视着锥形瓶内溶液颜色的变化。

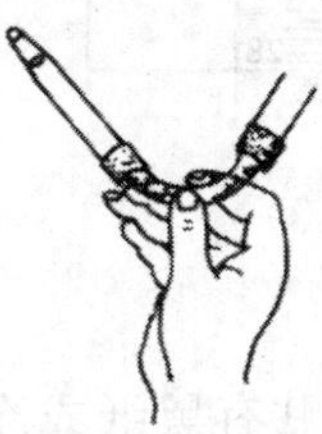

图2　碱式滴定管排气

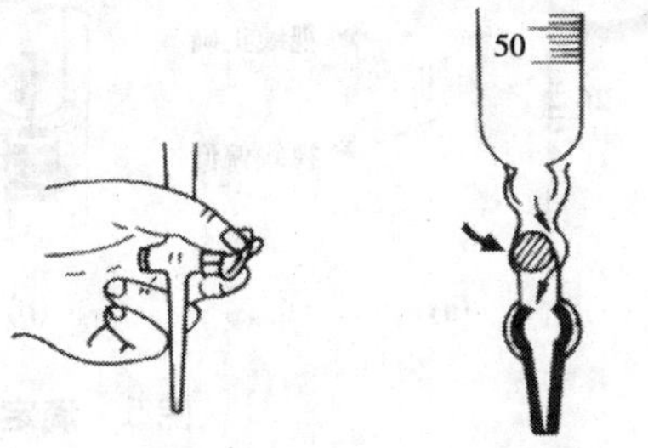

(a)酸式滴定管活塞的转动　(b)碱式滴定管溶液的流出

图3　滴定管中溶液的放出

(2)碱式滴定管操作方法：滴定时，以左手握住滴定管，拇指在前，食指在后，用其他指头辅助固定管尖。用拇指和食指捏住玻璃珠所在部位，向前挤压胶管，使玻璃珠偏向手心，溶液就可以从空隙中流出，如图3(b)所示。控制缝隙的大小即可控制流速，但要注意不能使玻璃珠上下移动，更不能捏玻璃珠下部的乳胶管以免产生气泡。

滴定操作一般在锥形瓶内进行，有时亦可在烧杯中进行，如图4所示。若在烧杯中进行滴定，烧杯应放在滴定台上，将滴定管出口尖嘴伸入烧杯约1 cm。滴定管应放在左后方，但不要靠杯壁，右手持玻璃棒搅动溶液。加半滴溶液时，用玻璃棒末端承接悬挂的半滴溶液，放入溶液中搅拌。注意玻璃棒只能接触液滴，不能接触管尖。

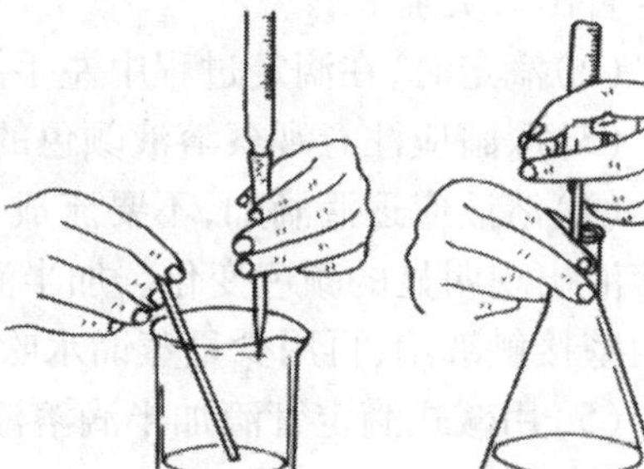

图4　滴定操作

无论用哪种滴定管，都必须掌握三种滴加方法：①逐滴滴加；②加一滴；③加半滴。

5. 滴定速度

液体流速由快到慢，一般为每秒3～4滴，可以逐滴滴下“连滴成串”，接近终点时，则要半滴半滴地加入。半滴的加入方法是：小心放下半滴滴定液悬于管口，用锥形瓶内壁接触液滴，然后用洗瓶冲下。滴定时速度的控制：应一滴一滴加入,并不停地摇动,仔细观察溶液的颜色变化。

6. 终点读数

当锥形瓶内指示剂指示终点时,立刻停止滴定。洗瓶淋洗锥形瓶内壁,溶液颜色 30 min 不变色,可进行读数。

读数方法是:读数前,滴定管应垂直静置 1 min。取下滴定管,右手执管上部无溶液部分,使管垂直,目光与液面平齐,如图 5(a)所示。不同的滴定管读数方法略有不同。对无色或浅色溶液,若用白背蓝线的滴定管,读数应以两弯液面相交的最尖部分为准,如图 5(b)所示;一般滴定管应读取弯液面最低点所对应的刻度。对深色溶液,则一律按液面两侧最高点相切处读取。

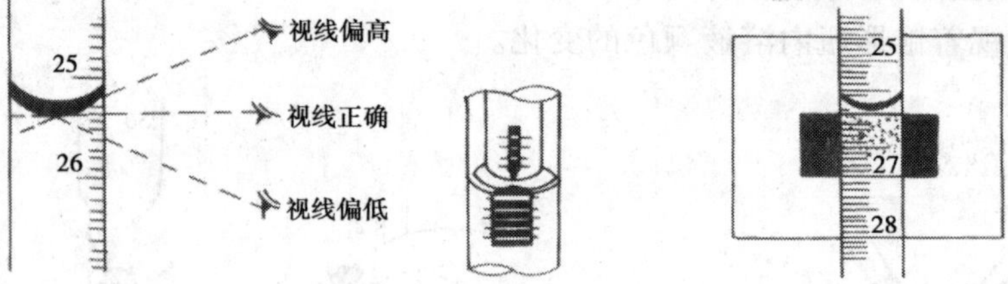

图 5　滴定管读数

对初学者,可使用读数卡,以使弯液面更清晰。读数卡是用贴有黑纸或涂有黑色的长方形(约 3 cm×15 cm)的白纸板制成的。读数卡紧贴在滴定管的后面,把黑色部分放在弯液面下面约 1 mm 处,使弯液面的反射层全部成为黑色,读取黑色弯液面的最低点,如图 5(c)所示。读数时应估读一位,并立即记录。

7. 滴定注意事项

滴定时应注意以下几点:

(1)摇瓶时,转动腕关节,使溶液向同一方向旋转(左旋、右旋均可),但勿使瓶口接触滴定管出口尖嘴。

(2)滴定时,在滴定过程中左手不应离开滴定管,以防流速失控。

(3)眼睛应注意观察溶液颜色的变化,而不要注视滴定管的液面。

(4)溶液应逐滴滴加,不要流成直线,接近终点时,应每加一滴,摇几下,直至加半滴使溶液出现明显的颜色变化。加半滴溶液的方法是先使溶液悬挂在出口尖嘴上,以锥形瓶内壁接触液滴,再用少量蒸馏水吹洗瓶壁。

(5)用碱式滴定管滴加半滴溶液时,应放开食指与拇指,使悬挂的半滴溶液靠入瓶口内,再放开无名指与中指。

(6)每次滴定应从"0"刻度线下附近开始。

(7)滴定结束后,弃去滴定管内剩余的溶液,随即洗净滴定管。

(8)平行滴定时,应该每次都将初刻度调整到"0"刻度或其附近,这样可减少滴定管刻度的系统误差。

(9)滴定完毕,应放出管中剩余溶液,洗净滴定管,装满蒸馏水,罩上滴定管盖备用。

(二)移液管及其使用

1. 移液管分类

移液管是用来准确移取一定体积溶液的量器,准确度与滴定管相当。移液管有两种:一种中部具有"胖肚"结构,无分刻度,两端细长,只有环行标线,"胖肚"上标有指定温度下的容积。常见的规格为 5 mL、10 mL、25 mL、50 mL、100 mL 等。另一种是有分刻度的直型玻璃管,又称吸量管或分度吸量管,管的上端标有指定温度下的总体积。吸量管的容积有 1 mL、2 mL、5 mL、10 mL 等,可用来吸取不同容积的溶液,一般只量取小体积的溶液,其准确度比"胖肚"移液管稍差。吸量管有单标线和双标线之分,单标线为溶液全流出式,双标线吸量管的分刻度不刻到管尖,属于溶液不完全流出式。

2. 移液管的使用

(1)洗涤。当选择好所需规格的移液管后,应当检查仪器完好性,主要检查上下端是否有破损,然后进行清洗。洗涤时,先用适当规格的移液管刷,用自来水清洗,若有油污可用洗液洗涤。方法是吸入 1/3 容积铬酸洗液,平放并转动移液管,使洗液润洗内壁,洗毕将洗液倒回原铬酸洗液瓶,稍后用自来水冲洗,再用蒸馏水清洗 2~3 次备用。

(2)润洗。洗净后的移液管,在移液前必须用吸水纸吸净尖端内、外的残留水,然后用待取液润洗 2~3 次,以防改变溶液的浓度。洗涤时,当溶液吸至移液管 1/4 处时,即可封口取出。应注意勿使溶液回流,以免稀释溶液。润洗后将溶液从下端放出到废液缸中。

(3)移液。右手的拇指与中指拿住润洗好的移液管标线以上部分,将移液管插入待取溶液的液面下 1~2 cm 处,不要插入太深,以免外壁沾带溶液过多或吸起沉渣;也不要插入太浅,以免液面下降时吸空。左手拿洗耳球,排除空气后紧按在移液管口上,逐步松开洗耳球,借吸力使液面慢慢上升,移液管应随待吸溶液液面的下降而向液面下移动,以吸取溶液,如图 6(a)所示。当液面上升至标线以上时,先拿掉洗耳球,立即用右手的食指(食指最好是潮而不湿)堵上管口,再将移液管提出液面,倾斜容器,稍待片刻,以除去管外壁的溶液,然后使移液管保持垂直,微微松动食指,并用拇指和中指慢慢转动移液管,使液面缓慢下降,直到溶液的弯液面与标线相切。立即用食指按紧管口,使液体不再流出。小心把移液管移入接收溶液的容器,使其流液口接触倾斜约 30°的器壁,如图 6(b)所示。松开食指,让溶液自由流下,当溶液流尽后,再等待 15 s,并将移液管向左右转动一下,取出移液管。注意,除标有"吹"字样移液管外,不要把残留在管尖的液体吹出,因为在校准移液管容积时,没有算上这部分液体。具有双标线的移液管,放溶液时应注意下标线。

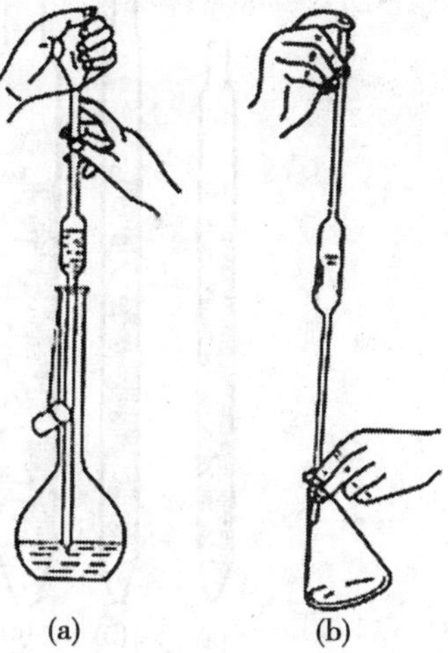

图 6　移液管的使用

注意事项:在调整零点和排放溶液过程中,移液管都要保持垂直,其流液口要接触倾斜的器壁(不可接触下面的溶液)并保持不动;等待 15 s 后,流液口内残留的一点溶液一般不可用外力使其被震出或吹出。如管上标有"吹"字,则当溶液下降到管尖后,从管口轻吹一下即可。移液管用完应放在管架上,不要随便放在实验台上,尤其要防止管颈下端被沾污。如短时间内不再用它,则应立即用自来水冲洗、蒸馏水清洗后放在移液管架上。

3. 吸量管及其使用

吸量管的全称是分度吸量管,它是带有分度的量出式量器,如图7所示,用于移取非固定量的溶液。吸量管的使用方法与移液管基本相同。

(三)容量瓶及其使用

在准确配制标准溶液或将溶液稀释至一定浓度时,要使用容量瓶。它是一种细长颈、梨形的平底玻璃瓶,瓶口带有磨口玻璃塞或塑料塞。瓶颈上刻有环形标线,瓶体标有体积,一般表示20 ℃时液体充满至刻度时的容积。一种规格的容量瓶只能量取一个量。常见的有10 mL、50 mL、100 mL、250 mL、500 mL和1 000 mL等各种规格,此外还有1 mL、2 mL、5 mL的小容量瓶,但使用较少。容量瓶的使用,主要包括如下几个方面:

(1)检查。使用容量瓶前,应先检查其标线是否离瓶口太近,如果太近则不利于溶液混合,故不宜使用。另外,还必须检查瓶口是否漏水。检查时加自来水近刻度线,盖好瓶塞用左手食指按住瓶塞,同时用右手五指托住容量瓶底边沿,如图8所示,将瓶倒立(瓶口朝下)停留10 s,观察容量瓶口是否漏水。如不漏水,将瓶直立,把瓶塞旋转180°,再次倒立,检查是否漏水。若两次操作,容量瓶瓶塞周围皆无水漏出,则表明容量瓶不漏水。经检查不漏水的容量瓶才能使用。

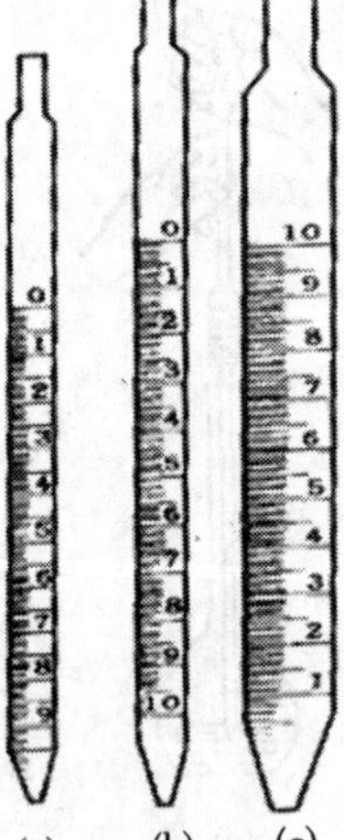

图7 分度吸量管

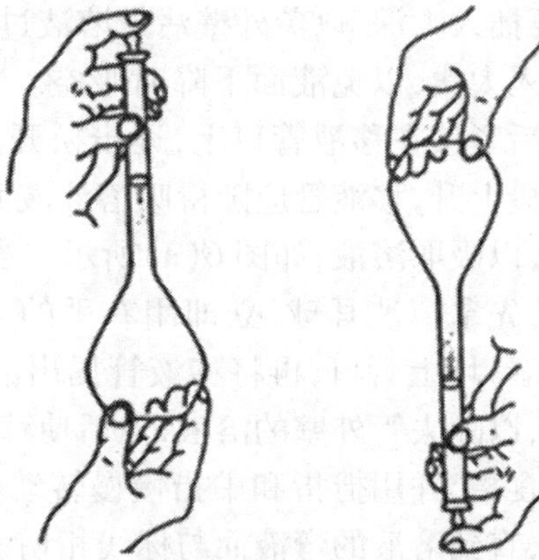

图8 容量瓶检漏操作

(2)洗涤。可先用自来水冲洗,洗后,如内壁有油污,则应倒尽残水,加入适量的铬酸洗液(如250 mL规格的容量瓶可倒入10～20 mL洗液),盖好瓶塞,倾斜转动,使洗液充分润洗内壁,把铬酸洗液再倒回原洗液瓶中,用自来水将容量瓶内洗液冲洗干净后,再用蒸馏水润洗2～3次备用。

(3)用于配制溶液。将准确称量好的药品倒入干净的小烧杯中,加入少量溶剂将其完全溶解后再转移至容量瓶中。注意,如使用非水溶剂,则小烧杯及容量瓶都应事先用该溶剂润洗2～3次。转移定量时,右手持玻璃棒悬空放入容量瓶内,玻璃棒下端靠在瓶颈内壁(但不能与瓶口接触),左手拿烧杯,烧杯嘴紧靠玻璃棒,使溶液沿玻璃棒流入瓶内沿壁而下,如图9所示。烧杯中溶液流完后,将烧杯嘴沿玻璃棒向上提1~2 cm,同时使烧杯直立。将玻璃棒取出迅速放入烧杯内,用少量溶剂冲洗玻璃棒和烧杯内壁,同样转移到容量瓶中。如此重复操作3次以上。此时容量瓶内溶液的体积不应超过其总体积的1/3。然后向容量瓶中补充溶剂,当溶液体积至3/4左右时,可初步平摇混匀。再继续加溶剂至近标线下1 cm时静置1 min,最后改用胶头滴管逐滴加入溶剂,直到溶液的弯液面恰好与标线相切。若为热溶液应冷至室温后,再加溶剂至标线。盖上瓶塞,按图10所示进行容量瓶的定容,然后将容量瓶倒置,待气泡上升至瓶底部,再把容量瓶倒转过来,待气泡上升到瓶颈顶部,如此反复10次以上,使溶液充分混匀。

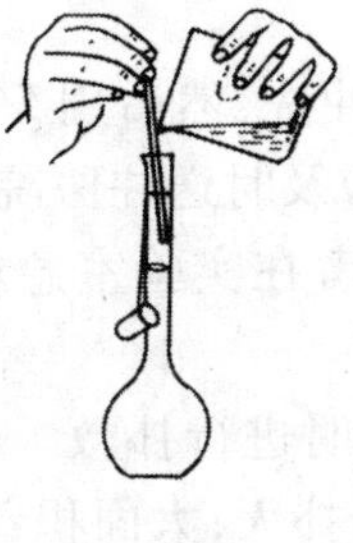

图9 溶液转入容量瓶

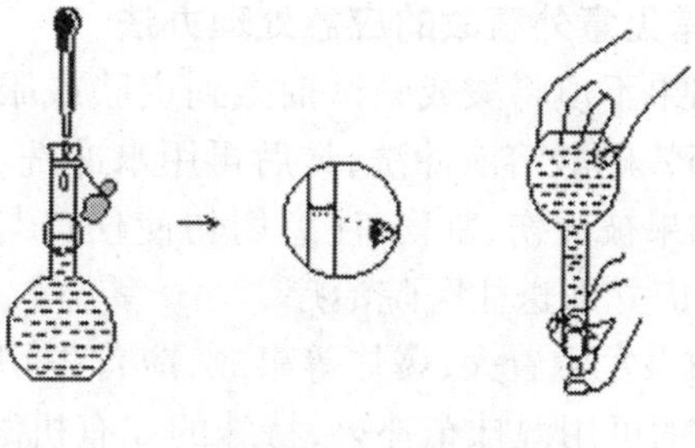

图10 容量瓶定容操作

(4)用于稀释溶液。用移液管移取一定量体积的浓溶液于容量瓶中,加溶剂至容量瓶体积3/4左右时,初步平摇混匀,再继续加溶剂至近标线下5 mm时静置1 min,最后改用胶头滴管逐滴加入溶剂,直到溶液的弯液面恰好与标线相切,充分颠倒混匀即可。

(5)注意事项。容量瓶不宜长期储存试剂,配好的溶液需要长期保存时,应转入试剂瓶中。转移前要用该溶液润洗试剂瓶3遍。用过的容量瓶,应立即用水洗净备用。如长期不用容量瓶,要把容量瓶磨口和瓶塞擦干,用纸片将其隔开。此外,容量瓶不能在电炉、烘箱中烘烤,如必须干燥,可先用C_2H_5OH等有机物润洗后,再用电吹风或烘干机的冷风吹干。

五、实验室安全

在化学分析实验中,经常要使用有腐蚀性、易燃、易爆、有毒的各类化学试剂,易碰损的玻璃器皿和各种电器设备及可燃性气体(如乙炔气等)。为了保证实验人员的人身安全及实验操作的正常运行,需要特别注意实验室安全。

(一)实验安全守则

(1)所用药品、试剂都应有标签,杜绝在容器内装入与标签不符的药品。

(2)实验室内严禁饮食、吸烟,绝不可用烧杯当茶具使用。

(3)开启易挥发液体试剂,瓶口不要对人,最好在通风橱中进行。

(4)稀释硫酸时,应将硫酸慢慢注入盛有水的烧杯等耐热容器中,并且边搅边倒,溶液温度过高,应等冷却后再继续加入,且不可将水倒入硫酸中!

(5)装过强腐蚀性、可燃性、有毒或易燃易爆物品的器皿,操作者应随时洗净。

(6)对易燃溶剂加热时,必须在水浴中进行,并要注意避免明火。加热后的器皿应放在隔热材料上,不能随意放置。

(7)将玻璃棒、玻璃管、温度计等插入或拔出胶塞、胶管时,均应垫棉布,不可强行操作,以免折断伤人。不可用温度计作搅拌棒使用。

(8)开启高压瓶应缓慢,不得将出口对人。

(9)使用剧毒药品时,应征得指导老师的允许,并在实验辅导老师在场的情况下取用药品。

(10)应遵守用电规程,切记不可用湿手或湿物等接触电闸和电器开关。

(11)化学实验室应备有急救药品、消防器材和劳保用品。

(12)实验室要保持干净、整洁,配有废液缸,实验完毕要仔细洗手。离开实验室前,应认真检查水、电、门、窗及可燃气阀是否已关好,确保安全。

(二)常见意外事故的应急处理办法

(1)如果不慎将酸或碱试剂溅到皮肤或眼睛内,应立即用水冲洗,然后用5%碳酸氢钠溶液或5%硼酸溶液冲洗,最后再用水冲洗干净。情况严重的应及时送往医院。

(2)如果被烫伤、割伤,注意切勿使伤口与化学试剂接触,轻者在实验室急救包扎处理,严重者应立即送往医院治疗。

(3)如果发生着火、爆炸等事故,应首先切断电源、气源,并及时进行扑救。小面积着火时,一般的可用湿抹布扑灭,特殊的如有机溶剂着火时可用砂子扑灭;大面积着火时,要用干冰或干粉灭火器扑灭,并及时向指导老师及有关部门报告。

六、实验室用水

随着检验设备和检验技术的提高,分析测试中其他误差因素逐渐减小和消除,实验用水对实验结果影响就显得尤为突出。特别是近年来检验技术的发展,水质不仅成了提高质量的瓶颈,更成了某些实验成败的关键。因此,在开展水质分析之前,必须进行实验用水的纯水化处理和检验。

(一)纯水的等级、用途及制备方法

纯水的制备就是将原水(可以是自来水、普通蒸馏水或普通去离子水)中可溶性和非可溶性杂质全部除去的水处理方法。制备纯水的方法主要有蒸馏法、离子交换法、电渗析法、反渗透法等。实验室常用蒸馏法、离子交换法制备实验用水,详见表4。

表4 纯水的等级、用途及制备方法

等级	用途	制备方法	备注
一级水	用于有严格要求的分析实验。制备标准水样或超痕量物质分析用水,如液相色谱分析用水等	二级水经再蒸馏、离子交换混合床和0.2 μm滤膜过滤等方法处理,或用石英蒸馏装置将二级水作进一步处理	不含溶解杂质或胶态有机物
二级水	用于精确分析和研究工作。如原子吸收光谱分析用水	将蒸馏、电渗析或离子交换法制得的水再进行蒸馏处理	常含有微量的无机物、有机物或胶态杂质
三级水	用于一般化学分析实验	用蒸馏、电渗析或离子交换法等方法制备	

在一些水质分析项目中，对实验用的纯水有特殊的要求，如测定氨氮时需用无氨水，测定酚时要用无酚水等。表5列举了实验中用到的一些特殊要求的纯水制备方法。

表5 特殊要求的纯水制备方法

名称	制备方法	备注
无氨水	取1 000 mL蒸馏水于全玻璃蒸馏器中，加 H_2SO_4 至 pH<2后重蒸馏，先弃去100 mL初馏液，收集后面馏出液，密封保存在具塞玻璃容器中	蒸馏无氨水应在无氨气的环境中进行
无酚水	方法一：1 L蒸馏水加0.2 g经200 ℃活化30 min的活性炭粉末，充分振摇放置过夜，用双层中速滤纸过滤。 方法二：加氢氧化钠使水呈强碱性(pH值大于11)，并滴加高锰酸钾溶液至紫红色，移入全玻璃蒸馏器中加热蒸馏，收取馏出液供用	储于玻璃瓶中，取用应避免与橡皮塞或乳胶管等橡胶制品接触
无二氧化碳水	方法一：将蒸馏水或去离子水煮沸，水多时至少10 min，水少时水蒸发量要达到10%以上，加盖冷却。 方法二：将惰性气体或纯氮气通入蒸馏水或去离子水中至饱和即得	制得的无二氧化碳水应储于附有碱石灰管的橡皮塞盖瓶中
无氯水	加入亚硫酸钠等还原剂(将自来水中的余氯还原为 Cl^-)，用全玻璃蒸馏器进行蒸馏制备无氯水	处理后的水用(1+1) HNO_3 和6 mol/L $AgNO_3$ 检验，不得有白色浑浊出现
无砷水	对砷进行痕量分析，可用石英蒸馏器制备不含砷的实验用水	储水器、蒸馏器等不得使用软玻璃。普通蒸馏水通常不含砷

(二)纯水质量标准

实验室各级用水的质量标准如表6所示。

表6 实验室用水的国家质量标准(GB 6682—2000)

名称	一级	二级	三级
pH范围(25 ℃)	—	—	5.0~7.5
电导率(25 ℃，μS/cm)	≤0.1	≤1.0	≤5.0
可氧化物质(以O计，mg/L)	—	0.08	0.4
吸光度(254 nm，1 cm光程)	≤0.001	≤0.01	—
蒸发残渣(105 ℃±2 ℃，mg/L)	—	≤1.0	≤2.0
可溶性硅(以 SiO_2 计，mg/L)	≤0.01	≤0.02	—

实验一 分析天平称量练习

(一)实验目的

(1)了解电子分析天平的构造,学会正确的称量方法。

(2)掌握直接称量法、固定称量法及递减称量法。

(3)了解电子分析天平的维护与保养方法。

(二)实验原理

电子天平采用现代电子控制技术,利用电磁力平衡原理实现称重。即测量物体时采用电磁力与被测物体重力相平衡的原理实现测量,当称盘上加上或除去被称物时,天平则产生不平衡状态,此时可以通过位置检测器检测到线圈在磁钢中的瞬间位移,经过电磁力自动补偿电路使其电流变化以数字方式显示出被测物体重量。

(三)仪器和试剂

仪器:电子分析天平(载荷200 g),表面皿,称量瓶,药匙,小烧杯等。

试剂:固体试剂,可用 Na_2CO_3 或 NaCl 等。

(四)操作步骤

1. 电子天平的操作方法

(1)掀开防尘罩,叠放在天平右上方。

(2)检查天平称盘是否洁净,否则,用软毛刷小心清扫。

(3)水平调节。水泡应位于水平仪中心,应对天平进行校准。

(4)接通电源,预热至规定时间。

(5)轻按ON,使显示器亮,并显示称量模式0.000 0 g。

(6)校准。天平安装后,第一次使用或存放时间较长、位置移动、环境变化以及未获得精确测量,在使用前都应进行校准操作。电子天平采用外校准(有的电子天平具有内校准功能),由TAR键清零及CAL键、200 g校准砝码完成。

(7)称量。按TAR键,显示为零后,将称量物体放入盘中央,待读数稳定后,该数字即为称量物体的质量。

(8)去皮称量。按TAR键清零,将空容器放在盘中央,按TAR键显示零,即去皮。将称量物体放入空容器中,或将称量物(粉末状物或液体)逐步加入容器中直至达到所需质量,待读数稳定后,此时天平所示读数即为所称物体的质量。

(9)将称盘上的所有物品拿开后,天平显示负值,按TAR键,天平显示0.000 0 g。若称量过程中称盘上的总质量超过最大载荷(200 g),天平仅显示上部线段,此时应立即减小载荷。

(10)关机。称量全部结束后,长按OFF,切断电源。

(11)罩好防尘罩,填写仪器使用记录。

2. 称量方法

1)直接称量法

此法是将称量物直接放在天平盘上直接称量物体的质量。例如,称量干燥小烧杯的质量。

2)固定称量法

此法又称增量法,用于称量某一固定质量的试剂(如基准物质)或试样。这种称量操作的速度很慢,适于称量不易吸潮、在空气中能稳定存在的粉末状或小颗粒(最小颗粒应小于0.1 mg,以便容易调节其质量)样品。

练习固定称量法:称取无水 Na_2CO_3 试样0.352 8 g。

3)递减称量法

此法又称减量法,用于称量一定质量范围的样品或试剂。在称量过程中样品易吸水、易氧化或易与 CO_2 等反应时,可选择此法。由于称取试样的质量是由两次称量之差求得的,故也称差减法。

称量步骤如下:从干燥器中用纸带(或戴手套)夹住装有药品的称量瓶后取出(不要让手指直接触及称量瓶和瓶盖),放置于天平盘中央,待读数稳定后,记录称量瓶加试样后的准确质量。将称量瓶从天平上取出,在接收容器的上方倾斜瓶身,用称量瓶盖轻敲瓶口上部使试样慢慢落入容器中,瓶盖始终不要离开接收容器上方。当倾出的试样接近所需量时,一边继续用瓶盖轻敲瓶口,一边逐渐将瓶身竖直,使黏附在瓶口上的试样落回称量瓶,然后盖好瓶盖,准确称其质量。两次质量之差,即为试样的质量。按上述方法连续递减,可称量多份试样。有时一次很难得到合乎质量范围要求的试样,可重复上述称量操作1~2次。

练习递减称量法:称取无水 Na_2CO_3 试样0.25~0.3 g。

(1)将干净、干燥的称量瓶中装入2g Na_2CO_3,再放入干燥器中待用;

(2)将已洗净的锥形瓶(或小烧杯)编号;

(3)按要求从干燥器中取出盛无水 Na_2CO_3 的称量瓶,在分析天平上称出其准确质量,记作 W_1;

(4)从分析天平盘上取下称量瓶,小心倾出0.25~0.3 g试样于已编号的锥形瓶(或小烧杯)中,再次准确称取称量瓶与剩余试样的质量,记作 W_2。则锥形瓶(或小烧杯)中试样的质量为 $m_1=(W_1-W_2)$;

(5)按同样方法连续称取三份试样,每份试样质量精确至0.1 mg。记录于表7中。

表7

称量瓶+试样(g)	编号	锥形瓶中试样的质量(g)
W_1	—	—
W_2	1	$m_1=$
W_3	2	$m_2=$
W_4	3	$m_3=$

(五)注意事项

(1)电子天平应处于水平状态。

(2)电子天平应按说明书的要求进行预热。

(3)要保持天平内部的清洁,化学试剂及待测试样不能直接放在天平盘上,一旦物品洒落应立即清理干净。

(4)称量易挥发或具有腐蚀性的物品时,要盛放在密闭的容器内,以免腐蚀和损坏电子天平。

(5)不能使天平载重超过其最大负荷。

(6)称量物品必须与天平内的温度一致,使天平内保持干燥(天平内放置干燥剂)。

(7)使用环境应避免有风或者阳光直射的地方。

实验二　盐酸标准溶液的配制和标定

(一)实验目的

(1)学习配制标准溶液的方法,掌握用基准物质来标定 HCl 溶液浓度的方法。

(2)学会标准溶液浓度的调整方法。

(3)熟练掌握称量瓶、移液管、滴定管的使用方法。

(二)实验原理

浓盐酸是酸碱滴定中常用来配制标准溶液的酸,它极易挥发,不能用它直接配制标准溶液,而只能和氢氧化钠一样,需要先配制成近似浓度的溶液,然后用基准物质标定。标定盐酸溶液常用的基准物质有无水 Na_2CO_3 和 $Na_2B_4O_7 \cdot 10H_2O$,这两种基准物可任选一种。其反应式如下:

$$Na_2CO_3 + 2HCl \xlongequal{} 2NaCl + H_2O + CO_2\uparrow$$

滴定反应完全时,溶液的 pH 值为 3.89,可选用甲基橙作指示剂。

$$Na_2B_4O_7 + 2HCl + 5H_2O \xlongequal{} 4H_3BO_3 + 2NaCl$$

滴定反应完全时,溶液的 pH 值为 5.1,可选用甲基红作指示剂。

(三)仪器和试剂

仪器:滴定分析所需仪器(滴定管,分析天平,称量瓶,移液管等)。

试剂:

(1)浓 HCl(密度 1.19 g/cm^3)。

(2)0.1%甲基橙。

(3)溴甲酚绿 - 甲基红:1 份 2 g/L 甲基红乙醇溶液和 3 份 1 g/L 溴甲酚绿乙醇溶液混合。

(4)基准物质:无水碳酸钠(Na_2CO_3)。

(四)操作步骤

(1)C_{HCl} = 0.1 mol/L HCl 溶液的配制。用 10 mL 量筒量取浓 HCl 4.5 mL,倒入 500 mL 烧杯中,加 300 mL 蒸馏水,搅拌均匀,然后稀释至 500 mL,再搅拌均匀,移入试剂瓶中,贴上标签,待标定。

(2)C_{HCl} = 0.1 mol/L 溶液的标定。用甲基橙指示终点,用差减法准确称无水碳酸钠基准试剂 0.15 ~ 0.2 g 三份,分别置于 250 mL 锥形瓶中,各加蒸馏水 25 mL 使其溶解,加甲基橙指示剂 2 滴,滴定前记录滴定管中待标定 HCl 溶液初始体积读数,然后向锥形瓶中滴加 HCl 至溶液由黄色变为橙色，即为终点（临近终点时，可将溶液煮沸除去 CO_2，冷却后继续滴至橙色），记录滴定后 HCl 体积的末读数。末读数与初始读数差，即为滴定所消耗 HCl 溶液的体积。平行标定 2 ~ 3 次，使 2 次滴定的相对偏差不超过 0.2%，否则重新滴定。

用溴甲酚绿 - 甲基红混合指示剂指示终点。准确称无水碳酸钠基准试剂 0.15 ~ 0.2 g，加 50 mL 蒸馏水溶解，加 10 滴混合指示剂，用配制的 0.1 mol/L 的 HCl 滴至溶液由绿色变为暗红色，煮沸 2 min，冷却继续滴至溶液呈酒红色。记下消耗 HCl 溶液的体积。

（3）浓度调整。由标定结果计算 HCl 溶液的标准浓度。若大于 0.100 0 mol/L，应加水稀释；若小于 0.100 0 mol/L 应加适量的浓 HCl 进行浓度调整。调整后再重新标定，使 HCl 溶液浓度为 0.100 0 mol/L ± 0.000 1 mol/L。

（五）注意事项

（1）每次滴定最好从滴定管零刻度开始，以减少测定误差。

（2）为了减少滴定误差。每次滴定溶液用量最好控制在 20 ~ 30 mL 之间。因为用量太少，读数误差增大。

（3）控制滴定的速度，每秒 3 ~ 4 滴为宜。否则会有溶液留在管壁上，使读数不准确。

（六）实验数据记录（见表 8）

表 8

项目记录	编号		
	1	2	3
称量瓶 + Na_2CO_3 质量（倾样前）（g）			
称量瓶 + Na_2CO_3 质量（倾样后）（g）			
锥形瓶中 Na_2CO_3 质量（g）			
HCl 溶液终点读数（mL）			
HCl 溶液初始读数（mL）			
消耗 HCl 溶液体积（mL）			
C_{HCl}（mol/L）			
调整后 C_{HCl}（mol/L）			
相对偏差（%）			
$\overline{C}_{HCl}$（mol/L）			

（七）计算

HCl 溶液浓度计算公式如下：

$$C_{HCl}=\frac{m_{Na_2CO_3}}{V_{HCl}\cdot M_{1/2\ Na_2CO_3}}$$

式中　C_{HCl}——HCl 溶液浓度，mol/L；

$m_{Na_2CO_3}$——无水碳酸钠基准试剂的质量，g；

V_{HCl}——滴定时，消耗 HCl 溶液的体积，L；

$M_{\frac{1}{2}Na_2CO_3}$——$\frac{1}{2}Na_2CO_3$ 的摩尔质量，g/mol。

实验三　色度的测定

水的颜色分真色和表色两种。两者的不同在于真色是指去除悬浮物后水的颜色，而表色指没有去除悬浮物的水具有的颜色。对于清洁或浊度很低的天然水和饮用水，常用铂－钴标准比色法测其色度；受工业废水污染的地表水和工业废水颜色的测定，可用文字描述颜色的种类和深浅程度，如深蓝色、棕黄色、暗黑色等，并以稀释倍数法测定水样的色度。

方法一　稀释倍数法

（一）实验目的

（1）掌握用文字描述工业废水颜色的种类。

（2）了解水样的干扰及消除方法。

（二）实验原理

用文字描述工业废水的颜色种类，如深蓝色、棕黄色或暗黑色等。然后定量说明其色度的大小。即把工业废水按一定的稀释倍数，用水稀释至接近无色时，记录所稀释的倍数，以此表示此水样的色度。此法适用于受工业污染的地表水和工业废水。

（三）仪器

同一规格的 50 mL 具塞比色管等。

（四）操作步骤

（1）首先用文字描述水样颜色的种类：取 100 mL 或 150 mL 澄清水样于烧杯中，将烧杯置于白瓷片或白纸上，观测描述。

（2）分别取澄清水样，用蒸馏水稀释成不同的倍数。然后各取 50 mL 稀释后水样分别置于 50 mL 比色管中，以白瓷板为背景，目光自管口向下观察水样的颜色，并与蒸馏水作对比，直到刚好看不出颜色，以此水样稀释的倍数表示该水样的色度。

（五）注意事项

（1）所取水样应无树叶、枯枝等杂物。

（2）如果测定水样的真色，应用离心法去除悬浮物。如测定水样的表色，水样中大颗粒悬浮物干扰测定，应放置待其沉降后测定。

（3）取样后应尽快测定，即使保存于 4 ℃环境中也要在 48 h 内测定。

方法二 铂-钴标准比色法

（方法来源：GB/T 5750.4—2006）

《生活饮用水标准检验方法 感官性状和物理指标》（GB/T 5750.4—2006）规定了用铂-钴标准比色法测定生活饮用水及其水源水的色度。本法适用于生活饮用水及其水源水中色度的测定。水样不经稀释，本法最低检测色度为5度，测定范围为5～50度。测定前应除去水样中的悬浮物。

（一）实验目的

（1）了解样品的采集和保存。

（2）掌握标准色列的配制。

（二）实验原理

用氯铂酸钾与氯化钴配成标准色列，与水样进行目视比色。规定1 mg/L铂[以$(PtCl_4)^{2-}$形式存在]所具有的颜色，称为1度，以此作为标准色度单位。即使轻微的浊度也会干扰测定，因此浑浊水样测定时需先离心使之清澈。

（三）仪器和试剂

仪器：50 mL同一规格的具塞比色管，离心机等。

试剂：铂-钴标准溶液。称取1.246 g氯铂酸钾（K_2PtCl_6，相当于500 mg铂）和1.000 g氯化钴（$CoCl_2 \cdot 6H_2O$，相当于250 mg钴），溶于100 mL水中，再加100 mL盐酸，用水稀释至1 000 mL。此标准溶液色度为500度，保存在玻璃试剂瓶中，存放于暗处。

（四）采样与保存

将水样采集在至少为1 L的玻璃容器中，还应注意采集的水样中没有树叶、枯枝等漂浮物，并且尽快测定。因为即使在4 ℃下冷藏于暗处，也最多只能保存48 h。

如水样浑浊，则放置澄清或用离心法或用微孔0.45 μm滤膜滤去悬浮物，但不能用滤纸过滤。若预处理后仍得不到透明水样，则只能测定表色。

注：所有与样品接触的玻璃容器都应用盐酸或表面活性剂溶液加以洗涤，最后用蒸馏水或去离子水洗净、沥干。

（五）操作步骤

（1）标准色列的配制：在50 mL比色管中各加入0 mL、0.50 mL、1.00 mL、1.50 mL、2.00 mL、2.50 mL、3.00 mL、3.50 mL、4.00 mL、4.50 mL、5.00 mL、6.00 mL、7.00 mL的铂-钴标准溶液，用水稀释至刻度线，混匀，配制成色度分别为0度，5度，10度，15度，20度，25度，30度，35度，40度，45度，50度，60度和70度的标准色列。密闭保存，可长期使用。

（2）水样的测定：取50 mL透明水样3份于3支50 mL比色管中。如水样色度过高，可取少量水样，加纯水稀释后比色，将结果乘以稀释倍数。然后将水样与标准色列进行目视比较，目光自管口垂直向下观察，记录与水样色度相同的铂-钴标准色列的色度。

（六）数据处理

（1）色度标准系列配制表（见表9）。

表9

编号	0	1	2	3	4	5	6	7	8	9	10	11	12
标准液(mL)	0	0.50	1.00	1.50	2.00	2.50	3.00	3.50	4.00	4.50	5.00	6.00	7.00
标准液色度	0	5	10	15	20	25	30	35	40	45	50	60	70

(2)水样测定表(见表10)。

表10

水样序号	1	2	3
水样色度相当于铂-钴标准溶液体积(mL)			
测量水样色度(度)			
水样色度平均值(度)			

(3)水样色度计算公式

$$色度(度)=(V_1\times 50.0)/V$$

式中　V_1——相当于铂-钴标准溶液的用量,mL;

V——水样体积,mL。

(七)注意事项

(1)如水样浑浊,则放置澄清。也可用离心法或用微孔0.45 μm滤膜滤去悬浮物,不可用滤纸过滤。

(2)要取代表性的水样,盛于清洁、无色的玻璃瓶中,尽快测定。否则应存于4 ℃下,48 h内测定。

(3)若预处理后仍得不到透明水样,只能测表色。

(4)此法适用于测定较清洁的、带有黄色色调的天然水和饮用水。

实验四　浊度的测定

水样浊度是指水中悬浮物对光线透过时所产生的阻碍程度。测定水样浊度的方法有分光光度法、目视比浊法、浊度计法等。现行国家标准规定使用的是前两种方法。

(一)实验目的

(1)了解影响浊度的因素。

(2)掌握用分光光度法测定水样的浊度。

(二)实验原理

在适宜的温度下,将一定量的硫酸肼与六次甲基四胺聚合,形成白色高分子聚合物。以此作测定浊度的标准溶液,在一定条件下和水样浊度相比较。此法适用于测定天然水和饮用水的浊度。

(三)仪器和试剂

仪器:50 mL具塞比色管,分光光度计等。

试剂:

(1)无浊度水即蒸馏水通过0.2 μm滤膜过滤。实验过程中所用的水均为无浊度水。

(2)硫酸肼溶液:称取1.000 g硫酸肼溶于水中,定容于100 mL容量瓶中。

(3)六次甲基四胺:称取10.00 g六次甲基四胺溶于水,定容于100 mL容量瓶中。

(4)浊度贮备液:吸取上述配制的硫酸肼溶液5.00 mL和六次甲基四胺溶液5.00 mL于100 mL容量瓶中,混匀。在(25±3)℃条件下反应24 h,用水稀释至100 mL混匀,其浊度为400度。可保存1个月。

(四)操作步骤

(1)吸取浊度贮备液0.00 mL、0.50 mL、1.25 mL、2.25 mL、5.00 mL、10.00 mL、12.50 mL分别置于7支50 mL比色管中,加水至刻度线摇匀。标准系列浊度为0、4、10、20、40、80、100。

(2)在680 nm波长处,用3 cm比色皿,测定其吸光度,即可绘制浊度标准曲线。

(3)取水样50 mL于50 mL比色管中。若浊度超过100度,可适量少取,用水稀释至50 mL。按上述同等条件测水样的吸光度。然后从标准曲线上即可查出相应浊度。

(五)计算

$$\text{浊度(度)} = \frac{A \times 50}{V}$$

式中 A——稀释后水样的浊度,度;

V——水样的体积,mL。

(六)注意事项

(1)取样后应尽快测定。如需保存,应在4 ℃暗处存24 h,使用前要剧烈振摇水样,使其恢复到室温。

(2)水样中应无碎屑和易沉淀的颗粒。

(3)该法适用于天然水、饮用水的浊度测定。

实验五　水中总碱度的测定

(一)实验目的

(1)掌握双指示剂法测定水中碱度的方法。

(2)掌握碱度的计算方法。

(二)实验原理

碱度是指水中所含能与强碱发生中和作用的全部物质,主要来自水样中存在的碳酸盐、碳酸氢盐及氢氧化物等。

碱度测定采用中和法。在水样中加入适当的指示剂,再用标准酸溶液滴定,当达到一定的pH值时,指示剂颜色就会发生改变,从而判断滴定终点。以此可分别测出水样中所含的各种碱度。

首先用酚酞作指示剂,水样用标准酸溶液滴至由红色变为无色时,指示水中氢氧化物(OH^-)被中和,而碳酸盐(CO_3^{2-})只被中和了一半。

$$OH^- + H^+ = H_2O \qquad CO_3^{2-} + H^+ = HCO_3^-$$

这时消耗标准酸溶液记作 P(mL);再用甲基橙作指示剂,滴定至溶液由黄色变为橙黄色时,表示水中的碳酸氢盐(HCO_3^-)已被中和。

$$HCO_3^- + H^+ = H_2O + CO_2$$

消耗酸标准溶液记作 M(mL),则总体积为:$T = P + M$ (mL)。根据到达两个终点所消耗酸溶液体积,可计算出碳酸盐、碳酸氢盐碱度和总碱度。

(三)仪器和试剂

仪器:量筒 50 mL,酸式滴定管 50 mL,锥形瓶 250 mL,移液管 25 mL 和 100 mL 等。

试剂:

(1)盐酸标准溶液(实验二已标定好);

(2)甲基橙(0.1%):称取甲基橙 0.1 g,溶解于 100 mL 蒸馏水中。

(3)酚酞(0.1%):称 0.1 g 酚酞溶于 50 mL 95% 乙醇中,再加水 50 mL 摇匀,加 NaOH 溶液至淡粉红色为止。

(四)操作步骤

(1)用移液管移取 100.0 mL 水样于 250 mL 锥形瓶中,加 2 滴酚酞指示剂,摇匀,用盐酸标准溶液滴至由红色褪至无色,记录消耗盐酸标准溶液的体积 P(mL)。如果加酚酞溶液不呈红色,说明无酚酞碱度,可进行下一步操作。

(2)于上述锥形瓶中再加 2 滴甲基橙作指示剂,摇匀。用盐酸标准溶液继续滴至溶液由黄色变为橙黄色时,记录消耗盐酸标准溶液的体积 M(mL)。

(3)按上述操作测定平行试样 3 份。

(五)水样总碱度的数据记录(见表 11)

表 11

内容	次数		
	1	2	3
$V_{水样}$(mL)			
C_{HCl}(mol/L)			
盐酸标准溶液体积 P(mL)			
盐酸标准溶液体积 M(mL)			
盐酸标准溶液总体积 T(mL)			
水样总碱度(mmol/L)			
水样平均总碱度(mmol/L)			

(六)结果计算

$$T(\text{消耗盐酸标准溶液总体积,mL}) = P + M$$

$$\text{酚酞碱度(mmol/L)} = P \times C_{HCl} \times 1\,000 / V_{水样}$$

$$\text{甲基橙碱度(mmol/L)} = M \times C_{HCl} \times 1\,000 / V_{水样}$$

$$\text{水样总碱度(mmol/L)} = T \times C_{HCl} \times 1\,000 / V_{水样}$$

式中 P、M、T——消耗盐酸标准溶液体积,mL;

$V_{水样}$——水样体积,mL;

C_{HCl}——盐酸标准溶液浓度,mol/L。

(七)注意事项

(1)水样浑浊、有颜色对碱度测定有干扰,可除色后用过滤法使之澄清,也可用电位滴定法测定。

(2)实验中所用水应为无CO_2水。

实验六　水中总硬度的测定

(一)实验目的

(1)掌握 EDTA 二钠标准溶液的配制及标定方法。

(2)掌握用配位滴定法测定水中总硬度的方法及计算。

(二)实验原理

水中硬度常用Ca^{2+}、Mg^{2+}总量表示。水中总硬度的测定是配位滴定法的具体应用,即用氨缓冲液控制水样的 pH =10,用铬黑 T 作指示剂,以 EDTA 二钠标准溶液滴定水样,溶液由酒红色变为亮蓝色。由 EDTA 二钠的用量,可计算出水的总硬度。

(三)仪器和试剂

仪器:酸式滴定管,锥形瓶,移液管,容量瓶等。

试剂:

(1)基准试剂锌。

(2)EDTA 二钠。

(3)盐酸(1:1)。

(4)氨水(1:1)。

(5)氨缓冲液(pH =10):称固体NH_4Cl 5.4 g 于 20 mL 水中,再加浓氨水 35 mL,溶解后稀释至 100 mL。

(6)铬黑 T:称 2.5 g 铬黑 T 和 2.5 g 盐酸羟胺,以 50 mL 无水乙醇溶解,置于棕色瓶中。

(四)操作步骤

(1)EDTA 二钠溶液($C\approx0.02$ mol/L):称分析纯 EDTA 二钠 3.7 g 溶于 300 mL 水中,可适当加热,冷却后转移到试剂瓶中,且稀释至 500 mL 摇匀,待标定。

(2)配置锌标准溶液$C(Zn^{2+})=0.02$ mol/L:准确称金属锌 0.33 g 于小烧杯中,加入约 5 mL HCl (1:1),可适当加热,待完全溶解后,冷却转移至 250 mL 容量瓶中,加水至刻度,混匀。

(3)标定 EDTA 二钠溶液:准确吸取 25.00 mL 锌标准溶液于 250 mL 锥形瓶中,加水 20 mL,滴加氨水(1:1)至刚出现浑浊,此时 pH =8,再加 10 mL 缓冲溶液和 4 滴铬黑 T,用 EDTA 二钠溶液滴至溶液由紫红色变为亮蓝色,记下 EDTA 二钠溶液的体积。平行测定 2~3 次,求 EDTA 二钠溶液的平均体积$\overline{V}_1$。

(4)水样总硬度的测定:用移液管移取 100 mL 水样于锥形瓶中,加 5 mL 缓冲液和 4 滴铬黑 T 指示剂,水样呈紫红色。用 EDTA 二钠标准溶液滴定至溶液由紫红色变为亮蓝色即为终点。记录 EDTA 二钠溶液的体积。平行测定 2～3 次,求消耗 EDTA 二钠溶液的平均体积 $\overline{V}_2$。

(5)EDTA 标定数据记录(见表 12)。

表 12

内容	次数		
	1	2	3
锌标准溶液体积(mL)	25.00	25.00	25.00
锌标准溶液浓度 $C(Zn^{2+})$(mol/L)			
滴定消耗 EDTA 初读体积(mL)			
滴定消耗 EDTA 终读体积(mL)			
滴定消耗 EDTA 体积(mL)			
EDTA 标准溶液浓度(mol/L)			
EDTA 标准溶液平均浓度(mol/L)			

注:$C(Zn^{2+})(mol/L) = \dfrac{m_{Zn} \times 1\ 000}{M_{Zn} \times 25.00}$。

(6)水样总硬度测定数据记录(见表 13)。

表 13

内容	次数		
	1	2	3
$V_样$(mL)	100.0	100.0	100.0
EDTA 标准溶液平均浓度(mol/L)			
滴定消耗 EDTA 初读体积(mL)			
滴定消耗 EDTA 终读体积(mL)			
滴定消耗 EDTA 体积(mL)			
水样总硬度(mmol/L)			
水样平均总硬度(mmol/L)			
水样平均总硬度(以 $CaCO_3$ 计,mg/L)			

(五)计算

(1)EDTA 二钠标准溶液的准确浓度用下式计算:

$$C(Na_2EDTA) = \frac{25.00 \times C(Zn^{2+})}{\overline{V}_1}(mol/L)$$

式中 $\overline{V}_1$——EDTA 二钠标准溶液平均体积,mL;

$C(Zn^{2+})$——锌标准溶液浓度,mol/L。

(2)水样总硬度的计算公式如下：

$$总硬度=\frac{C(Na_2EDTA)\times\overline{V}_2\times1\ 000}{V_{样}}\quad(mmol/L)$$

$$总硬度(以\ CaCO_3\ 计)=\frac{C(Na_2EDTA)\times\overline{V}_2\times M(CaCO_3)\times1\ 000}{V_{样}}\quad(mg/L)$$

式中 $C(Na_2EDTA)$——EDTA 二钠溶液的浓度，mol/L；

$\overline{V}_2$——测定水样消耗 EDTA 二钠溶液的平均体积，mL；

$M(CaCO_3)$——碳酸钙摩尔质量，100 g/mol；

$V_{样}$——水样体积，mL。

(六)注意事项

(1)掌握滴定速度应先快后慢。即加入缓冲溶液后立即在 5 min 内完成滴定。否则将使结果偏低。

(2)调节水样 pH = 10。

(3)若测定中有 Fe^{3+}、Al^{3+} 干扰可加入 1:1三乙醇胺掩蔽；若有 Cu^{2+}、Zn^{2+} 干扰可加 2% Na_2S 溶液 0.5 ~4.5 mL，生成 CuS 及 ZnS 沉淀，从而消除上述干扰。

实验七　氯化物的测定——莫尔法

(一)实验目的

(1)掌握 $AgNO_3$ 溶液的配制和标定方法。

(2)学会应用 K_2CrO_4 作指示剂判断滴定终点。

(二)实验原理

常用莫尔法测定某些可溶性氯化物中氯含量。用 K_2CrO_4 作指示剂，在中性或弱碱性溶液中，用 $AgNO_3$ 标准溶液滴定。因 AgCl 沉淀的溶解度小于 Ag_2CrO_4 沉淀的溶解度，AgCl 所需要的 Ag^+ 浓度比 Ag_2CrO_4 开始沉淀所需要的 Ag^+ 浓度要小，所以当刚开始滴定时，AgC1 先沉淀，然后才是 Ag_2CrO_4 沉淀，到达终点时，稍过量的 Ag^+ 与 K_2CrO_4 作用生成砖红色 Ag_2CrO_4 沉淀，记录 $AgNO_3$ 用量。

(三)仪器和试剂

仪器：酸式滴定管，移液管，棕色试剂瓶等。

试剂：$AgNO_3$(分析纯)，NaCl(基准试剂)，K_2CrO_4 溶液(指示剂)。

(四)操作步骤

(1)0.1 mol/L $AgNO_3$ 溶液的配制：在台秤上称 8.5 g $AgNO_3$ 溶于 500 mL 不含氯离子的水中。待完全溶解后转入棕色试剂瓶中，混匀置暗处保存，待标定。

(2)$AgNO_3$ 溶液的标定：准确称取基准试剂 NaCl 0.12 ~0.15 g 于锥形瓶中，加适量水溶解，加 1 mL K_2CrO_4 指示剂，在不断摇动下用配好的 $AgNO_3$ 溶液滴定，直到白色沉淀中呈现出微砖红色，即为终点。记录消耗 $AgNO_3$ 溶液体积。平行测定 2 ~3 次。

(3)测定水中 Cl^- 含量：准确移取水样 100 mL 于 250 mL 的锥形瓶中，调节 pH =

6.5 ~ 10.5,加2 mL K_2CrO_4 指示剂,在充分摇动下,以0.05 mol/L $AgNO_3$ 溶液滴定水样呈微砖红色,即为终点。记下消耗 $AgNO_3$ 的体积。平行测定2 ~ 3次。

(4) $AgNO_3$溶液的标定数据记录(见表14)。

表14

内容	次数		
	1	2	3
m(称取基准试剂 NaCl 质量,g)			
滴定消耗 $AgNO_3$溶液初读体积(mL)			
滴定消耗 $AgNO_3$溶液终读体积(mL)			
滴定消耗 $AgNO_3$溶液体积(mL)			
$AgNO_3$标准溶液浓度(mol/L)			
$AgNO_3$标准溶液平均浓度(mol/L)			

(5) 水样中 Cl^- 含量测定数据记录(见表15)。

表15

内容	次数		
	1	2	3
$V_{样}$(mL)	100.0	100.0	100.0
$AgNO_3$标准溶液平均浓度(mol/L)			
滴定消耗 $AgNO_3$溶液初读体积(mL)			
滴定消耗 $AgNO_3$溶液终读体积(mL)			
滴定消耗 $AgNO_3$溶液体积(mL)			
水样中 Cl^- 浓度(mmol/L)			
水样中 Cl^- 平均浓度(mmol/L)			

(五)计算

(1) $AgNO_3$ 标准溶液准确浓度用下式计算:

$$C\,(AgNO_3) = \frac{m}{M \times V}$$

式中 $C(AgNO_3)$——$AgNO_3$ 溶液的准确浓度,mol/L;

m——基准物质 NaCl 的质量,g;

M——NaCl 的摩尔质量,g/mol;

V——$AgNO_3$ 溶液的体积,L。

(2) 水样中 Cl^- 的含量计算公式如下:

$$Cl^-\,(mg/L) = \frac{C(AgNO_3) \times V_{AgNO_3}}{V_{样}} \times 35.45 \times 1\,000$$

式中　$C(AgNO_3)$——$AgNO_3$ 溶液的准确浓度,mol/L;

V_{AgNO_3}——滴定水样时消耗 $AgNO_3$ 溶液的体积,mL;

35.45——氯的摩尔质量,g/mol;

$V_{样}$——水样体积,mL。

(六)注意事项

(1)滴定溶液应在中性或微碱性条件下进行。因碱性太强时会有 Ag_2O 析出;而酸性强时 Ag_2CrO_4 会溶解,影响终点观察。可用稀的 HNO_3、$NaHCO_3$ 或 $CaCO_3$ 等调节 pH。

(2)滴定过程中要充分摇动,避免 AgCl 沉淀吸附 Cl^- 而导致 Ag_2CrO_4 沉淀过早出现,以获得准确的结果。

(3) K_2CrO_4 浓度不宜过高,因这样会使终点过早到达;反之,推迟终点的到达。一般应控制 K_2CrO_4 浓度在 0.005 ~0.006 mol/L 为宜。

实验八　高锰酸盐指数的测定

(一)实验目的

(1)了解高锰酸盐指数的测定原理和适用条件。

(2)掌握该实验的操作过程。

(二)实验原理

向水样中加 H_2SO_4 使水样呈酸性后,再加一定量的 $KMnO_4$ 溶液,在水浴中控制一定的温度加热,使其氧化水中的还原性无机物及部分有机物,剩余的 $KMnO_4$ 用草酸钠($Na_2C_2O_4$)溶液还原且过量,再用 $KMnO_4$ 溶液回滴过量的 $Na_2C_2O_4$,计算测定结果。

(三)仪器和试剂

仪器:棕色酸式滴定管,移液管,水浴锅,锥形瓶等。

试剂:

(1)高锰酸钾溶液 $C(\frac{1}{5}KMnO_4)\approx 0.1$ mol/L:称 3.2 g 高锰酸钾溶于 1.2 L 水中,加热煮沸至体积减少到约 1 L,放置 2 ~3 天后,用 G-3 玻璃砂漏斗过滤,储于棕色瓶中。

(2)高锰酸钾使用液 $C(\frac{1}{5}KMnO_4)=0.01$ mol/L:临用前配制。取 50 mL 上述 $KMnO_4$ 溶液,用水稀释至 500 mL,存于棕色瓶中。使用时标定,并调节至 0.01 mol/L 准确浓度。

(3)硫酸溶液(1∶3)。

(4)草酸钠标准储备液 $C(\frac{1}{2}Na_2C_2O_4)=0.1000$ mol/L:准确称 0.670 5 g 烘干的草酸钠于烧杯中,加水溶解移入 100 mL 容量瓶中,用水稀释至刻度线。

(5)草酸钠标准使用液 $C(\frac{1}{2}Na_2C_2O_4)=0.0100$ mol/L:吸取上述 $Na_2C_2O_4$ 溶液 10.0 mL 于 100 mL 容量瓶中,用水稀释至刻度。

(四)操作步骤

(1)取100 mL水样于250 mL锥形瓶中(如高锰酸盐指数高于5 mg/L,应酌情少取,然后用水稀释至100 mL)。加入5 mL(1:3) 硫酸,混匀。

(2)自盛高锰酸钾的滴定管中滴加10.00 mL $KMnO_4$ 标准使用液于锥形瓶中,摇匀,立即放入沸水浴中加热30 min(从水浴重新沸腾起计时,水浴液面应高于锥形瓶中溶液的液面)。

(3)取出锥形瓶,趁热准确加入10.00 mL $Na_2C_2O_4$ 标准使用液,摇匀。此时剩余的高锰酸钾(指与水样中有机物作用后过量的)与加入的草酸钠起反应,溶液变为无色。

(4)立即用 $KMnO_4$ 标准使用液滴定至溶液显微红色,即到达终点,记录 $KMnO_4$ 标准使用液的用量,设为 V_1。

(5)如果水样经稀释,则应取100 mL蒸馏水,按上述步骤做空白试验。

(6)高锰酸钾标准使用液的标定:将上述锥形瓶中已滴定完毕的溶液加热至约70 ℃,准确加入10.00 mL $Na_2C_2O_4$ 标准使用液,然后用 $KMnO_4$ 标准使用液滴定至微红色。记录其用量,设为 V_2。按下式求得高锰酸钾标准溶液的校正系数 K。

$$K=\frac{10.00}{V_2}$$

(7)同时做2~3份平行样。

(8)未经稀释水样高锰酸盐指数测定数据记录(见表16)。

表16

序号	1	2	3
$V_{水样}$(mL)	100.0	100.0	100.0
V(加入 $KMnO_4$)(mL)	10.00		
$V(Na_2C_2O_4)$(mL)	10.00		
$V_{初}(KMnO_4)$(mL)			
$V_{终}(KMnO_4)$(mL)			
滴定消耗 $V_1(KMnO_4)$(mL)			
K值的测定			
$V(Na_2C_2O_4)$(mL)	10.00		
$V_{初}(KMnO_4)$(mL)			
$V_{终}(KMnO_4)$(mL)			
滴定消耗 $V_2(KMnO_4)$(mL)			
K值			
高锰酸盐指数(O_2,mg/L)			
高锰酸盐指数平均值(O_2,mg/L)			
极差/平均值(%)			

(9)稀释水样高锰酸盐指数测定数据记录(见表17)。

表17

序号	1	2	3
$V_{水样}$(mL)			
V(加入 $KMnO_4$)(mL)	10.00		
$V(Na_2C_2O_4)$(mL)	10.00		
$V_初(KMnO_4)$(mL)			
$V_终(KMnO_4)$(mL)			
滴定消耗 $V_1(KMnO_4)$(mL)			
K值的测定			
$V(Na_2C_2O_4)$(mL)	10.00		
$V_初(KMnO_4)$(mL)			
$V_终(KMnO_4)$(mL)			
滴定消耗 $V_2(KMnO_4)$(mL)			
K值			
空白滴定消耗 $V_0(KMnO_4)$(mL)			
高锰酸盐指数(O_2,mg/L)			
高锰酸盐指数平均值(O_2,mg/L)			
极差/平均值(%)			

(五)计算

(1)水样不经稀释:

$$高锰酸盐指数(O_2,mg/L)=\frac{[(10+V_1)K-10]\times 0.010\,0\times 8\times 1\,000}{100}$$

式中 V_1——滴定水样时,消耗 $KMnO_4$ 标准使用液体积,mL;

K——校正系数;

0.010 0——$\frac{1}{2}Na_2C_2O_4$ 标准使用液浓度,mol/L;

8——氧($\frac{1}{2}$O)的摩尔质量,g/mol;

100——吸取水样的体积,mL。

(2)水样经稀释:

$$\begin{array}{l}高锰酸盐指数\\(O_2,mg/L)\end{array}=\frac{\{[(10+V_1)K-10]-[(10+V_0)K-10]\times f\}\times 0.010\,0\times 8\times 1\,000}{V_{样}}$$

式中 V_0——空白试样中蒸馏水消耗 $KMnO_4$ 标准使用液的体积,mL;

$V_{样}$——吸取水样的体积,mL;

f——稀释水样中所含蒸馏水的比值,例如取10.00 mL水样,用90 mL蒸馏水稀释至100 mL,$f=0.90$。

(六)注意事项

(1)控制滴定溶液的温度在70~80 ℃。温度过低反应较慢;而温度高于90 ℃,又引起$H_2C_2O_4$的分解。

(2)控制酸度,开始一般为0.5~1 mol/L,接近终点时酸度一般为0.2~0.5 mol/L。因酸度过低MnO_4^-会被还原为MnO_2;反之会促使$H_2C_2O_4$分解。

(3)在水浴中加热完毕,溶液应保持淡红色,若颜色变浅或全部褪去,说明$KMnO_4$用量不够。此时应另取水样加水稀释,重新测定。

(4)滴定速度应先慢后快,至溶液呈粉红色且半分钟内不褪色,即可认为已到达终点。

(5)酸性$KMnO_4$法适用于Cl^-含量不超过300 mg/L的水样。

实验九　化学需氧量的测定——重铬酸钾法

(一)实验目的

(1)了解化学需氧量的测定方法(HJ 828—2017)及原理。

(2)掌握回流装置的使用方法。

(二)实验原理

在水样中加入已知量的重铬酸钾溶液,并在强酸介质下以银盐作催化剂,经沸腾回流后,以试亚铁灵为指示剂,用硫酸亚铁铵滴定水样中未被还原的重铬酸钾,由消耗的重铬酸钾的量计算出消耗氧的质量浓度。

在酸性重铬酸钾条件下,芳烃和吡啶难以被氧化,其氧化率较低。在硫酸银催化作用下,直链脂肪族化合物可有效地被氧化。

无机还原性物质如亚硝酸盐、硫化物和二价铁盐等将使测定结果增大,其需氧量也是COD_{Cr}的一部分。

(三)仪器和试剂

1. 仪器

(1)回流装置:带有250 mL磨口锥形瓶的全玻璃回流装置,可选用水冷或风冷全玻璃回流装置,其他等效冷凝回流装置亦可;

(2)加热装置:电炉或其他等效消解装置;

(3)锥形瓶,滴定管等。

2. 试剂

(1)重铬酸钾溶液$C(\frac{1}{6}K_2Cr_2O_7)=0.250$ mol/L:将重铬酸钾(优级纯)置于坩埚中,在105 ℃下烘干2 h,冷却后称取12.258 0 g置于烧杯中,溶于水,定容于1 000 mL容量瓶中。

(2)硫酸银-硫酸溶液(10 g/L):将10.0 g硫酸银(Ag_2SO_4)加入到1 000 mL浓硫酸(H_2SO_4)中,放置1~2 d,或搅拌1 h使之溶解,使用前小心摇匀。

(3)硫酸(H_2SO_4):$\rho = 1.84$ g/mL,优级纯。

(4)硫酸汞溶液($\rho = 100$ g/L):称取 10 g 硫酸汞,溶于 100 mL 硫酸溶液(1+9)中,混匀。

(5)硫酸亚铁铵标准溶液 $C[(NH_4)_2Fe(SO_4)_2 \cdot 6H_2O] \approx 0.05$ mol/L:称取 19.5 g $(NH_4)_2Fe(SO_4)_2 \cdot 6H_2O$ 溶解于水中,加入 10.0 mL 浓硫酸,冷却后移入 1 000 mL 容量瓶中,用水稀释至标线,每次临用前用 0.250 mol/L 的 $K_2Cr_2O_7$ 标准溶液标定。

标定方法:准确吸取 5.00 mL 重铬酸钾标准溶液于 500 mL 锥形瓶中,加水稀释至 50 mL 左右,缓慢加入 15 mL 浓硫酸,混匀。冷却后,加入 3 滴试亚铁灵指示液,用硫酸亚铁铵溶液滴定,溶液的颜色由黄色经蓝绿色至红褐色即为终点。记录硫酸亚铁铵溶液的消耗量 V(mL)。硫酸亚铁铵标准溶液浓度按式(1)计算:

$$C[(NH_4)_2Fe(SO_4)_2 \cdot 6H_2O] = \frac{C(\frac{1}{6}K_2Cr_2O_7) \times 5.00}{V} \tag{1}$$

式中 $C(\frac{1}{6}K_2Cr_2O_7)$——重铬酸钾标准溶液浓度,0.250 mol/L;

V——硫酸亚铁铵标准滴定溶液的用量,mL;

$C[(NH_4)_2Fe(SO_4)_2 \cdot 6H_2O]$——硫酸亚铁铵标准溶液的浓度,mol/L。

硫酸亚铁铵溶液标定记录单见表 18。

表 18

内容	次数		
	1	2	3
$V_{初}$(硫酸亚铁铵)(mL)			
$V_{终}$(硫酸亚铁铵)(mL)			
V(硫酸亚铁铵标准用量)(mL)			
C(硫酸亚铁铵,mol/L)			
平均 C(硫酸亚铁铵,mol/L)			

(6)邻苯二甲酸氢钾标准溶液,$C(C_8H_5KO_4) = 2.082\ 4$ mmol/L。

称取 105 ℃时干燥 2 h 的邻苯二甲酸氢钾 0.425 1 g 溶于水,并稀释至 1 000 mL,混匀。以重铬酸钾为氧化剂,将邻苯二甲酸氢钾完全氧化的 COD_{Cr} 值为 1.176 g/g(指 1 g 邻苯二甲酸氢钾耗氧 1.176 g),故该标准溶液的理论 COD_{Cr} 值为 500 mg/L。

(7)试亚铁灵指示液:称取 0.7 g 硫酸亚铁溶于 50 mL 水中,加入 1.5 g 邻菲罗啉,搅拌至溶解,稀释至 100 mL,贮于棕色瓶内。

(8)防爆沸玻璃珠。

(9)硫酸汞($HgSO_4$)。

(四)操作步骤

(1)移取 10.00 mL 水样于 150 mL 专用消解瓶中,加入 0.250 mol/L 重铬酸钾标准溶液 5.00 mL 和 3~5 粒玻璃珠(防止爆沸),摇匀。

(2)连接毛刺冷凝管于专用消解瓶上,从冷凝管上端缓慢加入 15 mL 硫酸银-硫酸试剂,不断旋转晃动专用消解瓶混匀。自溶液开始沸腾起加热回流 2 h。

(3)冷却后,从冷凝管上端缓慢加入蒸馏水 20 mL,取下专用消解瓶,再加入蒸馏水 20 mL,使水样稀释至 70 mL 左右,混匀。

(4)溶液冷却至室温,加入 3 滴试亚铁灵指示液,混匀。用硫酸亚铁铵标准溶液滴定消解好的水样,溶液颜色由开始的黄色经蓝绿色最后刚刚变为红褐色即为终点,记录滴定管溶液读数 V_1。

(5)空白实验:以 10.0 mL 蒸馏水代替水样,其他与水样操作相同,记录空白实验滴定时消耗硫酸亚铁铵标准溶液的体积 V_0。

(6)校核实验,用以检验操作技术及试剂纯度:取 10.00 mL 邻苯二甲酸氢钾标准溶液,其他与水样操作相同,记录消耗硫酸亚铁铵标准溶液的体积 $V_{校}$。

该溶液的理论 COD_{Cr} 值为 500 mg/L,如果校核实验的结果大于该值的 96%,即可认为实验步骤基本上是适宜的;否则,必须寻找失败的原因,重复实验,使之达到要求。

(五)数据记录及数据处理(见表 19)

表 19

水样测定	空白试验	水样	校核试验
	V_0(mL)	V_1(mL)	$V_{校}$(mL)
$V_{初}$(硫酸亚铁铵)(mL)			
$V_{终}$(硫酸亚铁铵)(mL)			
V(硫酸亚铁铵标准用量)(mL)			
计算公式	$COD_{Cr}(O_2, mg/L) = \frac{(V_0 - V_1) \times C \times 8 \times 1\,000}{V_2}$ 式中 V_0——滴定空白时硫酸亚铁铵标准溶液用量,mL; V_1——滴定水样时硫酸亚铁铵标准溶液用量,mL; V_2——原水样的体积,mL; C——硫酸亚铁铵标准溶液的浓度,mol/L; 8——氧($\frac{1}{2}$O)的摩尔质量,g/mol		
水样 COD_{Cr}浓度(mol/L)	—		
校核结果	标准溶液测定值 COD_{Cr}/500 × 100% ≥96% 合格		

(六)注意事项

(1)用 0.250 mol/L 重铬酸钾溶液可测定大于 50 mg/L 的 COD_{Cr}值,未经稀释水样的测定上限是 700 mg/L,用 0.025 mol/L 重铬酸钾溶液可测定 5 ~ 50 mg/L 的 COD_{Cr}值,但低于 10 mg/L 时测量准确度较差。

(2)消解时应使溶液缓慢沸腾,不宜爆沸。如出现爆沸,说明溶液中出现局部过热,会导致测定结果有误。爆沸的原因可能是加热过于激烈,或是防爆沸玻璃珠的效果不好。

(3)试亚铁灵指示剂的加入量虽然不影响临界点,但应该尽量一致。当溶液的颜色先变为蓝绿色再变到红褐色即达到终点,几分钟后可能还会重现蓝绿色。

实验十 溶解氧的测定——碘量法

(一)实验目的

(1)熟悉碘量法测定溶解氧的原理。

(2)掌握碘量法的操作方法及测定条件。

(二)实验原理

水中溶解氧的测定多采用碘量法中的间接碘量法,其测定原理是:在水样中加入二价锰盐($MnSO_4$)和碱性 KI 溶液,生成 $MnO(OH)_2$(高价锰的氢氧化物)棕色沉淀,此过程属溶解氧的固定。然后加浓 H_2SO_4 酸化,沉淀溶解,高价锰在酸性条件下氧化 KI 中的 I^-,析出与水中溶解氧等量的 I_2。以淀粉作指示剂,用 $Na_2S_2O_3$ 标准溶液滴定游离的 I_2,根据 $Na_2S_2O_3$ 的消耗量,求出水中溶解氧的含量。

(三)仪器和试剂

仪器:溶解氧瓶(250 mL),碘量瓶(250 mL),酸式滴定管(50 mL 或 25 mL),移液管等。

试剂:

(1)硫酸锰溶液:称取 480 g 硫酸锰($MnSO_4 \cdot 4H_2O$)或 364 g $MnSO_4 \cdot H_2O$ 溶于水中,用水稀释至 1 000 mL。此溶液加至酸化过的碘化钾溶液中,遇淀粉不得产生蓝色。

(2)碱性碘化钾溶液:称取 500 g 氢氧化钠溶解于 300~400 mL 水中,另称取 150 g 碘化钾(或 135 g 碘化钠)溶于约 200 mL 水中,待氢氧化钠溶液冷却后,将两溶液合并,混匀,用水稀释至 1 000 mL。如有沉淀,则放置过夜后,倾出上层清液,贮于棕色瓶中。用橡皮塞塞紧,避光保存。此溶液酸化后,遇淀粉不应显蓝色。

(3)(1+5)硫酸溶液。

(4)1% 淀粉溶液:称取 1 g 可溶性淀粉,用少量水调成糊状,再用刚煮沸的水冲稀至 100 mL。冷却后,加入 0.1 g 水杨酸或 0.4 g 氯化锌防腐。

(5)重铬酸钾标准溶液 $C(\frac{1}{6}K_2Cr_2O_7)$ 0.025 0 mol/L:称取于 105~110 ℃烘干 2 h 并冷却的优级纯重铬酸钾 1.225 8 g,溶于水,转移至 1 000 mL 容量瓶中,用水稀释至标线,摇匀。

(6)浓硫酸。

(7)硫代硫酸钠标准溶液:称取 3.2 g 硫代硫酸钠($Na_2S_2O_3 \cdot 5H_2O$)溶于煮沸放冷的水中,加入 0.2 g 碳酸钠,用水稀释至 1 000 mL,贮于棕色瓶中。使用前用 0.025 0 mol/L 重铬酸钾标准溶液标定。

(四)操作步骤

(1)取 250 mL 洁净的碘量瓶 3 个,各加入 1 g 碘化钾,100 mL 水,10.00 mL 重铬酸钾标准溶液,5 mL(1+5)硫酸溶液,暗处放 5 min,用硫代硫酸钠溶液滴定。待溶液变成淡黄色,加 1 mL 淀粉溶液,溶液变蓝,继续滴定。当蓝色刚褪去即为终点,同时做 3 份平行样。

(2)水样采集。

①用水样冲洗溶解氧瓶,沿瓶壁倾注水样或用虹吸法插入瓶底,注入水样至溢流出瓶容积的1/3~1/2,注意不使水样曝气或气泡残存采样瓶中。

②采样后,立即在现场将溶解氧固定。即加1 mL $MnSO_4$和2 mL碱性KI,盖紧瓶塞,将水样瓶颠倒混合数次,静置。待沉淀降至瓶内一半时,再颠倒混合一次,待沉淀物下降至瓶底,存于冷暗处,并记录水温、大气压力等。带回实验室,尽快测定(最好不超过6 h)。

(3)水样溶解氧测定。

①加酸溶解(游离碘)。打开溶解氧瓶塞,立即用吸管插入液面下加入2.0 mL硫酸。盖好瓶塞,颠倒混合摇匀,直至沉淀物全部溶解,放于暗处静置5 min。

②滴定分析测定。吸取100.0 mL上述溶液于250 mL碘量瓶中,用硫代硫酸钠标准溶液滴定至溶液呈淡黄色,加1 mL淀粉溶液,继续测定至蓝色刚好褪去,并记录硫代硫酸钠溶液用量。

(五)数据记录及数据处理

(1)硫代硫酸钠溶液标定数据记录(见表20)。

表20

检验项目	测定次数		
	1	2	3
滴定硫代硫酸钠溶液初读体积(mL)			
滴定硫代硫酸钠溶液终读体积(mL)			
滴定消耗硫代硫酸钠溶液体积(mL)			
$C(Na_2S_2O_3)$ (mol/L)			
平均$C(Na_2S_2O_3)$ (mol/L)			

硫代硫酸钠溶液浓度计算公式:

$$C(Na_2S_2O_3)=10.00\times 0.025\ 0/V$$

式中 $C(Na_2S_2O_3)$——硫代硫酸钠溶液的浓度,mol/L;

V——滴定时消耗硫代硫酸钠标准溶液的体积,mL。

(2)水样中溶解氧测定数据记录(见表21)。

表21

检验项目	测定次数	
	1	2
$V_{样}$(mL)		
$V_{初读}$(mL)		
$V_{终读}$(mL)		
V_1(mL)		
溶解氧(O_2,mg/L)		
平均溶解氧(O_2,mg/L)		

溶解氧含量计算公式：

$$溶解氧(O_2,mg/L)=\frac{C\times V_1\times 8\times 1\,000}{V_{样}}$$

式中 C——硫代硫酸钠标准溶液的浓度，mol/L；

V_1——消耗硫代硫酸钠标准溶液的体积，mL；

8——氧($\frac{1}{2}$O)的摩尔质量，g/mol；

$V_{样}$——水样的体积，mL。

（六）注意事项

(1)应在取样现场完成水样中溶解氧的固定操作，并于2 h内测定完毕。

(2)此法适用于清洁的地表水和地下水。若水样含有还原性物质如Fe^{2+}、S^{2-}、SO_3^{2-}、有机物等，它们将使游离碘还原成I^-，使结果偏低。若水样中含有NO_2^-，它可将I^-氧化成I_2，使结果偏高。当NO_2^-含量超过0.05 mg/L时，可加入NaN_3消除干扰。

(3)若水样中同时含有Fe^{2+}、S^{2-}、SO_3^{2-}、NO_2^-等物质，可将水样先用酸性$KMnO_4$处理，过量的$KMnO_4$用$Na_2C_2O_4$除去，然后按碘量法测定。

(4)用$Na_2S_2O_3$溶液滴定游离I_2时，不能过早加入淀粉指示剂，因淀粉与碘生成紫黑色配合物，以致在滴定过程中不易褪色，使终点变色不灵敏，造成终点误差。

(5)防止I_2的挥发：①加入过量的KI，一般比理论值大2~3倍。因生成I_3^-后可减少I_2的挥发，也可提高反应的完全程度；②在室温下进行滴定；③滴定时最好使用碘量瓶，不要剧烈摇动。

实验十一　五日生化需氧量的测定

（一）实验目的

(1)了解五日生化需氧量的测定原理。

(2)掌握五日生化需氧量的测定方法。

(3)初步了解配制稀释水和水样。

（二）实验原理

稀释接种法用于(HJ 505—2009)测定水样五日生化需氧量(BOD_5)。生化需氧量是指在规定的条件下，微生物分解水中的某些可氧化的物质，特别是分解有机物的生物化学过程消耗的溶解氧。通常情况下是指水样充满完全密闭的溶解氧瓶中，在(20±1) ℃的暗处培养5 d，分别测定培养前后水样中溶解氧的质量浓度，由培养前后溶解氧的质量浓度之差，计算每升样品消耗的溶解氧量，以BOD_5形式表示。

（三）仪器和试剂

1.仪器

生化培养箱(20±1 ℃)；细口玻璃瓶5~20 L；溶解氧瓶250 mL；移液管；虹吸管；玻璃棒：比所用量筒长200 mm，棒的底端固定一个直径比量筒小的并带有几个小孔的硬橡胶板等。

2. 试剂

(1)水：实验用水为符合 GB/T 6682 规定的 3 级蒸馏水，且水中铜离子的质量浓度不大于 0.01 mg/L，不含有氯或氯胺等物质。

(2)接种液：可购买接种微生物用的接种物质，接种液的配制和使用按说明书的要求操作。也可按以下方法获得接种液。

①未受工业废水污染的生活污水：化学需氧量不大于 300 mg/L，总有机碳不大于 100 mg/L。

②含有城镇污水的河水或湖水。

③污水处理厂的出水。

④分析含有难降解物质的工业废水时，在其排污口下游适当处取水样作为废水的驯化接种液。也可取中和或经适当稀释后的废水进行连续曝气，每天加入少量该种废水，同时加入少量生活污水，使适应该种废水的微生物大量繁殖。当水中出现大量的絮状物时，表明微生物已繁殖，可用作接种液。一般驯化过程需 3 ~ 8 d。

(3)盐溶液。

①磷酸盐缓冲溶液：将 8.5 g 磷酸二氢钾（KH_2PO_4）、21.8 g 磷酸氢二钾（K_2HPO_4）、33.4 g 七水合磷酸氢二钠（$Na_2HPO_4 \cdot 7H_2O$）和 1.7 g 氯化铵（NH_4Cl）溶于水中，稀释至 1 000 mL，此溶液在 0 ~ 4 ℃可稳定保存 6 个月。此溶液的 pH 值为 7.2。

②硫酸镁溶液，$\rho(MgSO_4)$ = 11.0 g/L：将 22.5 g 七水合硫酸镁（$MgSO_4 \cdot 7H_2O$）溶于水中，稀释至 1 000 mL，此溶液在 0 ~ 4 ℃可稳定保存 6 个月，若发现任何沉淀或微生物生长应弃去。

③氯化钙溶液，$\rho(CaCl_2)$ = 27.6 g/L：将 27.6 g 无水氯化钙（$CaCl_2$）溶于水中，稀释至 1 000 mL，此溶液在 0 ~ 4 ℃可稳定保存 6 个月，若发现任何沉淀或微生物生长应弃去。

④氯化铁溶液，$\rho(FeCl_3)$ = 0.15 g/L：将 0.25 g 六水合氯化铁（$FeCl_3 \cdot 6H_2O$）溶于水中，稀释至 1 000 mL，此溶液在 0 ~ 4 ℃可稳定保存 6 个月，若发现任何沉淀或微生物生长应弃去。

(4)稀释水：在 5 ~ 20 L 的玻璃瓶中加入一定量的水，控制水温在（20 ± 1）℃，用曝气装置至少曝气 1 h，使稀释水中的溶解氧达到 8 mg/L 以上。使用前，每升水中加入上述四种盐溶液各 1.0 mL，混匀，20 ℃保存。在曝气的过程中防止污染，特别是防止带入有机物、金属、氧化物或还原物。

稀释水中氧的质量浓度不能过饱和，使用前需开口放置 1 h，且应在 24 h 内使用。剩余的稀释水应弃去。

(5)接种稀释水：根据接种液的来源不同，每升稀释水中加入适量接种液。城市生活污水和污水处理厂出水加 1 ~ 10 mL，河水或湖水加 10 ~ 100 mL，将接种稀释水存放在（20 ± 1）℃的环境中，当天配制当天使用。接种的稀释水 pH 值为 7.2，BOD_5应小于 1.5 mg/L。

(6)盐酸溶液，$C(HCl)$ = 0.5 mol/L：将 40 mL 浓盐酸（HCl）溶于水中，稀释至 1 000 mL。

(7)氢氧化钠溶液，$C(NaOH)$ = 0.5 mol/L：将 20 g 氢氧化钠溶于水中，稀释至 1 000 mL。

(8)亚硫酸钠溶液,$C(Na_2SO_3)=0.025$ mol/L:将1.575 g亚硫酸钠(Na_2SO_3)溶于水中,稀释至1 000 mL。此溶液不稳定,需现用现配。

(9)葡萄糖-谷氨酸标准溶液:将葡萄糖($C_6H_{12}O_6$,优级纯)和谷氨酸($HOOC-CH_2-CH_2-CHNH_2-COOH$,优级纯)在130 ℃干燥1 h,各称取150 mg溶于水中,在1 000 mL容量瓶中稀释至标线。此溶液的BOD_5为(210 ± 20)mg/L,现用现配。该溶液也可少量冷冻保存,融化后立刻使用。

(10)丙烯基硫脲硝化抑制剂,$\rho(C_4H_8N_2S)=1.0$ g/L:溶解0.20 g丙烯基硫脲($C_4H_8N_2S$)于200 mL水中混合,4 ℃保存,此溶液可稳定保存14 d。

(四)操作步骤

1.采集与保存

采集的样品应充满并密封于棕色玻璃瓶中,样品量不小于1 000 mL,在0~4 ℃的暗处运输和保存,并于24 h内尽快分析。24 h内不能分析,可冷冻保存,冷冻样品分析前需解冻、均质化和接种。

2.样品的前处理

(1)pH值调节:若样品或稀释后样品pH值不在6~8范围内,应用盐酸溶液或氢氧化钠溶液调节至pH为6~8。

(2)余氯和结合氯的去除:若样品中含有少量余氯,一般在采样后放置1~2 h,游离氯即可消失。对在短时间内不能消失的余氯,可加入适量亚硫酸钠溶液去除样品中存在的余氯和结合氯。

(3)样品均质化:含有大量颗粒物、需要较大稀释倍数的样品或经冷冻保存的样品,测定前均需将样品搅拌均匀。

(4)样品中有藻类:若样品中有大量藻类存在,BOD_5的测定结果会偏高。当分析结果精度要求较高时,测定前应用滤孔为1.6 μm的滤膜过滤。

(5)含盐量低的样品:若样品含盐量低,非稀释样品的电导率小于125 μS/cm时,需加入适量相同体积的四种盐溶液,使样品的电导率大于125 μS/cm。

3.非稀释法

非稀释法分为两种情况:非稀释法和非稀释接种法。

如样品中的有机物含量较少,BOD_5的质量浓度不大于6 mg/L,且样品中有足够的微生物,用非稀释法测定。若样品中的有机物含量较少,BOD_5的质量浓度不大于6 mg/L,但样品中无足够的微生物,如酸性废水、碱性废水、高温废水、冷冻保存的废水或经过氯化处理等的废水,采用非稀释接种法测定。

4.稀释与接种法

稀释与接种法分为两种情况:稀释法和稀释接种法。

若试样中的有机物含量较多,BOD_5的质量浓度大于6 mg/L,且样品中有足够的微生物,采用稀释法测定;若试样中的有机物含量较多,BOD_5的质量浓度大于6 mg/L,但试样中无足够的微生物,采用稀释接种法测定。

1)试样的准备

待测试样的温度达到(20 ± 2)℃,若试样中溶解氧浓度低,需要用曝气装置曝气15

min,充分振摇赶走样品中残留的气泡;若样品中氧过饱和,将容器的2/3体积充满样品,用力振荡赶出过饱和氧,然后根据试样中微生物含量情况确定测定方法。稀释法测定,稀释倍数按表1和表2方法确定,然后用稀释水稀释。稀释接种法测定,用接种稀释水稀释样品。若样品中含有硝化细菌,有可能发生硝化反应,需在每升试样培养液中加入2 mL丙烯基硫脲硝化抑制剂。

稀释倍数的确定:样品稀释的程度应使消耗的溶解氧质量浓度不小于2 mg/L,培养后样品中剩余溶解氧质量浓度不小于2 mg/L,且试样中剩余的溶解氧的质量浓度为开始浓度的1/3~2/3为最佳。

稀释倍数可根据样品的总有机碳(TOC)、高锰酸盐指数(I_{Mn})或化学需氧量(COD_{Cr})的测定值,按照表22列出的BOD_5与总有机碳(TOC)、高锰酸盐指数(I_{Mn})或化学需氧量(COD_{Cr})的比值R估计BOD_5的期望值(R与样品的类型有关),再根据表23确定稀释因子。当不能准确地选择稀释倍数时,一个样品做2~3个不同的稀释倍数。

表22　典型的比值R

水样的类型	总有机碳R (BOD_5/TOC)	高锰酸盐指数R (BOD_5/I_{Mn})	化学需氧量R (BOD_5/COD_{Cr})
未处理的废水	1.2~2.8	1.2~1.5	0.35~0.65
生化处理的废水	0.3~1.0	0.5~1.2	0.20~0.35

由表21中选择适当的R值,按下式计算BOD_5的期望值:

$$\rho = R \cdot Y$$

式中　ρ——五日生化需氧量浓度的期望值,mg/L;

Y——总有机碳(TOC)、高锰酸盐指数(I_{Mn})或化学需氧量(COD_{Cr})的值,mg/L。

由估算出的BOD_5的期望值,按表23确定样品的稀释倍数。

表23　BOD_5测定的稀释倍数

BOD_5的期望值(mg/L)	稀释倍数	水样类型
6~12	2	河水,生物净化的城市污水
10~30	5	河水,生物净化的城市污水
20~60	10	生物净化的城市污水
40~120	20	澄清的城市污水或轻度污染的工业废水
100~300	50	轻度污染的工业废水或原城市污水
200~600	100	轻度污染的工业废水或原城市污水
400~1 200	200	重度污染的工业废水或原城市污水
1 000~3 000	500	重度污染的工业废水
2 000~6 000	1 000	重度污染的工业废水

按照确定的稀释倍数,将一定体积的试样或处理后的试样用虹吸管加入已加部分稀

释水或接种稀释水的稀释容器中,加稀释水或接种稀释水至刻度,轻轻混合避免残留气泡,待测定。若稀释倍数超过100倍,可进行两步或多步稀释。

2)空白试样

稀释法测定,空白试样为稀释水,需要时每升稀释水中加入2 mL丙烯基硫脲硝化抑制剂。

稀释接种法测定,空白试样为接种稀释水,必要时每升接种稀释水中加入2 mL丙烯基硫脲硝化抑制剂。

3)试样的测定

A.碘量法测定试样中的溶解氧

将试样充满两个溶解氧瓶中,使试样少量溢出,防止试样中的溶解氧质量浓度改变,使瓶中存在的气泡靠瓶壁排出。将一瓶盖上瓶盖,加上水封,在瓶盖外罩上一个密封罩,防止培养期间水封水蒸发干,在恒温培养箱中培养5 d±4 h或(2+5)d±4 h后测定试样中溶解氧的质量浓度。另一瓶15 min后测定试样在培养前溶解氧的质量浓度。

B.电化学探头法测定试样中的溶解氧

将试样充满一个溶解氧瓶中,使试样少量溢出,防止试样中的溶解氧质量浓度改变,使瓶中存在的气泡靠瓶壁排出。测定培养前试样中的溶解氧的质量浓度。盖上瓶盖,防止样品中残留气泡,加上水封,在瓶盖外罩上一个密封罩,防止培养期间水封水蒸发干。将试样瓶放入恒温培养箱中培养5 d±4 h或(2+5)d±4 h。测定培养后试样中溶解氧的质量浓度。

试样和空白试样的测定方法相同。

(五)数据记录及数据处理

(1)非稀释法数据记录(见表24)。

表24

内容	次数	
	1	2
$\rho_1(O_2, mg/L)$		
$\rho_2(O_2, mg/L)$		
$\rho(O_2, mg/L)$		
平均$\rho(O_2, mg/L)$		

非稀释法BOD_5计算公式:

$$\rho = \rho_1 - \rho_2$$

式中 ρ——非稀释法五日生化需氧量质量浓度,mg/L;

ρ_1——水样在培养前的溶解氧质量浓度,mg/L;

ρ_2——水样在培养后的溶解氧质量浓度,mg/L。

(2)非稀释接种法数据记录(见表25)。

表 25

内容	稀释____倍	稀释____倍
ρ_1（O_2，mg/L）		
ρ_2（O_2，mg/L）		
ρ_3（O_2，mg/L）		
ρ_4（O_2，mg/L）		
ρ（O_2，mg/L）		
平均 ρ（O_2，mg/L）		

非稀释接种法 BOD_5 计算公式：

$$\rho=(\rho_1-\rho_2)-(\rho_3-\rho_4)$$

式中　ρ——非稀释接种法五日生化需氧量质量浓度，mg/L；

ρ_1——接种水样在培养前的溶解氧质量浓度，mg/L；

ρ_2——接种水样在培养后的溶解氧质量浓度，mg/L；

ρ_3——空白样在培养前的溶解氧质量浓度，mg/L；

ρ_4——空白样在培养后的溶解氧质量浓度，mg/L。

（3）稀释与接种法数据记录（见表 26）。

表 26

内容	稀释____倍	稀释____倍
ρ_1（O_2，mg/L）		
ρ_2（O_2，mg/L）		
ρ_3（O_2，mg/L）		
ρ_4（O_2，mg/L）		
ρ（O_2，mg/L）		
平均 ρ（O_2，mg/L）		

稀释与接种法 BOD_5 计算公式：

$$\rho=\frac{(\rho_1-\rho_2)-(\rho_3-\rho_4)f_1}{f_2}$$

式中　ρ——五日生化需氧量质量浓度，mg/L；

ρ_1——接种稀释水样在培养前的溶解氧质量浓度，mg/L；

ρ_2——接种稀释水样在培养后的溶解氧质量浓度，mg/L；

ρ_3——空白样在培养前的溶解氧质量浓度，mg/L；

ρ_4——空白样在培养后的溶解氧质量浓度，mg/L；

f_1——接种稀释水或稀释水在培养液中所占的比例；

f_2——原样品在培养液中所占的比例。

f_1、f_2 的计算:若培养液的稀释比为3%,即3份水样,97份稀释水,则 $f_1=0.97$,$f_2=0.03$。

(六)注意事项

(1)本方法适用于地表水、工业废水和生活污水中五日生化需氧量(BOD_5)的测定。方法的检出限为0.5 mg/L,方法的测定下限为2 mg/L,非稀释法和非稀释接种法的测定上限为6 mg/L,稀释与稀释接种法的测定上限为6 000 mg/L。

(2)对稀释与接种法,如果有几个稀释倍数的结果满足要求,结果取这些稀释倍数结果的平均值。结果小于100 mg/L,保留一位小数;100~1 000 mg/L,取整数位;大于1 000 mg/L,以科学计数法报出。结果报告中应注明:样品是否经过过滤、冷冻或均质化处理。

(3)玻璃器皿要彻底洗净。先用洗涤液浸泡清洗,再用稀盐酸浸泡,最后依次用自来水、蒸馏水洗净,待用。

(4)稀释水的BOD_5应小于0.2 mg/L,其pH值应为7.2。若需调节pH值,可用HCl溶液或NaOH溶液。

(5)水样稀释倍数超过100倍时,应预先在容量瓶中用水初步稀释后,再取适量进行最后稀释培养。

实验十二　硫化物的测定——碘量法

(一)实验目的

(1)了解水中硫化物的几种测定方法。

(2)掌握碘量法测定硫化物的原理及操作方法。

(二)实验原理

测定硫化物的方法很多,应用较广泛的有亚甲基蓝比色法、碘量法及电极电位法。样品中硫化物含量大于1 mg/L时,采用碘量法。其原理为水样中的硫化物与乙酸锌生成白色硫化锌沉淀,加酸使之溶解后,再加已知过量的碘溶液,则碘与硫化物反应析出硫,最后用硫代硫酸钠标准溶液滴定剩余的碘。由硫代硫酸钠溶液的用量,间接求出硫化物的含量。

(三)仪器和试剂

仪器:碘量瓶(250 mL);棕色滴定管(50 mL);中速定量滤纸或玻璃纤维滤膜等。

试剂:

(1)乙酸锌1 mol/L:将乙酸锌220 g溶于水中并稀释至1 000 mL。

(2)硫酸:1∶5。

(3)淀粉指示液:1%。

(4)重铬酸钾标准溶液 $C(\frac{1}{6}K_2Cr_2O_7)=0.05$ moL/L。

(5)硫代硫酸钠溶液0.05 mol/L:取 $Na_2S_2O_3\cdot 5H_2O$ 12.4 g溶于水中稀释至1 000 mL,加0.2 g无水硫酸钠,贮于棕色瓶中待标定。

标定 $Na_2S_2O_3$ 溶液:于250 mL碘量瓶中加1 g KI及50 mL水,再加重铬酸钾标准溶液15.00 mL,加1∶5硫酸5 mL,密塞混匀置暗处静置5 min,用 $Na_2S_2O_3$ 滴至溶液呈淡黄色,加1 mL淀粉指示液,继续滴至蓝色刚好褪去,记下消耗 $Na_2S_2O_3$ 的体积,同时做空白滴定。$Na_2S_2O_3$ 溶液数据记录如表27所示。

表27

内容	次数		
	1	2	3
滴定 $Na_2S_2O_3$ 溶液初读体积(mL)			
滴定 $Na_2S_2O_3$ 溶液终读体积(mL)			
滴定消耗 $Na_2S_2O_3$ 溶液体积 V_1(mL)			
空白消耗 $Na_2S_2O_3$ 溶液体积 V_2(mL)			
$Na_2S_2O_3$ 标准溶液浓度(mol/L)			
$Na_2S_2O_3$ 标准溶液平均浓度(mol/L)			

标定 $Na_2S_2O_3$ 溶液浓度计算公式为:

$$C(Na_2S_2O_3)=\frac{15.00}{V_1-V_2}\times 0.05$$

式中　V_1——滴定 $K_2Cr_2O_7$ 标准溶液消耗 $Na_2S_2O_3$ 溶液的体积,mL;

V_2——滴定空白溶液消耗 $Na_2S_2O_3$ 溶液的体积,mL;

0.05——重铬酸钾标准溶液的浓度,mol/L;

15.00——加入重铬酸钾标准溶液的体积,mL。

(6)碘标准溶液0.1 mol/L(1/2 I_2):准确称6.400 g碘于250 mL烧杯中,加入20 g KI,加适量水溶解,转移至1 000 mL棕色容量瓶中,用水稀释到刻度线,摇匀。

(四)操作步骤

(1)取水样1 L加1 mol/L乙酸锌溶液2 mL,硫化物含量高时,酌情多加直至沉淀完全为止。水样充满瓶后,立即密塞保存。

(2)将现场采集并已固定的水样用中速定量滤纸过滤。然后将硫化锌沉淀连同滤纸转入250 mL碘量瓶中,用玻璃棒搅拌,加50 mL水及10.00 mL碘标准溶液,再加入5 mL 1∶5硫酸溶液,密塞摇匀,置暗处5 min。

(3)用 $Na_2S_2O_3$ 标准溶液滴至溶液呈淡黄色时,加入1 mL淀粉指示液,继续滴至蓝色刚刚褪去,记录 $Na_2S_2O_3$ 溶液的用量。

(4)同时做空白试验。

(5)水样硫化物测定数据记录,如表28所示。

(五)计算

计算公式如下:

$$\text{硫化物}(S^{2-},mg/L)=\frac{(V_0-V)\times C\times 16.03}{V_{样}}\times 1\,000$$

式中　V_0——空白试验中,硫代硫酸钠标准溶液的用量,mL;

V——水样滴定中硫代硫酸钠溶液的用量,mL;

$V_{样}$——水样体积,mL;

C——硫代硫酸钠溶液的准确浓度,mol/L;

16.03——硫离子($\frac{1}{2}S^{2-}$)摩尔质量,g/mol。

表 28

内容	次数		
	1	2	3
滴定 $Na_2S_2O_3$ 溶液初读体积(mL)			
滴定 $Na_2S_2O_3$ 溶液终读体积(mL)			
滴定消耗 $Na_2S_2O_3$ 溶液体积 V_1(mL)			
空白消耗 $Na_2S_2O_3$ 溶液体积 V_2(mL)			
硫化物浓度(S^{2-},mg/L)			
硫化物平均浓度(S^{2-},mg/L)			

(六)注意事项

(1)水样中悬浮物或浑浊度高时,会影响可溶性硫化物的测定。遇此情况应进行适当处理(酸化-吹气法预处理)。

(2)本方法适用于硫化物含量大于1 mg/L的水样测定。

(3)若水样经酸化-吹气法预处理后,可在盛吸收液的原碘量瓶中,同时加入试剂进行测定。

(4)当加入碘液和硫酸后,溶液还为无色,说明硫化物含量较高,应补加碘标准溶液,使溶液呈淡黄色为止。空白试验也应增加相同量的碘标准溶液。

实验十三　总铁的测定——邻二氮菲分光光度法

(一)实验目的

(1)掌握邻二氮菲分光光度法测定铁的方法及测定条件。

(2)了解分光光度计的构造及使用方法。

(二)实验原理

在试样中加入盐酸羟胺将 Fe^{3+} 还原为 Fe^{2+},再加邻二氮菲显色生成橙红色络合物,在510 nm处测定其吸光度。其测定条件为pH为2.5~9,浓度和吸光度之间的关系直到铁浓度为5.0 mg/L时都是线性的,且510 nm有最大吸收,摩尔吸光度系数为 1.1×10^4 L/(mol·cm)。

(三)仪器和试剂

仪器:分光光度计,膜式过滤器(平均孔径为0.45 μm),移液管,比色管(50 mL)等。

试剂:

(1)铁储备液100 μg/mL:称0.702 0 g $(NH_4)_2Fe(SO_4)_2\cdot6H_2O$,于50 mL(1+1)硫酸中溶解后,转移至1 000 mL容量瓶中,用水稀释至刻度,摇匀。此溶液中含 Fe^{2+} 为100 μg/mL。

(2)铁的标准使用溶液 10 μg/mL(现场配制):准确移取铁贮备液 10 mL 于 100 mL 容量瓶中,用水稀释至刻度,摇匀。此溶液中含 Fe^{2+} 为 10 μg/mL。

(3)10%盐酸羟胺溶液:称 10 g 盐酸羟胺溶于蒸馏水,并稀释至 100 mL。

(4)0.15%邻菲罗啉溶液:称取 0.15 g 邻菲罗啉溶解于加有 2 滴浓盐酸的蒸馏水中,并稀释至 100 mL(此溶液 1 mL 可测定 100 μg 以下的低铁)。

(5)醋酸钠溶液,1 mol/L:用天平称 82 g 醋酸钠,用蒸馏水溶解,定容至 1 000 mL。

(四)操作步骤

1. Fe^{2+} 标准使用溶液配制

用移液管吸取 100 μg/mL 铁标准使用溶液 10 mL 于 100 mL 容量瓶中,加入 2 mL 2 moL/L的 HCl,用水稀释至刻度,摇匀。此溶液每毫升含 Fe^{2+} 10 μg/mL。

2. 标准曲线的制作

(1)标准系列溶液配制:在 6 支 50 mL 比色管中,分别移取 10 μg/mL 铁标准溶液 0.00 mL、2.00 mL、4.00 mL、6.00 mL、8.00 mL、10.00 mL,均以蒸馏水稀释至 50 mL 刻度线。分别加入 1 mL 10%盐酸羟胺溶液,摇匀,经 2 min 后,加 5 mL 1 mol/L 醋酸钠溶液和 2 mL 0.15%邻菲罗啉,摇匀。

(2)配制铁水样:准确移取 25.00 mL 水样于 50 mL 比色管中,用蒸馏水稀释至刻度,摇匀。再加入 1 mL 10%盐酸羟胺溶液,摇匀,经 2 min 后,加 5 mL 1 mol/L 醋酸钠溶液和 2 mL 的 0.15%邻菲罗啉,摇匀。

(3)将配制好的溶液放置 15 min 左右,以水作参比,在 510 cm 波长处,用 3 cm 比色皿,分别测定标准系列及水样吸光度。

(4)根据标准曲线方程计算水样中铁的含量。

3. 标准系列及水样数据记录(见表 29)

表 29

编号	1	2	3	4	5	6	7(水样)
铁标准使用液体积(mL)	0.00	2.00	4.00	6.00	8.00	10.00	25.00
标准系列铁的质量(μg)	0.00	20.00	40.00	60.00	80.00	100.00	m
A							
$A_{校正}$							
标准曲线回归方程							
相关系数							

(五)结果计算

铁含量计算公式如下:

$$铁(Fe,mg/L)=\frac{m}{V}$$

式中 V—— 所取水样的体积,mL;

m——由校准曲线查得的水样含铁量的均值,μg。

(六)注意事项

(1)本法适用于水和废水中铁的测定,检测范围为0.03~5.00 mg/L。

(2)配制溶液时,移液管切勿交叉使用,以免污染试剂,且加入试剂的先后次序不能颠倒。

(3)盛装参比溶液的比色皿,测定过程中不要取出,供每次测定校零点使用。

实验十四　氨氮的测定——纳氏试剂分光光度法

(一)实验目的

(1)熟悉 HJ 535—2009 测定水样中氨氮的样品预处理方法。

(2)巩固标准曲线法的使用。

(3)了解测定氨氮干扰的消除方法。

(二)实验原理

以游离态的氨或铵离子等形式存在的氨氮与纳氏试剂在碱性条件下反应生成黄色至棕色的络合物,该络合物的吸光度与氨氮含量成正比,于波长420 nm处测量吸光度。

(三)仪器和试剂

1. 仪器

带氮球的定氮蒸馏装置(500 mL凯氏烧瓶、氮球、直形冷凝管),分光光度计,比色管(50 mL)等。

2. 试剂

除非另有说明,分析时所用试剂均使用符合国家标准的分析纯化学试剂,试剂均需用不含氨的纯水配制。

(1)实验用水为无氨水,在无氨环境中用下述方法之一制备。

①离子交换法:蒸馏水通过强酸性阳离子交换树脂(氢型)柱,将流出液收集在带有磨口玻璃塞的玻璃瓶内。每升流出液加10 g同样的树脂,以利于保存。

②蒸馏法:在1 000 mL的蒸馏水中,加0.1 mL硫酸($\rho=1.84$ g/mL),在全玻璃蒸馏器中重蒸馏,弃去前50 mL馏出液,然后将约800 mL馏出液收集在带有磨口玻璃塞的玻璃瓶中,密塞保存。

③纯水器法:用市售纯水器临用前制备。

(2)盐酸溶液(1 mol/L):量取8.5 mL浓盐酸于适量水中用水稀释至100 mL。

(3)氢氧化钠溶液(1 mol/L):称取4 g氢氧化钠溶于水中,稀释至100 mL。

(4)轻质氧化镁(MgO):将氧化镁在500 ℃下加热,以除去碳酸盐。

(5)溴百里酚蓝指示剂(0.05%,pH值为6.0~7.6):称取0.05 g溴百里酚蓝溶于50 mL水中,加入10 mL无水乙醇,用水稀释至100 mL。

(6)硼酸溶液($\rho=20$ g/L,吸收液):称取20 g硼酸溶于水稀释至1 L。

(7)纳氏试剂(可选择下列一种方法制备):

①二氯化汞-碘化钾-氢氧化钾($HgCl_2-KI-KOH$)溶液。

称取15.0 g氢氧化钾(KOH),溶于50 mL水中,冷却至室温。

称取5.0 g碘化钾(KI),溶于10 mL水中,在搅拌下,将2.50 g二氯化汞($HgCl_2$)粉末分多次加入碘化钾溶液中,直到溶液呈深黄色或出现淡红色沉淀溶解缓慢时,充分搅拌混合,并改为滴加二氯化汞饱和溶液,当出现少量朱红色沉淀不再溶解时,停止滴加。

在搅拌下,将冷却的氢氧化钾溶液缓慢地加入到上述二氯化汞和碘化钾的混合液中,并稀释至100 mL,于暗处静置24 h,倾出上清液,贮于聚乙烯瓶内,用橡皮塞或聚乙烯盖子盖紧,存放暗处,可稳定1个月。

②碘化汞-碘化钾-氢氧化钠(HgI_2-KI-NaOH)溶液。

称取16.0 g氢氧化钠(NaOH),溶于50 mL水中,冷却至室温。

称取7.0 g碘化钾(KI)和10.0 g碘化汞(HgI_2),溶于水中,然后将此溶液在搅拌下,缓慢加入到上述50 mL氢氧化钠溶液中,用水稀释至100 mL。贮于聚乙烯瓶内,用橡皮塞或聚乙烯盖子盖紧,于暗处存放,有效期1年。

(8)酒石酸钾钠溶液(ρ=500 g/L):称取50 g酒石酸钾钠($KNaC_4H_4O_6 \cdot 4H_2O$)溶于100 mL水中,加热煮沸以除去氨,放冷,定容至100 mL。

(9)铵标准贮备溶液(1.00 mg/mL):称取3.819 g经100 ℃干燥过的氯化铵(NH_4Cl)溶于水中,稀释至标线。此溶液每毫升含1.00 mg氨氮。

(10)铵标准使用溶液(10 μg/mL):移取1.00 mL铵标准贮备液于100 mL容量瓶中,用水稀释至标线。此溶液每毫升含0.010 mg氨氮。

(11)硫酸锌溶液,ρ=100 g/L。称取10.0 g硫酸锌($ZnSO_4 \cdot 7H_2O$)溶于水中,稀释至100 mL。

(12)氢氧化钠溶液,ρ=250 g/L。称取25 g氢氧化钠溶于水中,稀释至100 mL。

(13)防沫剂:如石蜡碎片或玻璃珠。

(四)操作步骤

1.样品采集与保存

水样采集在聚乙烯瓶或玻璃瓶内,要尽快分析。如需保存,应加硫酸使水样酸化至pH<2,2~5 ℃下可保存7 d。

2.水样预处理方法

1)蒸馏法

将50 mL硼酸溶液移入接收瓶内,确保冷凝管出口在硼酸溶液液面之下。分取250 mL样品,移入烧瓶中,加几滴溴百里酚蓝指示剂,必要时,用氢氧化钠溶液(1 mol/L)或盐酸溶液(1 mol/L)调整pH值至6.0(指示剂呈黄色)~7.4(指示剂呈蓝色),加入0.25 g轻质氧化镁及数粒玻璃珠,立即连接氮球和冷凝管。加热蒸馏,使馏出液速率约为10 mL/min,待馏出液达200 mL时,停止蒸馏,加水定容至250 mL。

2)混凝沉淀法

取100 mL样品中加入1 mL硫酸锌溶液(100 g/L)和0.1~0.2 mL氢氧化钠溶液(250 g/L),调节pH值约为10.5,混匀,放置使之沉淀,倾取上清液分析。必要时,用经水冲洗过的中速滤纸过滤,弃去初滤液20 mL。也可对絮凝后样品离心处理。

3.校准曲线的绘制

在8个50 mL比色管中,分别加入0.00 mL、0.50 mL、1.00 mL、2.00 mL、4.00 mL、

6.00 mL、8.00 mL 和 10.00 mL 氨氮标准工作溶液,其所对应的氨氮含量分别为 0.0 μg、5.0 μg、10.0 μg、20.0 μg、40.0 μg、60.0 μg、80.0 μg 和 100 μg,加无氨水至标线。加入 1.0 mL 酒石酸钾钠溶液,摇匀,再加入纳氏试剂 1.5 mL($HgCl_2$ - KI - KOH)或 1.0 mL(HgI_2 - KI - NaOH),摇匀。放置 10 min 后,在波长 420 nm 下,用 20 mm 比色皿,以水作参比,测量吸光度。

以空白校正后的吸光度为纵坐标,以其对应的氨氮含量(μg)为横坐标,绘制校准曲线。

注:根据待测样品的质量浓度也可选用 10 mm 比色皿。

4. 水样的测定

(1)清洁水样:直接取 50 mL,按与校准曲线相同的步骤测量吸光度。

(2)有悬浮物或色度干扰的水样:取经预处理的水样 50 mL(若水样中氨氮质量浓度超过 2 mg/L,可适当少取水样体积),按与校准曲线相同的步骤测量吸光度。

注:经蒸馏或在酸性条件下煮沸方法预处理的水样,须加一定量氢氧化钠溶液(1 mol/L),调节水样至中性,用水稀释至 50 mL 标线,再按与校准曲线相同的步骤测量吸光度。

5. 空白实验

用无氨水代替水样,按与样品相同的步骤进行前处理和测定。

6. 绘制标准曲线

以空白校正后的吸光度为纵坐标,以其对应的氨氮含量(μg)为横坐标,绘制标准曲线。

(五)数据处理

1. 标准曲线的绘制数据记录(见表 30)

表 30

编号	0	1	2	3	4	5	6	7
加氨氮标准工作溶液(mL)	0.00	0.50	1.00	2.00	4.00	6.00	8.00	10.00
加入氨氮质量(μg)	0.0	5.0	10.0	20.0	40.0	60.0	80.0	100.0
A								
$A_{校正}$								
氨氮标准曲线回归方程								
相关系数								

2. 水样测定数据记录(见表 31)

表 31

编号	1	2	3
A			
$A_{空白}$			
$A_{校正}$			
水样氨氮质量(μg)			
水样氨氮浓度(NH_3 - N,mg/L)			
水样氨氮平均值(NH_3 - N,mg/L)			

3. 计算公式

$$水样氨氮浓度(NH_3-N,mg/L)=\frac{m}{V}\times 10^6$$

式中　m——由氨氮标准曲线查得的氨氮质量,μg;

V——水样体积,mL。

(六)注意事项

(1)本方法适用于地表水、地下水、生活污水和工业废水中氨氮的测定。

当水样体积为50 mL,使用20 mm比色皿时,本方法的检出限为0.025 mg/L,测定下限为0.10 mg/L,测定上限为2.0 mg/L(均以N计)。

(2)试剂空白实验的吸光度不应超过0.030(10 mm比色皿)。

(3)纳氏试剂的配制。为了保证纳氏试剂有良好的显色能力,配制时务必控制$HgCl_2$的加入量,至微量HgI_2红色沉淀不再溶解时为止。配制100 mL纳氏试剂所需$HgCl_2$与KI的用量之比约为2.3:5。配制时为了加快反应速度、节省配制时间,可低温加热进行,防止HgI_2红色沉淀的提前出现。

实验十五　亚硝酸盐氮的测定

(一)实验目的

(1)掌握用比色法测定亚硝酸盐氮的原理和操作方法。

(2)了解无亚硝酸根离子的制备。

(二)实验原理

亚硝酸盐氮($NO_2^- -N$)是氮循环的中间产物,不稳定。根据水环境条件,可被氧化成硝酸盐,也容易被还原成氨,因此天然水中含量甚微。如果含量过高,表明水体曾遭受过含氮有机物的污染,且目前正处在氮化过程中,这里介绍常用的N-(1-萘基)-乙二胺光度法测定亚硝酸盐氮。其方法原理如下:

在pH值为1.8±0.3的酸性介质中,亚硝酸盐与对氨基苯磺酰胺反应生成重氮盐,再与N-(1-萘基)-乙二胺偶联生成红色染料,在540 nm处进行比色测定。

(三)仪器和试剂

仪器:分光光度计,比色管50 mL等。

试剂:

(1)无亚硝酸盐的水:于蒸馏水中加入少许$KMnO_4$晶体,使呈红色,再加入$Ba(OH)_2$或$Ca(OH)_2$使呈碱性。在蒸馏器中蒸馏,弃去初液50 mL,收集中间70%的馏出液备用。所有用于测定亚硝酸盐的试剂均用无亚硝酸盐的水配制。

(2)磷酸:1.70 g/mL。

(3)显色剂:将250 mL水和50 mL磷酸置于500 mL烧杯中,加20.0 g对氨基苯磺酰胺。再将1.00 g N-(1-萘基)-乙二胺二盐酸溶于上述溶液,移入500 mL容量瓶稀释至刻度,摇匀。储存于棕色试剂瓶中,于2~5 ℃至少可稳定一个月。

注意:本试剂有毒,勿与皮肤接触或吸入体内。

(4)硫酸:1.84 g/mL。

(5)草酸钠标准溶液:$C(\frac{1}{2}Na_2C_2O_4) = 0.050\ 0$ mol/L。称3.350 g经105 ℃烘干2 h的优级纯无水草酸钠于750 mL水中,移入1 000 mL容量瓶中,稀释至刻度。

(6)氢氧化铝悬浮液:称125 g硫酸铝钾($KAl(SO_4)_2 \cdot 12H_2O$)溶于1 000 mL水中,加热至60 ℃,在不断搅拌下徐徐加入55 mL氨水放置约1 h后,移入1 000 mL量筒中,用水反复洗涤沉淀,直至洗涤液中不含亚硝酸盐。澄清后把上层清液尽量全部倾去,只留稠的悬浮液,最后加入300 mL水,使用前混匀。

(7)高锰酸钾溶液:$C(\frac{1}{5}KMnO_4) \approx 0.05$ mol/L:称1.6 g $KMnO_4$溶于1 200 mL水中,煮沸0.5~1 h,使体积减少至1 000 mL左右,放置过夜。用G-3号玻璃砂芯滤器过滤后,将滤液贮于棕色瓶中避光保存。

(8)亚硝酸盐氮标准储备液:$C_N \approx 0.25$ mg/mL。称1.232 g $NaNO_2$溶于150 mL水中,移至1 000 mL容量瓶中,用水稀释至刻度,然后贮于棕色瓶中加1 mL三氯甲烷,于2~5 ℃下至少稳定一个月。

亚硝酸盐氮储备液的标定:向300 mL具塞锥形瓶中准确加入50.00 mL高锰酸钾溶液和5 mL浓H_2SO_4,再准确移取50.00 mL亚硝酸钠标准贮备液,移液管尖端插入$KMnO_4$液面以下加入,轻轻摇匀,用水浴加热至70~80 ℃。接着按每次10.00 mL,加入足够量的草酸钠标准溶液,使红色褪去,并且过量。记录加入草酸钠标准溶液的体积V_2。再用$KMnO_4$溶液滴定过量的草酸钠,至溶液呈微红色,记录$KMnO_4$标准溶液总用量V_1。

高锰酸钾溶液的准确浓度用下法标定:准确吸取草酸钠标准溶液20.00 mL于250 mL锥形瓶中,加80 mL水及2 mL浓H_2SO_4,然后将溶液加热至70~80 ℃,用$KMnO_4$溶液滴定到出现淡红色为止,记录$KMnO_4$溶液用量V,则其准确浓度为:

$$C_1(\frac{1}{5}KMnO_4) = \frac{20.00 \times 0.050\ 0}{V}$$

式中 $C_1(\frac{1}{5}KMnO_4)$——高锰酸钾($\frac{1}{5}KMnO_4$)标准溶液浓度,mol/L;

V——高锰酸钾标准溶液用量,mL;

0.050 0——草酸钠标准溶液浓度,mol/L;

20.00——草酸钠标准溶液体积,mL。

按下式计算亚硝酸盐氮标准贮备液的准确浓度:

$$亚硝酸盐氮(N,mg/L) = \frac{(V_1C_1 - 0.050\ 0 \times V_2) \times 7.00 \times 1\ 000}{50.00}$$

式中 C_1——高锰酸钾($\frac{1}{5}KMnO_4$)标准溶液浓度,mol/L;

V_1——加入高锰酸钾标准溶液的体积,mL;

V_2——加入草酸钠标准溶液体积,mL;

0.050 0——草酸钠标准溶液浓度($\frac{1}{2}Na_2C_2O_4$),mol/L;

7.00——亚硝酸盐氮($\frac{1}{2}$N)的摩尔质量,g/moL;

50.00——亚硝酸盐氮标准储备液体积,mL。

(9)亚硝酸盐氮标准中间液:0.05 mg/mL(此溶液储于棕色瓶中,在2~5 ℃可保存1周)。

(10)亚硝酸盐氮标准使用液:0.001 mg/mL。取10.00 mL亚硝酸盐氮标准中间液于500 mL容量瓶中,用水稀释至刻度线。使用当天配制。

(11)酚酞指示液。

(四)操作步骤

1.标准曲线的绘制

(1)分别向6支50 mL比色管中加入亚硝酸盐氮标准使用液0.00 mL、1.00 mL、3.00 mL、5.00 mL、7.00 mL、10.00 mL,用水稀至刻度线,各加1.0 mL显色剂,混匀。静置20 min后,在2 h以内,于波长540 nm处,用1 cm比色皿,以水为参比,测量吸光度。

(2)测得的吸光度均减去空白管的吸光度后得校正吸光度。绘制以氮含量(μg)对校正吸光度的标准曲线。

2.水样的测定

(1)当水样pH≥11时,加入1滴酚酞指示液,边搅边滴加1:9磷酸,至红色刚刚消失。若水样有颜色或悬浮物,可向每100 mL水样中加2 mL氢氧化铝悬浮液,搅拌、静置、过滤,弃去25 mL初滤液。

(2)分取经预处理的水样于50 mL比色管中(若含量较高,可取适量用水稀释至50 mL),加入1.0 mL显色剂,然后按上述方法测量水样的吸光度。经空白校正后,从标准曲线上可查出水样的亚硝酸盐氮量。

(3)空白实验:用实验用水代替水样,按相同步骤进行测定。

(五)计算

计算公式如下:

$$\text{亚硝酸盐氮(N,mg/L)} = \frac{m}{V}$$

式中 m——由水样测得的校正吸光度,从标准曲线上查得相应的亚硝酸盐氮含量,μg;

V——移取水样的体积,mL。

(六)注意事项

(1)显色受温度影响,故应在水样测定的同时制作标准曲线。

(2)氢氧化铝悬浮液放置较长时间后,应注意检查有无亚硝酸盐,必要时用水反复洗涤沉淀至无亚硝酸盐。

(3)若水样经预处理后还有颜色,则可分取两份相同体积经预处理的水样,一份加1.0 mL显色剂,另一份加1.0 mL 1:9磷酸。由加显色剂的水样测得的吸光度减去空白试验的吸光度再减去加磷酸溶液测得的吸光度,即得校正吸光度,以进行色度校正。

(4)本法适用于检测饮用水、地表水、地下水、生活用水及工业废水中亚硝酸盐氮。最低检出浓度是0.003 mg/L,测定上限是0.2 mg/L。

实验十六　硝酸盐氮的测定——酚二磺酸比色法

（一）实验目的

（1）熟悉用酚二磺酸比色法测定硝酸盐氮的原理和操作。

（2）学习水样的预处理方法。

（二）实验原理

测定水中硝酸盐氮的方法有很多，如镉柱还原法、戴氏合金还原法、紫外法、离子色谱法、酚二磺酸法等，其中最常用的方法是酚二磺酸比色法。它的测量范围较宽，显色稳定，但干扰离子较多，尤以 Cl^- 干扰较明显，测定前必须进行预处理。其方法原理是：硝酸盐在无水情况下与酚二磺酸反应，生成硝基二磺酸酚。在碱性溶液中生成黄色化合物，在410 nm 处进行定量测定。

（三）仪器和试剂

仪器：瓷蒸发皿（75～100 mL），比色管（50 mL），分光光度计（配有 1 cm 和 3 cm 比色皿）。

试剂：

（1）无硝酸盐水：蒸馏水加高锰酸钾溶液，使呈红色，重蒸馏即得。

（2）浓硫酸：1.84 g/mL。

（3）发烟硫酸（$H_2SO_4 \cdot SO_3$）：含 13% SO_3。

（4）酚二磺酸[$(C_6H_3(OH)(SO_3H)_2$]：称 25 g 苯酚（若色泽变深应蒸馏精制）置于500 mL 锥形瓶中，先加入 150 mL 浓 H_2SO_4，使之溶解，再加 75 mL 发烟硫酸充分混匀。锥形瓶口插一小漏斗，小心置瓶于沸水浴中加热 2 h，得淡棕色稠液，贮于棕色瓶中，密塞保存。

注：若无发烟硫酸，可用浓 H_2SO_4 代替，但要增加加热时间至 6 h。制得的试剂要注意防止吸收空气中的水分，降低浓 H_2SO_4 的浓度，从而影响硝化反应的进行，导致结果偏低。

（5）氨水：0.90 g/mL。

（6）硫酸银溶液：称 4.397 g Ag_2SO_4 溶于水中，转移至 1 000 mL 容量瓶中，用水稀释至刻度。1.00 mL 此溶液可除去 Cl^- 1.00 mg。

（7）氢氧化铝悬浮液：参见实验十五亚硝酸盐氮试剂(6)。

（8）高锰酸钾溶液：称 3.16 g $KMnO_4$ 溶于水，定容至 1 L。

（9）硝酸盐标准储备液：称 0.721 8 g 经 105～110 ℃ 干燥 2 h 的硝酸钾溶于水，于1 000 mL 容量瓶中，混匀。加三氯甲烷保存剂 2 mL，至少可稳定 6 个月。其浓度为0.100 0 mg/mL。

（10）氢氧化钠溶液：0.1 mol/L。

（11）硝酸盐标准使用液：取上述储备液 50.0 mL 于蒸发皿中，加 0.1 mol/L NaOH 溶液调节 pH = 8，在水浴上蒸发至干。加 2 mL 酚二磺酸，用玻璃棒研磨蒸发皿内壁，使残渣与试剂充分接触，放置片刻，重复研磨一次，放置 10 min，加少量水移入 500 mL 容量瓶中，稀释至刻度,混匀,贮于棕色瓶,至少稳定6个月。其标准使用液浓度为0.010 0 mg/mL。

注:此溶液同时制备2份,如发现浓度出现差异,应重新进行制备。

(12)硫酸溶液:0.5 mol/L。

(四)操作步骤

1.标准曲线的绘制

向10支50 mL的比色管中,分别准确加入硝酸盐氮标准使用液,所加体积如表32所示。加水约40 mL,再加3 mL氨水使之成碱性,稀释至50 mL,混匀。在410 nm处,按表32中要求选用比色皿,以水为参比,测量吸光度。

表32

硝酸盐氮标准使用液体积(mL)	硝酸盐氮用量(mg)	比色皿光程长(cm)
0.00	0.000	1.0、3.0
0.10	0.001	3.0
0.30	0.003	3.0
0.50	0.005	3.0
0.70	0.007	3.0
1.00	0.010	1.0、3.0
3.00	0.030	1.0
5.00	0.050	1.0
7.00	0.070	1.0
10.00	0.100	1.0

由测得的吸光度值减去零管的吸光度值,分别绘制不同比色皿光程长的吸光度对硝酸盐氮含量(mg)的标准曲线。

2.水样的测定

(1)若水样浑浊或带色:可取100 mL水样于具塞量筒(或比色管)中,加2 mL氢氧化铝悬浮液,密塞振摇,静置数分钟澄清后,过滤,弃取初滤液20 mL。

(2)若有Cl^-:取100 mL水样移入具塞量筒中,根据已测定的Cl^-含量加入相当量的硫酸银溶液,混匀,于暗处放置0.5 h,使AgCl沉淀凝聚,再用慢速滤纸过滤,弃去初滤液20 mL。

注:如不能获得澄清滤液,可把已加入硫酸银溶液后的试样在近80 ℃的水浴中加热,并用力振荡,使沉淀充分凝聚,冷却后再过滤。如果同时还需要除去带色物质,可在加入硫酸银溶液混匀后,再加2 mL氢氧化铝悬浮液,充分振摇,放置待沉淀后,过滤。

(3)亚硝酸盐的干扰:当亚硝酸盐氮含量超过0.2 mg/L时,取100 mL水样,加1 mL 0.5 mol/L硫酸混匀,滴加$KMnO_4$溶液于淡红色保持15 min不褪为止。则亚硝酸盐被氧化为硝酸盐。最后从硝酸盐氮测定结果中扣除亚硝酸盐氮量。

(4)测定:准确移取50.00 mL经预处理的水样于蒸发皿中,用pH试纸检查,必要时用0.5 mol/L H_2SO_4或0.1 mol/L NaOH调至pH=8,置于水浴上蒸发至干,加1.0 mL酚二磺酸，用玻璃棒研磨，使试剂与残渣充分接触，放置片刻，再研磨一次，放10 min，加水约10 mL。接着在搅拌下加氨水3～4 mL，使溶液呈现最深的颜色，如有沉淀，过滤。最后把溶液移入50 mL比色管中，稀至刻度，混匀，在410 nm处，选用1.0 cm或3.0 cm比色皿，以水为参比，测量吸光度。

(5)空白试验：以水代替水样，其余操作完全同水样的操作步骤。

(五)计算

(1)未经去除Cl^-的试样：

$$硝酸盐氮(N,mg/L)=\frac{m}{V}\times 1\ 000$$

式中 m——硝酸盐氮质量，由硝酸盐氮的标正吸光度和相应比色皿光程长的标准曲线查得；

V——水样的体积，mL。

(2)经去除Cl^-的试样：

$$硝酸盐氮(N,mg/L)=\frac{m}{V}\times 1\ 000\times\frac{V_1+V_2}{V_1}$$

式中 V_1——供去除Cl^-的试样取用量，mL；

V_2——硫酸银溶液加入量，mL。

(六)注意事项

(1)本法适用于饮用水、地下水和地表水中硝酸盐氮的测定，浓度范围在0.02～2.0 mg/L。

(2)所配试剂及测定中所用的水均为无硝酸盐的水。

实验十七　挥发酚的测定——4-氨基安替比林分光光度法

(一)实验目的

(1)了解酚类化合物的分类以及常用的测定方法。

(2)掌握以4-氨基安替比林分光光度法测定挥发酚的原理及方法。

(3)进一步了解空白实验的意义和要求。

(二)实验原理

酚类化合物种类繁多，按苯环上所含羟基数目可分为一元酚、二元酚、三元酚。按沸点可分为挥发酚(230 ℃以下)和不挥发酚。本法测得的是指能随水蒸气蒸馏出的挥发酚，它与4-氨基安替比林在碱性条件下，用铁氰化钾做氧化剂，生成橙红色的吲哚酚安替比林染料，在波长510 nm处测定其吸光度，从而测定其含量。

(三)仪器和试剂

仪器：分光光度计；500 mL全玻蒸馏器等。

试剂：实验用水均为无酚水。

(1)无酚水：将普通蒸馏水置于全玻蒸馏器中，加NaOH溶液使之成强碱性，再滴加$KMnO_4$溶液至深红色，加热蒸馏，收集馏出液于硬质玻璃瓶中备用。

注:取用无酚水应避免与橡皮塞、乳胶管等橡胶制品接触。

(2)硫酸铜溶液10%(m/V):称50 g五水硫酸铜溶于水,稀释至500 mL。

(3)磷酸溶液(1:9):量取50 mL磷酸(1.70 g/L用水稀释至500 mL)。

(4)甲基橙指示液:称取0.05 g甲基橙溶于100 mL水中。

(5)4-氨基安替比林溶液2%(m/V):称4-氨基安替比林2 g溶于水,稀释至100 mL。置于冰箱中保存,可使用7天。

(6)缓冲溶液pH=10:称NH_4Cl 20 g溶于100 mL浓氨水中密塞于冰箱中保存。

(7)淀粉溶液:1%(m/V)。

(8)溴酸钾-溴化钾标准溶液($\frac{1}{6}KBrO_3$)0.100 0 mol/L:准确称取2.784 0 g溴酸钾溶于水,加入10 g溴化钾,溶解后用水定容于1 000 mL容量瓶中。

(9)盐酸:1.19。

(10)碘化钾:固体。

(11)苯酚标准储备液:称取1.00 g精制的苯酚,溶于水中,移入1 000 mL容量瓶中,稀释至标线,摇匀,至冷暗处保存,至少稳定1个月。

用下述方法标定其标准浓度:吸10.00 mL苯酚标准储备液于250 mL碘量瓶内,加水稀释至约100 mL,加入0.100 0 mol/L溴酸钾-溴化钾溶液10.00 mL,立即加入5 mL盐酸密塞轻摇,置冷暗处10 min。再加1.00 g碘化钾,密塞摇匀,置冷暗处5 min,然后用硫代硫酸钠标准溶液滴至淡黄色,加1 mL淀粉溶液,继续滴至蓝色刚消失,记录用量V_2。同时用水代替苯酚标准储备液做试剂空白实验,记录用量V_1。苯酚储备液准确浓度按下式计算:

$$\text{苯酚}(mg/mL)=\frac{(V_1-V_2)C\times 15.68}{V}$$

式中　V_1——试剂空白试验时硫代硫酸钠标准溶液用量,mL;

C——硫代硫酸钠标准溶液浓度,mol/L;

V_2——标定苯酚储备液时硫代硫酸钠标准溶液用量,mL;

V——标定苯酚储备液吸取的体积(10.00),mL;

15.68——苯酚($\frac{1}{6}C_6H_5OH$)摩尔质量,g/mol。

(12)苯酚标准中间液:10.0 mg/L(使用当天配制)。

(13)碘酸钾标准溶液:$C(\frac{1}{6}KIO_3)=0.012\ 5$ mol/L:称预先经180 ℃烘干的KIO_3 0.445 8 g溶于水中,移入1 000 mL容量瓶中,稀释至刻度线。

(14)硫代硫酸钠标准溶液$C(Na_2S_2O_3\cdot 5H_2O)\approx 0.012\ 5$ mol/L:称取3.1 g $Na_2S_2O_3\cdot 5H_2O$溶于煮沸冷却的水中,加0.2 g Na_2CO_3,稀至1 000 mL,临用前用下法标定。准确取10.00 mL KIO_3溶液于250 mL碘量瓶中,加塞,轻轻摇匀,置暗处5 min,用$Na_2S_2O_3$溶液滴定至淡黄色,加1 mL淀粉溶液,继续滴至蓝色刚好消失为止,记录用量V_3。则$Na_2S_2O_3$标准溶液的准确浓度为:

$$C(Na_2S_2O_3 \cdot 5H_2O) = \frac{0.012\,5 \times V_4}{V_3} \quad (mol/L)$$

式中 V_3——硫代硫酸钠标准溶液用量，mL；

V_4——移取碘酸钾标准溶液用量(10.00)，mL；

0.012 5——KIO_3 标准溶液浓度，mol/L。

(15)铁氰化钾溶液：8%(*m/V*)。置于低温下可用1周。

(四)操作步骤

1. 标准曲线的绘制

向8支50 mL比色管中分别加入0.00 mL、0.50 mL、1.00 mL、3.00 mL、5.00 mL、7.00 mL、10.00 mL、12.50 mL酚标准中间液，加水至50 mL，加0.5 mL缓冲溶液，混匀，此时pH =10.0 ±0.2，加4 - 氨基安替比林溶液1.0 mL摇匀，最后加入1.0 mL铁氰化钾溶液，充分混匀放置10 min，立即在510 nm处，用2 cm比色皿，以水为参比测量吸光度。经空白校正后，绘制吸光度对苯酚含量(mg)的标准曲线。

2. 水样预处理

(1)量取250 mL水样于全玻蒸馏瓶内，加数粒玻璃珠(防止爆沸)，加二滴甲基橙指示液，用 H_3PO_4 溶液调节至pH =4(溶液呈橙红色)，加5.0 mL硫酸铜溶液(如采样时已加过 $CuSO_4$，则可适量补加)。若有黑色CuS沉淀，应摇匀放置片刻，待沉淀后，再加 $CuSO_4$ 溶液，直至不再有沉淀产生。

(2)加热蒸馏，至蒸馏出约225 mL时，停止加热，冷却。向蒸馏瓶中加25 mL水，再蒸馏至馏出液为250 mL为止。如果在蒸馏过程中发现溶液橙红色消失，应在停止蒸馏时再加一滴甲基橙指示剂。若残留液不呈酸性，要重新取样，增加磷酸(H_3PO_4)用量进行蒸馏。

3. 水样测定

取适量水样馏出液于50 mL比色管中，稀释至50 mL，与绘制标准曲线同样的操作测量吸光度，最后减去空白实验吸光度。

4. 空白实验

用水代替水样，与水样预处理相同的步骤蒸馏后，取与水样相同的体积，按水样测定方法测量其吸光度，此吸光度即为水样测定的空白校正值。

(五)计算

计算公式如下：

$$挥发酚(以\ C_6H_5OH\ 计, mg/L) = \frac{m}{V} \times 1\,000$$

式中 V——移取馏出液体积，mL；

m——水样的校正吸光度，从标准曲线上查得苯酚含量，mg。

(六)注意事项

(1)对于水样污染严重的，在蒸馏前应消除干扰物。

(2)用乙醚处理含还原性物质水样时，必须在通风柜内操作，周围不得有明火。室温较高时，水样和乙醚宜先在冰水浴中降温，再进行萃取操作，每次操作应尽快完成。

(3)如水样含挥发酚较高,应移取适量水样并加水稀释至250 mL,再进行蒸馏,那么计算时要记住乘以稀释倍数。

实验十八　水中六价铬的测定——二苯碳酰二肼比色法

(一)实验目的

(1)掌握水中六价铬的测定原理和方法。

(2)了解几种常见的干扰及消除方法。

(二)实验原理

在酸性条件下,六价铬与二苯碳酰二肼反应,生成紫红色配合物,在540 nm波长处进行定量测定。

(三)仪器和试剂

1.仪器

可见分光光度计(3 cm比色皿),比色管(50 mL),移液管(25 mL、10 mL、5 mL 、2 mL、1 mL),容量瓶(100 mL)等。

2.试剂

(1)二苯碳酰二肼丙酮溶液(2.5 g/L):称取0.25 g二苯碳酰二肼($C_{13}H_{14}N_4O$),又名二苯胺基脲),溶于100 mL丙酮中,摇匀。贮于棕色瓶中,置冰箱内可保存半月。溶液颜色变深时不能使用,应重新配制。

(2)硫酸溶液(1+7):将10 mL硫酸($\rho_{20}=1.18$ g/mL)缓慢加入70 mL纯水中,并不断搅拌,冷却后装入试剂瓶中。

(3)铬标准储备液($\rho_{Cr}=100$ μg/mL):称取110 ℃干燥2 h的重铬酸钾($K_2Cr_2O_7$,优级纯)(0.282 9±0.000 1)g,用水溶解后,移入1 000 mL容量瓶中,用水稀释至标线,摇匀。此溶液1 mL含100 μg六价铬。

(四)操作步骤

(1)采样与保存。实验室样品应该用玻璃瓶采集。采集时,加入氢氧化钠,调节样品pH值约为8。并在采集后尽快测定,如放置,不要超过24 h。

(2)取50 mL比色管3支,分别吸取25 mL(含六价铬超过10 μg时,可吸取适量水样稀释至50 mL)无色透明水样或经预处理的水样,置于50 mL比色管中,加纯水至50 mL刻度线。

(3)铬标准使用液配制。移取5.00 mL铬标准贮备液,置于500 mL容量瓶中,用纯水稀释至标线,摇匀。每毫升溶液含1.00 μg六价铬。使用时当天配制。

(4)另取50 mL比色管9支,分别加入铬标准使用液0.00 mL、0.20 mL、0.50 mL、1.00 mL、2.00 mL、4.00 mL、6.00 mL、8.00 mL和10.00 mL,加纯水至50 mL刻度线。

(5)向水样及标准系列比色管中各加入2.5 mL(1+7)硫酸溶液和2.5 mL二苯碳酰二肼丙酮溶液,立即混匀,放置10 min。

注:六价铬与二苯碳酰二肼反应时,酸度对显色反应有影响,溶液的氢离子浓度应控制在0.05~0.3 mol/L,且以0.2 mol/L时显色最稳定,温度和放置时间对显色都有影响,显色后2~3 min颜色达到最深,且于5~15 min保持稳定。

(6)在 540 nm 波长处，用 3 cm 的比色皿，以纯水做参比，测定吸光度。

(7)如果水样有颜色，另取一份与(2)相同量的水样于 100 mL 烧杯中，加入 2.5 mL (1 +7)硫酸溶液于电炉上加热煮沸 2 min，使水样中的六价铬还原为三价铬。溶液冷却后转入 50 mL 比色管中，同样加纯水至 50 mL 刻度线，再加 2.5 mL(1 +7)硫酸溶液和 2.5 mL 二苯碳酰二肼丙酮溶液，立即混匀，放置 10 min。测量水样空白吸光度。

(8)绘制标准曲线，根据标准曲线回归方程，计算水样中六价铬的含量。

(9)有颜色的水样在测得水样溶液的吸光度中减去水样空白吸光度后，再根据标准曲线回归方程，计算水样中六价铬的含量。

(五)数据记录及计算

1. 标准曲线的绘制(数据记录格式见表 33)

表 33

编号	0	1	2	3	4	5	6	7	8
1 μg/mL 铬标准溶液体积(mL)	0	0.20	0.50	1.00	2.00	4.00	6.00	8.00	10.00
六价铬质量(μg)	0	0.20	0.50	1.00	2.00	4.00	6.00	8.00	10.00
A									
$A_{校正}$									
标准曲线回归方程					相关系数				

2. 水样测定(数据记录格式见表 34)

表 34

编号	1	2	3
A			
$A_{校正}$			
回归方程计算所得质量(μg)			
待测水样浓度(mg/L)			
待测水样浓度均值(mg/L)			

3. 计算公式

$$六价铬(Cr,mg/L)=\frac{m}{V}$$

式中 m——由校准曲线方程计算的水样中六价铬的质量，μg；

V——原水样的体积，mL。

(六)注意事项

(1)所用的玻璃器皿均不能用铬酸洗液洗涤，可以用硝酸、硫酸或洗涤剂洗涤。玻璃器皿内壁应保持光洁，防止铬被吸附。

(2)六价铬与二苯碳酰二肼反应时，显色酸度一般控制在 0.05 ~ 0.3 mol/L ($\frac{1}{2}H_2SO_4$)，以 0.2 mol/L 时显色最好。显色时温度在 15 ℃，放置 5 ~ 15 min 显色最稳定。

(3)方法来源 GB/T 5750.6—2006,适用于生活饮用水及其水源水中的六价铬。

(4)本法最低检测质量为0.2 μg六价铬。若取50 mL水样测定,则最低检测质量浓度为0.004 mg/L。使用光程为10 mm的比色皿,测定上限浓度为1.0 mg/L。

(5)铁含量约50倍于六价铬含量时产生黄色,干扰测定;10倍于铬含量的钒可产生干扰,但显色10 min后钒与试剂所显颜色会全部消失;200 mg/L以上的钼与汞有干扰。

实验十九　pH值的测定——电位法

(一)实验目的

(1)了解电位法测定水中pH值的原理和方法。

(2)学习酸度计的使用方法。

(二)实验原理

pH值是水中氢离子浓度的负对数。以玻璃电极为指示电极,饱和甘汞电极为参比电极,插入被测溶液组成原电池。在此电池中,被测溶液的氢离子随其浓度不同将产生相应的电位差,此电位差经直流放大器放大后,采用电位计或电流计进行测量,即可指示相应的pH值。

在25 ℃时,每相差一个pH值单位,就产生59.1 mV的电位差,pH值可以从仪器上直接读出。

(三)仪器和试剂

仪器:PHS－3型酸度计;烧杯;温度计等。

试剂:

(1)pH = 4.0标准缓冲溶液(25 ℃)。

(2)pH = 6.86标准缓冲溶液(25 ℃)。

(3)pH = 9.18标准缓冲溶液(25 ℃)。

以上三种溶液均贮于塑料瓶中,通常可稳定两个月。

(四)操作步骤

(1)按照仪器说明书的要求安装,然后接通电源,打开仪器开关,预热30 min。

(2)将甘汞电极和预先经蒸馏水浸泡24 h的玻璃电极连接到仪器上。

(3)将仪器选择旋钮置于pH挡,用温度计测定水样及标准溶液的温度,设法使二者温度与室温相同,将仪器温度补偿旋钮置于温度处。

(4)将两电极插入校正液前,应充分冲洗,用滤纸吸干,再浸入校正液中,摇动1 min,调整仪器指示数值,使其等于该校正液的pH值。

(5)仪器经上述校正后,可用于测定水样的pH值。在测量前,还应先用蒸馏水冲洗电极3~4次,再用被测水样润洗2~3次,然后将电极插入水样中,摇动1 min,读取稳定的pH值。

(6)pH值测定数据记录(见表35)。

表35

项目	第一点校准值	第二点标准值	自来水样	温度
标准值	6.86	9.18	—	—
测定值				

(五)注意事项

(1)安装电极时,应使玻璃电极下端玻璃泡略高于甘汞电极陶瓷芯底端,以免碰破。

(2)使用甘汞电极时,应把上面及下端的橡皮套去掉,以保持液压差。玻璃电极的玻璃泡必须浸泡入水中。

(3)由于水样的 pH 值常常在改变,因此水样采集后应立即测定,不宜长久保存。

实验二十　水中微量氟的测定

(一)实验目的

(1)了解氟离子选择电极测定水中微量氟的原理和方法。

(2)掌握用标准曲线法和标准加入法测定水中微量氟离子的方法。

(3)了解总离子强度调节缓冲溶液的意义和作用。

(二)实验原理

当氟电极与含氟的试液接触时,电池的电动势(E)随溶液中氟离子活度的变化而改变(遵守能斯特方程)。溶液的总离子强度为定值且足够服从下述关系式:

$$E = E_0 - \frac{2.303RT}{F}\lg C_{F^-}$$

E 与 $\lg C_{F^-}$ 成直线关系,$\frac{2.303RT}{F}$为该直线的斜率,亦为电极的斜率。

氟电极适宜于测定的 pH 值范围为 5 ~ 8。而加入总离子强度调节剂是用来保持溶液的总离子强度,并络合干扰离子,保持溶液适当的 pH 值,以便直接进行测定。

(三)仪器和试剂

仪器:PHS - 3 型酸度计;氟离子选择电极,饱和甘汞电极;磁力搅拌器,搅拌子;聚乙烯杯(100 mL)等。

试剂:所用水为去离子水或无氟蒸馏水。

(1)氟标准贮备液:称取 0.221 0 g 基准氟化钠(NaF)(称量前经 105 ~ 110 ℃烘干 2 h),用水溶解后转移至 1 000 mL 容量瓶中,稀释至刻度,摇匀,贮于聚乙烯瓶中。此溶液氟离子浓度为 100 μg/mL。

(2)氟标准溶液:准确移取氟标准贮备液 10.00 mL 于 100 mL 容量瓶中,稀释至刻度,摇匀。此溶液氟离子浓度为 10 μg/mL。

(3)总离子强度调节缓冲溶液(TISAB Ⅱ):在 1 000 mL 烧杯内加入 500 mL 水,量取 57 mL 冰醋酸,称取 58 g NaCl 和 12 g 柠檬酸钠($Na_3C_6H_5O_7 \cdot 2H_2O$),均加入烧杯中,搅拌

至溶解。置烧杯于冷水浴中,缓缓加入 6 mol/L NaOH 溶液,直至 pH 值在 5.0 ~ 5.5(需加 NaOH 溶液约 125 mL),转入 1 000 mL 容量瓶中,稀释至刻度,摇匀。

(四)操作步骤

1. 仪器的准备

按测量仪器及电极使用说明书进行测量前的准备工作,并且在测定前还应使待测试样与标准溶液的温度均达到室温。每次测量前都用水冲洗电极,并用滤纸吸去水分。

2. 测定

准确移取 25.00 mL 自来水样(若含量较高,应稀释后再吸取),置于 50 mL 容量瓶中,加入 10 mL 总离子强度调节缓冲溶液,用水稀释至标线,摇匀,将其移入 100 mL 聚乙烯杯中,放入一只塑料搅拌子,插入电极,用电磁搅拌器搅拌,待电位稳定后读取电位值(E_x)。根据测得的毫伏数,由校准曲线上查得含氟量。

3. 空白实验

用水代替水样,按测定试样同样的步骤进行测定。

4. 校准

(1)校准曲线法:分别准确移取氟标准溶液 1.00 mL、3.00 mL、5.00 mL、10.00 mL、20.00 mL 于 50 mL 容量瓶中,加入 10 mL 总离子强度调节缓冲溶液,用水稀释至刻度,混匀。分别倒入 100 mL 聚乙烯杯中,各放一只塑料搅拌子。测定时以从低浓度到高浓度为顺序,与试样同样操作,读取其相应的电位值(E),在半对数坐标纸上作 E(mV) ~ $\lg C_{F^-}$(mg/L)标准曲线。浓度标于对数分格上,最低浓度标于横坐标的起点。

$$含氟量(mg/L)=\frac{A\times 50}{25}$$

式中　A——查标准曲线得出的含氟量,mg/L。

(2)一次标准加入法:当样品组成复杂或成分不明时,可采用一次标准加入法,从而减少基体的影响。按操作步骤 2 测定试样的电位值 E_1,然后将一定量的氟标准溶液加入此试样中,再测其电位值 E_2。

$$含氟量(mg/L)=\frac{\Delta C}{10^{(E_2-E_1)/S}-1}$$

式中　ΔC——增加的 F^- 浓度;

S——电极响应斜率,即标准曲线斜率,又叫级差,在理论上 $S=\frac{2.303RT}{nF}$(25 ℃,$n=1$ 时,$S=59$ mV/pF)。

(五)注意事项

(1)采集的水样应保存在聚乙烯瓶中。如水样中氟含量不高,pH 值在 7 以上,也可用硬质玻璃瓶贮存。

(2)不得用手指触摸电极表面,如电极的膜表面被有机物等玷污,必须先清洁干净后才能使用。

(3)电极用后用水冲洗干净,用滤纸吸去水分,放在空气中或放在稀 NaF 标准溶液中。若短时间不再使用,应洗净、吸去水分,套上保护电极敏感部位的保护帽。

实验二十一　水中金属锰、铜含量的测定

(一)实验目的

(1)掌握直接火焰原子吸收法测定金属元素的原理和方法。

(2)了解湿法消解水样的方法。

(二)实验原理

将水样或预处理好的水样直接吸入火焰,并在火焰中解离成基态原子,吸收来自待测金属元素空心阴极灯发出的共振线(铜 324.7 nm、锰 279.5 nm),吸收共振线的量与测定水样中该元素的含量成正比。在其他条件不变的情况下,根据待测元素被吸收后的谱线强度,与标准系列比较定量,确定待测水样中该金属元素的浓度。

(三)仪器和试剂

1. 仪器

原子吸收分光光度计,电热板,玻璃砂芯漏斗,容量瓶等。

所有玻璃器皿,使用前均需先用硝酸溶液(1+9)浸泡,并直接用纯水清洗。

2. 试剂

(1)锰标准储备液(1 000 mg/L):称取 1.291 2 g 氧化锰(MnO,优级)或称取1.000 0 g 光谱纯金属锰(纯度不低于 99.9%,称前用稀硝酸洗去表面氧化物,再用去离子水洗去酸烘干。在干燥器中冷却后,尽快称取),准确到 0.000 1 g。溶于 15 mL 硝酸(1+1)中,当锰完全溶解后,再用纯水定容至 1 000 mL。

(2)铜标准储备液(1 000 mg/L):称取 1.000 0 g 纯铜粉或铜片(光谱纯,纯度不低于 99.9%),溶于 15 mL 硝酸(1+1)中,铜完全溶解后,再用纯水定容至 1 000 mL。

(3)锰、铜标准混合溶液:分别移取 2.50 mL 锰标准储备液(1 000 mg/L)、5.00 mL 铜标准储备液(1 000 mg/L),都放入 250 mL 容量瓶中,然后用 0.15% 硝酸稀释至标线,摇匀。此溶液中锰浓度为 10 mg/L、铜浓度为 20 mg/L。注意:临用前配制。

(4)硝酸(1.42 g/mL):优级纯。

(5)硝酸溶液:0.15%。

(6)盐酸(1.19 g/mL):优级纯。

(7)乙炔气(纯度不低于 99.6%)。

(四)操作步骤

1. 水样预处理

澄清的水样可直接进行测定;悬浮物多的水样,分析前需酸化并消化有机物。若需测定溶解的金属量,则应在采样时将水样通过 0.45 μm 滤膜过滤,然后按每升水样加 1.5 mL 硝酸消化使 pH 值≤2。

水样中的有机物一般不干扰测定,为使金属离子能全部进入水溶液和促使颗粒物质的溶解以有利于萃取和原子化,可采用盐酸－硝酸消化法。于每升酸化水样中加入 5 mL 硝酸(1.42 g/ mL,优级纯),混匀后取定量水样,按每 100 mL 水样加入 5 mL 盐酸(1.19 g/ mL,优级纯)的比例加入盐酸。在电热板上加热 15 min,冷却至室温后,用玻璃砂芯漏

斗过滤,最后用纯水稀释至一定体积。

2. 仪器准备

(1)仪器预热:开启原子吸收分光光度计,预热30 min以上,使仪器充分稳定。

(2)实验条件:根据仪器性能调至最佳状态(如波长参考为:铜324.7 nm,锰279.5 nm,根据仪器性能可改变波长)。

3. 标准曲线绘制

取锰、铜标准混合溶液0.00 mL、0.50 mL、1.00 mL、2.00 mL、4.00 mL、6.00 mL、8.00 mL、10.00 mL,放入8个100 mL容量瓶,用0.15% HNO_3稀释定容。配制成下列浓度:锰0~1.00 mg/L,铜0~2.00 mg/L的标准系列(所列测定范围受仪器的灵敏度及操作条件的影响而变化,可酌情改变测定范围)。同时做空白试验。

4. 水样测定

仪器充分稳定,用0.15% HNO_3校零。分别将标准系列溶液、空白溶液、水样溶液依次吸喷入火焰,并测定其吸光度。

5. 绘制标准系列的线性回归方程

根据测得的标准系列溶液的吸光度值,绘制吸光度值与浓度的标准曲线,并可求得该标准曲线的线性回归方程。

然后,可根据标准曲线回归方程,分别求得水样中待测金属元素锰、铜的质量浓度(mg/L)。

(五)数据记录及结果计算

1. 金属锰测定

1)金属锰测定标准曲线数据记录(见表36)

表36

编号	0	1	2	3	4	5	6	7
锰(10 mg/L)、铜(20 mg/L)混合液体积(mL)	0.00	0.50	1.00	2.00	4.00	6.00	8.00	10.00
锰的质量(mg)	0.00	5.00	10.00	20.00	40.00	60.00	80.00	100.00
A								
$A_{校正}$								
标准曲线回归方程					相关系数			

2)水样中锰的测定数据记录(见表37)

表37

编号	1	2	3
A			
$A_{校正}$			
回归方程计算所得质量(mg)			
待测水样浓度(mg/L)			
待测水样浓度均值(mg/L)			

3)计算公式

$$锰(Mn,mg/L)=\frac{m}{V}$$

式中 m——由标准曲线回归方程计算的水样中锰的质量,mg;

V——原水样的体积,mL。

2.金属铜测定

1)金属铜测定标准曲线数据记录(见表38)

表38

编号	0	1	2	3	4	5	6	7
锰(10 mg/L)、铜(20 mg/L)混合液体积(mL)	0.00	0.50	1.00	2.00	4.00	6.00	8.00	10.00
铜的质量(mg)	0.00	10.00	20.00	40.00	80.00	120.00	160.00	200.00
A								
$A_{校正}$								
标准曲线回归方程					相关系数			

2)水样中铜的测定数据记录(见表39)

表39

编号	1	2	3
A			
$A_{校正}$			
回归方程计算所得质量(mg)			
待测水样浓度(mg/L)			
待测水样浓度均值(mg/L)			

3)计算公式

$$铜(Cu,mg/L)=\frac{m}{V}$$

式中 m——由标准曲线回归方程计算的水样中铜的质量,mg;

V——原水样的体积,mL。

(六)注意事项

(1)本方法适用于水源水、生活饮用水中较高浓度的铜、铁、锰、锌、镉和铅的测定。

(2)原始数据计算根据国家、地方、卫生部门等规定的法律法规对结果进行修约。

(3)实验操作完毕后,使用人员注意做好仪器的登记和维护工作。

(4)每批酸及自制纯水必须做好空白实验。

(5)本法适宜的测定范围:铜0.2~5 mg/L,锰0.1~3 mg/L。

实验二十二　水中微量金属砷含量的测定

(一)实验目的

(1)掌握原子荧光光度计的基本操作。

(2)了解原子荧光法测定水样中砷含量的原理及测定方法。

(二)实验原理

在酸性条件下,三价砷与硼氢化钠反应生成砷化氢,由载气(氩气)带入石英原子化器,受热分解为原子态砷。在特制砷空心阴极灯的照射下,基态砷原子被激发至高能态,在去活化回到基态时,发射出特征波长的荧光,在一定的浓度范围内,其荧光强度与砷含量成正比,与标准系列比较定量。

(三)仪器和试剂

1.仪器

原子荧光光度计,砷空心阴极灯等。

2.试剂

(1)氢氧化钠溶液(2 g/L):称取1 g氢氧化钠溶于纯水中,稀释至500 mL。

(2)硼氢化钠溶液(20 g/L):称取硼氢化钠10.0 g溶于500 mL氢氧化钠溶液中,混匀。

(3)盐酸(ρ_{20}=1.19 g/mL),优级纯。

(4)盐酸溶液(5+95):取25 mL盐酸,用纯水定容至500 mL。

(5)硫脲-抗坏血酸溶液:称取10.0 g硫脲加约80 mL纯水,加热溶解,冷却后加入10.0 g抗坏血酸,稀释至100 mL。

(6)砷标准储备液[ρ(As)=0.1 mg/mL]:称取0.132 0 g经150 ℃干燥2 h的三氧化二砷置于50 mL烧杯中,加入10 mL氢氧化钠使之溶解,加5 mL盐酸,转入1 000 mL容量瓶中用纯水定容至刻度线,混匀。

(7)砷标准中间液[ρ(As)=1.0 μg/mL]:吸取5.00 mL砷标准储备液于500 mL容量瓶中,用纯水定容至刻度线。

(8)砷标准使用液[ρ(As)=0.10 μg/mL]:吸取10.00 mL砷标准中间液于100 mL容量瓶中,用纯水定容至刻度线。

(四)操作步骤

(1)取10 mL水样于比色管中。

(2)标准系列的配制:分别吸取砷标准使用液0.00 mL、0.10 mL、0.30 mL、0.50 mL、0.70 mL、1.00 mL、2.00 mL于比色管中,用纯水定容至10 mL,使砷的浓度分别为0 μg/L、1 μg/L、3 μg/L、5 μg/L、7 μg/L、10 μg/L、20 μg/L。

(3)分别向水样、空白及标准溶液管中加入1 mL盐酸、1.0 mL硫脲+抗坏血酸溶液,混匀。

(4)仪器条件(参考)。砷灯电流:45 mA;负高压:305 V;原子化器高度:8.5 mm;载气流量:500 mL/min;屏蔽气流量:1 000 mL/min;进样体积:0.5 mL;载流:盐酸溶液。

(5)开机,设定仪器最佳条件;点燃原子化器炉丝,稳定30 min后开始测定,绘制标准曲线,计算回归方程($Y=aX+b$)。

(6)计算。以所测样品的荧光强度,根据标准曲线回归方程计算样品溶液中砷浓度(μg/L)。

(五)数据记录及结果计算

1. 金属砷测定标准曲线数据记录(见表40)

表40

编号	0	1	2	3	4	5	6
砷(0.10 μg/mL)标准溶液体积(mL)	0.00	0.10	0.30	0.50	0.70	1.00	2.00
砷的质量(μg)	0.00	0.01	0.03	0.05	0.07	0.10	0.20
A							
$A_{校正}$							
标准曲线回归方程					相关系数		

2. 水样中砷的测定数据记录(见表41)

表41

编号	1	2	3
A			
$A_{校正}$			
回归方程计算所得质量(μg)			
待测水样浓度(mg/L)			
待测水样浓度均值(mg/L)			

3. 计算公式

$$砷(As, mg/L)=\frac{m}{V}$$

式中 m——由标准曲线回归方程计算的水样中砷的质量,mg;

V——原水样的体积,mL。

(六)注意事项

(1)实验中产生的废液和废物不可随意倾倒,应置于密闭容器中保存,委托有资质的单位进行处理。

(2)实验室所用的玻璃器皿均需用硝酸溶液(1+1)浸泡24 h,或用热硝酸荡洗。清洗时依次用自来水、去离子水洗净。

实验二十三 水中微量金属硒含量的测定

(一)实验目的

(1)巩固原子荧光光度计的基本操作。

(2)了解原子荧光法测定水样中硒含量的原理及测定方法。

(二)实验原理

在盐酸介质中以硼氢化钠或硼氢化钾作还原剂,将硒还原成硒化氢,由载气(氩气)带入原子化器中进行原子化,在特制硒空心阴极灯的照射下,基态硒原子被激发至高能态,在去活化回到基态时,发射出特征波长的荧光,在一定的浓度范围内其荧光强度与硒含量成正比,与标准系列比较定量。

(三)仪器和试剂

1.仪器

原子荧光光度计,硒空心阴极灯等。

2.试剂

(1)硝酸-高氯酸混合酸(1+1):将硝酸(ρ_{20}=1.42 g/mL,优级纯)与高氯酸(ρ_{20}=1.68 g/mL,优级纯)等体积混合。

(2)盐酸(ρ_{20}=1.19 g/mL),优级纯。

(3)盐酸溶液(5+95):取25 mL盐酸,用纯水定容至500 mL。

(4)盐酸溶液(1+1)。

(5)氢氧化钠溶液(2 g/L):称取1 g氢氧化钠溶于纯水中,稀释至500 mL。

(6)硼氢化钠溶液(20 g/L):称取硼氢化钠10.0 g溶于500 mL氢氧化钠溶液中,混匀。

(7)铁氰化钾(100 g/mL):称取10.0 g氰化钾,溶于100 mL蒸馏水中,混匀。

(8)硒标准储备液[ρ(Se)=100.0 μg/mL]:精确称取100.0 g硒(光谱纯),溶于少量硝酸中,加2 mL高氯酸(ρ_{20}=1.68 g/mL,优级纯),置于沸水浴中加热3~4 h冷却后再加8.4 mL盐酸,再置沸水浴中煮2 min,用纯水定容至1 000 mL。

(9)硒标准中间液[ρ(Se)=1.0 μg/mL]:吸取5.00 mL硒标准储备液于500 mL容量瓶中,用纯水定容至刻度线。

(10)硒标准使用液[ρ(Se)=0.10 μg/mL]:吸取10.00 mL硒标准中间液于100 mL容量瓶中,用纯水定容至刻度线。

(四)操作步骤

(1)样品预处理。取25 mL水样加入2.5 mL硝酸-高氯酸混合酸,在电热板上加热消解,当溶液冒有白烟时,取下冷却,再加入2.5 mL盐酸溶液,继续加热至溶液冒有白烟时,已完全将六价硒还原成四价硒。取下冷却,用纯水转移至比色管中,用纯水定容至10 mL,同时做空白实验。

(2)标准曲线的绘制:分别吸取硒标准使用液0.00 mL、0.10 mL、0.50 mL、1.00 mL、3.00 mL、5.00 mL于比色管中,用纯水定容至10 mL,使砷的浓度分别为0.0 μg/L、1.0 μg/L、5.0 μg/L、10.0 μg/L、30.0 μg/L、50.0 μg/L。

(3)分别向样品溶液和标准系列溶液中加入1 mL盐酸、1.0 mL铁氰化钾,混匀。

(4)仪器条件(参考)。灯电流:70 mA;负高压:340 V;炉高:8 mm;载气流量:500 mL/min;屏蔽气流量:1 000 mL/min;测量方式:标准曲线法;读数方式:峰面积;延迟时间:1 s;读数时间:12 s;进样体积:0.5 mL;载流:盐酸溶液。

(5)开机,设定仪器最佳条件;点燃原子化器炉丝,稳定30 min后开始测定,绘制标准曲线,计算回归方程($Y=aX+b$)。

(6)计算。以所测样品的荧光强度,根据标准曲线回归方程计算样品溶液中硒元素的质量浓度(μg/L)。

(五)数据记录及结果计算

1. 金属硒测定标准曲线数据记录(见表42)

表42

编号	0	1	2	3	4	5
硒(0.10 μg/mL)标准溶液体积(mL)	0.00	0.10	0.50	1.00	3.00	5.00
硒的质量(μg)	0.00	0.01	0.05	0.10	0.30	0.50
A						
$A_{校正}$						
标准曲线回归方程					相关系数	

2. 水样中硒的测定数据记录(见表43)

表43

编号	1	2	3
A			
$A_{校正}$			
回归方程计算所得质量(μg)			
待测水样浓度(mg/L)			
待测水样浓度均值(mg/L)			

3. 计算公式

$$硒(\mathrm{Se,mg/L})=\frac{m}{V}$$

式中 m——由标准曲线回归方程计算的水样中硒的质量,mg;

V——原水样的体积,mL。

(六)注意事项

(1)硼氢化钾是强还原剂,极易与空气中的氧气和二氧化碳反应,在中性和酸性溶液中易分解产生氢气,所以配制硼氢化钾还原剂时,要将硼氢化钾固体溶解在氢氧化钠溶液中,并临用现配。

(2)实验室所用的玻璃器皿均需用硝酸溶液(1+1)浸泡24 h,或用热硝酸荡洗。清洗时依次用自来水、去离子水洗净。

实验二十四　水中微量金属汞含量的测定

(一)实验目的

(1)巩固原子荧光光度计的基本操作。

(2)了解原子荧光法测定水样中汞含量的原理及测定方法。

(二)实验原理

在一定条件下,溴酸钾与溴化钾反应生成溴,可将试样消解使所含汞全部转化为二价无机汞,用盐酸羟胺还原过剩的氧化剂,用硼氢化钠将二价汞还原成原子态汞,由载气(氩气)带入原子化器,在特制汞空心阴极灯的照射下,基态砷原子被激发至高能态,在去活化回到基态时,发射出特征波长的荧光,在一定的浓度范围内,其荧光强度与汞含量成正比,与标准系列比较定量。

(三)仪器和试剂

1.仪器

原子荧光光度计;汞空心阴极灯等。

2.试剂

(1)氢氧化钠溶液(2 g/L):称取1 g氢氧化钠溶于纯水中,稀释至500 mL。

(2)硼氢化钠溶液(20 g/L):称取硼氢化钠10.0 g溶于500 mL氢氧化钠溶液中,混匀。

(3)盐酸(ρ_{20}=1.19 g/mL),优级纯。

(4)盐酸溶液(5+95):取25 mL盐酸,用纯水稀释至500 mL。

(5)溴酸钾-溴化钾溶液:称取2.784 g无水溴酸钾及10 g溴化钾,用纯水溶解稀释至1 000 mL。

(6)盐酸羟胺溶液(100 g/L):称取10 g盐酸羟胺,用纯水溶解并稀释至100 mL。

(7)硝酸溶液(1+19):取50 mL硝酸(ρ_{20}=1.42 g/mL),用纯水稀释至1 000 mL,摇匀。

(8)重铬酸钾硝酸溶液(0.5 g/L):称取0.5 g重铬酸钾,用硝酸溶液溶解,并稀释至1 000 mL。

(9)汞标准储备液[ρ(Hg)=100.0 μg/mL]:称取0.135 4 g经硅胶干燥器放置24 h的氯化汞溶于重铬酸钾硝酸溶液中,并将此溶液定容至1 000 mL。

(10)汞标准中间液[ρ(Hg)=0.10μg/mL]:吸取10.00 mL汞标准储备液于1 000 mL容量瓶中,用重铬酸钾硝酸溶液稀释定容至1 000 mL。再吸取此溶液10 mL于100 mL容量瓶中,用重铬酸钾硝酸溶液稀释定容至100 mL。

(11)汞标准使用液[ρ(Hg)=0.010 μg/mL]:临用前,吸取10.00 mL汞标准中间液于100 mL容量瓶中,用重铬酸钾硝酸溶液稀释定容至100 mL。

(四)操作步骤

(1)取10 mL水样于比色管中。

(2)标准系列的配制:分别吸取汞标准使用液0.00 mL、0.10 mL、0.20 mL、0.40 mL、0.60 mL、0.80 mL、1.00 mL于比色管中,用纯水定容至10 mL,使汞的浓度分别为0.00 μg/L、0.10 μg/L、0.20 μg/L、0.40 μg/L、0.60 μg/L、0.80 μg/L、1.00 μg/L。

(3)分别向水样、空白及标准溶液管中加入1 mL盐酸,加入0.5 mL溴酸钾-溴化钾溶液,摇匀放置25 min后,加入1~2滴盐酸羟胺溶液使黄色褪尽,混匀。

(4)仪器条件(参考)。汞灯电流:30 mA;负高压:260 V;原子化器高度:8.5 mm;载气流量:500 mL/min;屏蔽气流量:1 000 mL/min;进样体积:0.5 mL;载流:盐酸溶液。

(5)开机,设定仪器最佳条件;点燃原子化器炉丝,稳定30 min后开始测定,绘制标准曲线,计算回归方程($Y=aX+b$)。

(6)计算。以所测样品的荧光强度,根据标准曲线回归方程计算样品溶液中汞浓度(μg/L)。

(五)数据记录及结果计算

1.金属汞测定标准曲线数据记录(见表44)

表44

编号	0	1	2	3	4	5	6
汞(0.010 μg/mL)标准溶液体积(mL)	0.00	0.10	0.20	0.40	0.60	0.80	1.00
汞的质量(μg)	0.00	0.001	0.002	0.004	0.006	0.080	0.010
A							
$A_{校正}$							
标准曲线回归方程					相关系数		

2.水样中汞的测定数据记录(见表45)

表45

编号	1	2	3
A			
$A_{校正}$			
回归方程计算所得质量(μg)			
待测水样浓度(mg/L)			
待测水样浓度均值(mg/L)			

3.计算公式

$$汞(Hg,mg/L)=\frac{m}{V}$$

式中 m——由标准曲线回归方程计算的水样中汞的质量,mg;

V——原水样的体积,mL。

(六)注意事项

(1)硼氢化钠是强还原剂,极易与空气中的氧气和二氧化碳反应,在中性和酸性溶液中易分解产生氢气,所以配制硼氢化钠还原剂时,要将硼氢化钠固体溶解在氢氧化钠溶液中,并临用现配。

(2)实验室所用的玻璃器皿均需用硝酸溶液(1+1)浸泡24 h,或用热硝酸荡洗。清洗时依次用自来水、去离子水洗净。

附　录

附录一　难溶化合物的溶度积常数(18～25 ℃)

序号	分子式	K_{SP}	序号	分子式	K_{SP}
1	$AgBr$	5.20×10^{-13}	36	$Cr(OH)_3$	6.30×10^{-31}
2	$AgBrO_3$	5.30×10^{-5}	37	Hg_2Br_2	5.6×10^{-23}
3	$AgCl$	1.80×10^{-10}	38	Hg_2Cl_2	1.30×10^{-18}
4	Ag_2CO_3	8.10×10^{-12}	39	Hg_2CO_3	8.9×10^{-17}
5	$Ag_2C_2O_4$	3.50×10^{-11}	40	Hg_2I_2	4.5×10^{-29}
6	Ag_2CrO_4	1.10×10^{-12}	41	HgI_2	2.82×10^{-29}
7	AgI	8.30×10^{-17}	42	$Hg_2(OH)_2$	2.0×10^{-24}
8	$AgOH$	2.00×10^{-8}	43	HgS(红)	4.0×10^{-53}
9	Ag_2S	6.30×10^{-50}	44	HgS(黑)	1.6×10^{-52}
10	$AgSCN$	1.00×10^{-12}	45	$PbCO_3$	7.4×10^{-14}
11	Ag_2SO_4	1.4×10^{-5}	46	$PbCrO_4$	2.8×10^{-13}
12	$Al(OH)_3$①	4.57×10^{-33}	47	$Pb(OH)_2$	1.2×10^{-15}
13	$BaCO_3$	5.10×10^{-9}	48	$Pb(OH)_4$	3.2×10^{-66}
14	BaC_2O_4	1.60×10^{-7}	49	PbS	1.0×10^{-28}
15	$BaCrO_4$	1.20×10^{-10}	50	$PbSO_4$	1.6×10^{-8}
16	$BaSO_4$	1.10×10^{-10}	51	$Pd(OH)_4$	6.3×10^{-71}
17	$CaCO_3$	2.80×10^{-9}	52	PdS	2.03×10^{-58}
18	$CaC_2O_4\cdot H_2O$	4.0×10^{-9}	53	$MgCO_3$	3.5×10^{-8}
19	CaF_2	2.70×10^{-11}	54	$Mg(OH)_2$	1.8×10^{-11}
20	$Ca(OH)_2$	5.50×10^{-6}	55	$MnCO_3$	1.8×10^{-11}
21	$Ca_3(PO_4)_2$	2.0×10^{-29}	56	MnS(粉红)	2.5×10^{-10}
22	$CaSO_4$	9.10×10^{-6}	57	MnS(绿)	2.5×10^{-13}
23	$CuBr$	5.30×10^{-9}	58	$PbBr_2$	4.0×10^{-5}
24	$CuCl$	1.20×10^{-6}	59	$PbCl_2$	1.6×10^{-5}
25	$CuCO_3$	2.34×10^{-10}	60	$Sn(OH)_2$	1.4×10^{-28}
26	CuI	1.1×10^{-12}	61	$Sn(OH)_4$	1.0×10^{-56}
27	$Cu(OH)_2$	4.8×10^{-20}	62	SnS	1.0×10^{-25}
28	Cu_2S	2.5×10^{-48}	63	$Ti(OH)_3$	1.0×10^{-40}
29	CuS	6.30×10^{-36}	64	$ZnCO_3$	1.4×10^{-11}
30	$Fe(OH)_2$	8.0×10^{-16}	65	$Zn(OH)_2$③	2.09×10^{-16}
31	$Fe(OH)_3$	4.0×10^{-38}	66	$Zn_3(PO_4)_2$	9.0×10^{-33}
32	FeS	6.3×10^{-18}	67	$\alpha-ZnS$	1.6×10^{-24}
33	CdS	8.0×10^{-27}	68	$\beta-ZnS$	2.5×10^{-22}
34	$Co_3(PO_4)_3$	2.0×10^{-35}	69	$ZrO(OH)_2$	6.3×10^{-49}
35	$Be(OH)_2$②	1.6×10^{-22}	70	$Zn_3(AsO_4)_2$	1.3×10^{-28}

注:①～③,形态均为无定形。

附录二　标准电极电势(298.15 K)

电对	电对平衡式 氧化态 + $ne \rightleftharpoons$ 还原态	$\phi^{\ominus}$(V)
Li^+/Li	$Li^+ + (aq) + e \rightleftharpoons Li(s)$	-3.040 1
K^+/K	$K^+(aq) + e \rightleftharpoons K(s)$	-2.931
Ba^{2+}/Ba	$Ba^{2+}(aq) + 2e \rightleftharpoons Ba(s)$	-2.912
Ca^{2+}/Ca	$Ca^{2+}(aq) + 2e \rightleftharpoons Ca(s)$	-2.868
Na^+/Na	$Na^+(aq) + e \rightleftharpoons Na(s)$	-2.71
Mg^{2+}/Mg	$Mg^{2+}(aq) + 2e \rightleftharpoons Mg(s)$	-2.372
Al^{3+}/Al	$Al^{3+}(aq) + 3e \rightleftharpoons Al(s)$	-1.662
Ti^{2+}/Ti	$Ti^{2+}(aq) + 2e \rightleftharpoons Ti(s)$	-1.630
Mn^{2+}/Mn	$Mn^{2+}(aq) + 2e \rightleftharpoons Mn(s)$	-1.185
Zn^{2+}/Zn	$Zn^{2+}(aq) + 2e \rightleftharpoons Zn(s)$	-0.761 8
Cr^{3+}/Cr	$Cr^{3+}(aq) + 3e \rightleftharpoons Cr(s)$	-0.744
$Fe(OH)_3/Fe(OH)_2$	$Fe(OH)_3(s) + e \rightleftharpoons Fe(OH)_2(s) + OH^-(aq)$	-0.56
S/S^{2-}	$S(s) + 2e \rightleftharpoons S^{2-}(aq)$	-0.476 3
Cd^{2+}/Cd	$Cd^{2+}(aq) + 2e \rightleftharpoons Cd(s)$	-0.403
$PbSO_4/Pb$	$PbSO_4(s) + 2e \rightleftharpoons Pb(s) + SO_4^{2-}(aq)$	-0.358 8
Co^{2+}/Co	$Co^{2+}(aq) + 2e \rightleftharpoons Co(s)$	-0.28
H_3PO_4/H_3PO_3	$H_3PO_4(aq) + 2H^+(aq) + 2e \rightleftharpoons H_3PO_3(aq) + H_2O(l)$	-0.276
Ni^{2+}/Ni	$Ni^{2+}(aq) + 2e \rightleftharpoons Ni(s)$	-0.257
AgI/Ag	$AgI(s) + e \rightleftharpoons Ag(s) + I^-(aq)$	-0.152 2
Sn^{2+}/Sn	$Sn^{2+}(aq) + 2e \rightleftharpoons Sn(s)$	-0.137 5
Pb^{2+}/Pb	$Pb^{2+}(aq) + 2e \rightleftharpoons Pb(s)$	-0.126 2
H^+/H_2	$2H^+(aq) + 2e \rightleftharpoons H_2(g)$	0
$AgBr/Ag$	$AgBr(s) + e \rightleftharpoons Ag(s) + Br^-(aq)$	0.071
Sn^{4+}/Sn^{2+}	$Sn^{4+}(aq) + 2e \rightleftharpoons Sn^{2+}(aq)$	0.151
Cu^{2+}/Cu^+	$Cu^{2+}(aq) + e \rightleftharpoons Cu + (aq)$	0.153
$AgCl/Ag$	$AgCl(s) + e \rightleftharpoons Ag(s) + Cl^-(aq)$	0.222
Hg_2Cl_2/Hg	$Hg_2Cl_2(s) + 2e \rightleftharpoons 2Hg(l) + 2Cl^-(aq)$	0.268
Cu^{2+}/Cu	$Cu^{2+}(aq) + 2e \rightleftharpoons Cu(s)$	0.341 9

续附录二

电对	电对平衡式 氧化态 + $ne \rightleftharpoons$ 还原态	$\phi^{\ominus}$(V)
$[Fe(CN)_6]^{3-}/[Fe(CN)_6]_4^-$	$[Fe(CN)_6]^{3-}(aq)+e \rightleftharpoons [Fe(CN)_6]^{4-}(aq)$	0.36
O_2/OH^-	$O_2(g)+2H_2O(l)+4e \rightleftharpoons 4OH^-(aq)$	0.401
Cu^+/Cu	$Cu^+(aq)+e \rightleftharpoons Cu(s)$	0.521
I_2/I^-	$I_2(s)+2e \rightleftharpoons 2I^-(aq)$	0.535 5
MnO_4^-/MnO_4^{2-}	$MnO_4^-(ap)+e \rightleftharpoons MnO_3^{2-}(aq)$	0.558
MnO_4^-/MnO_2	$MnO_4^-(aq)+2H_2O(l)+3e \rightleftharpoons MnO_2(s)+4OH^-(aq)$	0.595
BrO_3^-/Br^-	$BrO_3^-(aq)+3H_2O(l)+6e \rightleftharpoons Br^-(aq)+6OH^-(aq)$	0.61
O_2/H_2O_2	$O_2(g)+2H^+(aq)+2e \rightleftharpoons H_2O_2(aq)$	0.695
Fe^{3+}/Fe^{2+}	$Fe^{3+}(aq)+e \rightleftharpoons Fe^{2+}(aq)$	0.771
Ag^+/Ag	$Ag^+(aq)+e \rightleftharpoons Ag(s)$	0.799 6
ClO^-/Cl^-	$ClO^-(aq)+H_2O(l)+2e \rightleftharpoons Cl^-(aq)+2OH^-(aq)$	0.841
NO_3^-/NO	$NO_3^-(aq)+4H^+(aq)+3e \rightleftharpoons NO(g)+2H_2O(l)$	0.957
Br_2/Br^-	$Br_2(l)+2e \rightleftharpoons 2Br^-(aq)$	1.066
IO_3^-/I_2	$2IO_3^-(aq)+12H^+(aq)+10e \rightleftharpoons I_2(s)+6H_2O(l)$	1.20
MnO_2/Mn^{2+}	$MnO_2(s)+4H^+(aq)+2e \rightleftharpoons Mn^{2+}(aq)+2H_2O(l)$	1.224
O_2/H_2O	$O_2(g)+4H^+(aq)+4e \rightleftharpoons 2H_2O(l)$	1.229
$Cr_2O_7^{2-}/Cr^{3+}$	$Cr_2O_7^{2-}(aq)+14H^+(aq)+6e \rightleftharpoons 2Cr^{3+}(aq)+7H_2O(l)$	1.232
O_3/OH^-	$O_3(g)+H_2O(l)+2e \rightleftharpoons O_2(g)+2OH^-(aq)$	1.24
Cl_2/Cl^-	$Cl_2(g)+2e \rightleftharpoons 2Cl^-(aq)$	1.358
PbO_2/Pb^{2+}	$PbO_2(s)+4H^+(aq)+2e \rightleftharpoons Pb^{2+}(aq)+2H_2O(l)$	1.455
MnO_4^-/Mn^{2+}	$MnO_4^-(aq)+8H^+(aq)+5e \rightleftharpoons Mn^{2+}+4H_2O(l)$	1.507
$HBrO/Br_2$	$2HBrO(aq)+2H^+(aq)+2e \rightleftharpoons Br_2(l)+2H_2O(l)$	1.596
$HClO/Cl_2$	$2HClO(aq)+2H^+(aq)+2e \rightleftharpoons Cl_2(g)+2H_2O(l)$	1.611
H_2O_2/H_2O	$H_2O_2(aq)+2H^+(aq)+2e \rightleftharpoons 2H_2O(l)$	1.776
$S_2O_8^{2-}/SO_4^{2-}$	$S_2O_8^{2-}(aq)+2e \rightleftharpoons 2SO_4^{2-}(aq)$	2.010
$S_4O_6^{2-}/S_2O_3^{2-}$	$S_4O_6^{2-}+2e \rightleftharpoons 2S_2O_3^{2-}$	0.08
O_3/H_2O	$O_3(g)+2H^+(aq)+2e \rightleftharpoons O_2(g)+H_2O(l)$	2.076
F_2/F^-	$F_2(g)+2e \rightleftharpoons 2F^-(aq)$	2.866

附录三　国际原子量表

原子序数	名称	符号	原子量	原子序数	名称	符号	原子量
1	氢	H	1.007 9	29	铜	Cu	63.546
2	氦	He	4.002 60	30	锌	Zn	65.38
3	锂	Li	6.941	31	镓	Ga	69.72
4	铍	Be	9.012 18	32	锗	Ge	72.59
5	硼	B	10.81	33	砷	As	74.921 6
6	碳	C	12.011	34	硒	Se	78.96
7	氮	N	14.006 7	35	溴	Br	79.904
8	氧	O	15.999 4	36	氪	Kr	83.80
9	氟	F	18.998 40	37	铷	Rb	85.467 8
10	氖	Ne	20.179	38	锶	Sr	87.62
11	钠	Na	22.989 77	39	钇	Y	88.905 9
12	镁	Mg	24.305	40	锆	Zr	91.22
13	铝	Al	26.981 54	41	铌	Nb	92.906 4
14	硅	Si	28.085 5	42	钼	Mo	95.94
15	磷	P	30.973 76	43	锝	Tc	[97][99]
16	硫	S	32.06	44	钌	Ru	101.07
17	氯	Cl	35.453	45	铑	Rh	102.905 5
18	氩	Ar	39.948	46	钯	Pd	106.4
19	钾	K	39.098	47	银	Ag	107.868
20	钙	Ca	40.08	48	镉	Cd	112.41
21	钪	Sc	44.955 9	49	铟	In	114.82
22	钛	Ti	47.90	50	锡	Sn	118.69
23	钒	V	50.941 5	51	锑	Sb	121.75
24	铬	Cr	51.996	52	碲	Te	127.60
25	锰	Mn	54.938 0	53	碘	I	126.904 5
26	铁	Fe	55.847	54	氙	Xe	131.30
27	钴	Co	58.933 2	55	铯	Cs	132.905 4
28	镍	Ni	58.70	56	钡	Ba	137.33

续附录三

原子序数	名称	符号	原子量	原子序数	名称	符号	原子量
57	镧	La	138.905 5	84	钋	Po	[210][209]
58	铈	Ce	140.12	85	砹	At	[210]
59	镨	Pr	140.907 7	86	氡	Rn	[222]
60	钕	Nd	144.24	87	钫	Fr	[223]
61	钷	Pm	[145]	88	镭	Ra	226.025 4
62	钐	Sm	150.4	89	锕	Ac	227.027 8
63	铕	Eu	151.96	90	钍	Th	232.038 1
64	钆	Gd	157.25	91	镤	Pa	231.035 9
65	铽	Tb	158.925 4	92	铀	U	238.029
66	镝	Dy	162.50	93	镎	Np	237.048 2
67	钬	Ho	164.930 4	94	钚	Pu	[239][244]
68	铒	Er	167.26	95	镅	Am	[243]
69	铥	Tm	168.934 2	96	锔	Cm	[247]
70	镱	Yb	173.04	97	锫	Bk	[247]
71	镥	Lu	174.967	98	锎	Cf	[251]
72	铪	Hf	178.49	99	锿	Es	[254]
73	钽	Ta	180.947 9	100	镄	Fm	[257]
74	钨	W	183.85	101	钔	Md	[258]
75	铼	Re	186.207	102	锘	No	[259]
76	锇	Os	190.2	103	铹	Lr	[260]
77	铱	Ir	192.22	104		Unq	[261]
78	铂	Pt	195.09	105		Unp	[262]
79	金	Au	196.966 5	106		Unh	[263]
80	汞	Hg	200.59	107			[261]
81	铊	Tl	204.37				
82	铅	Pb	207.2				
83	铋	Bi	208.980 4				

附录四　常用酸碱溶液的密度和浓度

溶液名称	密度 $\rho(g/cm^3)$	质量分数 $w(\%)$	(物质的量)浓度 $C(mol/L)$
硫　酸	1.83 ~ 1.84	95 ~ 98	17.8 ~ 18.4
盐　酸	1.19	36 ~ 38	11.6 ~ 12.4
硝　酸	1.39 ~ 1.40	65 ~ 68	14.4 ~ 15.2
磷　酸	1.69	85	14.6
高氯酸	1.68	70 ~ 72	11.7 ~ 12.0
氢氟酸	1.13	40	23
氢溴酸	1.49	47	8.6
氢碘酸	1.70	57	7.5
冰醋酸	1.05	99 ~ 100	17.5
醋　酸	1.04	35	6
氨　水	0.88	35	18

附录五　常用的基准试剂

应用范围	基准物质		干燥条件	标定溶液举例
	名称	化学式		
酸碱滴定法	无水碳酸钠	Na_2CO_3	180 ℃,干燥器中冷却	酸
	硼砂	$Na_2B_4O_7 \cdot 10H_2O$	室温下(<30 ℃)在盛有 NaCl 和蔗糖饱和溶液的干燥器中	酸
	邻苯二甲酸氢钾	$KHC_8H_4O_4$	105 ~ 110 ℃烘 3 ~ 4 h,干燥器中冷却	碱或 $HClO_4$
	氨基磺酸	NH_2SO_3H	真空干燥器中放 48 h	碱
	草酸	$H_2C_2O_4 \cdot 2H_2O$	室温空气干燥	碱或 $KMnO_4$
沉淀滴定法	氯化钠	NaCl	500 ~ 600 ℃下 40 ~ 50 min,干燥器中冷却	$AgNO_3$
	氯化钾	KCl		
氧化还原滴定法	重铬酸钾	$K_2Cr_2O_7$	120 ℃烘 2 ~ 4 h,干燥器中冷却	还原剂(如 Na_2SO_3、$Na_2S_2O_3$)氧化剂(如 $KMnO_4$)
	溴酸钾	$KBrO_3$	130 ℃烘 1.5 ~ 2 h,干燥器中冷却	
	碘酸钾	KIO_3	120 ℃烘 2 ~ 4 h,干燥器中冷却	
	三氧化二砷	As_2O_3	150 ℃烘 3 ~ 4 h,干燥器中冷却 24 h	
	草酸钠	$Na_2C_2O_4$	105 ~ 110 ℃烘 2 h,干燥器中冷却	
	铜	Cu	室温干燥器中保存	
沉淀滴定法	锌	Zn	0.1 mol/L HCl、H_2O_2、C_2H_5OH 等清洗表面,室温干燥器中冷却 24 h	EDTA - Na_2
	碳酸钙	$CaCO_3$	105 ~ 110 ℃烘 2 h,干燥器中冷却	
	氧化锌	ZnO	900 ~ 1 000 ℃灼烧至恒重,干燥器中冷却	

附录六　数据上报整汇编表

表1　地表水监测数据报送格式

水资源分区(三级区套地市)	水系	河流	水功能区	水质站	监测断面	采样时间	水温	pH	电导率	溶解氧	高锰酸盐指数	化学需氧量	五日生化需氧量	氨氮	总氮	总磷	铜	锌	氟化物	硒	砷	汞	镉	铬(六价)	铅	氰化物	挥发酚	石油类	阴离子表面活性剂	…	粪大肠菌群	水质类别	主要超标项目及倍数
							℃		μS/cm	mg/L																					个/L		

制表:　　　年　　月　　日　　　　校核:　　　年　　月　　日　　　　审核:　　　年　　月　　日

表2　地下水监测数据报送格式

监测井名称	监测井类型	监测井埋深	监测井编号	采样时间	pH	总硬度	溶解性总固体	氯化物	氟化物	硫酸盐	氨氮	硝酸盐氮	亚硝酸盐氮	砷	高锰酸盐指数	氰化物	挥发酚	砷	汞	镉	铬(六价)	铅	铁	…	总大肠菌群	水质类别	主要超标项目及倍数
		m				mg/L																			个/L		

制表：　　年　　月　　日　　　　校核：　　年　　月　　日　　　　审核：　　年　　月　　日

表3　入河排污口监测数据报送格式

位置:______市______县______街道(镇)

排污口名称	污水类型	排放方式	采样断面	采样时间	流量	受纳河流(湖库)	悬浮物	化学需氧量	氨氮	五日生化需氧量	石油类	挥发酚	…
					m^3/s		mg/L						

制表:　　年　　月　　日　　　　校核:　　年　　月　　日　　　　审核:　　年　　月　　日

附录七 监测资料整汇编成果表式样

表 1 水质站及断面一览表

测站编号	水系	河流	流入何处	水质站						断面		开始监测时间		监测单位	主管单位	附注
				站名	类别	坐标		地点	监测河段	名称	至河口距离（km）	年	月			
						东经	北纬									

制表： 年 月 日 校核： 年 月 日 审核： 年 月 日

表2 水质监测成果表

(　　年)

编号	采样位置		采样时间（月-日T时:分）	分析时间（月-日）	水位（m）	流量（m^3/s）	气温（℃）	水温（℃）	pH	氧化还原电位（mV）	电导率（μS/cm）	悬浮物	二氧化碳		钙离子	镁离子	钾钠离子	氯离子	硫酸根	碳酸根	重碳酸根	…
	断面名称	编号											游离	侵蚀性								
												mg/L										
________河________站																						

制表:　　年　　月　　日　　校核:　　年　　月　　日　　审核:　　年　　月　　日

附录八　水样采集原始记录表式样

表1　地表水采样记录

水系：＿＿＿＿　采样日期：＿＿＿＿年＿＿月＿＿日　天气：＿＿＿＿　气温：＿＿＿＿℃　风向：＿＿＿＿　风速：＿＿＿＿m/s

编号	断面名称	采样位置				流速（m/s）	流量（m^3/s）	现场测定					感官指标描述	监测项目
		水深（m）	断面号	垂线号	点位号			水温（℃）	溶解氧（mg/L）	电导率（μS/cm）	pH	透明度（cm）		

采样人：　　　　现场测试人员：　　　　记录人：　　　　共　页　第　页

表2　水和废水采样原始记录

任务来源：＿＿＿＿＿＿　　日期：＿＿年＿＿月＿＿日　　编号：＿＿＿＿

序号	采样位置及样品编号	水样类型	pH	水温(℃)	流量测定			目测情况(颜色、臭味、混浊、油迹等)	添加保护剂	备注
					流速(m/s)	断面(m^2)(宽×深)	流量(m^3/h)			
现场质量保证	①是否按规范采样(是　否)　②单独采样项目　质量监督员：									
采样时生产和排水情况									采样方式	
企业环保负责人签章								样品接收人		

采样人：　　校核人：　　审核人：　　共　页　第　页

表 3 地表水采样交接原始记录

样品保存	项目	采样体积(mL)	采样容器	保存方法	保存时间	分析人员	接样时间
							月 日 时 分
							月 日 时 分
							月 日 时 分
							月 日 时 分
							月 日 时 分
							月 日 时 分
							月 日 时 分
							月 日 时 分
							月 日 时 分
							月 日 时 分
							月 日 时 分
							月 日 时 分
							月 日 时 分
							月 日 时 分
							月 日 时 分
							月 日 时 分
							月 日 时 分
							月 日 时 分

注:“采样容器”栏可填代号,P 为聚乙烯瓶(桶),G 为硬质玻璃瓶。

参考文献

[1] 张尧旺. 水质监测与评价[M]. 2 版. 郑州:黄河水利出版社,2008.
[2] 奚旦立,孙裕生. 环境监测[M]. 4 版. 北京:高等教育出版社,2010.
[3] 杨承义. 环境监测[M]. 天津:天津大学出版社,2010.
[4] 中华人民共和国水利部. 水环境监测规范:SL 219—2013[S]. 北京:中国水利水电出版社,2013.
[5] 陆雍森. 环境评价[M]. 2 版. 上海:同济大学出版社,1999.
[6] 李党生. 水质监测与评价[M]. 3 版. 北京:中国水利水电出版社,1999.
[7] 华中师范大学. 无机化学基础[M]. 武汉:华中师范大学出版社,1984.
[8] 华东化工学院,成都科学技术大学分析化学教研组. 分析化学[M]. 3 版. 北京:高等教育出版社,1996.
[9] 姜洪文. 分析化学[M]. 北京:化学工业出版社,1997.
[10] 谭志琼. 水化学与微生物[M]. 北京:中国建筑工业出版社,1993.
[11] 国家环境保护总局水和废水监测分析方法编委会. 水和废水监测分析方法[M]. 4 版,增补版. 北京:中国环境科学出版社,2002.
[12] 蔡彭骥. 分析化学实验[M]. 上海:上海交通大学出版社,2001.
[13] 聂麦茜. 环境监测与分析实践教程[M]. 北京:化学工业出版社,2003.
[14] 郝瑞霞,吕鉴. 水质工程学实验与技术[M]. 北京:北京工业大学出版社,2006.
[15] 吴邦灿,费龙. 现代环境监测技术[M]. 2 版. 北京:中国环境科学出版社. 2005.
[16] 矫彩山. 环境监测[M]. 哈尔滨:哈尔滨工程大学出版社,2006.
[17] 曾永,陈希媛,等. 水质监测新技术与实践[M]. 郑州:黄河水利出版社,2006.
[18] 齐文启,孙宗光,边归国. 环境监测新技术[M]. 北京:化学工业出版社,2004.
[19] 叶文虎,栾胜基. 环境质量评价学[M]. 北京:高等教育出版社,1994.
[20] 田子贵,顾玲. 环境影响评价[M]. 北京:化学工业出版社,2004.
[21] 陈静生. 河流水质原理及中国河流水质[M]. 北京:科学出版社,2006.
[22] 曲久辉,等. 饮用水安全保障技术原理[M]. 北京:科学出版社,2007.